王辉霞◎著

农村及城乡结合部
食品安全社会共治研究

**NONGCUN JI
CHENGXIANG JIEHEBU**

SHIPIN ANQUAN
SHEHUI GONGZHI YANJIU

U0293839

中国政法大学出版社

2022·北京

序

　　农村及城乡结合部食品安全，是关乎居住在该地区几亿民众身体健康的重大问题，也是关乎农民和小规模食品生产经营者等生计与形象的关键问题，还是国家食品安全治理体系和治理能力现代化建设必须高度重视的一环。本书从关注农村及城乡结合部食品安全问题入手，从社会共治的角度寻求解决之策，为我们提供了一个农村及城乡结合部食品安全社会共治的有益模式，具有重要的理论意义与实践价值。

　　社会共治是我国市场监管的基本原则之一，也是解决农村及城乡结合部食品安全问题的基本策略和方法。食品安全是生产经营者、政府、社会组织、消费者等共同的责任，需要多方利益相关者以协调一致的方式有效地发挥作用。鉴于农村及城乡结合部食品安全是国家食品安全治理体系的组成部分，应当在"农村-城乡结合部-城市"整个系统中评估农村食品安全，确保国家食品系统的安全，确保所有人的食品安全。同时，农村及城乡结合部食品安全，应当考虑农村及城乡结合部地区食品安全问题的特殊性，探究影响农村及城乡结合部食品安全的因素，特别关注农村及城乡结合部地区消费者和小规模生产经营者的需求，制定实施针对农村及城乡结合部地区的相关策略和举措。正基于此，本书立足于农村及城乡结合部食品安全治理实际，又放眼整个国家食品供应体系安全，尝试建构一种既能提供统一性又能提供灵活性的包容性社会共治框架。

　　本书提出了农村及城乡结合部食品安全社会共治的基本范式。具体包括如下方面：其一，各利益相关者各负其责。农村及城乡结合部食品安全社会共治，应注重发挥与农村及城乡结合部食品安全密切相关的农民、城乡结合部居民（特别是外来流动人口）、"三小"食品生产经营者、农村集体聚餐举办者和承办者、农村学校、农贸市场、批发市场、地方政府、基层食品安全监管机构和人员等关键利益相关者的作用。其二，政府主导的所有利益相关者合作与协调。食品安全社会共治的关键是所有利益相关者作用和活动的协调，强调相互之间的目标协调、信息协调、职能协调和资源协调。农村及城乡结合部食品安全社会共治，应加强农民、小规模生产经营者、地方政府、基层监管者等关键利益相关者之间的合作，加强食品安全决策中有关此类利益相关者需求的审议和协调，确保其参与和沟通，探索农村及城乡结合部食品安全社会共治的系统方法，注重发挥协同机构协调者和联络者的职能，健全创新协同机制，健全各利益相关者合作共治关系的逻辑结构，逐步形成有机联系的系统。其三，基于风险的科学方法。食品安全涉及从农田到餐桌的复杂过程，重在预防、管理、应对整个食品链的风险。风险分析是由风险评估、风险管理和风险沟通三个相互作用的部分组成的结构化框架，通过受风险或风险管理措施影响的利益相关者参与和沟通，发动所有利益相关者主动应对食品安全风险，强调应用科学对食品安全危害进行优先排序和预测，依靠食品链不同过程节点和阶段的预防措施和控制装置管理食品安全危害及风险，减少食品安全问题及其负面后果的可能性。

本书揭示了农村及城乡结合部食品安全面临的双重挑战：不仅要考虑生经营者食品安全责任，还要考虑小农户的生计、小规模生产经营者的创业就业以及经营成本；不仅要考虑农村消费者、城市低收入者、城乡结合部外来务工者（尤其是农民工）等的食品安全，还要考虑农民、城市低收入者等弱势群体的食品负担能力；政府不仅要严格监管、落实食品安全法规标准，更要认真倾听弱者的声音，做强服务，在提升、发展中求安全，通过赋权赋能帮助小农和小生产经营者提升食品安全管理能力和参与市场的能力。本书提出，农村及城乡结合部食品安全社会共治，应特别关注农村及城乡结合部地区消费者、农民和小规模生产经营者等的需求，注重发挥地方性法规、基层部门的作用，确保农村食品链弱势群体获取食品安全相关的资源和能力。为此，农村及城乡结合部食品安全社会共治的重点主要体现在三个方面：一是注重"三小"等小规模生产经营者的食品安全治理创新；二是注重农村消费者食品安全教育；三是健全基层食品安全监管部门及协调工作机制。

总之，本书对农村及城乡结合部地区食品安全的影响因素进行深入分析，在食品安全社会共治理论基础上，将农村及城乡结合部食品安全利益相关者的需求和作用融入国家食品安全社会共治框架和体系中，并特别针对农村及城乡结合部的一揽子食品安全社会共治措施进行针对性的阐释和融合，阐明设计良好的农村及城乡结合部食品安全社会共治框架，是化解农村及城乡结合部食品安全问题的有效路径，也是国家食品安全治理体系和治理能力现代化建设不可或缺的组成部分。

　　我的博士后王辉霞，十几年来一直坚持在食品安全法治领域潜心耕耘，以科研服务于社会，以实践丰富教学，本书的出版是其多年理论与实践有机结合的最好鉴证。此部专著全面、系统、深入研究"农村及城乡结合部食品安全社会共治"问题，研究的资料丰富翔实，相关分析客观、理性，具有宽阔的学术视野。本书可以为食品安全政策制定者、食品监管部门开展食品安全社会共治提供理论支持，也可以为研究人员和对农村食品安全法律与政策感兴趣的读者提供有启发意义的观念和资料信息。

中国政法大学　刘继峰

2022 年 5 月 25 日

前　言

食品安全是每个人的权利，无论是生活在城市地区还是农村地区抑或是城乡结合部地区。食品无论是哪里生产的，也无论供应到哪里，都应当确保安全，这是底线。联合国和各国政府食品政策的基本原则是为"所有人"提供安全、营养、健康、可负担的食品。联合国粮农组织总干事屈冬玉2020年在世界食品安全日致辞中谈到，"我们都需要安全、有营养、可获取和可负担的食物，粮食安全和食品安全是人类的基本权利。"确保所有人（尤其是处于弱势地位的群体）食品安全是政府的责任，弱势群体食品安全是国家食品安全政策的优先事项。

农村食品安全与农民健康、农民生计、乡村振兴密切相关。食品安全和贸易之间存在着重要的相互联系，安全食品不仅能够保护健康而且能够促进食品贸易、增加进入市场的机会、改善生计、促进农村发展。农村食品安全，不仅能够保障和促进农民、农村健康，而且对于改善农民生计、促进乡村振兴以及更好地保护自然资源至关重要。①农村食品安全有助于保障农民健康。农村健康是健康中国战略的关切点，保障农村地区、农民和农民工等的食品安全是国家食品安全战略的优先事项，促进农村地区安全而有营养、更具成本效益的食品可负担性，是确保农民健康和农村繁荣的重要保障，是乡村振兴和农业现代化的应有之意。②安全食品有助于农民生计和农村发展。安全食品能够促进食品贸易、增加进入市场的机会、改善生计。消费者都期望其所购买的食品是安全、符合预期质量的，满足消费者对安全营养、可持续食品需求的农民和生产者有机会改善其生计并能促进农村经济发展。安全食品有助于促进处于脆弱地区的农村居民（特别是妇女、老人、儿童）的生计多样化并提高其收入，小农户等寻求满足高价值市场需求时，食品安全也能够在生产生计中发挥作用。联合国粮农组织指出，安全食品的生产有助于促进市场准入、增进生产力，增进经济发展、缓解贫困，尤其是在农村地区。同时，生产安全的食品符合农民利益。美国食品药品监督管理局（FDA）食品安全和应用营养中心高级科学顾问 Jim Gorny 在一次访谈中谈到：消费者应该知道农民真的想生产安全的食品，这既符合其作为商人的利益，也符合其作为消费者的利益。[①] ③农村食品安全有助于农村环境和生活。农村食品安全能够促进安全、营养、可持续农业食品系统，农村食品安全能够促进农村提高生产、改善营养、改善环境和改善生活，进而改造食品系统，使其更具包容性、韧性、可持续性；农村食品安全能够促进农业食品系统减少资源和能源以及化肥等使用，并有助于减少食物浪费，进而促进更少的温室气体排放、改善农村环境、改善农村生活。鉴于食品安全对健康的影响、食品安全与农村小规模食品生产者不利处境的关系，必须采取行动，改变安全食品的生产、获取、分配、消费中的不均衡问题。国际农业发展基金总裁洪博在 2021 年世界粮食日活动中指出，"为了建设更公平、更平等的食品系统，我们需要倾听小规模生产者和农村社区的声音，打造基础广泛的伙伴关系，确保小农户等的劳动付出得到公平回报。重点是定价体系必须充分反映生产的真实成本，同时加大融资支持力度，帮助被忽视的农村脆弱社区"。农村及城乡结合部地区安全的食品生产和消费有利于促进农村健康、减少食物浪费，促进农民生产的产品进入市场、提高生产力，推动农民增收和农村经济发展，促进乡村振兴。

农村及城乡结合部地区须协同保障食品安全与食品可负担性。农村食品安全与农民健康、农民生计、乡村振兴密切相关，必须将农村食品安全置于更广泛的界面加以审视，并考虑食品供应系统中处于弱势地位的农民、低收入者、城乡结合部外来人员、小规模生产者等主体的需求，赋权赋能这些弱势但至关重要的利益相关者，改变安全食品生产、获取、分配、消费中的不均衡问题，从根源上改善农村及城乡结合部食品安全状况。本书认识到，农村食品安全治理难点在于，不仅要考虑生经营者食品安全责任，还要考虑小农户的生计、小规模生产经营者的创业就业机会和经营成本；不仅要考虑农村消费者、城市低收入者等的食品安全，还要考虑农民、城市低收入者等弱势群体的食品负担能力。为此，农村食品安全治理，一是要发动全社会的力量，通过综合方案解决问题。解决农村食品安全问题，政府的作用尤为重要，

[①]　CFSAN's Senior Science Advisor Aims to Build Bridges to Advance Produce Safety. https：//www.fda.gov/food/conversations-experts-food-topics/cfsans-senior-science-advisor-aims-build-bridges-advance-produce-safety.

政府应发挥引领和协同作用。政府不仅要严格监管，更要认真倾听弱者的声音，做强服务，在提升、发展中求安全。二是要运用法律与政策工具，解决农村及城乡结合部食品系统的健康、环境、经济、社会影响因素等深层次问题。增加农村及城乡结合部地区消费者安全、健康食品的可供应性、可获得性、可负担性，预防饮食相关的疾病，促进农村健康；通过赋权赋能帮助农民、小农户和小生产经营者参与食品市场，提高其提供安全、营养食品的能力，增加其收入并助力乡村振兴。当前农村及城乡结合部食品安全治理多分散在"专项行动"上，缺乏连贯性、持续性、常态化，而且增加了高昂的行政成本。农村食品安全问题很大程度上是农村欠发达地区的发展问题及公共服务配置不平衡，国家和地方应采取全面、协调一致的短期、中长期对策，采取全面双轨办法，一是直接行动起来，立即解决农村市场假冒伪劣食品等现实的、突出问题；二是推行中长期可持续农业、食品安全、粮食安全和营养相关政策，促进安全、可持续的食品生产和消费，构建可持续的食品系统，同时将食品安全融入农村发展战略，通过发展解决问题，从根本上破解农村及城乡结合部食品安全难题。

法治是保障农村及城乡结合部地区食品安全的基石。国家食品相关政策、立法及机构设置应特别关注农村及城乡结合部地区消费者和小规模生产经营者的需求。农村及城乡结合部食品市场参与者多为农民消费者、低收入消费者和小规模生产经营者。农村及城乡结合部的食品消费者和供应者中，农民、低收入者、小农户、小规模生产经营者数量和比例较大，因其处于经济能力低、收入水平低、文化水平低等弱势地位，在食品链中常常处于谈判不利地位，无法获取高价格带来的利益，常常暴露在食品价格波动的风险中，影响其食品负担能力，进而容易暴露在食品安全风险中。①国家食品相关政策应当将弱势群体的食品安全作为优先事项。食品领域的政策与立法决定食品系统的运作方式及其产生的结果，影响食品安全和营养。通过执行适当的政策、立法和机构设置，可以实现食品安全，并将产生广泛的经济、社会和环境效益。食品和农业政策直接或间接对安全、营养食品的供应、获取和成本产生影响，包括财政投资、金融、食品标准、标签、重新配方、公共采购、营销等政策。适当的食品政策措施有助于改善食品安全、提高质量标准、增进食品营养价值，并可以塑造更安全、健康的食品环境；过度或不恰当的食品政策也可能推高交易成本，从而抬高食品价格，对安全、健康食品的负担能力产生负面影响。国家食品相关政策应当将弱势群体的食品安全作为优先事项，应特别关注农村及城乡结合部地区消费者和小规模生产经营者的需求，尊重和考虑他们的意见，关注其参与食品链和价值链的机会，通过赋权赋能鼓励、支持其融入食品价值链并获得公平的收益。②国家食品立法及机构设置应有利于农村食品链弱势群体获取食品安全相关的资源和能力。仅仅制定正确的政策是不够的，立法及机构设置是实施政策的关键，也是确保政策考虑食品安全、粮食安全与营养各个层面以及对所有利益相关者特别是最弱势群体影响的关键。确保政策执行必须以立法为基础，因而为食品安全、粮食安全和营养创造有利的立法环境至关重要。科学的食品安全立法，应由相互关联的法律领域的复杂网络组成，最好从食品系统的角度体系化解释复杂、多层次的食品安全相关法律法规，以确保一致性和连贯性；同时考虑食品相关制度缺陷、食品链利益配置不均衡和能力差异等重要因素，顾及处于食品链弱势地位的群体的需求。此外，食品安全机构设置也是解决农村食品链弱势主体和食品链不均衡问题的关键，机构设置是一系列关于分配参与农村及城乡结合部食品安全领域有关的的各机构的各自责任的法定和程序性规定。例如，支持、帮助农村低收入者参与安全、健康、可持续食品系统转型并公平分享其所带来的收益。这类机构设置不仅涉及增加农村弱势群体获得物质资源的机会，还包括增强其采取行动改善自身福祉（包括食品安全、粮食安全和营养）的能力，以及通过具有影响力的方式参与与自身相关的食品安全公共决策的能力。

社会共治是实现农村及城乡结合部地区食品安全的综合路径。世界银行在《食品安全势在必行：在低收入和中等收入国家加速进展》报告中提出，采取包容性的食品安全管理方法，使政府、农民、食品企业和消费者共同承担食品安全责任，将是最有效的。① 食品安全不是政府承担单独责任（sole responsibility）、也不是企业承担单独责任，而是政府、企业、消费者等的共同责任（shared responsibility）。政府在制定法律、实施政策、开展检查、执行法规、教育和与公众沟通以及在发生食品安全事件和紧急情况时进行应对方面发挥着关键作用。政府应加强食品控制系统，明确可能的监管举措主体和内容，并对其有效性、实用性和公平性进行评价。所有生产、加工、运输、

① The Safe Food Imperative：Accelerating Progress in Low-and Middle-Income Countries. 2018. https：//www.worldbank.org/en/topic/agriculture/publication/the-safe-food-imperative-accelerating-progress-in-low-and-middle-income-countries.

贮存、制备、供应和消费食品的主体都需要采用行动确保食品安全。食品安全人人有责。政府、食品产业和消费者等必须以协调一致的方式有效地发挥作用，需要多方利益相关者合作采取行动，以确保食品供应的安全与质量，并将食物损失和浪费降至最低。食品安全社会共治是指，食品安全利益相关者在食品安全与公众健康目标下，对食品安全各负其责，并通过各自决策和行动的公开透明以及相互之间的协同合作，共同预防和控制食品安全风险、共同保障食品供应体系安全、共担食品安全责任的各种活动、过程、方法。农村及城乡结合部食品安全利益相关者，包括政府部门、生产经营者、第三方机构、行业协会、消费者组织、拥有食品安全专门知识的非政府组织或学术机构、媒体、消费者等，尤其应注重发挥与农村及城乡结合部食品安全密切相关的农民、城乡结合部居民（特别是外来流动人口）、"三小"食品生产经营者、农村集体聚餐举办者和承办者、农村学校、农贸市场、批发市场、基层食品安全监管机构和人员等利益相关者的作用。食品安全社会共治的实现仰赖于所有利益相关者的目标一致、责任明确、透明合作、风险交流。食品安全社会共治须正确处理"各尽其责"与"协同合作"的辩证关系。食品安全社会共治涉及两个基本界面，一是各利益相关者各尽其责的责任机制，这是食品安全社会共治的基础；二是所有利益相关者协同合作机制，这是食品安全社会共治成功的关键。农村及城乡结合部食品安全社会共治的关键是协调，加强与农民、基层监管者之间的合作，加强对食品安全基本政策决策的审议和协调，探索农村及城乡结合部食品安全社会共治的系统方法，健全各主体合作共治关系、联系的逻辑结构，逐步形成有机联系的系统。当然，食品安全社会共治始终需要检视一个基本前提：各主体各自的责任明确、清晰，谨防将社会共治混淆成各主体之间的简单混同，引发权责不清，监管重复和监管漏洞。

农村及城乡结合部食品安全社会共治应注重发挥关键利益相关者的作用。①激励农民。实施正确的激励机制，财政补贴、投资、信贷等措施侧重于安全、健康食品或更有利于人民健康的生产方法，激励农民为安全食品供应提供有力的解决方案，同时使农业更具效益和更可持续。通过宣传、教育引导消费者偏好转向安全、健康和可持续方式生产的食品产品，进而奖励通过良好耕作方法生产更安全、更营养食品的农民，创新将以意想不到的方式传播和盛行。②发挥农村食品生产经营主体的作用。一是，提升农村规模化、产业化、组织化程度。

　　培育新型农业经营主体，在家庭承包经营基础上培育家庭农场、农民合作社、产业化龙头企业以及全产业链的农业服务体系，通过组织化机制促进小农户农产品的聚集，实现规模化，帮助其改善食品安全，帮助其在市场上获得更好的交易机会。二是加大对小规模食品生产经营者的支持力度。相较于大型企业的成熟完善，小微企业在食品安全管理体系、食品安全管理制度、食品安全人才配置和融资等方面有着较大差距，通过政策、资金和技术等方面的支持，改善微型食品企业和中小型食品企业生态系统，提升食品安全保障能力。三是增强食品产业链和价值链的包容性。赋予包括农民、青年、妇女在内的整个价值链不同利益相关者的权利，并加强沟通，以生产更安全的食品，创造更好的食品创业就业机会。③注重发挥农村青年的作用。农村地区食品安全保障、农村经济多样化和蓬勃发展需要更多年轻人参与农业和食品系统的创业就业，同时，农业和食品系统也可以为农村及城乡结合部地区青年提供多样化的收入和就业机会。一是，通过技能拓展、职业教育、创新孵化和数字农业等吸引青年在农业和食品系统创业就业。为青年提供发展和提高其技能的机会，以帮助他们获得农业食品部门的创业机会、获得工作机会，将重点放在社会企业、青年企业家孵化、利用信息和通信技术创造提供农业食品服务的数字就业岗位上。二是开发以青年为中心的信息材料。比如意大利国家农村网络开始与农业高中网络合作开发 Rural4School 项目，将农业高中、地方当局、农民协会、农场等合作伙伴的网络连接起来，农民或农业食品企业家和学校开发并向学龄学生提供关于食品、农业和农村问题的通用教育信息和协调沟通材料，向青年人传递农村地区生活和工作的积极信息，对农民生计和工作产生积极影响。三是培育农村青年进入食品市场的能力。由于缺乏财政资源、机会、技能和能力，农村青年在进入市场方面可能面临限制。因而，增加小农农业和市场基础设施方面的公共投资，在农业和食品部门为青年人提供可行的生计和创业成功的范例，吸引青年参与农村食品供应和食品安全。④发挥农村妇女在食品安全方面的关键作用。不管作为消费者还是经营者，妇女在确保食品安全方面都更有经验。与食品有关的角色和责任存在显著的性别差异，在家庭食品消费中，女性通常更懂得如何利用微薄的预算来养活家人；在农业和食品部门，妇女也是主要劳动力之一。妇女在家庭食品消费中和作为经营者都容易接触食源性致病菌等食品安全风险，她们对食品安全危害也有更多的了解，往往懂得采取有效的策略来减轻微生物等食品安全危害，并能够遵循良好农业实践和良好食品卫生实践。然而，由于妇女劳动经常集中于维持生计的生产，承担家庭中过多的无薪工作，获得资源、技术、金融、教育和相关服务的机会较少等原因，农村妇女进入市场的机会往往较少，而且在农业和食品部门从事的往往是劳动密集型的低报酬或无报酬的工作，这影响妇女在食品安全中积极作用的发挥。因此，应采取创新和积极的方法、措施和过程，促进农村妇女获得技术推广、咨询和金融服务、教育、培训、市场和信息，确保农村妇女公平进入市场参与食品供应，最大限度发挥妇女作为经营者在食品安全方面的经验和优势。同时确保妇女从其劳动和工作中获得经济利益，增加收入，以改善自身和家庭食品负担能力和食品安全能力。⑤落实乡村人才振兴政策，培育农村食品安全创新创业带头人。乡村人才振兴政策、农村创业创新人才培训机制中，注重发挥食品安全相关人才的带头引领作用。鼓励、引导、支持医学、农业、食品、营养、生物、环境等食品安全方面的大中专学生和科技人员返乡入乡在乡创业创新。落实人才激励政策。将农村食品安全创新创业人才纳入地方政府人才引进政策奖励和住房补贴等范围。支持和鼓励医学、农业、食品、营养、生物、环境等食品安全方面科研人员按国家有关规定离岗入乡创业，允许科技人员以科技成果作价入股农村创新创业企业。鼓励、引导、支持农民工、大中专毕业生、退役军人、科技人员等各类人才返乡入乡在乡开展食品相关的创业创新。促进农村食品应用新技术、开发食品新产品、开拓食品新市场，提升乡村食品和农业产业的层次水平。加大农民在食品安全方面的技术培训力度，提升农民食品安全素质和能力。加大涉农涉食品项目投资支持力度。推动高标准农田建设，补齐农业基础设施短板。支持农村致富带头人参与农产品质量安全县、食品安全城市建设，促进本地食用农产品加工、冷链物流、电子商务等产业发展。通过金融服务创新，解决农村创业创新带头人的融资担保和农业保险等难题。聚焦乡村优势资源，挖掘农业农村食品保障价值链，带动地方特色食品产业发展。⑥提高农民和农村地区其他劳动者的参与性和组织化。促进农民和农村地区工作的其他人参与制定和实施影响他们的食品安全标准，鼓励农民和农村地区工作的其他人建立和发展代表其利益的农民组织或农村地区其他劳动者的组织。农村及城乡结合部食品安全治理，鼓励和促进适当的组织是农民等弱势机构参与性、合作共治的一个关键问题。《联合国农民和农村地区其他劳动者权利宣言》第10条规定，农民和农村地区其他劳动者有权直接或通过其代表组织、积极、自由地参与制订和实施可能影响其生活、土地和生计的政策、方案和项目；各国应促进农民和农村地区工作的其他人直接或通过其代表组织参与可能影响其生活、土地和生计的决策过程，包括尊重建立和发展强大而独立的农民和农村地区其他劳动者的组织、促进参与制订和实施可能影响他们的食品安全、劳动和环境标准。⑦政府监管方面，监管资源倾斜配置农村，监管力量倾向本地化，加大地方和基层食品安全培训力度，深化基层综合执法改革，厘清职责、加强协作，严密农村食品安全监管链条，提升基层食品安全监管力量、监管能力和监管效能。

　　本书全面、系统、深入研究了"农村及城乡结合部食品安全社会共治"问题，剖析了食品安全、社会共治等基本范畴；分析了食品安全社会共治的主体、对象、实体和程序机制；考察了我国农村及城乡结合部食品安全主要问题并剖析了其成因；全面深入梳理和归纳了关键的食品安全法律法规标准制度及农村食品安全政策和行动；研究分析了联合国、美国、欧盟的食品安全社会共治做法；围绕食品安全社会共治的"共同责任"原理，对食品安全社会共治责任机制、合作机制、风险交流机制等进行合理建构，并据此进行科学且令人信服的分析，在此基础上提出农村及城乡结合部食品安全社会共治策略和建议，从生产经营者主体责任、政府监管责任、社会组织社会监督责任、消费者责任等方面建构农村食品安全社会共治的实体机制；以政府为主导，与所有利益相关者合作共治，促进不同部门、不同环节的政策、投资、制度的协同、连贯，政府与食品生产经营者、行业组织、消费者组织、学术机构和大学以及其他社会组织等广泛的利益相关者等建立合作伙伴关系；特别注重基层监管机构、农村消费者、农民、"三小"等农村食品市场典型主体参与保障农村及城乡结合部食品安全；围绕"农产品安全源头治理、三小治理、过期食品治理、农村学校食品安全、农村集体聚餐"等农村及城乡结合部食品安全治理的重点领域，提出针对性的共治策略。

中英文对照表

英　文	中　文
Access to Global Online Research in Agriculture（AGORA）	全球农业在线研究入口
Accessibility	可获得性
adequacy	充足性
adverse health effect	不利健康影响
Advisory Forum	欧洲食品安全局咨询论坛
Agricultural Research Service	美国农业部农业研究局
Agricultural Market Service（AMS）	美国农业部农业市场服务局
American Farm Bureau Federation	美国农业局联盟
Association of Food and Drug Officials	美国食品和药品官员协会
Association of American Feed Control Officials	美国饲料控制官员协会
Association of Public Health Laboratories	公共卫生实验室协会
Association of State and Territorial Health Officials	州和属地卫生官员协会
Availability	可供应性
Broadband Competence Offices	美国宽带能力办公室
BSE	牛海绵状脑病
Codex Alimentarius Commission（CAC）	国际食品法典委员会
cause harm	造成损害
Centers for Disease Control and Prevention（CDC）	美国疾病控制和预防中心
Center for Food Safety and Applied Nutrition（CFSAN）FDA	食品安全与应用营养中心
Center for Veterinary Medicine FDA	兽药中心
Centers of Excellence in Regulatory Science and Innovation（CERSIs）FDA	监管科学和创新卓越中心
Collaborate	合作

英　文	中　文
Coordinate	协调
Consumer International（CI）	国际消费者协会
Committee for Agriculture and Rural Development	欧洲议会农业与农村发展委员会
Committee for Environment, Public Health and Food Safety	欧洲议会环境公共卫生和食品安全委员会
Committee for Internal Market and Consumer Protection	欧洲议会内部市场与消费者保护委员会
Common Agriculture Policy（CAP）	欧洲共同农业政策
Coordinated Outbreak Response and Evaluation（CORE）FDA	食源性疾病暴发应对和评估协调网络
cooperate	协作
Communications Team CORE	沟通小组
Community Food Security Coalition	社区粮食安全联盟
Community Supported Agriculture Programs	社区支持农业项目
Congressional Budget Office	美国国会预算办公室
Cornell Cooperative Extension（CCE）	康奈尔大学合作推广中心
Customs and Border Protection	美国国土安全部海关和边境保护局
Department of Homeland Security	美国国土安全部
Digital Europe Programme	数字欧盟计划
Division of Produce Safety FDA	食品安全与应用营养中心的农产品安全司
economic motivated adulteration（EMA）	经济利益驱动食品掺假
End-To-End Traceability	源头到末端的可追溯性
Enterprise Europe Network	欧洲企业网络
Environmental Protection Agency（EPA）	美国环境保护局
Executive Office of the President（EOP）	美国总统行政办公室

英　文	中　文
Expanded Food and Nutrition Education Program（EFNEP）	美国农业部扩大食品和营养教育计划
EU guidelines on food donation	欧盟关于食物捐赠的指引
EU law on food information for consumers	《欧盟消费者食品信息法》
EU platform on animal welfare	欧盟动物福利平台
EU Platform on Food Losses and Food Waste	欧盟粮食损失和粮食浪费平台
European Centre for Disease Prevention and Control（ECDC）	欧洲疾病预防和控制中心
European Chemicals Agency（ECHA）	欧洲化学品管理局
European Commission	欧盟委员会
European Council	欧洲理事会
European Environmental Agency（EEA）	欧洲环境局
European Fisheries Areas Network	欧洲渔业区域网络
European Food Safety Authority（EFSA）	欧洲食品安全局
European Medicines Agency（EMA）	欧洲药品管理局
European Parliament	欧洲议会
European Social Fund Plus（ESF+）	欧洲社会基金+
Food and Agriculture Orgnization（FAO）	联合国粮农组织
First EU Reference Centre for Animal Welfare	第一欧盟动物福利参考中心
fitness for purpose	适合食用
Food and Nutrition Education in Communities（FNEC）	康奈尔大学食品和营养教育社区项目
food agritourism	食品观光农业
Food and Drug Administration（FDA）	美国卫生福利部食品药品监督管理局
Food and Nutrition Service	美国农业部食物和营养服务中心
Food Law and Policy Clinic	哈佛大学食品法律和政策诊所

英 文	中 文
food or foodstuff	食品
Food Safety Modernization Act（FSMA）	美国 FDA《食品安全现代化法案》
Food Safety Working Group（FSWG）	美国联邦食品安全工作组
food safety	食品安全
food hygiene	食品卫生
food sanitation	食品环境卫生
food security	粮食安全
Food suitability	食品适宜性
Foreign Suppliers Verification Programs（FSVP）	《国外供应商验证计划》
Food Safety and Inspection Service（FSIS）	美国农业部食品安全检验局
FSMA Training Collaborative Forum FSMA	合作培训论坛
Food Safety Prevention and Control Alliance（FSPCA）	食品安全预防控制联盟
Good Agricultural Practices（GAPs）	良好农业规范
Government Accountability Office（GAO）	美国政府问责办公室
Hazard Analysis and Critical Control Point（HACCP）	危害分析与关键控制点体系
Harm	损害
Hazards	危害
Healthy Food Financing Initiative（HFFI）	健康食品融资倡议
Horizon Europe	地平线欧洲研究项目
Illinois Institute of Technology's Institute for Food Safety and Health	伊利诺斯理工学院食品安全和卫生研究所
illness or harm	疾病或伤害
injurious to health	对健康有害
International Food Protection Training Institute（IFPTI）	国际食品保护培训研究所
International Plant Protection Convention（IPPC）	国际植物保护公约

英　文	中　文
Joint Institute for Food Safety and Applied Nutrition（JIFSAN）	马里兰大学食品安全和应用营养联合研究所
Local Food Safety Collaborative（LFSC）	地方食品安全协同中心
Maine Organic Farmers and Gardeners Association	缅因州有机农民和园丁协会
Metropolitan	大都市
Micropolitan（Micro）	微城市
Multiannual Financial Framework 2021～2027	欧盟《2021～2027 年多年度财政框架》
National Association of State Departments of Agriculture（NASDA）	州农业部门全国协会
National Farmers Union	全国农民联合会
National Institute of Food and Agriculture（NIFA）	美国农业部国家食品与农业研究所
National Marine Fisheries Service	美国国家海洋渔业局
National Coordination Center（NCC）	国家协调中心
National Center for Food Safety and Technology（NCFST）	伊利诺伊科技研究院国家食品安全暨科技中心
National Center for Natural Products Research（NCNPR）	密西西比大学国家天然产品研究中心研究
Noncore	"非核心"县
Nonmetro	非大都市
North Central Region Center for FSMA Training, Extension, and Technical Assistance FSMA	培训、推广和技术援助的中北部区域中心
Northeast Center to Advance Food Safety	促进食品安全东北部区域中心
Organisation for Economic Co-operation and Development（OECD）	经济合作与发展组织
Office of Crisis Management FDA	危机管理办公室
Office of External Relations FDA	对外关系办公室

续表

英　文	中　文
Office of International Programs FDA	国际项目办公室
Office of Management and Budget（OMB）	美国总统行政管理和预算办公室
Office of Regulatory Affairs（ORA）FDA	监管事务办公室
World Organisation for Animal Health（OIE）	国际兽医局
Outbreak Evaluation and the Outbreak Analytics Teams CORE	疫情评估和疫情分析小组
Outlying counties	外围县
Peasant	农民
peri-urban area	城乡结合部
Post Response team CORE	事后应对小组
precautionary principle	预警原则
primary responsibility	首要责任
Produce Marketing Association	农产品市场营销协会
Produce Safety Network（PSN）	农产品安全网络
Produce Safety Rule	《农产品安全法规》
Produce Safety Alliance（PSA）	农产品安全联盟
public－private	公私
Purchase-for-Progress（P4P）	世界粮食计划署的"采购促进发展"项目
Rapid Alert System for Food and Feed（RASFF）	欧盟食品和饲料快速预警系统
Regional Centers（RCs）	四个区域中心
regulatory control systems	监管控制系统
Reinvestment Fund	再投资基金
Response Team COR	应对小组
risk	风险
rural urban fringe	城市边缘乡村
Rural-Urban Commuting Area RUCA	城乡通勤区

英　文	中　文
rurban areas	城郊地区
Safety	安全
Sanitary and Phytosanitary Agreement（SPS）	《卫生和植物检疫协定》
Security	安全
Senior Science Advisor for Produce Safety	农产品安全高级科学顾问
shared responsibility	共同的责任
Signals and Surveillance Team CORE	信号监测小组
Single Market Programme	单一市场计划
sole responsibility	单独责任
South Holland Food Families Network	南荷兰食品家庭网络
Southern Center for Food Safety Training, Outreach, and Technical Assistance	食品安全培训、推广和技术援助南部区域中心
Sprout Safety Alliance（SSA）	芽菜安全联盟
State Produce Implementation Cooperative Agreement Program（CAP）	《州农产品执行合作协议计划》
Technical Assistance Network（TAN）	FDA 的 FSMA 技术援助网络
trace and track	追踪和追溯
trade organization	行业组织
Tribal Ag cooperative agreement	部落农业合作协议
unfit for human consumption	不适宜供人食用
urban agriculture	城市农业
urban and suburban areas	城市和郊区的监管结构
urban clusters	城市群
urban fringe	城市边缘区
Urban	城市地区
urbanized areas	城区
urban edge	城市边缘

英　文	中　文
United States Department of Agriculture（USDA）	美国农业部
University of Arkansas Indigenous Food and Agriculture Initiative	阿肯色大学土著食品和农业倡议中心
Voluntary Qualified Importer Program（VQIP）	《自愿合格进口商计划》
World Bank（WB）	世界银行
Western Center for Food Safety（WCFS）	加利福尼亚大学戴维斯分校西部食品安全中心
Western Regional Center to Enhance Food Safety	加强食品安全西部区域中心
World Food Programme（WFP）	世界粮食计划署
World Health Organization（WHO）	世界卫生组织

目　录

第一章　食品安全社会共治基本理论

食品安全是重大的公众健康议题。就全球而言，含有有害细菌、病毒、寄生虫或化学物质的不安全食品可导致从腹泻到癌症等 200 多种不同的疾病。WHO 估计每年有 6 亿人（几乎每 10 个人中就有 1 人）因食用受污染的食品而患病，其中约 42 万人死亡。[1] 食品安全问题造成严重的健康和经济负担。2021 年 3 月 25 日，世界银行批准中国食品安全改善项目，其中指出，中国因消费不安全食品而承担了全球健康和经济负担的相当大一部分。据估计，就人力资本生产力损失而言中国每年的食源性疾病成本超过 300 亿美元，几乎占亚洲地区食源性疾病总经济负担的 50%。新冠肺炎疫情进一步加剧了食品安全挑战，特别是农产品加工、包装和运输方面的挑战。[2] 当前和今后一段时期，食源性疾病仍然是各国卫生系统的一项持续挑战。食品安全，通过各种措施减少因食品污染引发的疾病和死亡发生率，通过确保食品安全、健康和正确包装，保护公众免受食源性疾病危害，旨在保护和促进公众健康与福祉。食品链的每个部分都有责任保障食品安全，政府、食品生产经营者、社会组织、消费者等各方主体积极协作共治，是食品安全问题最终化解进而形成良性秩序的基本途径。

第一节　食品安全概念

一、食品的定义

各国食品安全相关法律多对"食品"概念加以界定。我国 2015 年《食品安全法》[3] 第 150 条将"食品"界定为：各种供人食用或饮用的成品和原料以及

---

[1]　https://www.who.int/news-room/fact-sheets/detail/food-safety.

[2]　Advancing China's Food Safety. https://www.worldbank.org/en/news/press-release/2021/03/25/advancing-china-s-food-safety.

[3]　即《中华人民共和国食品安全法》，为表述方便，本书涉及我国法律均省去"中华人民共和国"字样，全书统一，不再赘述。

按照传统既是食品又是中药材的物品，但不包括以治疗为目的的物品。此外，食用农产品的质量安全管理，依照《农产品质量安全法》的规定，同时也应遵守《食品安全法》关于食用农产品的市场销售、质量安全标准的制定、安全信息的公布及农业投入品等的规定。食用农产品，即供食用的源于农业的初级产品，是在农业活动[1]中获得的、供人食用的植物、动物、微生物及其产品。[2] 日本《食品安全基本法》第2条及《食品卫生法》第4条第1款将"食品"定义为：除《药事法》规定的药品、准药品以外的所有饮食物。[3] 美国《联邦食品、药品、化妆品法案》第二章（f）款将"食品"定义为：供人或其他动物食用或饮用的任何物品；口香糖；以及用作以上物品成分的物质。[4] 加拿大《食品药品法案》将"食品"界定为：食品包括任何加工、出售或者供人食用或者饮用的物品，口香糖，以及任何可能与食物混合在一起的配料或成分。《欧盟通用食品法》（EC178/2002）第2条所称"食品"（food or foodstuff）是指，不论是否经过加工、部分加工或未加工，供人食用或可能会被人食用的任何物质或产品。食品包括饮料、口香糖或在加工、制备、处理时添加于食品中的任何物质（包括水）。该法同时规定，食品不包括：饲料；活体动物（除非被制备成产品上市供人食用）；采收前的植物；药物产品；化妆品；烟草以及烟草制品；麻醉剂或精神类药物；残留物及污染物。《ISO22000：2018食品安全管理体系标准》（ISO22000：2018标准）中，"食品"是指用于食用的物质或成分，不论是否加工、半加工或未加工，包括饮料、口香糖及任何用于制造、制备或处理食品的物质，但不包括化妆品、烟草或仅用作药物的物质或成分。该标准对食品、饲料和动物食品进行了区分：食品是供人类和动物食用的，包括供人食用的食品、饲料和动物食品；饲料用于喂养供人食用的动物；动物食品用于喂养非供人食用的动物（如宠物）。国际食品法典委员会（CAC）《预包装食品标签一般标准》中，"食品"是指供人食用的任何物质，无论加工、半加工还是未加工，包括饮料、口香糖和用于制造、

---

〔1〕 农业活动，指传统的种植、养殖、采摘、捕捞等农业活动，以及设施农业、生物工程等现代农业活动。

〔2〕 植物、动物、微生物及其产品，指在农业活动中直接获得的产品，以及经过分拣、去皮、剥壳、干燥、粉碎、清洗、切割、冷冻、打蜡、分级、包装等加工但未改变其基本自然性状和化学性质的产品。

〔3〕 准药品，区别于药品，对人体的作用弱，不能积极治疗疾病，但具有预防效果。主要包括：防止呕吐以及其他不适感、口臭和体臭、防止痱子、溃烂、防止脱发、增发、除毛、驱除老鼠、蚊虫等的物质。

〔4〕 21 U. S. Code § 321 (f).

制备或处理食品的任何物质，但不包括化妆品、烟草或仅用作药物的物质。[1]

二、食品安全的定义

食品安全（food safety）的概念是在理解食品不安全的根本原因和解决方法的基础上，对食品安全政策、法律以及实践的回应。很多国家和国际组织食品相关规范和文件都对食品安全进行界定。我国《食品安全法》第 150 条对"食品安全"的定义为："食品无毒、无害，符合应当有的营养要求，对人体健康不造成任何急性、亚急性或者慢性危害。""无毒、无害"指不存在可能损害消费者健康的危害，或者食品是安全的，或者食品中的危害（hazard）属于可接受的程度；"符合应当有的营养要求"指符合食品安全相关的营养（nutrient）要求；"对人体健康不造成任何急性、亚急性或者慢性危害"指食品不存在任何立即的、近期的或远期的以及后续的可能对人体健康不利的影响因素。美国 FDA 编写的《食品安全 A-Z 参考指南》中，食品安全是确保不会因食用食品而导致疾病或伤害（illness or harm）的系统，"农场到餐桌"的种植养殖、加工、运输、零售和餐桌的连续统一体的每个主体在保持国家食品供应安全方面都要发挥作用。[2] 美国农业部对食品安全的定义为，食品安全是保护食品质量以防止污染和食源性疾病的条件和做法。[3]《欧盟通用食品法》（EC178/2002）第 14 条界定了"不安全食品"，即"对健康有害（injurious to health）；不适宜供人食用（unfit for human consumption）"。在确定食品是否"不安全"时应考虑：消费者在正常的生产、加工、分销情况下利用食品；通过标签或其他方式向消费者提供避免某种或某类食品特定不利健康影响的信息。判定食品是否"对健康有害"时应考虑：不仅包括对该食品食用者的健康可能造成立即或近期或远期的影响，而且包括对后代的影响；可能的累积毒性效应；特定类型消费者需特定产品的特定卫生敏感性（如含有过敏原）。判断食品是否适宜人们食用时，应根据预期用途考虑是否由于异物混入、腐烂、变质等原因造成食品污染而不适宜人们食用。联合国"世界食品安全日"活动中将食品安全界定为"不存在——安全——可接受水平"，[4] 是指食品中可能损害（harm）消费者健康的危害（hazard）不存

---

[1] CAC. GENERAL STANDARD FOR THE LABELLING OF PREPACKAGED FOODS (CXS 1-1985). Revised in 2018.

[2] FDA: Science and Our Food Supply: Food Safety A to Z Reference Guide, P19.

[3] "What does food safety mean?" https://ask.usda.gov/s/article/What-does-food-safety-mean.

[4] United Nation, World Food Safety Day 7 June: "What is Food Safety?", https://www.un.org/en/observances/food-safety-day.

在，或者食品是安全的，或者食品中的危害属于可接受的程度。[1] 1969 年国际食品法典委员会（CAC）的《食品卫生一般原则》（CAC/RCP 1-1969）中，[2]食品安全是指，保证食品在按照其预期用途制备和（或）食用时不会对消费者造成损害（harm）。[3] 1996 年世界卫生组织（WHO）《加强国家级食品安全计划指南》将"食品安全"定义为"确保食品按其既定用途进行制备、食用时不会使消费者健康受到损害"。[4] 世界粮食安全委员会 1999 年第 25 次会议义件表明，食品安全是指污染物、掺假物、自然产生的毒素或其他可能使食物急性或慢性损害健康的物质不存在、可接受或达到安全水平。[5] 联合国粮农组织 2006 年《加强国家食品控制系统：评估能力建设需求指南》中，食品安全是指确保食品在按照预期用途制备和（或）食用时不会对消费者造成损害。[6]《FAO/WHO 食品安全与营养科学建议框架》将食品安全界定为"保证食品在按预期用途制备和（或）食用时不会对消费者造成损害"。[7] ISO22000：2005 标准《食品安全管理体系——对食品链中任何组织的要求》中，食品安全是指食品按照其预期用途制备和/或食用时，不会对消费者造成损害。以往的食品安全的概念强调食品不会对消费者造成"损害"（harm）。近年来，随着预防原则的强化，一些国际组织对食品安全的概念作出了相应的调整。ISO22000：2018 标准《食品安全管理体系——对食品链中任何组织的要求》中，[8] 食品安全是指保证食品在按照其预期用途制备和/或消费时不会对消费者造成不利健康影响。该定义将"损

---

〔1〕 可接受的食品安全危害程度是指最终产品不得超过的水平。当规定可接受的安全危害水平时，相关主体必须考虑客户、法律和法规的要求，必须使用控制措施、临界限值和行动标准，确保不超过该水平。

〔2〕 该标准于 1997、1999、2003、2011、2020 年进行过 5 次修订。

〔3〕 GENERAL PRINCIPLES OF FOOD HYGIENE. CAC/RCP 1-1969.

〔4〕 该指南还将食品安全与食品卫生、食品质量进行了较为明确的区分。食品卫生是指"为确保食品安全性和适合性在食物链的所有阶段必须采取的一切条件和措施"，食品质量则被定义为"食品满足消费者明确的或者隐含的需要的特性"。

〔5〕 COMMITTEE ON WORLD FOOD SECURITY（25 Session）. THE IMPORTANCE OF FOOD QUALITY AND SAFETY FOR DEVELOPING COUNTRIES. 1999. http：//www. fao. org/3/x1845e/x1845e. htm.

〔6〕 FAO. Strengthening national food control systems：guidelines to assess capacity building needs. 2006. http：//www. fao. org/3/a0601e/a0601e. pdf.

〔7〕 FAO/WHO. FAO/WHO Framework for the provision of scientific advice on food safety and nutrition. 2018. https：//www. who. int/foodsafety/publications/nutrition-advice/en/.

〔8〕 ISO22000：2018 Food safety management systems — Requirements for any organization in the food chain. 2018. https：//www. iso. org/obp/ui/#iso：std：iso：22000：ed-2：v1：en.

害"（harm）一词改为"不利健康影响"（adverse health effect），[1] 以确保与食品安全危害定义的一致性。"保证"（assurance）一词强调了消费者与产品之间的关系基于食品安全保证。该标准还对食品安全的定义作出以下三点注释：其一，食品安全针对的是与最终产品中食品安全危害相关的公众健康方面，不包括与营养不良等有关的其他公众健康方面；其二，不要把食品安全与粮食安全的可供应性和可获得性混淆；其三，食品安全包括饲料和动物食品安全。2020 年《食品卫生一般原则》中，[2]"食品安全"概念也将"损害"改为"不利健康影响"，食品安全指确保食品按照其预期用途制备和/或食用时不会对消费者造成不利健康影响（adverse health effect）。

食品安全概念中"危害（hazard）""风险（risk）""损害（harm）"三个术语不能混淆。食品安全危害和食品安全风险是食品安全的两个关键术语。损害（harm），是对身体的损害或对健康的损害；风险（risk），是发生损害的可能性以及损害的严重程度；危害（hazard），是造成损害的潜在来源。①食品安全危害是食品中可能引起不利健康影响的生物、化学或物理因素（agent），具体包括微生物危害、农药残留、食品添加剂的滥用、包括生物毒素在内的化学污染物、掺假、转基因生物、过敏原、放射性物质、兽药残留、动物生长激素等。食品安全危害可能是自然发生的，也可能是无意引入的，还可能是有意引入的。美国国家食品微生物标准咨询委员会将危害界定为：一种生物、化学或物理因素，未被控制的情况下很有可能导致疾病或伤害。[3] 近年来一些国际组织食品安全相关文件中食品安全危害概念的变化。1969 年国际食品法典委员会（CAC）的《食品卫生一般原则》中，"危害"指食品中可能引起不利健康影响的生物、化学或物理因素或食品本身的状况。[4] ISO22000：2005 标准中，食品安全危害是食品中可能引起不利健康影响的食品中的生物、化学或物理因素或食品本身的状

---

〔1〕　不利健康影响的一般定义是"任何可导致疾病或健康问题的身体功能或细胞结构的变化"。不利健康影响包括：压力、创伤经历、接触溶剂等导致的精神状况的变化，以及对适应额外压力的能力的影响。

〔2〕　General Principles Of Food Hygiene. CAC/RCP 1-1969. Rev . 5-2020. https：//haccpmentor. com/new-changes-to-codex-haccp-now-in-force/#h-purpose-of-the-code.

〔3〕　The National Advisory Committee on Microbiological Criteria for Food（NACMCF），Hazard Analysis and Critical Control Point Principles and Application Guidelines，Journal of Food Protection，Vol. 61，No 9，1998.

〔4〕　General Principles Of Food Hygiene. CAC/RCP 1-1969.

况。[1]《欧盟通用食品法》（EC178/2002）中，[2]"危害"是指食物或饲料可能造成不利健康影响的生物、化学或物理因子和状况。食品的"状况"本身可能存在食品安全危害，食品安全危害也可能存在于动物饲料和饲料成分中。后来，"危害"的概念中删除了"状况"。比如ISO22000：2018标准中，食品安全危害是指食品中可能导致不利健康影响的生物、化学或物理因素。[3] 这一术语引用国际食品法典委员会的相关定义，以保持术语理解上的一致性和通用性。2020年《食品卫生的一般原则》中，"危害"是指食品中可能导致健康不利影响的生物、化学或物理因素。[4] 美国农业部食品检验检疫局的HACCP指南将食品安全危害定义为：任何可能导致食物在被人们食用时不安全的生物、化学或物理特性（property）。② "风险"不能与"危害"混淆。风险，指损害发生的概率[5]及其严重程度的组合。在食品安全方面，风险是食品中危害的后果，是食品暴露于特定危害时对健康产生不利影响（如患病）的概率及其影响严重程度（如死亡、住院）的函数。《欧盟通用食品法》（EC178/2002）中，[6] "风险"是指对健康产生不利影响的概率和这种影响的严重程度的函数，该影响是随危害而来的；"危害"是指可能对健康造成不利影响的食品或饲料中的生物、化学或物理因素及其本身的状况。ISO22000：2018标准将"风险"定义为"不确定性

---

〔1〕 ISO22000：2005. Food safety management systems — Requirements for any organization in the food chain. https：//www. iso. org/obp/ui/#iso：std：iso：22000：ed-1：v1：en.

〔2〕 Regulation （EC） No 178/2002 of the European Parliament and of the Councilhttps：//www. legislation. gov. uk/eur/2002/178/article/3.

〔3〕 相较于第1版，这一概念中删除了"条件"一词。新标准对食品安全危害有四层注释，一是"危害"一词不能与"风险"一词混淆，在食品安全方面，是指食品暴露于特定危害时导致不利健康影响的可能性（如患病）及其严重程度（如死亡、住院）。二是食品安全危害包括过敏原和放射性物质。三是在饲料和饲料原料方面，相关的食品安全危害是那些可以在饲料和饲料原料中和/或在饲料和饲料成分上、并可以通过动物消费被转移到食品中，因此动物或人类食用具有导致不利健康影响的可能性；在直接处理饲料和食品以外的业务（如包装材料、消毒剂的生产商）方面，相关食品安全危害是那些在按预期用途使用时可以直接或间接转移到食品中的危害。四是在动物性食品方面，相关的食品安全危害是指对用作食品的动物种类的危害。

〔4〕 GENERAL PRINCIPLES OF FOOD HYGIENE. CAC/RCP 1-1969. Rev . 5-2020. https：//haccp-mentor. com/new-changes-to-codex-haccp-now-in-force/#h-purpose-of-the-code.

〔5〕 发生的概率包括暴露于危害情况、危害事件的发生以及避免或限制损害的可能性。

〔6〕 Regulation （EC） No 178/2002 of the European Parliament and of the Councilhttps：//www. legislation. gov. uk/eur/2002/178/article/3.

的影响",[1]任何这种不确定性都可能产生积极或消极的影响，风险通常表示为风险来源、潜在事件及其后果和可能性，风险的特征通常表现为潜在事件或后果或二者的结合。风险多数仅指负面结果的可能性。食品安全风险，是指由食品中的危害产生的不利健康影响的概率和影响严重程度的函数。③确定危害和识别有关风险是确保食品安全和保障公众健康的核心组成部分。危害和风险是在可能出现不利后果的情况下常用的术语，这两个术语相互关联又具有不同的含义。在确定通过食物接触某一特定危害是否对消费者构成"风险"时，必须考虑到食用的可能性以及食用某一危害对健康造成不利影响的性质或严重程度。风险隐含着危害的存在，风险还包括额外的构成要素——在个体或群体中发生的可能性或概率，并考虑因接触危害而可能发生的健康影响的严重程度和后果。危害是风险的构成因素之一，但危害不等于风险。比如，汞可能存在于食物中，并可能对消费者构成潜在风险。但是如果食品中的汞含量很低，消费者面临的风险也会很低，因为偶尔接触低水平的汞通常不会对人们健康造成不利影响。

食品安全是多元、立体、复杂的系统。食品安全涉及食品、食用农产品、添加剂、食品相关产品及动物饲料和农业投入品等，涉及食品产品和食品链生产经营者的行为，涉及安全、卫生、营养要求、质量、诚实标示等属性。食品安全主要通过食品人员的培训、教育，食品生产操作规程的设计和严格执行，以及食品设备、设施的设计等来保障。食品安全法是涉及广泛的食品安全和消费者保护的法律规则，涉及食品安全风险分析、食品安全标准、食品安全控制要求、食品标签要求、食品安全事故处置、食品进出口等。食品安全法保证食品安全通常包含三层含义：一是保证食品不得含有食用后会损害公众健康的物质，即安全性；二是保证食品满足消费者所期望的属性[2]、内容[3]和质量[4]，即适宜性（food suitability）；三是保证食品的标签、广告和说明等不存在虚假或误导性。

---

〔1〕影响是偏离预期，可能是正面或负面偏离；不确定性是指对事件及其后果或可能性相关的信息、理解或知识的缺乏或了解片面的状态。风险的特征通常参考潜在的事件和后果，或二者的组合。风险通常表示为一个事件的后果和相应的发生可能性的组合。如《食品法典程序手册》所述，食品安全风险是不利健康影响的可能性和这种影响的严重程度的函数。

〔2〕指一种产品作为一种商品出售，但实际上是另一种商品，例如将马肉当做牛肉销售。

〔3〕物质是指食物中含有异物（例如昆虫）或具破坏性的残余物，或食物有法定或其他标准，而物质含量低于该标准，例如奶粉的蛋白质含量低于最低标准。特定产品所需的物质是通过成分标准来确定的。

〔4〕质量即品质，考虑食品中任何法定的成分标准。

三、食品安全与食品质量

食品安全和食品质量之间的区别，不仅影响公共政策，而且影响最适合实现预先确定的国家目标的食品控制系统的性质和内容。依据 FAO《确保食品安全和质量：加强国家食品控制系统的指南》，食品安全是指所有可能使食物损害消费者健康的慢性或急性危害，是不能妥协的；食品质量包括影响产品对消费者价值的所有其他属性。包括负面属性和正面属性。

食品质量是食品的一个复杂特征，决定食品价值或消费者的接受程度。除了安全性外，质量属性还包括：营养价值、感官特性[1]和功能属性。[2] 食品质量包括影响产品对消费者价值的正面属性（如食品的来源、营养价值、产地、颜色、风味、质地和生产或加工方法），以及负面属性（如腐败、污染、变色、异味）。[3] 国际标准化组织《ISO9000：2015 质量管理体系——基础和术语》将质量定义为客体的一组固有的特性满足要求的程度。质量术语可以用"差""好"或"极好"等形容词修饰。"固有的"，相对于"赋予的"，是指存在于客体中。"固有的特性"是产品、体系或过程的内在特性，主要包括适用性和安全性两个方面，具体包括性能、适用性、安全性、耐用性、可靠性、经济性、卫生性等。质量概念的关键是"要求"，"要求"指明示的、通常隐含的或义务性的需求或期望，"通常隐含的"指对组织和利益相关方而言，所考虑的需求或期望是不言而喻的，这是惯例或普遍做法。"明示的要求"即经明示的要求（如在形成文件的信息中阐明），明示的要求可使用限定词表示，如产品要求、质量管理要求、顾客要求、质量要求。"要求"可由不同的利益相关方提出，也可以由组织提出。为实现较高水平的顾客满意，可能需要满足顾客既没有明示也不是通常隐含或必须履行的期望。FAO《确保食品安全和质量：加强国家食品控制系统的指南》，食品安全是指所有可能使食物损害消费者健康的慢性或急性危害，是不能妥协。食品质量是产品符合明示或隐含需求的属性和特征的总和。质量保证体系的设计是为了向客户保证所交付的产品与合同规定的产品特性或生产过程的一致性。这在交易中发挥着至关重要的作用，因为食品安全和质量属性难以通过感官确定，食品安全和质量保证体系可以采取多种形式。各种质量保证系统有两个

---

〔1〕 如外观、颜色、质地、味道。

〔2〕 COMMITTEE ON WORLD FOOD SECURITY（25 Session）. THE IMPORTANCE OF FOOD QUALITY AND SAFETY FOR DEVELOPING COUNTRIES. CFS：99/3 http：//www. fao. org/3/x1845e/x1845e. htm.

〔3〕 FAO. Strengthening national food control systems Guidelines to assess capacity building needs. 2006. http：//www. fao. org/3/a0601e/a0601e. pdf.

共同特点：一是依赖生产过程和实践文件；二是第三方审核和认证。食品安全考虑食物的物理、微生物和化学方面可能对人体健康有害的因素，以及如何将这些因素降至最低。食品质量是指食品的外观（如颜色和表面质量、质地、风味和气味）是否适合食用（fitness for purpose），以及如何改善。营养素（nutrient），很多时候也称营养，是指在整个生命阶段，从食物中获取的维持人体健康所必需的营养物质。"营养质量"指：饮食中个别营养素的适当水平；饮食中营养素之间的适当水平；营养素的生物利用度，如吸收、消化和利用；非营养素[1]如纤维、植酸盐等天然存在于食物中的物质的营养价值。[2] 三者相互关联、在食品生产中都很重要。食品的安全性和营养性是食品生产、流通、经营和消费的灵魂，其中安全性是营养性的基础，因而是核心的特质。[3] 缺失安全性的食品，禁止上市，禁止向消费者提供。

四、食品安全与粮食安全

（一）粮食安全的定义

2009年《粮食安全问题世界首脑会议宣言》中，[4] "粮食安全是指所有人在任何时候都能在物质、社会和经济上获得充足、安全和有营养的食物，以满足其积极和健康生活的饮食需要和食物偏好。粮食安全的四大支柱是可供应性、可获得性、可利用性和稳定性。营养维度是粮食安全概念的组成部分"。由于语言因素，在英语中，食品安全和粮食安全分别表示为 food safety 和 food security，在汉语中，"安全"（safety）和"安全"（security）没有区别，食品安全和粮食安全之间存在一些混淆。

粮食安全的四大支柱是可供应性（availability）、可获得性（access）、可利用性（utilization）和稳定性（stability）。①可供应性是指食物是否具有实际或潜

---

〔1〕 非营养素，也称为非必需营养素，是指由身体产生或从食物中吸收的元素，虽然不是人体功能严格必需的，但可能是维持身体健康需要的。非营养物包括膳食纤维、一些氨基酸、抗氧化剂、益生元和益生菌。必需营养素和非必需营养素的主要区别在于，人体完全不能合成必需营养素或不能合成足够数量的必需营养素，必须通过饮食获取。而非必需营养素，人体可以合成，也可以通过饮食获得，对健康有重大影响。

〔2〕 7 USC 5302. Title 7 AGRICULTURE. CHAPTER 84–NATIONAL NUTRITION MONITORING AND RELATED RESEARCH.

〔3〕 王晨光："食品安全法制若干基本理论问题思考"，载《法学家》2014年第1期。

〔4〕 DeClaration Of The World Summit On Food Security. http：//www.fao.org/fileadmin/templates/wsfs/Summit/Docs/Final_ Declaration/WSFS09_ Declaration.pdf.

在的物质存在，包括粮食生产、粮食储备、市场营销和运输以及野生食品。在粮食安全委员会的定义中，可供应性指的是充分（sufficient）。在世界粮食计划署的定义中，可供应性是指一个国家或地区通过各种形式的国内生产、进口、粮食储备和粮食援助而存在的粮食数量。可供应性强调物理条件上的可供应性，食物应该有足够的数量，应始终如一地从自然资源中获得，并在当地市场上销售。可供应性涉及粮食安全的"供给侧"，取决于粮食生产水平、库存水平和粮食贸易。②可获得性是指家庭和个人是否有足够的途径获得食物。食物可获得性的三个要素包括物理、经济和社会文化。一是物理方面，指在人们实际需要食物的地方有食物供应。二是经济方面，指人们需要食物的地方都有食品商品供应，家庭也有经济能力定期获得足够数量的食物以满足其需要。人们越来越认识到，可供应但负担不起的食品商品将决定粮食不安全的情况。世界粮食计划署强调经济或财政方面，将粮食可获得性定义为一个家庭通过购买、交换、借贷、粮食援助等多种方式定期获得足够数量食物的能力。三是社会文化方面，指食品大宗商品可能是可供应、可获得的，但可能因某些群体的人口性别或社会原因而存在影响获得食物的社会文化壁垒。可获得性强调经济和物理条件上的可获取性。无论通过家庭生产、购买、食物援助或其他方式，任何地方的人都必须能够在物质和经济上获得其所需的足够数量的粮食。③可利用性是指家庭及个人是否最大限度地消耗足够的营养物质和能量。食物必须满足根据个人的年龄、生活条件、性别和职业的营养需要，食物必须是安全的供人类消费，在文化上是可接受的。食物可利用性指的是满足人们饮食需要的安全和有营养的食品，食品必须优质、安全。首先，可利用性维度显示了营养与粮食安全的紧密联系，没有适当的营养就不可能有粮食安全。营养利用通常被理解为身体充分利用食物中各种营养物质的方式。个人摄入足够的能量和营养是良好的护理和喂养方法、食物制备、饮食多样性和家庭内食物分配的结果，再加上对所消费食物的良好生物利用，决定了个体的营养状况。仅仅具备可供应和可获得食物不足以确保人们安全和营养的饮食。还有一些因素发挥作用，比如食品的选择、保存和制备以及营养物质的吸收。不应该理所当然地认为，所有人知道如何最好地利用食品。事实上，生活在有粮食供应的地方的人能够充分获得粮食，但仍然营养不良，主要原因是没有正确地利用粮食商品。需要通过培训教育，帮助人们优化利用可供应和可获取的食物。粮食利用还与清洁的水、卫生和保健服务有关。因此，这一层面不仅指营养，而且还涉及与食品商品的使用、保存、加工和制备有关的其他因素。其次，可利用性维度强调关注食品安全问题，需要充分认识到，食品安全是一般粮食安全的基本组成部分。开发食品安全与粮食安全之间的联系，并在"粮食安全从业人员"工具箱中加入一些与食品安全直接相关的要素。世界卫生组织（世卫组织）和联合国粮农组织联合成立了食品法典委员会，通过制定有关食品加工、标签、分析取样、卫生要求等方面的国际标准来管理食品安全。④稳定性是指整个系统稳定的条件和状况，从而确保家庭和个人在任何时候都有粮食安全。稳定性问题可以指短期的不稳定（会导致严重的粮食不安全）或中长期的不稳定（会导致长期的粮食不安全）。气候、经济、社会和政治因素都可能是不稳定的根源。粮食安全的四个方面并非同等重要，各自的权重取决于不同国家的具体情况，不同国家在其粮食安全路径上面临不同程度的挑战。稳定性指"在任何时候"。稳定性首先适用于粮食安全的前三个方面，即可供应性、可获得性、可利用性。粮食安全是一种状况，不是在某一时刻、某一天或某一季节发生的情况，而是一种具有可持续性的永久基础。

（二）食品安全是粮食安全的先决条件

食品安全是食品系统的一个严重的问题。食品中微生物、化学或其他危害的普遍发生仍然是食品系统的一个严重问题。全球每年约有 6 亿例食源性疾病，儿童和低收入者首当其冲。不安全食品不仅是一个严重的公共卫生问题，而且还对农民的收入、食品生产经营者的经营收益及其商业和贸易的连续性产生负面影响。

没有食品安全就没有粮食安全。食品只有是安全的，才能满足饮食需要，才能有助于确保每个人都能过上积极和健康的生活。这也被称为粮食安全的利用层面。《支持在国家粮食安全范围内逐步实现充足粮食权的自愿准则》强调，无论通过国内生产还是进口，均须确保食品安全和消费者保护的法律和制度安排。2018 年联合国大会第 73/250 号决议《宣布 6 月 7 日为世界食品安全日》提出，没有食品安全就没有粮食安全，在一个食品供应链变得更加复杂的世界里，任何不利的食品安全事件都可能对公众健康、贸易和经济产生全球性的负面影响。改善食品安全对贸易、就业和减贫有积极贡献。促进可持续农业有助于食品安全。食品是人们能量、健康和幸福的起点。人们经常理所当然地认为食品是安全的，但在一个日益复杂和相互关联的世界里，食品价值链越来越长，食品安全风险日趋复杂，食品安全标准和法规变得更加重要。健康饮食始于安全的食物。不安全的食品会导致严重的疾病甚至死亡。消费者有权期望购买和食用的食品是安全的、符合预期质量。食品安全在粮食安全的可供应性、可获得性、利用性和稳定性四大支柱中发挥着关键作用。

第二节　食品安全社会共治机制

食品安全社会共治已成为国际共识性做法。人人享有安全、健康、营养的食物，是一项基本人权。随着工业化、市场化、城市化以及全球化、信息化的深入发展，加之食品技术不断创新及应用，食品生产、供应、消费等方式日益复杂，食品安全风险日趋叠加，各国食品安全系统受到前所未有的挑战。20 世纪 80 年代以来，随着公共治理理念的提出，欧、美、日等国家和地区相继在食品安全立法中确立了公众健康至上的目标，研究重点逐渐由行政监管转向社会共治，强调"农田到餐叉"的全过程控制，强调透明性和公众参与等社会共治理念，强调风险分析框架这一新的治理工具。世界卫生组织 2002 年《全球食品安全战略》应对食品安全的方针包括：建立以风险分析为基础、可持续、综合性食品安全体系；以科学为基础，制定保障食品链全程安全的各项措施；与其他部门和伙伴合作，评估、管理、交流食品安全风险。[1] 联合国粮农组织 2004 年《处理食品安全和质量的食品链方式的战略》提出"建立或加强综合食品系统，提供安全食品的责任由食品链中的所有各方共同承担"。联合国粮农组织和世界卫生组织的《保障食品安全和质量：强化食品控制体系指南》指出，当一国主管部门准备建立、更新、强化或在某些方面改革食品控制体系时，该部门必须充分认识食品控制人人有责，需要所有的利益相关者积极合作。欧盟 EC178/2002 号法令《食品法的基本原则和要求》强调，为确保食品安全，必需对食品生产链的各个方面作为一个统一体加以考虑，包括原料生产、动物饲料生产以及销售，因为每个环节都可能对食品安全带来潜在危害。日本《食品安全基本法》明确了中央、地方公团、生产经营者（包括生产者、运输者、销售者、经营者）和消费者各自的责任。美国 2011 年《FDA 食品安全现代化法案》要求在整个食品供应链上建立基于预防的控制机制，加强所有食品安全部门（包括联邦、州、地方、海外领地、部落以及外国机构）合作关系，以实现维护公众健康的目标。

一、食品安全社会共治提出及入法

（一）学界提倡

在《食品安全法》修订过程中，学界呼吁食品安全社会共治，发挥法治引

---

[1] 世界卫生组织：《世界卫生组织全球食品安全战略：增进健康需要更加安全的食品》，世界卫生组织 2002 年发布。

领和保障作用。有学者强调食品安全需要综合治理，需要整合各种机制和方式，凝聚起维护食品安全的强大合力。[1] 有学者认为应把握理念与制度、体制与机制、政府与企业、中央与地方、监管与治理的关系，强调从法律机制上鼓励动员社会各方参与食品安全监督，构建食品安全"社会共治"格局。[2] 有学者认为应当正确处理政府与市场之间的互动关系，构建协同共治的食品安全治理金字塔结构。[3] 有学者提出，在众多的食品安全治理手段和机制中，运用法治手段治理食品生产、流通、经营和消费是食品安全的可靠保障，这样可以有效解决食品从生产到消费所涉及的部门多、环节多、生产经营者多、地域跨度大等问题，形成一体化的食品安全治理体系，并主张建立全社会共治的有效联动机制。[4]

（二）政策导入

食品安全社会共治是我国食品安全战略目标及其策略手段的集中概括。2013年全国食品安全宣传周的主题为：社会共治、同心携手维护食品安全，强调构建企业自律、政府监管、社会协同、公众参与、法治保障的食品安全社会共治格局。2014年政府工作报告提出，"建立从生产加工到流通消费的全过程监管机制、社会共治制度和可追溯体系"。安全、营养的食品是影响人类健康的首要因素，而健康有利于提高生活质量，改善劳动者的生产能力，增强学习能力，增进家庭和社区福祉，支持可持续的生态和环境，并有助于公共安全和社会稳定。食品安全及公众健康因与经济社会发展之间的这一联系而被推到所有国家政治议程的重要位置。2015年十八届五中全会提出：实施食品安全战略，形成严密高效、社会共治的食品安全治理体系。这一举措将食品安全提升为国家战略，并将社会共治作为实现食品安全战略目标的手段。国家食品安全战略是指国家为实现食品安全目标制定大规模、全方位的长期行动计划，为国民健康提供长期的解决方案。通常战略目标是相对于策略手段而言的，食品安全是战略目标，社会共治是策略手段。在此意义上，"食品安全社会共治"一词承载了国家食品安全战略目标及实现目标的策略手段。

（三）立法确立

2015年修订的《食品安全法》确立、贯彻了食品安全社会共治原则，明确

---

〔1〕韩大元、孟涛："食品安全治理，人文社会科学大有可为"，载《光明日报》2014年1月17日第7版。

〔2〕徐景和："科学把握食品安全法修订中的若干关系"，载《法学家》2013年第6期。

〔3〕刘俊海："以重典治乱理念打造《食品安全法》升级版"，载《法学家》2013年第6期。

〔4〕王晨光："食品安全法制若干基本理论问题思考"，载《法学家》2014年第1期。

了保障食品安全是全社会的责任。《食品安全法》第3条将"社会共治"确立为食品安全工作的一项基本原则，明确规定"食品安全工作实行预防为主、风险管理、全程控制、社会共治，建立科学、严格的监督管理制度"。该法同时构建了"地方政府守土有责、监管部门各负其责、企业负首责、消费者和社会监督责任"的食品安全责任体系，体现了"公共部门、私人部门、第三部门、消费者"共同参与保障食品安全的社会共治制度设计。"社会共治"反映《食品安全法》的目的或价值，贯穿于《食品安全法》立法、执法、司法、守法全过程，是连接《食品安全法》各原则的轴心，是联系《食品安全法》的总则与分则以及各条文之间关系的重要纽带，并从消费者层面、生产经营者层面、国家和地方政府层面、国际层面、社会组织层面以及其他利益相关者层面构建社会共治体系。

（四）食品安全社会共治的概念及特征

食品安全社会共治是指，食品安全利益相关者在食品安全与公众健康目标下，对食品安全各负其责，并通过各自决策和行动的公开透明以及相互之间的协同合作，共同预防和控制食品安全风险、共同保障食品供应体系安全、共担食品安全责任的各种活动、过程、方法。社会共治的实现仰赖于所有利益相关者的目标一致、责任明确、透明合作、风险交流。具体要求包括：一是确立食品安全社会共治的目标——食品安全和公众健康。通过信息透明和食品安全风险交流在不同利益主体间达成共识。二是共担责任，协同合作。以责、权、利为纽带，科学合理设置不同治理主体的角色和功能，同时注意发挥不同主体之间的协同作用。三是加强共治能力建设。全面实施食品安全战略，有组织、有系统地运用风险分析方法，是实现国家食品安全战略目标的最佳途径，也是食品安全社会共治的基本路径。具体包括建立风险监测信息系统、提升风险评估能力、贯彻风险管理策略、搭建风险交流平台。其中，各利益相关者的责任明确和所有利益相关者的合作是食品安全社会共治的两个基本要素。不同于以往的食品安全控制体系，食品安全社会共治具有如下特征：

1. 预防为主。食品安全社会共治从被动应对危机转为主动预防食品安全风险，强调利益相关者共同参与，强调各方主体的责任明确，强调基于科学的风险分析框架。不同于以往的主要通过对社会上发生的食品安全危机进行被动反映的食品安全治理模式，食品安全社会共治最大的价值和创新之处在于，发动所有利益相关者主动应对食品安全风险，通过风险识别和预警机制，以可控方式和节奏主动释放风险，提升食品安全风险防控能力，是提升国家食品安全治理能力的新框架。社会共治能够最大化地分散食品安全风险，各利益相关者通过程序性机制在相互交流与合作、竞争与冲突中主动理解和应对风险，有效预防和化解食品安全风险。

2. 权责关系上，以"责任"为中心。面对规模化、社会化的食品安全风险，每个人都容易受伤，任何人都难以自保。为了个人的自我生存，产生了对他人和社会的责任。即人人享有获得安全食品的权利并单独或与他人共同对食品安全负责。基于食品安全利益的社会公共性以及食品安全风险的社会性，不同于以权利为中心的立法，食品安全法主要是以"责任"为中心的制度设计，保障食品安全是全社会的责任。为了实现人人享有安全、健康食品的目标，强调每个人单独或与他人共同对食品安全担责。这种担责首先是一种全面的、主动的识别过程，以识别各利益相关者的决策和活动对食品安全与公众健康的现实和潜在的负面影响，目的是避免和减少这些影响。

3. 因果关系上，注重风险产生的条件。食品安全风险的社会性要求在注重食品安全风险产生后果的同时，注重风险产生的因果条件，认知食品安全事故发生的潜在原因，进行危害分析，控制风险因素，降低风险事故发生的概率，减少风险损害的幅度。食品安全社会共治基于个人或组织的决策和行为对食品安全的影响或被影响这一因果"链条"，是开放、透明、动态的过程。

4. 从重视检验检测转向过程控制与检验检测并重。以往大多数食品安全管理体系主要从"食品"这一客体角度进行制度设计，侧重于对市场中的不安全食品发现、确认、处理，基于对不安全食品的立法、强制清除市场上不安全食品，并在确认事实后给责任者以处罚。然而"社会共治"不单纯关注"食品"这一最终产品，而是深入到生产经营者内部，关注生产经营全过程控制，关注全产业链生产经营者的经营决策和经营行为，采取措施预防食品安全风险，保证不安全的食品不进入市场，并通过检验检测发现、确认市场中的食品安全问题并做出及时反应。食品安全社会共治不仅围绕着食品、食品添加剂、相关产品、饲料等进行制度设计，而且围绕着食品生产经营者资格、行为、责任进行制度设计。

5. 以风险为基础的科学方法。对市场上的每一种食品都进行检查和测试，以检查所有可能的危害，是不可行的；应用科学对食品安全危害进行优先排序和预测，依靠食品链不同过程节点和阶段的预防措施和控制装置，减少食品安全问题及其负面后果的可能性，则是可行的。微生物学、毒理学、化学、流行病学、生物学、遗传学和许多其他科学学科的研究提供了食品安全危害及其风险的证据，并帮助选择管理危害的方法（政策、标准、实践）。

二、食品安全社会共治主体：利益相关者

（一）从"社会"含义方面确定食品安全社会共治主体

从"社会"的含义看，食品安全社会共治主体指社会活动的主体，具体包括政府、产业、社会组织和社会个体等层面。"社会"一词最早出现在《旧唐书·玄宗纪上》中，"社"指土地之神或祭祀之所，"会"指集合，"社会"指每年春秋两季乡村学塾祭祀土地神的集会。[1] 英语"society"源于拉丁语"socius"，意为"伙伴"，由日本学者在明治年间翻译为"社会"，后传入中国，指"以群体形式生活在一起的人的总称"。在现代词典中，"社会"指"由志趣相投者结合而成的组织或团体"，[2]"以共同的物质生产活动为基础而相互联系的人类生活共同体"。[3] 社会作为有机整体，是由流变与变化着的、处于不同领域的、扮演不同角色、具有不同智识和功能的个体互动构成的有机整体，整体中的个体之间以及个体与整体之间的关系是有机依存关系，社会不是闭锁的个体的简单相加，而是开放地流变与变化着的个体不断同构地生成的独立的存在。[4] 社会主体是处在一定社会关系中，从事实践活动的个人及其群体，包括社会个体和社会组织，即个人和组织。社会个体和社会组织是社会活动的主体和基础，也是构成社会的细胞和基本单元。其中，对社会组织的外延界定是确定社会共治主体的关键。社会组织有广义、中义和狭义之分，广义的社会组织指人们从事共同活动的所有群体形式，包括氏族、家庭、阶级、阶层、集团、民族、国家、政府、军队、企业和学校等。中义的社会组织是为实现特定目标而有意识地组合起来的社会群体，主要包括政府（又称第一部门或公共部门）、企业（也称第二部门或私人部门）、社会组织（狭义的社会组织，也称第三部门）。狭义的社会组织仅指除政府和营利性企业之外的第三部门，也称非政府组织、非营利性组织。作为和社会个体并列的社会主体的社会组织是中义的社会组织，以此为主要划分标准，食品安全社会共治主体可分为政府、企业、社会组织、消费者个体等层面。

---

〔1〕《旧唐书·玄宗上》："十八年闰六月辛卯，礼部奏请千秋节休假三日，及村间社会并就千秋节先赛白帝，报田祖，然后坐饮，散之。"

〔2〕《汉语大词典》，上海辞书出版社1998年版，第834~835页。

〔3〕《简明社会科学词典》，上海辞书出版社1983年版，第522页。

〔4〕刘水林："从个人权利到社会责任——对我国《食品安全法》的整体主义解释"，载《现代法学》2010年第3期。

（二）从食品安全风险层面识别食品安全社会共治主体

从食品安全利益与风险角度看，食品安全社会共治主体包括所有食品安全利益相关者，包括从农田到餐桌的食品产业链所有生产经营者（包括种植养殖者、生产加工者、储存运输者、分销商、零售商等）、消费者、政府监管者和社会组织等。食品安全社会共治主体与食品安全风险与利益相联系，食品安全风险与利益相伴相生，识别利益相关者与界定食品安全风险密切相关。食品安全利益相关者是指其决策和活动可能影响食品安全或风险的个人或组织，或其决策和行为受食品安全或风险影响的个人或组织。风险界定是各种受影响的利益相关者通过竞争和冲突的利益、要求和观点，以原因和结果、制造者和受害者的方式共同推动。现代工业化的食品供应体系中，人为风险超过自然风险成为食品安全风险结构的主导内容，即食品安全风险主要是伴随着利益相关者（个人和组织）的决策和行为而产生的。食品安全风险是食品工业和科技发展的直接产物，同时也受社会、政治、经济等因素的影响。反过来，食品安全风险不仅影响公众健康，而且对政治、经济、社会等也有影响。食品安全风险可能产生于食品产业链的任何一个环节，不仅食品及其原料本身会存在有害物质，而且，食品及其原料在生产、加工、运输、包装、储存、销售、消费等环节，也会因物理、化学、微生物以及人为蓄意掺假等因素而产生食品安全风险。食品安全利益相关者包括整个食品产业链每个环节的所有参与者，包括政府、企业、行业组织、消费者组织、社会第三方机构、媒体、大学、研究机构、消费者等。此外，由于食品产业链跨国境，食品安全风险呈现国际化态势，因而食品安全需要国际层面各个国家、地区、全球共同努力，食品安全利益相关者也包括国际间政府组织、非政府组织以及跨国公司等。识别食品安全利益相关者的因素主要包括：谁是食品安全风险的制造者？谁受到食品安全风险的影响？谁能够有效控制食品安全风险？谁对食品安全负有责任？谁可能影响食品安全？谁可能受食品安全影响？谁关注食品安全？谁能影响食品安全保障能力？如果被排除在参与进程以外，谁将处于不利地位？在食品价值链中谁会受到影响？依据 ISO22000：2018 标准，"利益相关者"是指能够影响、被影响或认为自己被决策或活动影响的个人或组织。[1] 食品安全利益相关者即影响食品安全决策和活动或受其影响的所有个人和组织。

食品安全利益相关者包括食品链每个环节的所有参与者，主要涉及消费者层面、生产经营者层面、国家和地方政府层面、国际层面、社会组织层面（狭义的

---

〔1〕 ISO22000：2018 Food safety management systems — Requirements for any organization in the food chain. 2018. https：//www. iso. org/obp/ui/#iso：std：iso：22000：ed-2：v1：en.

社会组织）以及其他利益相关者。政府层面，纵向包括中央、地方、基层，横向包括食品安全不同监管部门；生产经营者层面包括种植养殖者、生产加工者、运输储存者、批发零售者等整个食品产业链各主体；社会组织层面包括行业组织、消费者组织、社会中介机构、媒体、其他社会组织（如大学、研究机构等）；国际层面，如联合国粮农组织、世界卫生组织、食品法典委员会等；消费者层面主要指作为个体的消费者。

三、食品安全社会共治对象

食品安全社会共治对象为食品链全过程的食品安全风险。食品安全不可能零风险，风险是客观的、普遍的，可能存在于食品产业链的任何一个环节。市场化的食品供应无论规模大小都涉及种养殖、运输、储存、销售、烹饪、供应、消费等环节，其中任何一个环节的食品安全风险都会引发食品安全问题。在食品产业链的每个环节都要考虑可能的风险，以确保所生产食品的安全。食品安全社会共治的对象是产业链全过程的食品安全风险，即从农田到餐桌的食品生产经营全过程，包括产地环境、投入品种、食品种植养殖、生产加工、运输储存、销售、制备、消费等所有环节和步骤，也包括食品进出口环节。食品安全社会共治要求在食品产业链全过程建立基于预防的控制机制。社会共治对食品安全的理解从规模生产转向新兴技术风险，开始关注产业链全过程的食品安全风险，关注客观风险和主观风险。首先，从食品供应链的角度，将食品安全风险分为食品污染和食品掺假。并在此基础上分配监管资源，构筑食品风险共治系统。关注食品污染，降低食品污染风险。关注食品掺假，降低食品欺诈。其次，从主客观角度，将食品安全风险分为客观风险和主观风险。客观风险主要指危害可能性与严重性的科学评估，危害包括健康和经济方面，与食品安全相对应；主观风险指作为个体感知的风险进行评估，与消费者食品安全信心相对应。食品安全社会共治不仅要实现客观上的食品安全，也要追求主观上的消费者食品安全信心。

四、食品安全社会共治的逻辑关系

从词源意义上讲，"共"即"同"，含共享、共担的意思。[1] "共"隐含"共利"的意思，即共享利益，《韩非子·外储说右上》："仁义者，与天下共其所有而同其利者也。""共"还有"共害"的意思，即共同承受祸患。食品安

---

[1]《说文解字》："共，同也。"

社会共治之"共"即共享食物安全、共担食品安全风险。此外，"共"同"拱"，有"环绕中心的意思"。子曰："为政以德，譬如北辰。居其所而众星共之。"由此可以引申为政府居于引导地位。治，即治理，通过有关倡议动员、议程设定、政策制定、决策（包括规范制定）、实施、问责的相关进程（过程、程序）和机制，推动食品安全和营养成果成为不同行动者首要职责的行动者网络。食品安全社会共治不仅强调政府、产业、社会组织和消费者个体等主体的共同参与，共同担责，而且强调正确处理政府、企业、消费者、社会组织等之间的关系，理顺食品安全社会共治逻辑顺序。

第一，生产经营者发挥基础性作用，是食品安全社会共治的基础。保障食品安全是生产经营者的法定义务，生产经营者是食品安全第一责任人，对食品安全负主体责任。食品生产经营者在风险信息和技术等风险控制能力方面最有优势，在食品安全风险认知程度、控制能力以及食品安全管理目标、管理重点和管理手段等方面，生产经营者都处于优势地位。因而在社会共治体系中处于基础性地位，发挥着决定性作用。在处理政府与生产经营者关系上，要求政府的决策和监管必须遵循食品市场规律。生产经营者的主动合规是食品安全的基础。由私营受监管部门自己进行管理，而不是放松监管。[1] 用更灵活、更少以国家为中心的监管形式取代传统的自上而下的监管——包括自我监管、联合监管、基于管理的监管、私人治理体系和经验上的知情监管——挑战了现有的监管概念，"促进合法合规、有效和积极参与的新治理"。

第二，政府的引导和规范作用。在所有利益相关者开展对话、互动合作，共同应对食品安全问题和挑战的社会共治体系中，政府必须发挥引导、规范、保障作用，制定有利于食品安全与公众健康的农业食品政策、法律、标准；加强保障风险分析、HACCP 体系、追溯体系、召回体系、诚信体系、信息体系等领域的基础设施建设；加强宣传教育，增进食品安全意识。在处理政府与生产经营者的关系上，强调发挥生产经营者的诚信和自律，但是信任不能代替监管。

第三，消费者的推动作用。食品安全利益最终归属者是消费者，由于缺乏直接利益驱动机制，政府和企业往往对食品安全风险反映不够积极，因而，消费者的压力和主动性是食品安全社会共治体系的起点和源动力。

第四，社会组织的社会监督作用。政府必须对不断变化的食品安全风险作出

---

〔1〕 See Orly Lobel, New Governance as Regulatory Governance, in THE OXFORDHANDBOOK OF GOVERNANCE 65（David Levi-Four ed. 2012）; see also Orly Lobel, TheRenew Deal: The Fall of Regulation and the Rise of Governance in Contemporary LegalThought, 89 MINN. L. REV. 342（2004）.

快速反应，由于缺乏认同感，政府部门与食品企业、消费者之间跨组织层次的交流极其困难，政府部门难以对新情况作出及时反应。人们容易认同自己直接所属的社会组织，通过授权社会组织来分散决策权可以帮助政府对新情况作出及时反应，从而有效解决问题。社会组织既能影响企业，又能影响政府。因此，应充分发挥行业组织、消费者组织、其他社会第三方组织在食品安全风险监测、风险评估、风险自查、快速检测方法评价等方面的作用。在处理社会组织与政府的关系上，强调发挥社会的作用，这不是政府责任的让渡，而是政府职能的转变。

五、食品安全社会共治的实体保障：各利益相关者各尽其责的责任机制

面对规模化、社会化的食品安全风险，每个人都容易受伤，任何人都难以自保。为了个人的自我生存，由此产生了对他人和社会的责任。即人人享有获得安全食品的权利并单独或与他人共同对食品安全负责。基于食品安全利益的社会公共性以及食品安全风险的社会性，不同于以"权利"为主导的制度设计，食品安全社会共治主要是以"责任"为主导的制度设计，强调每个人单独或与他人共同对食品安全担责。这种担责首先是一种全面的、主动的识别过程，识别利益相关者的决策和活动对食品安全与公众健康的现实和潜在的负面影响，目的是避免和减少这些影响。

针对复杂的食品安全风险，遵循"自我利益和责任"一致的原则，明确食品安全各利益相关者的责任，各司其职，是实现食品安全最终目标的有效机制保障。每一特定角色的作用都须得到重视，并设置科学、明确的法律责任，形成系统化的规范制度体系。从食品安全风险角度进行权责配置，强调"责任主导性"。

（一）基于对自己行为和决策担责的原理，生产经营者是食品安全第一责任人

食品生产经营者对食品安全负有基本责任，应当依照法律、法规和食品安全标准从事生产经营活动，有责任在食品产业链的各个环节适当地采取必要措施，预防和控制食品安全风险，防止和减少食品安全危害，保障食品安全。

食品生产经营者是通过向社会公众提供食品而获取利润的自然人、法人、非法人组织，是食品市场的微观基础。从权利义务一致的角度来看，经营者经营自由，一方面体现为生产自由、销售自由、管理企业自由、竞争自由；另一方面体现为责任自担，即经营者对自己的经营决策和行为负责。具体到食品安全领域，一方面要保障食品生产经营者生产经营的自由，另一方面要落实企业食品安全责任，保证生产的食品质量安全。因而，食品生产经营者为食品安全的第一责任人

是符合市场经济规律的法律制度设计。食品生产经营者对食品安全负有基本责任，应当依照法律、法规和食品安全标准从事生产经营活动，有责任在食品产业链的各个环节适当地采取必要措施，预防和控制食品安全风险，防止和减少食品安全危害，保障食品安全。生产经营者的食品安全控制，一是通过生产经营者内部所有部门改进技术设施，确保食品安全。二是通过选拔和教育培训，确保员工具备适合其工作和职责的条件和能力。三是建立适当机制鼓励员工报告可疑的行为和活动。

全世界的现代食品安全体系越来越强调生产经营者的食品安全责任。欧盟《食品法的基本原则与要求》第 17 条第 1 款明确了生产经营者的责任，食品及饲料生产加工、销售各环节的经营者，应保证他们的产品符合相应的食品法并保障有关要求得到满足。《日本食品安全基本法》第 8 条规定：①生产、进口、销售或者从事其他可能影响食品安全的经营活动的经营者负责在食物供应过程的每一阶段，采取适当的必要措施，确保食物安全。包括供农业、林业、渔业使用的化肥、农用化学品、饲料、饲料添加剂、兽药和其他生产资料的经营者，食品（包括用作原料或材料的农业、林业和海洋产品）经营者、添加剂经营者、食品相关产品（包括食品器具、容器、包装等）经营者。依据基本理念，这些与食品有关的经营者在进行经营活动时对确保食品安全负有主要责任。②与食品有关的经营者，在进行生产经营活动时，依据基本理念，应尽力提供与其经营活动有关的食品正确且恰当的信息。③食品相关从业人员，在企业经营活动中，依据基本理念，有义务配合国家或地方公共团体为确保食品安全性所采取的政策措施。我国《食品安全法》第 4 条规定，食品生产经营者对其生产经营食品的安全负责。该法通过体系化的制度设计明确了食用农产品生产者（第 49 条、第 11 条第 2 款）、农产品批发市场（第 64 条）、食用农产品销售者（第 65 条）、食品生产者（第 46 条、第 50 条、第 51 条、第 52 条、第 63 条）、食品添加剂生产者和经营者（第 59 条、第 52 条）、食品经营者（第 53 条、第 54 条）、餐饮服务提供者（第 55 条、第 56 条）、餐具、饮具集中消毒服务单位（第 58 条）、学校、托幼机构等集中食堂（第 57 条）、集中市场开办者（第 61 条）、网络交易平台提供者（第 62 条）、广告经营者等生产经营主体的责任。并确立了一系列制度规范生产经营活动，落实生产经营者主体责任，保障食品安全。具体包括生产经营过程控制制度、食品标识制度、产品检验制度、食品安全全程追溯制度、食品召回制度、食品安全风险自查制度、食品安全责任保险制度、食品企业诚信制度、食品安全企业标准体系等。

（二）基于对公共利益负责的原理，保障食品安全是政府应尽的职责

保护消费者和保障食品安全是政府义不容辞的责任。政府对公共利益负责是一项法律原则。在拿破仑时代，法国出产好产品的责任落在生产者身上，但国家会监督生产者的一举一动。[1] 1860 年英国《食品与饮料掺假法》确立了"保护消费者免遭钱财损失和身体伤害是政府应尽的职责"这一法律先例。[2] 在食品安全社会共治体系中，对政府维护食品安全与公众健康的公共职能（政府监管权、责）的界定是核心问题，直接影响各类相关体制的完善。政府保障食品安全的职责包括但不限于：建立适度的监管和法律框架；改善投资环境和开展政策相关的协商框架；汇集、整合数据和洞见；风险控制能力建设投资；增强食品安全各利益相关者在政策制定过程中的有效参与；增强生产者能力（包括技术、管理、组织、市场能力），增强其整合食品价值链和价值网的能力，以及增强其对政策和决策制定过程的影响力；通过知识培训模块、简介资料、良好实践等方式，分享知识。首先，制定政策、法律、标准时以食品安全与公众健康为出发点，对食品生产经营者生产加工、运输储存、销售服务等活动环节和过程提出基本的安全要求，制定标准，并监督生产经营者严格按此标准和规程进行经营活动，确保食品安全和适宜消费。其次，保护消费者免受不安全食品之害，保障消费者的食品安全信心。通过各种措施，防止不安全食品进入市场，及时发现、检测确认市场中的不安全食品以及有安全风险的食品，并做出及时反应，采取适当应对措施。再次，通过产品召回、惩罚性赔偿、公益诉讼等制度，加重食品生产经营者的义务和责任，迫使经营者在经营活动中充分考虑食品安全与公众健康。最后，通过各种食品安全消费教育和食品安全信息提供制度，促进食品安全信息的传播，提高社会公众的素质，增进其选择安全食品和应对食品安全风险的能力。

地方政府守土有责。首先，完善地方食品安全法规、标准体系。一是加强食品安全地方立法。由于食品安全问题的复杂性、特殊性和地域性，开展食品安全地方立法尤为重要。地方立法应结合当地实际，进一步细化、补充地方监管体

---

[1]《法国民法典》规定："没有巴黎警察局长的批准，任何人都不得在巴黎开设面包店，凡面包师要辞去其工作，必须提前六个月通知。"［英］威尔逊：《美味欺诈》，周继岚译，生活·读书·新知三联书店 2010 年版，第 88 页。

[2]"英国食品掺假为何如此猖獗？英国是出类拔萃的商业自由国家，除非自由贸易影响到国家视若珍宝的财政收入，否则英国政府不认为食品销售需要国家干预。"［英］威尔逊：《美味欺诈》，周继岚译，生活·读书·新知三联书店 2010 年版，第 86 页。

制、机制，明确部门职责，增加地方食品安全的监督管理制度的针对性和可操作性。二是加强食品安全地方标准项目管理、制（修）订、公布、解释、报备以及经费预算等。其次，强化地方食品安全保障能力。一是领导组织协调辖区食品安全监管和突发事件应对工作，建立健全全程监管机制和信息共享机制。二是为辖区食品安全工作提供保障，将食品安全纳入经济社会发展规划、经费列入财政预算、加强能力建设。再次，实行食品安全监管责任制。上级政府对下级政府及本级监管部门进行评议和考核；要求对不依法报告、处置食品安全事故或者发生区域性食品安全问题未及时组织进行整治，未建立食品安全全程监管工作机制和信息共享机制等等情形问责。最后，健全纵向见底的机制。县级食品安全监督管理机构可在乡镇或特定区域设立派出机构。在农村行政村和城镇社区要设立食品安全监管协管员，承担协助执法、隐患排查、信息报告、宣传引导等职责。

监管部门各负其责。政府应科学划分各级政府及其部门食品安全监管职责，坚持运用法治思维和法治方式履行食品安全监管职能，建立健全监管制度，推进食品安全监管制度化、规范化、程序化。

（三）基于角色的社会性，食品行业协会、消费者协会等社会组织，负有食品安全社会监督责任

社会组织作为社会第三部门组织，既非政府系统又非营利性企业系统，在私人和政府之间的确架起了一座沟通的桥梁，具有缓冲剂功能，在某种程度上对市场失效和政府失效起到双向调节作用。在食品安全社会共治中，社会组织的功能主要包括食品安全风险监测、食品安全标准制定、检验检测、信息发布、宣传教育、公益诉讼、食品安全评价、食品安全社会监督等方面。美国《经济学百科全书》称，"行业协会是指一些为达到共同目标而自愿组织起来的同行或商人的团体"。在我国，行业协会是由同行业经营者组成、以保护和增进全体会员的共同利益为目的、依据法律和章程开展活动的非营利性组织。目前，我国食品行业协会数量众多，比较有影响的如国家级食品行业协会有中国食品工业协会、中国食品药品协会、中国食品科学技术学会、中国绿色食品协会、中国焙烤食品糖制品工业协会、中国食品添加剂和配料协会等。食品行业协会的功能主要体现在与政府沟通、行业自律、与消费者沟通三个方面来促进食品安全与公众健康。

（四）基于食品安全利益最终归属者的地位，消费者对食品安全负有参与和监督责任

食品是每个人的生活必需品，获取安全、营养、健康、可负担的食品是所有人的基本需求，食品安全是人类需求模型"马斯洛金字塔"的最底端。在食品

安全关系中，消费者既是生产经营者服务又是政府服务的一个重叠主体。在生产经营者服务的语境中，强调消费者在再生产最后一个环节上的经济权利和义务关系。在政府服务的语境中，强调与生存相关的一切社会性的权利与义务关系。由于食品既是商品，又与公众健康和生存相关联，一定意义上所有的社会成员从根本上说都是消费者。[1] 消费者是食品安全利益的真正利益归属者，是安全食品的需求者，食品安全不是靠供给推动，而是靠需求推动，消费者处在推动者的位置。消费者对食品安全的推动主要以权利为主，责任为辅。消费者是最主动、最积极的食品安全社会共治主体。消费者是食品安全风险的直接承受者，如果发动处于风险地位的受害者，增强其在食品安全决策和治理过程中的话语权，那么可以最大限度地减轻和避免风险。消费者对食品的妥善保管、处理与烹饪自负其责；同时负有食品安全监督责任。消费者首先应当保护自己免遭食源性疾病之害，通过熟悉掌握适当的食品处理、准备、储存等方法，减少接触食源性病菌风险。

值得强调的是，食品安全社会共治的责任配置，应以生产经营者的责任为基础。生产经营者的责任是第一位的，构建以生产经营者责任为基础的责任体系，生产经营者对食品安全负主体责任。

六、食品安全社会共治的程序保障：所有利益相关者透明、参与、合作机制

影响食品安全的因素包括政府、市场和社会的各个方面，从"农田到餐桌"的各个环节都至关重要，通过零散和割裂的方式解决食品安全问题，难以应对系统性食品安全风险。因而，食品安全社会共治需要所有利益相关者积极合作，在消费者层面、行业层面、国家和地方政府层面、国际层面、社会组织层面以及其他利益相关层面同时采取措施，构筑社会共治体系。

（一）目标一致：食品安全与公众健康

食品安全社会共治是食品安全利益相关者通过合作、协商、伙伴关系、确立和认同共同目标、责任共担等方式参与食品安全保障，其实质是建立在食品安全和公众健康之上的合作。食品安全社会共治要求所有利益相关者都以食品安全和公众健康为目标，采取一致的行动。消费者将食品安全作为自己选择和消费行为

---

〔1〕 杨凤春："论消费者保护的政治学意义"，载《北京大学学报（哲学社会科学版）》1997 年第 6 期。

的首要因素，改变不良消费习惯，反对食物浪费。食品生产经营者将食品安全作为自己经营决策和活动的基本价值观，政府各级各部门共同将健康影响评价作为公共决策和行政行为的重要理念加以考虑，必要时设为重大决策的法定程序。共享食品安全价值观。[1]

（二）透明度

透明度是发挥政府、企业、社会、消费者等整合功能，预防食品安全风险，实现食品安全社会共治的重要机制。透明度要求相关主体以一种清晰、准确和完整的方式，合理且充分地披露食品安全决策和活动的依据、过程和结果等信息。依据宪政经济学之父詹姆斯·麦基尔·布坎南（James M. Buchanan）的"民主决策边际效益最优理论"，食品安全治理的开放性、透明度与食品安全风险和成本成反比。食品安全治理的开放性、透明度越高，食品安全风险、成本就越小，反之，食品安全治理的开放性、透明度越低，食品安全风险、成本就越高。

1. 政府透明。要求食品安全法规、政策、标准透明，政府监管权责配置透明，监管执法依据、监管过程和监管结果透明。达到这个目标需要一些措施：其一，健全科学民主依法决策机制，建立决策后评估和纠错制度。其二，制定食品安全政策法规时，应当充分体现民意，力求做到公正、透明，必要时采取各种手段搜集相关信息，并给予相关人员互相交换信息、充分阐述意见的机会。其三，为保证食品安全性，在食品产业链的各个环节须采取相应的措施，政府监管机关须加强沟通，做到信息共享。其四强化监管、执法信息公开，推进食品安全监管执法依据、程序、结果公开，全程留痕，促进食品安全监管执法规范化。执法信息的公开，是对消费者最好的保护，对违法者最大的震慑，也是对执法者最佳的约束。例如，英国食品标准局会公布食品法违规数据库，数据库可显示英格兰、威尔士以及北爱尔兰地区食品标准、食品卫生与食品安全的起诉情况。该数据库分析了食品企业如何违反以及在哪些方面违反了地方当局的食品安全卫生的细节。

2. 产业链透明。从"农田到餐桌"的食品产业链全程控制体系能否发挥作用，这取决于产业链的透明性，即产业链各主体能够共享各环节的信息，并且信息的真实性、快速性和准确性能够得到保证。要保证链条上各部门之间的合作才能使产业链有效运行，而建立在利益方之间的合作关系需要具备以下条件：操作一致——各个参与者在所拥有的信息上要保持一致；交流——定期交流，保持信

---

[1] 大卫·休斯："共享食品安全价值观"，陈凯硕译，载《中国改革》2011年第8期。

息之间的共享；信任——公开化，明确彼此的目的、行为、责任和承担的角色；透明性——保证以正当的方式，在合适的时间信息的可应用性；与行政过程相分离；以结论为中心：提交和应用测量结果。[1] 因此，如果产业链中的食品生产者将产品成分及其来源标得一清二楚，各方就能信息共享，依据相同的食品安全指标审查食品质量，在一致和共识的基础上通力合作才能改善整个产业链的安全。所有食品链的参与者，都有义务提醒、告知上下游参与者有关的食品安全问题。

（三）食品产业链合作机制

1. 产业链中，不同生产经营者要利益共享、责任共担。食品安全蕴含着食品产业链的安全诉求。参与产业链的每个行为主体都是质量安全管理的决策者或实施者，食品产业链各行为主体的质量安全管理水平，直接决定着最终产品的质量安全。能否为消费者提供安全、健康、营养的食品与参与产业链的各个行为主体之间能否通力合作密切相关，产业链中的任何一个主体的质量出问题都会对整条链的食品质量安全产生影响。就产业链中的不同经营主体而言，共同的利益诉求和共同的风险是产业链中食品安全的有效激励与约束机制，一个对供应方和需求方都有利可图的成功关系。[2] 供需交易伙伴之间具有共同利益最大化的行为倾向。强化品牌对食品安全的要求和控制。长期的相互关系对于合作的稳定性至关重要，人们会因为彼此之间存在持续的相互关系而合作。商业中最有利的道德执法者是长期持续的关系，即人们相信你能与客户或供应商继续做生意。[3] 通过形成长期的订货、供货合同建立产业链利益共同体，实现参与主体的合作，上下游形成一个利益共同体，从而把最末端的消费者的需求，通过市场机制和企业计划反馈到最前端的种植与养殖环节，提高产业链整体效益，有效解决产业链上的利益分配不均衡问题，强化产业链参与主体的共同责任，保障产业链整体的安全。产业链利益共同体使食品产业链上的各参与主体的利益与责任连在一起，只有最终安全的食品才能使产业链的整体利益得以实现。

2. 健全追溯体系。食品安全可追溯性是指在生产、加工及销售的各个环节中，对食品、饲料、食用性动物及有可能成为食品或饲料组成成分的所有物质的追溯或追踪能力。可追溯性指的是通过输入食品的基本信息，如追溯码、生产批

---

〔1〕周媛、邢怀滨："国外食品安全管理研究述评"，载《技术经济与管理研究》2008 年第 3 期。

〔2〕[美]罗伯特·阿克塞尔罗德：《合作的进化》，吴坚忠译，上海人民出版社 2017 年版，第 79 页。

〔3〕Mayer, Martin. The Bankers. New York: Ballantine Book. 1974. p280. Weybright and Talley.

号等可以查询到的食品的种植作业环节、原料运输环节、基地加工环节、成品运输环节的所有信息。通过由末端到源头的信息追溯，食品生产流通每个环节的责任主体得以确定。2001 年国际标准组织《食品和饲料链可追溯系统的设计和开发指南》指出："一个成功的食品安全政策需要确保原材料和食品以及它们成分的可追溯性。以足够的过程化管理来实现追溯是必须引进和采用的。这其中包括通过对原材料供应商与食品企业规定其承担的责任，并要求操作者保存原材料和配料供应商的生产纪录，以此来确保该制度作用的充分发挥。也就是说，一旦确定发生危害消费者健康的食品，根据追溯制度，不仅需要将该类食品撤出市场，同时还要将有可能引起该食品安全问题的原材料一同撤出市场。"追溯体系的目的在于全面而科学地监控食品移动的全过程，它不仅能在出现食品安全问题时能快速而准确地查明原因，明确责任，倒逼生产经营者履行食品安全主体责任，而且还有利于促进监管措施的透明化，提高政府监管的公信力和食品安全的可信度。追溯体系有利于从农田到餐桌的各个环节检查产品，有利于监测任何环节的食品安全风险，落实生产经营者主体责任。

3. 特别关注产业链源头的农民和末端的消费者。产业链上游的种植、养殖和下游的市场终端消费是食品安全控制的薄弱环节。产业链上游的农民和终端的消费者，也是食品产业链中的弱者。一方面，食品生产经营的多环节和多要素，增加了消费者的信息劣势。在农民和消费者之间有无数看不见的手在操作，农资商、农副产品的收购商、食品加工商、储藏运输商、批发零售商、专家失职、监管失职等，都使得从"农田到餐桌"的食品历程充满了不安全感。另一方面，在市场化的食品供应体系中，食品产业的利润被中间商盘剥，农民的耕作收入不断被挤压，农民从中获利甚微。在美国，农民从消费者的食物消费中所获得的收入还不到食物消费价值的 5%。这造成了难以维护产业链上游种养者的权益和难以保障食品的质量安全并存的双重困境。关切消费者具体包括：向消费者提供真实、客观、准确的食品信息以及公平、透明、有价值的营销信息和公平交易；通过设计、生产、配送、信息提供、服务支持以及撤回、召回程序等环节，预防和减少食品安全风险，保护消费者健康与安全；完善消费者售后服务，回应消费者投诉，妥善处理消费争议；开展食品消费教育和认知，并促进可持续消费教育。关切农民，以食品安全、健康、营养为目标，支持可持续的农业和食品系统，帮助农民增收，为农业从业者提供有尊严的、体面的工作条件和环境，创造价值并与从农民到消费者的整个链条上的利益相关者共享利益。

（四）政府监管协调机制

一国的食品安全治理能力受国家和地方各级资金、权力和资源分配状况制约，并受政策选择的影响。实施食品安全政策、法规的人力资源、技术资源和资金资源的缺乏与不足是包括我国在内的发展中国家普遍存在的问题。社会共治能够最大程度上保障实施食品安全政策的人力资源、技术资源和资金资源的供给充足。一方面，政府加大投入，并合理配置权力、资金和资源，有效整合资源，共享资源。防止重复投入，最大限度地利用公共资源，提升食品安全治理效能。另一方面，社会共治能够最大限度地调动社会资源、整合社会资源，如第三方检验、认证、第三方风险评估等机制，发动社会力量，弥补政府在人力资源、技术资源和资金资源方面的缺乏与不足。具体措施如下：

1. 健全信息共享机制。推进食品安全信息跨部门、跨区域共享。解决食品安全监管体制"碎片化"问题，不能仅靠政府机构的撤销和重组，更要建立跨部门的信息共享机制，从制度、信息层面来堵住监管漏洞，使政府各部门以整体形象作为食品安全的一个责任单位。健全各部门之间的横向衔接机制，各部门之间应进一步完善行政执法协调与协作机制、监管信息共享机制、风险评估结果共享机制、违法案件信息相互通报机制、应急管理协作机制、统计数据共享机制等。建立国家食品安全信息系统，使数据、知识、能力和经验及紧急信息共享成为可能。对食品安全风险监测数据、检验资源、信息资源等进行整合，克服部门所有、各自为政、重复建设、效能低下的缺陷。制作一些常用的、社会认可的格式化数据库以协调资料的搜集、确定各地区、各部门在食品安全行动中最少的资料需要量。建立一个网络系统，以便搜集、报告、交流来自各部门、各地区的调查数据。

2. 健全多层次沟通协作机制。首先，国家食品安全委员会综合协调，研究部署、统筹指导全国食品安全工作，拟定国家食品安全战略，提出食品安全重大政策措施，分析解决食品安全重大问题，督促落实食品安全责任。其次，加强中央对地方的督促与指导，国务院食品安全监督管理部门可以根据工作需要设立派出机构，对地方人民政府食品安全工作进行巡查督办。上级监管部门必要时可直接查处下级部门管辖的食品安全违法案件。食品安全监管部门未履行监管职责或履行不当，上级部门可以自行或指定其他同级监管部门接管履行监管职能。再次，部门协同，推进综合执法。通过协议明确不同监管部门之间的协同机制，同一监管部门内部不同监管机构之间，通过岗位职责等内部管理制度明确责任。推行综合执法，节省行政成本，提高执法效能。综合执法的本质，不仅仅是执法部门的综合集中，也不仅仅是综合集中各部门执法权，更重要的是执法目标的一致，执法标准的统一、高效、规范，执法信息和资源的共享。需要对综合执法机构的运行体制机制等进行深入的改革探索，建立部门间机制以确保不同部门的食品安全政策一致性，采取部门间行动，使综合执法真正协调一致。最后，健全区域合作联动机制，通过政府间的区域合作框架协议，明确食品安全联席会议制度、联络员制度、食品安全信息通报制度等区域合作机制。如"长三角综合协调区域合作机制""京津冀食品安全监管区域合作机制"。此外，健全行刑衔接机制，克服有案不移、有案难移、以罚代刑现象。

3. 健全利益相关者参与机制。支持、引导食品行业协会、消费者协会等，积极参与食品安全风险评估、食品安全标准制定、食品安全公益宣传、食品安全评价、食品安全社会监督等工作。重视发挥社会组织的各种优势作用，建构一种借助于外部力量的治理结构。政府要整合、利用分散的社会资源，借助社会智慧提高监管机构预防、应对风险的能力。政府应注重发挥社会第三方科研机构的优势，获取有关食品安全信息，弥补政府科研实力和其在食品相关信息方面的不足。

值得强调的是，食品安全不是某一主体的单一责任，而是共同的责任（shared responsibility）。食品安全社会共治的合作机制须发挥政府的主导作用，以政府为协同（负有食品安全法定职责的政府部门，一个部门或多个部门共同）主体，与政府其他相关机构、社会组织、私营部门、学术界、研究中心、消费者等合作，利用各自的知识、信息、经验和比较优势，一起战胜不安全食品风险。

七、食品安全社会共治的能力保障：风险分析方法

由于风险的不确定性和不可知性，消费者难以通过日常经验感知食品安全风险，必须借助技术工具转换表达，风险分析正是这样一种工具。风险分析包括风险评估、风险管理和风险交流三个步骤，通过所有受风险或风险管理措施影响的利益相关者的参与，社会共治渗透到食品安全风险预防各个阶段，对食品安全各环节风险事前防范具有重大意义。首先，扩大风险监测，促进信息整合与共享。一是明确各部门风险监测职责分工；二是协调整合；三是社会第三方风险监测机构参与；四是程序规范；五是信息公开。其次，提升风险评估的科学性、透明度。一是科学制定风险评估计划；二是有效整合，避免资源浪费；三是吸引社会力量参与风险评估；四是增加风险评估的透明度；五是提升风险评估的独立性。再次，提高风险管理的预防性和针对性。一是风险评估与风险管理相分离；二是健全风险预警机制；三是完善风险分类监管制度。最后，提高风险交流的公信力。一是政府在食品安全风险交流工作中负有不可推卸的责任；二是发挥专家作用，提升风险交流的科学性；三是多方参与，发挥社会的作用；四是减少科学家与公众之间的技术壁垒，提升风险交流的社会性和可接受性；五是提高风险交流的透明性。

第二章　农村及城乡结合部食品安全问题及原因分析

第一节　农村、城乡结合部的界定

一、农村界定

国际和国内很多领域对城市和农村没有统一的划分标准，有关的划分主要基于相应政策目的进行。关于区分农村、城市和城乡结合部的指标和阈值仍有许多争议。城市化是人类生活和活动集中和集约化的过程。城市的三个维度，是人口因素（即增加的人口规模和密度），经济因素（即非农业劳动力），社会心理因素（即城市意识）。国际上主要从五个角度设置"城镇"划分标准：以行政上自治的市、区为标准；以聚居的人口规模下限为标准；以具备某些城市基础设施特征为标准，如城市道路、城市建筑、公共服务设施、供电、法庭、警察局等；以当地政府所在地为标准；以从事非农业劳动人口的百分比为标准。

（一）我国相关立法和政策对农村界定

在我国，城镇指以非农业人口为主，具有一定规模工商业的居民点；城市指以非农业产业和非农业人口集聚形成的较大居民点。依据人群的居住地和所从事的产业进行分类。城镇人口（居住在城镇的人口）是指居住在城镇（在城镇居住时间6个月以上）、以非农业生产性产业为主的人群及其家庭。农村，土地利用主要是农业，主要从事农业产业，以农业人口为主。农业是指农作物、牲畜、渔业和林业。而农民不仅仅是一种职业，也是一种身份、社会政治经济地位、生存状态、社区和社会的组织方式、文化模式和心理结构。根据国家统计局的数据，2019年，我国城镇人口约8.4亿，[1] 乡村人口约5.5亿。[2]

---

〔1〕 城镇人口是指居住在城镇范围内的全部常住人口。
〔2〕 乡村人口是指除城镇人口以外的全部人口。

依据《乡村振兴促进法》，乡村指城市建成区[1]以外的具有自然、社会、经济特征和生产、生活、生态、文化等多重功能的地域综合体，包括乡镇和村庄等。城市建成区并不是地理学上的城市化区域，而是一个行政区划单位，管辖以一个集中连片或若干分散的城市化区域为中心、大量非城市化区域围绕的大区域。依据《国家统计局关于统计上划分城乡的暂行规定》，乡村是与城镇对应的，包括集镇和农村。集镇指非建制镇。[2] 常住人口2000~20 000人，其中非农业人口超过50%的为集镇。农村指集镇以外的地区。商业中心、风景旅游区等常住人口虽不足2000人但非农业人口在75%以上，视为城镇型居民区。乡村包括乡中心区和村庄。

(二) 美国相关部门对农村的界定

研究人员和政策制定者使用许多定义来区分农村地区和城市地区，这常常导致不必要的混乱和相关政策项目资格的不匹配。然而，农村多重定义的存在反映了农村和城市是多维概念的现实。有时人口密度是决定性的因素，有时地理隔离是决定性的因素。农村地区的一个典型特征是人口少，但农村到底有多小呢？根据定义，用来区分农村和城市社区的人口门槛从2500人到50 000人不等。在美国，有很多人生活在既不明显是农村也不明显是城市的地区，对农村地区定义方式的微小改变，可能会对划定哪些主体或区域属于农村产生巨大影响。研究人员和政策制定者共同承担着从现有的农村定义中适当选择或创建自身所涉领域独特定义的任务。

1. 美国行政管理和预算办公室以劳动力通勤量来划分城市和农村。美国行政管理和预算办公室（Office of Managemetn and Budget，OMB）采用大都市（metropolitan）和非大都市（nonmetro）分类。①大都市地区包括中心县（central counties）和通勤人数达到规模的外围县（outlying counties）。中心县有一个或多个城市化地区，城市化地区是人口达50 000人或更多的密集居住的城市实体。外围县与中心县在经济上联系紧密，以劳动力通勤量来衡量。如果居住在该县的25%的劳动力通勤到中心县，或者该县25%的就业由来自中心县的劳动力组成，

---

〔1〕 建成区为是指城市行政区内实际已成片开发建设、市政公用设施和公共设施基本具备的地区。包括市区集中连片的部分，以及分散到近郊区内、但与城市有着密切联系的其他城市建设用地。建成区指城市行政辖区内已按城市建设规划完成的非农业生产建设地域，不包括市区内面积较大的农田和不适宜建设的地段。

〔2〕 指乡、民族乡政府所在地和经县政府确认由集市发展而成的农村一定区域经济、文化和生活服务中心的非建制镇。

那么外围县也包括在内，属于大都市。②非大都市县（区）位于大都市区边界之外，包括微城市和非核心县。微城市（micropolitan）区域，即以 10 000～49 999 人的城市群为中心的非大都市劳动力市场区域。所有剩下的县，通常被标记为"非核心"县（noncore），因为不是"核心基础"大都市或微城市（micro）区域的一部分。这种划分随着人口普查结果动态调整，定期人口普查后，那些增长迅速或通勤人数增加的非大都市县会被调整为大都市县。同时，一些大都市县也可能调整为非大都市县。非大都市县通常被用来描绘农村和小城镇的发展趋势。美国农业经济研究部的研究人员和其他分析美国"农村"状况的人员通常使用非大都市地区的数据，这些数据由美国行政管理和预算办公室以县或同等的单位（如教区、行政区）为基础定义。县（区）是发布经济数据和进行跟踪和解释区域人口和经济趋势研究的标准基石，每年都能得到人口、就业和收入的估计数，还经常被用作经济和社会一体化领域的基本构建模块。综上，依据美国行政管理和预算办公室的标准，农村即非大都市地区，包括微城市和非核心县。2010 年的数据显示，非大都市县人口占全国人口的 15%，土地面积占全国的 72%。行政管理和预算办公室将一些农村地区包括进大都市区，低估了农村地区的人口。

2. 美国人口普查局根据人口密度定义城市和农村。美国人口普查局在其城乡分类系统中根据更小的地理构造块对农村进行界定。研究人员在提到非大都市地区时经常使用"农村"一词，国会立法在描述不同的目标定义时也使用"农村"一词，而人口普查局提供了农村的官方统计定义，并严格基于人口规模和密度的测量。农村地区包括开放的乡村和少于 2500 人的居民点。包括更大的地方和人口稠密的地区，城市地区不一定遵循城市边界，只要求空间上是人口密集的地区。作为城市地区的大多数县（区），可能有也可能没有地铁，既有城市人口也有农村人口。城市地区（urban）包括城区（urbanized areas）和城市群（urban clusters），二者划分标准相同但规模不同。城区是指人口超过 50 000 人的城市核心地区。城区可能包含也可能不包含人口 50 000 以上的单一城市，城区的人口密度为每平方英里至少 1000 人以及相邻地区每平方英里至少 500 人。如今划定城市边缘区（urban fringe）的程序更为宽松。城市群是指人口超过 2500 人但少于 50 000 人的城市群组，采用以小城镇和小城市为中心的建成区划定方法。2010 年人口普查局将 19.3% 的人口和 97% 的土地面积划分为农村。美国人口普查局将许多郊区地区划分为农村，高估了农村地区的人口。根据这一体系，农村地区包括人口密度低于每平方英里 500 人的开放农村和人口不到 2500 人的地方。美国人口普查局没有直接定义农村，但通常认为农村包括不属于城市地区的所有的人口、住房和领土，任何不是城市的地区都是农村。

3. 实践中应基于应用目的确定农村定义。美国行政管理和预算办公室的"非大都市"和美国人口普查局的"农村"提供了标准不同但同样有用的农村人口视角。农村定义的选择应基于应用目的，无论该应用是用于研究、政策分析还是项目实施。跟踪城市化及其对农地价格的影响最好使用人口普查城乡定义，因为这是一种土地使用定义，将建设用地与周边较不发达的土地区分开来。旨在跟踪和解释经济和社会变化的研究通常选择使用大都市—非大都市分类，因为它反映了一个区域性、劳动力市场的概念，并允许使用广泛可用的县级数据。关键是使用最适合特定活动需要的农村和城市定义，认识到任何简单的二分法都蕴藏着复杂的"农村—城市"连续体，该连续体通常有从一个层次到下一个层次的非常温和的过度梯次。比如，美国联邦农村卫生政策办公室，采用美国农业部经济研究中心城乡通勤区（Rural-Urban Commuting Area，RUCA）代码区分城市和农村。农村地区包括：所有非大都市县；RUCA 代码为 4~10 的大都市人口普查区；400 平方英里以上的大面积的大都市人口普查区、RUCA 代码为 2~3 的、人口密度每平方英里不超过 35 人的地区；所有没有城区 UA（Urbanized Areas）的大都市外围县都是农村。又如，美国联邦法规《农村赋权区和企业社区》中，农村地区是由行政管理和预算办公室指定的、位于城市区域边界外的任何区域，或者人口密度小于或等于每平方英里 1000 人、土地利用主要是农业的区域。[1] 农村指不属于城市统计区域的县区内的任何区域，或城市统计区域内的、由州机构选择划定的并经农业部食品和营养局地区办公室同意、认定为在地理上与城市区域分离的区域。[2]

综上所述，农村、乡村的定义多采用排除或否定的方式界定。简言之，农村即非城市地区。比如上述我国《乡村振兴促进法》中的"城市建成区以外"，美国联邦法规中"城市区域边界外"。农村是一个基于"城市"地区被定义后的剩余人口的剩余类别。城市和农村地区的定义是二分的，这一划分标准低估了非城市地区的多样性，在城市被界定后，因农村难以包罗多样复杂的非城市地区，提出农村、城乡结合部、城市三元系统。农村及城乡结合部是基于"城市"地区被定义后的剩余人口的剩余类别，统称为非城市地区。本书也是基于这一划分，将农村及城乡结合部食品安全问题相较于城市食品安全问题一体提出。

---

〔1〕 7 CFR § 25.503.

〔2〕 7 CFR § 2252.

二、城乡结合部界定

城乡结合部，在用语上还有城中村、城市周边、城市地带、城郊、城市边缘、半城市甚至郊区等表述，英语中也有不同的表述，如"peri-urban"；"rural-urban fringe zone"；"urban and suburban"；"the urban fringe"，用来描述既非农村也非城市，但又兼有两者元素的地域。城乡结合部不容易界定、不能通过明确的标准分割。城乡结合部，指传统意义上既不完全是城市也不完全是乡村的"灰色地带"，是部分城市化的农村地区。无论下什么定义，都不能消除某种程度的随意性。[1]"城乡结合部"一词在应用范畴中使用时并没有特别明确或一致，没有将"城乡结合部"作为一个实质性的范畴或现象。经济合作与发展组织（OECD）通过识别基本组成部分对城乡结合部（peri-urban area）作定义，经济增长和市区实际扩张的影响不受城市边界的限制，延伸到城市中心周围更广泛的地区，形成了所谓的"城郊地区"（rurban areas）、"城市边缘地区"（urban fringe areas）或"城市周边地区"（peri-urban areas）。虽然城市边缘地区保留了农村地区的特征，但这些特征会受到重大的改变：物质形态、经济活动、社会关系等方面都发生了变化。城乡结合部的三个维度包括物质形态、经济活动和社会关系。一些学者总结"城乡结合部"隐含着：不同于城市；通常与城市边缘特别相关；有很大的负面内涵。一些学者将城乡结合部概括为：以某种方式与城市相连接；具有人口结构的元素，与人口规模或密度有关；具有地理元素，邻近城市；由于城市的增长和扩大以及运输的改善，城乡结合部是暂时的概念。还有学者根据特定用途、市场或要素来定义，一个地区处于城乡结合部的因素可能来自市场、用途关系，也可能取决于更深层次的基本过程（例如社会文化、人口结构、城市价值的传播）。还有从空间意义上界定，城乡结合部是指城市与农村的结合地带，分布于城市建成区周围的郊区土地。位于中心城市区与外围典型农村区之间，具有城市和农村的双重特征，强调城市与农村相互渗透、相互作用的特点，反映了城市向农村的过渡性以及农村向城市的过渡性。城乡结合部是与城市接壤而未纳入城市服务管理，兼具城市与乡村性质的特殊过渡区域。"城乡结合部"是以农村为主的城郊地带演变为兼有城乡二重特色的特殊空间，强调乡村与城市的融合。城乡结合部不同于城市社区，也不同于乡村社区，是第三类社区。城乡结合部作为不同于城市和农村的社区，兼有城乡生活方式的特点。理论界对

---

［1］ OECD. Agriculture in the planning and management of peri-urban areas. Volume 1: synthesis. Paris. 1979. pp. 94.

"城乡结合部"的界定也多为模糊和繁琐的。城乡结合部是环绕大都市和城市的区域，既不是传统意义上的城市也不是农村，是许多国家发展最快的地区。城乡结合部通常是有争议的空间，很大程度上被认为处于过渡阶段。城乡结合部是具有广泛用途的地区，如集水、林业、矿物和石材开采、旅游和娱乐、生产性农业以及提供独特的氛围和生活方式。城乡结合部往往是最容易遭受环境和生物多样性破坏的地区，其迅速增长导致对健康、运输和教育服务的需求迅速增长。[1]

　　城乡结合部包括两个持续的过程，即中心向外围的扩张，以及长距离的迁移，两个都有不同的动机和不同的人口。学者通常将城乡结合部分为五种类型：乡村型（网状感，旅居、循环、迁移）、扩散型（混合，扩散迁移）、连锁型（重组，链式迁移）、就地型（传统的就地城市化）和吸收型（残余的、继承的、取代的传统）。这些类型来源于潜在的社会人口变化过程，特别是移民方面。不同城乡结合部有不同的体制框架和相关网络。在城市和城市周边环境中，因为冲突加剧，必须谈判和解决相互竞争的诉求（例如住宅用地或农业用地，习惯制度和正式制度，或多样化的习惯制度规范和价值）并执行发展计划。这种冲突发生在各级，包括家庭、邻里、社区、地方、区域和国家。类型化有助于确定有用的折中政策干预。①乡村型城乡结合部是有城市意识的乡村，以传统为导向，在大多数方面类似农村。人口规模和密度较低，许多居民从事农业生产。区分的关键因素是人口的社会心理取向。由于一些居民的迁出，城市的态度和价值观被引入了社区。这种扩散或诱导的过程是由外来移民的流动和旅居所驱动的，一般来说，是由他们同其原籍村庄维持个人交换网络所驱动的。②扩散型城乡结合部是由临近城市的地区组成的，这些地区是通过移民定居形成的。移民来自不同的地理来源点，而不是单一的地理来源点，也包括来自城市地区的移民。扩散型城乡结合部由不同地理和文化来源的移民涌入而形成，位于城市地区附近，也作为城市外迁移民的迁移终点。进入这些地区的新移民一般都关心生存需要，要求进入现代城市部门，从正规城市机构获得所需的服务，同时面临障碍和挑战，因此需要形成一种集体特征，通过集体谈判解决问题，其异质性也要求为自身生存和集体身份谈判寻求解决办法。迁移的选择性，即创新者最有可能迁移，因为这种环境最能力催生基于共识的食品安全变革和制度。③连锁型城乡结合部，在原籍当地生产的食品和迁移地城市市场之间开展具有商业价值的经济交流，并可能将资本输送到家乡地区进行经济发展项目。④就地型城乡结合部，虽然靠近城市，但有长期稳定的制度，以防御性的隔离来应对其他人，特别是城市居民的移民。

---

[1]　https://www.latrobe.edu.au/periurban/about/focus.

这些地区靠近城市地区，是就地城市化的结果。也就是说，这些地区正在被吸收到城市环境中，无论是通过兼并（城市边缘的扩张）还是简单的重新分类（反映事实上的城市扩张）。在某些情况下，由于自然扩张和/或农村人口的迁移变得更加城市化，更常见的是由城市周边的村庄与附近城市地区的人口流动相结合而形成的。无论哪种情况，由于被"整体"吸收，这些地方往往会延续并加强现有的权力结构和不平等的基础。只要有足够数量的移民从城市进入该地区，定居居民和新移民之间的冲突就有可能出现。除新来者外，这些地区的居民往往反映了当地权力谱系的极端情况。⑤吸收型城乡结合部，指在相当长的一段时间内，接近或属于城市范围内的地区。这些地点的决定性特征是维持源自原定居居民文化的习惯或传统体制安排，虽然这些原定居居民早已不再是该地区的人口多数。吸收型起源于连锁型和就地型区域，这两种类型经历继承和替代的综合过程，在行政、政治和社会心理上日益融入城市环境。原定居居民的文化要么被承继、要么被替代。然而，原定居居民的一些重要的习俗安排（即制度）仍然存在，并得到了新来者的支持，且通过仪式、权力/支配关系和正式/现代部门制度安排相结合的综合方式运行。通过为了传统利益而坚持传统，而不是坚持传统原则，这种机制具有很强的保守效应和社区功能。城乡结合部环境的一个关键特征是其动态属性，即社会形式和安排被创新、改进和废止。城乡结合部是社会压缩或集约化的领域，社会形式、类型和价值的密度增加，引发冲突和社会进化。[1]

我国《国家统计局关于统计上划分城乡的暂行规定》中表明，城乡结合区即城乡结合部，是与城市公共设施、居住设施等部分连接的村级地域。城乡结合区，从地域上看位于城镇，是与城市公共设施、居住设施部分连接的村级地域。在自然位置上，是与城市公共设施、居住设施等部分连接的城镇区域，在行政区划上，属于村级地域。但是在统计上，城乡结合部不一定是村庄。如北京市海淀区肖家河社区[2]，城乡代码111[3]，属于主城区。北京市丰台区长辛店镇辛庄村，城乡代码112，属于城乡结合区；长辛店镇长辛店村城乡代码111，属于主

〔1〕 D. L. Iaquinta and A. W. Drescher. Defining the peri-urban: rural-urban linkages and institutional connections. http://www.fao.org/3/X8050T/x8050t02.htm#P10_ 2282

〔2〕 北京市统计用区划代码和城乡分类代码（2019年版），http://tjj.beijing.gov.cn/zwgkai/tjbz_ 31390/xzqhhcxfl_ 31391/cxfl_ 31674/202002/t20200214_ 1631918.html

〔3〕 国家统计局《统计用区划代码和城乡划分代码编制规则》规定，通过城乡分类代码可以确认所在地域是城镇还是乡村。城乡分类代码以1开头的表示是城镇，以2开头表示是乡村。具体含义如下：111表示主城区，112表示城乡结合区，121表示镇中心区，122表示镇乡结合区，123表示特殊区域；210表示乡中心区，220表示村庄。

城区。北京市通州区宋庄镇六合村，城乡代码 220，属于村庄；宋庄镇宋庄村城乡代码 121，属于镇中心区；宋庄镇小堡村城乡代码 122，属于镇乡结合区。城镇，包括城市和镇。城市又分为设区市的市区和不设区市的市区，镇包括县级以上人民政府所在建制镇的镇区和其他建制镇的镇区。城镇是县级以上机关所在地，或常住人口 2000 人以上、10 万人以下，其中非农业人口 50% 以上的居民点。城镇包括主城区、城乡结合区、镇中心区、镇乡结合区、特殊区域。比如《上海市城市总体规划（2017—2035 年）》提出，构建"主城区—新城—新市镇—乡村"城乡体系，其中，新市镇发挥统筹镇区、集镇和周边乡村地区的功能。乡村地区，发挥人与自然和谐的宜居功能，通过转变生产方式，改善人居环境，保护传统风貌和自然风貌。新城和新市镇属于"城"与"乡"之间的过渡带，在土地财政、公共住房建设、收入分配调节、财税体制改革等关键领域加强顶层设计，注重政策执行的协调配合，注重政策选择的平衡性和顺序性。

三、农村及城乡结合部食品安全治理的特殊性

农村及城乡结合部食品安全治理在改善生计和改善食品安全方面发挥双重作用。农村及城乡结合部食品安全治理，不仅涉及农村及城乡结合部居民食品负担能力和食品安全，事关农村健康与福祉，而且考虑食品和农业在经济和就业中作用的发挥。

食品和农业在经济和就业中的作用不容小觑。在大多数发展中国家，超过一半人口的生计保障依赖于农业和畜牧业、内陆渔业和海洋渔业、林业和农林业混业及农产品加工业和农产品经营行业，食品系统雇用了大多数劳动力在农场内外从事自营和有酬工作。[1] 在基础设施投资和快速发展的技术支持下，饮食结构的变化、消费者需求的上升和城市化正在更广泛的食品系统（包括制造、营销、运输和食品制备等）中创造机会。于此情形下，注重农村及城乡结合部食品安全治理，政府确保政策和投资有利于促进对安全、健康的食品价值链，不仅能够促进食品安全，而且有助于提高食品系统对就业的贡献，促进农民就业创业和致富，促进农村经济社会发展。

城市化对生计和食品安全产生深远影响。在全球范围内，居住在城市地区的人口多于农村地区，2018 年城市人口占世界人口的 55%，到 2050 年预计将有68%的人口居住在城市地区。[2] 当前，我国工业化、城市化不断推进，人口流

---

〔1〕　https：//www.worldbank.org/en/topic/food-system-jobs.

〔2〕　United Nations. World Urbanization Prospects：The 2018 Revision.

动日趋频繁，城市及周边人口激增，农村人口正在减少。但我国仍是世界上仅次于印度的农村人口大国，约为 5.78 亿。根据国家第七次人口普查数据，居住在城镇的人口占 63.89%（2020 年我国户籍人口城镇化率为 45.4%）；居住在乡村的人口占 36.11%。全国人口中，人户分离人口近 5 亿人，其中，市辖区内人户分离人口为 1 亿多人，流动人口为近 4 亿人。流动人口中，跨省流动人口为 1.4 亿多人，省内流动人口为 2.5 亿多人。2020 年全国农民工[1]总量 28 560 万人，其中，外出农民工 16 959 万人，本地农民工 11 601 万人。我国城市人口规模的增加很大一部分将发生在中小城市和集镇，这些城市和集镇因靠近周围的农村地区可在加强城乡联系方面发挥关键作用。

城乡结合部食品安全至关重要。城镇与其周围的农业活动之间的关系可以追溯到非常遥远的年代。欧洲中世纪绘画的背景表明，从第一个城市定居点的黎明开始，人们就意识到需要在城镇周围利用用于种植的土地，其目的是迅速满足市民与食品有关的需要，并为农产品提供一个便捷的市场。如今，城市与城乡结合部农业活动之间古老、功能性、双边的联系，因新鲜食品产品需求、减少污染、乡村景观、环境保护等方面的新需求而变得更加丰富。快速城市化给越来越长的食品供应链带来巨大压力，要求其向越来越拥挤的城市地区安全、可持续地提供食品。适当的城市食品政策和有效的城乡联系对于食品系统的改革至关重要，以便在城乡结合部和城市环境中更能负担得起健康饮食的成本。我国城市人口规模的增加很大一部分将发生在中小城市和集镇，这些城市和集镇因靠近周围的农村地区可在加强城乡联系方面发挥关键作用。在城镇化过程中，城乡结合部是农业转移人口进入城市的重要空间和通道，是进城务工农民为主体的外来人口的聚集地。由于房价低、生活成本低，城乡结合部是承载外来人口的巨大容器。城乡结合部成为城市郊区原住农民、农民工等进城迁移农民、城市低收入者等弱势群体的主要聚居地，城乡结合部在提高城市低收入者和外来流动人口等弱势群体的食品可获得性和可负担性方面发挥潜在作用。城乡结合部外来人口中，一些最脆弱的群体如老年人和农民工，在种植、饲养和保存食物方面有很多经验和知识；城乡结合部外来人口中也有很大一部分是怀揣梦想的年轻人。恰当发挥这些群体在食品安全治理中的作用，将会产生意想不到的效果。城乡结合部生产的农产品在当地食品市场销售，这不仅增加了人们获取安全、营养食品的途径，而且通过大大缩短的食品供应链降低成本，进而促进该地区安全食品的可负担性。城乡结合

---

〔1〕 年度农民工数量包括年内在本乡镇以外从业 6 个月及以上的外出农民工和在本乡镇内从事非农产业 6 个月及以上的本地农民工。

部农业和食品产业是食品系统对城市化及饮食结构变化作出的反应，在改善食品安全和改善生计方面发挥重要作用。与此同时，城乡结合部是食品安全的薄弱环节，是食品安全风险易发地带。城乡结合部是指城市建成区范围内仍然保留的实行农村集体所有制和农村经营体制的地区。城乡结合部存在基础设施落后、环境差、外来流动人口多等问题，是城市薄弱环节。相较于城市，城乡结合部与城市政府部门、社会服务机构之间的关系松散；相较于农村，城乡结合部地缘社交淡漠，邻里之间陌生，居民之间缺乏互惠和信任纽带，可能会导致诸多问题。因此，城乡结合部一直是食品安全工作的重点和难点。

农民既是食品生产者又是消费者。农村食品市场是双向的，一是农场生产的食品、原材料等食用农产品从农场到最终消费者的移动，包括农村生产者向城市销售食用农产品和在农村社区内交换农产品。二是加工制造食品从城市流向农村地区。农民既是食品购买者又是食品供应者，发展多样化的生产体系可以提高农民参与市场的能力，同时改善其食品安全和营养状况。鼓励农民以可持续的方式提供安全的、有助于健康、多样化和均衡饮食的食品，农民可以在维持消费者与食品生产来源之间的联系方面发挥重要作用。

第二节　我国食品安全面临的主要挑战

食品生产加工的工业化、食品贸易的全球化和食品消费的便利化带来了丰富充足的食品供应，也带来了越来越多的食品安全风险。食品受到自然、意外或蓄意污染的风险因素在不期叠加。持续的食源性疾病威胁公众健康；与饮食有关的慢性病发病率，导致医疗卫生费用过高；食品供应日益全球化和复杂化；科学和技术的迅速发展为实现公众健康的目标带来了机遇和挑战；公众对食品安全、营养抱有更高的期望。食品安全风险主要来自以下几个方面：

一、农业源头污染凸现

农产品产地环境是安全优质农产品生产的基础条件，农业投入品是保障农产品质量安全的关键因素，也是农产品质量安全的源头保障。城市化、工业化过程中的化学物质等对水域、土壤、空气等的污染，这种污染通过食品链影响食品安全。化肥、农药、兽药等的大量使用，重金属等有害物质残留于农产品等食品原料中，抗生素、激素和其他有害物质残留于禽、畜、水产品体内。随着人口增长、膳食结构升级和城镇化不断推进，我国农产品需求持续刚性增长，对保护农产品产地环境提出了更高要求。当前，我国农产品产地环境面临外源性污染和内源性污染多重挑战，一方面，工业和城市污染向农业农村转移排放，威胁农产品产地环境质量安全；另一方面，化肥、农药等农业投入品过量使用，畜禽粪便、农作物秸秆和农田残膜等农业废弃物不合理处置，导致农业面源污染[1]日益严重，加剧了土壤和水体污染风险。城市化、工业化过程中的化学物质等对土壤、水、空气等的污染，这种污染会通过食物链影响食品安全。农业投入品（农药、兽药、化肥、饲料、饲料添加剂等）滥用引发的农产品污染问题严重。肥料、农药、兽药等过度使用，农药、兽药、重金属等有害物质残留于农产品等食品原料中。抗生素、激素和其他有害物质残留于禽、畜、水产品体内，抗生素残留与耐药性问题严重，不按规定剂量、范围、配伍和停药期使用抗生素，是当前饲料工业和养殖业中突出的不安全因素。加强农业面源污染治理，确保农产品产地环境安全，是食品安全源头治理的关键，是实现我国粮食安全和农产品质量安全的内在要求。

二、食品供应系统极为复杂多样

首先，我国食品供应体量大。我国人口达 14 亿多，占到世界总人口的 22%，全国一天要消费 40 亿斤食品。全球每天食物消费量 220 亿斤，我国占 1/5 强，用载货量 8 吨的卡车运送需 250 万辆，首尾相接，每两天既可绕地球一圈。其次，食品产业业态复杂多样。近年来，我国食品产业高度发展，截至 2021 年我国食品生产经营主体达 1500 万家，其中获证食品生产企业 17.2 万家。但是仍然存在企业技术研发投入不足，产业格局小、弱、散，产业链融合延伸不充分，食品安全存在风险隐患等问题。农业、食品产业生产方式和产业发展模式不够先进和可持续，集约化现代农业与分散化小农并存，食品大工业和食品小作坊并存，食品产业分散、不够稳定，技术、资金不足，从业者素质有待提升。城市化的迅速发展、不断变化的食品生产系统和消费习惯增加了食品安全风险。食品产业在融入"互联网+"的概念后，食物的生产和流通也变得不同，呈现出更加复杂而多变的业态模式，比如，消费者越来越多地利用新的送货、包装和通讯交流方式，进行在线购物，这可能带来新的食品安全风险。食品生物工程、绿色制造、素食食品、中式主食工业化、精准营养、智能装备等领域的食品技术开发与利

---

[1] 农业面源污染，是指农业生产过程中由于化肥、农药、地膜等化学投入品不合理使用，以及畜禽水产养殖废弃物、农作物秸秆等处理不及时或不当，所产生的氮、磷、有机质等营养物质，在降雨和地形的共同驱动下，以地表、地下径流和土壤侵蚀为载体，在土壤中过量累积或进入受纳水体，对生态环境造成的污染。

用，在促进食品消费营养化、风味化、休闲化、高档化、个性化的同时也带来相应监管挑战。最后，全球食品供应链愈加复杂。贸易全球化、区域一体化发展，使食品供应链从本地化为主向全球化方向发展，食品原料生产、成品加工、运输储存等各环节早已超越了国界，全世界的食物供给和需求已经发生了巨大的改变。我国已成为全球最大的食品农产品进口国，进口食品呈现持续增长态势，保障进出口食品安全面临的挑战愈加严峻。我们吃的食物越来越多的产自其他国家，而不是本土，来自世界各地的食品，可能带来国内不常见的致病菌，同时带来了一系列全新的现代食品安全挑战。

三、食品安全面临很多新型挑战

一是新技术、新资源应用带来的新食品安全风险凸显。随着食品生产新技术、新原料被广泛应用，化学、微生物等方面的隐患大大增加，食品安全领域违法手段不断翻新，一些高科技手段被用以制售假冒伪劣食品，食品安全标准、检测等面临很大挑战。农业生物技术、营养与健康技术、新材料、新工艺等高新技术发展迅速，转基因食品、新型保健与功能性食品、新资源食品等新食品的不断涌现，带来新的食品安全风险。信息技术革命，催生了食品电子商务新业态，由此带来新的食品安全问题。二是食品掺假盛行。工业化和城市化的迅猛发展使得食品行业的掺假行为没能够得到行之有效的控制，掺假行为陡然增多，安全事故频频发生。以次充好，以假乱真在食品市场中时有发生，经济利益驱动引起的食品掺假仍猖獗不止。三是营养不良引起的慢性病日益严重。随着我国经济社会发展和食品安全保障水平的不断提高，我国居民营养水平和健康状况得到不断改善。与此同时，城镇化、工业化进程的加快，以及不健康的饮食方式等因素，也在影响着人们的健康状况。一方面，营养不良问题没有完全解决，还有相当一部分的贫困地区儿童营养状况不良；另一方面，超重、肥胖等问题严重，居民慢性病风险加大。四是新冠疫情之后，流行病暴发可能会越发严重。由于跨境植物病虫害的上升趋势、农业侵入野生地区和森林、抗生素耐药性、动物产品生产和消费的增加，导致食品安全事件发生率越来越高。病原体起源于动物，病原体所致人类疾病的出现或溢出通常是人类行动的结果，如不可持续地猎杀野生动物增加食品安全事件发生频率。

四、食品安全深层次问题尚待解决

我国食品安全集中治理整顿和日常监管取得很大成效，但深层次问题尚未得到根本解决。生产经营方面。农业和食品供应体系不健全，缺乏平衡性、包容性、可持续性。农业和食品链条不完整、不稳定以及上下游经营者之间缺乏协同等食品产业链断裂问题，造成食品生产经营者对食品安全负主要责任的机制失灵，难以建立健全食品安全责任追溯制度。食用农产品的种植养殖环节，小农生产效率和收入以及食品安全保障能力不足。食品生产经营环节，相当一部分食品生产经营单位不具备生产经营合格食品的基本条件，部分生产经营者故意违法现象屡禁不止。消费方面。部分消费者安全消费意识和能力不强，农村偏远地区的消费者以及收入水平低或受教育程度低的消费者，容易成为不安全、不健康食品的受害者。食品安全风险交流与食品安全教育需要持续推进。监管方面。监管领域也存在与监管需求及公众期待不匹配的差距。首先，食品安全标准体系尚待进一步完善。食品安全标准基础研究滞后，科学性和实用性有待提高，部分农药兽药残留等相关标准缺失，检验方法不匹配。其次，监管能力尚难适应需要。专业技术人员短缺，监管手段、技术支撑等仍需加强；风险监测和评估技术水平也仍需加强。监管体系建设取得很大进展，但监管能力仍有很大的提升空间，存在监管漏洞和监管重复等不同程度问题，监管力量尤其是基层专业监管人才和技术装备还很薄弱，当前食品安全监管仍然需要探索系统性方法，解决体制性、机制性、结构性问题。各部门间尚未形成部门间协调的工作机制，存在监测资源分散、优势资源共享低以及信息沟通不畅等问题，未形成覆盖整个食品链的综合监测机制。进一步改革创新食品安全监管体制机制仍然是重大而紧迫的任务。要全面总结经验，大胆探索，勇于创新，努力推进食品安全监管体制机制改革取得新突破，提高监管的针对性、有效性、公平性、科学性。加强部门间信息沟通机制，切实做到资源共享。

第三节　农村及城乡结合部食品安全问题观察

农村及城乡结合部食品安全除了面临上述国家食品供应体系共性的问题，仍存在因其自自身薄弱的基础环境所面临的特殊问题和挑战。农村及城乡结合部是食品安全弱势群体的主要聚居地，农村消费者和城市低收入者陷入食品不安全风险的因素较为多元、复杂，农村及城乡结合部地区食品安全监管力量和风险应对能力较弱，是国家食品安全治理体系的薄弱环节和优先领域。

一、供给侧层面：农村及城乡结合部市场食品安全风险复杂多样

工业化食品供应背景下，农村食品安全威胁更大。农村以农业活动为主，但是，农村的食品供应越来越多地通过市场和外来供应，农村地区大多数人（包括

低收入者）主要依靠市场系统来获取食物以及销售产品，安全、营养食物的可供应性、可获得性、可负担性面临各种各样的复杂挑战。在农村地区，随着生活节奏加快和饮食方式的改变，人们对加工包装食品及保鲜技术的需求剧增，人们对食品风味的追求也加大了添加剂的使用需求，这些同时给食品安全带来了风险，消费者越来越需要针对所食用食品的营养成分和安全性做出复杂的选择。在发展中国家和工业化国家，食品安全问题对低收入者或对农村地区的人特别是儿童的健康安全威胁通常更大。[1]

（一）农村食品市场基础设施不足

农村尤其是偏远地区，居民分散，交通不便，食品市场基础设施不足，影响安全食品的可供应性。一是许多农村社区缺乏规模化和管理规范化的食品店。根据 2016 年第三次农业普查结果，全国有商品交易市场的乡镇为 68.1%，有以粮油、蔬菜、水果为主的专业市场的乡镇为 39.4%，有以畜禽为主的专业市场的乡镇为 10.8%，有以水产为主的专业市场的乡镇为 4.3%，有 50 平方米以上的综合商店或超市的村为 47.5%，开展旅游接待服务的村为 4.9%，有营业执照的餐馆的村为 30.0%。农村地区由于人口密度低、收入水平较低、购买力水平低，很难支撑大型连锁食品店入村。农村消费者群体中，经济充裕、负担能力强的农民群体人数较少，在农村地区未能形成足够大的需求基础，农村消费者购买力影响大型食品零售商进驻农村市场。农村及城乡结合部地区很多食品商店，建筑面积有限，规模小，远离配送中心，提供有限的食物选择，食品的数量和质量都偏低，而且，由于农村人口少，食品流通慢，库存和运输成本高，不少食品店面临亏损关闭的持续挑战，农村消费者获得安全、营养和负担得起的食物的机会受到影响。农村及城乡结合部地区，很多食品小店存放食品的冷藏设施等不足，一些易腐烂食品在货架上常常放置很长时间，不利于食品的安全和质量。二是许多农村社区（尤其是偏远农村）远离城镇，交通不便，农村消费者接近聚集在城镇的食品超市等规范化食品店的机会较少。通常供应新鲜农产品、牛奶、鸡蛋和其他必需品的超市或食杂店集中在城镇，由于地理距离、时间因素、经济制约、交通不便等因素的限制，农村地区消费者选择、获取安全食品的机会受限。三是农村社区消费者信息不充分、食品安全知识不足，容易成为假冒伪劣聚集地。部分生产经营者责任意识不强，食品安全管理能力偏低；部分批发市场和农贸市场开办者只为收取摊位费和管理费逐利，而不愿意投资市场的食品安全管理。农村及城

〔1〕 United Nations Development Programme. Human Development Report 1994. http：//hdr. undp. org/ sites/default/files/reports/255/hdr_ 1994_ en_ complete_ nostats. pdf.

乡结合部食品安全监管人员配备不足、设施设备等资源配置不充分，给假冒伪劣食品流入农村市场提供可乘之机。

（二）以"三小"为主的农村食品市场是食品安全治理的难点

农村食品市场业态以"三小"为主。农村食品生产经营活动涉及食用农产品种植养殖、食用农产品市场销售、食用农产品进入生产加工企业、食品生产加工、销售、餐饮服务等环节。①食用农产品生产环节主要在农村及城乡结合部，这一环节包括种植、养殖、屠宰、收购，涉及食用农产品生产者、收购者、屠宰厂、储存者等主体。其中，食用农产品生产企业法人、食用农产品生产合伙企业、食用农产品生产个人独资企业、农民专业合作社、家庭农场、个体农户等经营主体从事生产食用农产品，比如蔬菜、水果、畜禽蛋、水产品等；畜禽屠宰厂、食用农产品生产企业或者农民专业合作经济组织等经营主体从事屠宰或收购、储存蔬菜、水果、畜禽蛋、水产品等食用农产品。②食用农产品市场销售环节包括批发、零售等，涉及集中交易市场开办者、食用农产品销售者。具体包括批发市场、零售市场、农贸市场等集中零售市场以及柜台出租者和展销会举办者等为食用农产品销售提供场所的集中交易市场开办者，进入集中交易市场开展食用农产品销售的经营者，以及在商场、超市、便利店等固定场所从事食用农产品销售活动的经营者。其中，很多农贸市场、批发市场、集贸市场位于农村及城乡结合部，且多由"三小"中的小食杂店、摊贩开展经营。③食用农产品进入生产加工企业环节，涉及食品生产加工者。食品生产加工者，可能是法人企业、合伙企业、个人独资企业、食品小作坊等。这些类型的食品生产加工者的生产设施有不少设在农村及城乡结合部地区，其中食品加工小作坊数量众多。④加工食品销售环节、餐饮服务环节，农村及城乡结合部尤其是农村以小食杂店、小餐饮店、食品摊贩经营为主。综上可见，小作坊、小商店、小摊点、小餐馆、小商贩等食品生产经营主体和农村集市、食品批发市场等是农村食品市场的主要参与者。农村及城乡结合部的"三小"、农贸市场、批发市场、集贸市场等集中交易场所，相较于超市、商场等经营主体，因组织程度相对松散、管理松散，快检等食品安全设施不到位，也属于食品安全管控的薄弱环节，存在食品安全风险较大、监管难的问题。

生产经营主体组织化程度低、从业人员受教育程度偏低。根据第三次农业普查结果，全国60多万个村级单位中的农业经营户数量达2.3亿多，其中规模以上农业经营户数量为390多万，农业生产经营单位为200多万，农民专业合作社为90多万，农业生产经营人员达3.1亿多。从农业生产经营人员结构看，性别方面，男性占 52.5%，女性占 47.5%；年龄方面，35 岁以下占 19.2%，36～54 岁之间占 47.3%，55 岁以上占 33.6%；受教育程度方面，未上过学占 6.4%，小学学历占 37%，初中学历占 48.4%，高中或中专学历占 7.1%，大专以上学历占 1.2%。可见，农村生产经营主体规模化、组织化程度低，主要以农业经营户小规模生产者为主，生产经营人员受教育程度偏低，以中小学文化水平为主。多年来，随着城镇化的推进，大量农村青壮年通过升学或进城务工离开农村，农村留守居民主要是妇女、老年人和儿童，因年龄、身体、文化程度等方面的限制，难以从事负荷高和技术含量高的农业劳动，加之气候、市场等风险影响，很多农村生产无法实现规模效益。

"三小"规模小、生产经营条件有限。农村及城乡结合部尤其是农村食品市场供应主体多以小规模食品生产经营者（主要包括食品生产加工小作坊、小餐饮店、小食杂店、食品摊贩等，简称"三小"）的业态经营。"三小"，主要是自然人或小微企业经营，因"生产规模较小"，生产场所使用面积小或者流动摊贩没有固定化店铺、场所，生产条件简陋，生产加工工艺简单，从业人员较少，不实行规模化生产，在食品产业中常常处于竞争弱势地位。"三小"主要包括：①食品生产加工小作坊，属于食品生产加工环节，指具有独立固定生产加工场所、从业人员较少、生产规模较小（不实行规模化生产），主要从事传统食品、具有地方特色食品等生产加工活动（不含现制现售），满足当地群众食品消费需求的市场主体（不包括食用农产品生产者）。②小餐饮店，属于餐饮服务环节，指具有固定场所，食品经营场所使用面积较小，从事食品即食加工、制作并直接向消费者销售的餐饮服务经营者，不包括连锁经营。包括热食类、冷食类、生食类、糕点类、自制饮品等传统餐饮食品制售项目，也包括预包装食品、散装食品、特殊食品等食品销售项目。例如街边的炸鸡店、饺子馆、包子铺、熟食店、主食厨房等。提供炸烤串、煎饼等街边（有固定场所）即时加工、制作食品并直接向消费者销售的，是小餐饮店而不是小食杂店。中小学生校外托餐场所、社区老年人日间照料餐厅也是小餐饮店。③小食杂店，属于食品销售环节，指有固定经营场所、店铺，经营场所使用面积较小，依法取得营业执照，通过实体门店从事食品（包括食用农产品）零售的经营者，不包括连锁经营便利店。食品销售项目主要包括预包装食品、散装食品、特殊食品、食用农产品等，不包括食品现场制售。比如，仅销售预包装食品的社区小卖部、兼销售预包装食品的蔬菜水果店等，或者主营其他商品兼销售食品、饮料等的街头小店，以及农村及城乡结合部地区小百货和食品混合经营的小商店等。连锁经营便利店不属于小食杂店。符合"小食杂店"定义的小超市属于小食杂店。④食品摊贩，属于销售环节，指无固定经营场所，从事食品（含食用农产品）销售或者食品现场制售的自然人。比如早高峰时段路边（无固定场所）现场售卖鸡蛋灌饼、豆浆等食品的早餐车等，农村宴席聚餐也属于摊贩。相较于规模化、规范化食品生产经营企业，有关"三小"的监管措施，应考虑其本身的生产经营条件，注重遵从和合规成本，在不给"三小"带来过度负担的前提下确保食品安全，同时应注重通过教育、培训、技术支持等支持性措施促进"三小"合规。

食品"三小"治理面临价值权衡。"三小"是我国食品供应体系的组成部分之一，"三小"常常处于农村及城乡结合部地区，是一种与基层群众饮食习惯、消费模式、负担能力相适应的业态，为农村及城乡结合部地区尤其是收入水平低的消费者提供方便、可负担的食品。同时，"三小"提供了许多创业与就业机会，对发展农村经济、增加农民收入、解决就业、维护社会稳定等具有重要作用。但是，由于"三小"多、小、散、乱等特点，始终是食品安全隐患的高发区和监督管理的重点、难点。"三小"，一是"小"，即生产经营规模小、从业人员较少。二是"散"。不同于城市市场通常局限于几个大都市，农村食品市场主体总量多，而且高度多样化，分散在各个地区，农村市场横跨一个巨大而广泛分散的地理市场。三是"乱"，即生产经营风险较高、监管较难。"三小"因成本低、生产经营规模小、设施设备简陋、经营条件低下，从业门槛低等问题，存在食品安全管理不利，食品安全风险大，监管难等情况，属于食品安全的薄弱环节。"三小"容易暴露无证无照、环境脏乱差、食品质量低劣、"一非两超"等食品安全隐患和问题。2016年全国人大常委会食品安全法实施情况的执法检查结果显示，"三小"管理问题典型，存在不管、乱管，放弃监管、滥用权力等问题。尽管在城乡发展的目前阶段，"三小"是方便群众生活，解决部分城乡居民生计和就业的一种形式。但"三小"问题，影响食品安全监管成效，影响人民群众食品安全满意度和幸福感，影响一些食品安全问题治本之策的谋划和解决。在国家食品安全治理体系中，"三小"监管存在价值权衡，一方面，多、小、散、乱等问题突出，监管难度很大；另一方面，"三小"又是方便群众生活、解决部分城乡居民就业创业的一种形式，尤其是"三小"较低的成本和相对较低的食品价格成为低收入群体食品可负担性的有效供应方式。所以，"三小"监管面临在满足群众需要与食品安全及城市管理的双重挑战。"三小"监管的难度较大，需要国家重点研究、探索国家层面的顶层设计，需要各地切实履行属地责任，积极探索，创新"三小"管理方式、完善监管机制，针对"三小"食品安全风险，采取适当的、因地制宜的措施，规范"三小"生产经营行为，促进"三小"健康发展。

　　"三小"是食品安全问题高发领域和监管的重难点领域。①"三小"经营一是从业者素质参差不齐，食品安全法律法规和知识缺乏，食品安全意识淡薄。二是生产经营所必须的设施设备、环境场所等简陋落后，卫生条件脏乱差，食品质量难以保证，生产现场环境乱、生产效率低、产品品质不稳定等问题，食品安全隐患和风险较大。三是容易发生食品安全管理制度不健全、安全生产操作落实不到位问题。四是食品添加剂超范围、超限量使用等现象不能很好控制。五是生产销售不合格、超保质期、无包装、标示不规范等食品的现象时有发生，存在食品安全风险隐患比较多。②在政府监管方面，"三小"由于生产经营条件简单、食品安全监管难度大等原因而成为食品安全事故多发领域，也是食品安全监管工作的难点之一。缺乏清晰和可操作的"三小"生产经营及监督管理配套制度，执法方面相关部门间职责不清的现象仍有发生。存在着法规及监管制度不健全、监管部门职责不清、多头管理等问题，基层监管力量不足、执法装备缺乏、监管经费保障不到位等困难也比较突出。

　　从国际经验看，"三小"治理也是食品安全治理的难点。解决"三小"问题，不宜采取"一刀切"的方法，而应采取综合方法。街头食品贸易，是城乡结合部大部分居住在非正式定居点的人口的主要食物来源。联合国粮农组织强调非正规街头食品部门的社会经济重要性，自20世纪80年代以来，粮农组织采取行动改善街头食品生产和销售的卫生状况，并采用综合方法，涉及摊贩/处理者、消费者、市政当局、检验服务和本地研究及发展机构等所有利益相关者。非正规街头食品仍然是快速发展的城市景观的一个特征，是食品市场的重要组成部分。食品是人们生活的中心，不仅是人们健康的关键决定因素，而且是城乡经济的重要组成部分。食品是人们之间社会互动的纽带，通过社会关系网络将人们联系在一起，人们将"街头食品"比喻为"人间烟火"。食品市场结构不仅取决于市场的实体基础设施，还取决于经营者和消费者之间的关系。一方面，街头食品一定程度上是小规模食品生产经营者的生计，无论是位于传统市场的街头食品，还是更非正式的街头食品，都不是作为有限的社会互动场所的超市。另一方面，街头食品是城市低收入者消费者和农村消费者食品消费的重要渠道。政府针对非正式街头食品（street food vending）的政策回应，在彻底取缔和放之任之之间权衡。然而，完全根除这一市场的重要组成部分是难以实现的，也是不现实的，尽管政府对街头食品的管制致使小规模生产经营者和消费者都面临着越来越多的困难，非正规街头售卖仍然是快速发展的城市景观的一个特征，也是城乡结合部食品市场的重要支撑。曾经一段时期，一些地方政府试图将街头食品正式化，食品摊贩等经营者被要求进驻政府设立的经批准的市场，不遵守规定的经营者会受到驱赶、罚款和没收货物等处罚。然而，这一解决措施引发的问题是，更集中的市场并不适合许多低收入的消费者，街头食品是大部分居住在非正式定居点的人口的主要食物来源。集中市场也不适合以经营食品小摊、小贩为生计的经营者谋生、创业。忽视低收入群体需求的政策可能对其获得食品、健康和福祉产生不利影响。政府越来越认识到这一必要性，为了响应低收入消费者和小规模生产经营者等弱势群体的需求，政府变通为替代治理模式（"alternative governance model" of "informalized containment"），允许经营者在规划的区域、时段聚集，支持小规模食品经营者谋生、创业，促进贫困消费者食品的可得性和可负担性，这一措施是对小规模经营者和弱势消费者需求作出的务实回应。如今在很多地方，传统市场越来越多地被超市等正规市场取代，然而，对于低收入居民来说，这种转变可能会产生不利的后果。传统市场是新鲜水果和蔬菜的主要来源，而超市和便利店主要为顾客提供加工和深加工食品，这两种选择都不是既安全又健康的理想饮食。非正规市场是低收入城市居民获取廉价新鲜农产品的主要来源。虽然人们可能认为非正规市场食品安全标准较低、正规市场销售的食品更安全，但实际上正规市场可能比非正规市场销售的食品更不符合标准。街头食品是现阶段农村及城乡结合部食品经营者和消费者的现实需求，对街头食品的合理规划和引导是对这一需求的务实回应，也是增强街头食品安全性的重要措施。对农村及城乡结合部的"三小"经营，不仅为小规模食品生产经营者提供了创业、就业的机会，而且增进了城市低收入群体等的食物可得性和可负担性，同时还将人们联系起来，帮助人们融入城市社会，是包容性社会精神的体现。

（三）农村及城乡结合部食品掺假形势严峻

食品掺假问题一直是一个巨大的挑战。食品掺假欺骗消费者，对人们健康构成严重威胁。在全球范围内，约有57%的人因摄入掺假和受污染的食品而出现健康问题。据估计，每年大约有22%的食品掺假。食品掺假在我国非常猖獗，尤其在农村及城乡结合部。风险较大的组织化、规模化、链条式违法行为常常分布在农村及城乡结合部的农贸批发市场、种养殖生产基地、菜篮子和米袋子主产区、屠宰场、冷库物流中心、食品与副食批发市场、餐饮聚集区域等领域。食品掺假问题主要表现为：预包装食品、散装食品的标签问题；生鲜肉制品的检验检疫合格证明、进货来源问题；"三无"、假冒伪劣、变质不新鲜食品问题等。

1. 无证经营等经营资质问题。依据《食品安全法》，我国食品生产经营实行许可制度。从事食品生产、食品流通、餐饮服务，应当依法取得许可。依法无需取得许可的情形主要包括：销售食用农产品无需取得许可；仅销售预包装食品无需取得许可；取得生产许可的食品生产者通过网络销售其生产的食品无需取得经营许可；取得经营许可的食品经营者通过网络销售其制作加工的食品，无需要取得许可。电子证书与纸质证书具有同等法律效力，推行电子证书，倡导无纸化。无证经营违法行为主要表现为：应取得而未取得许可证或者其他批准文件和营业执照，擅自从事经营活动的行为；无须取得许可证或者其他批准文件但应取得营业执照而未取得营业执照，擅自从事经营活动的行为；应取得许可证或者其他批准文件和营业执照，虽已取得许可证或者其他批准文件但未取得营业执照，擅自从事经营活动的行为；营业执照已注销或被吊销等，仍然从事经营活动的行为；取得营业执照，但超出登记的经营范围以及擅自从事应当取得许可证或者其他批准文件方可从事的经营活动。通过网络服务平台无证经营现象时有发生，亟待加强网络平台的监管，查处无证无照经营、无实体店提供网络餐饮服务等违法违规行为。

2. 超过保质期食品问题。超过保质期的食品主要指：食品超过食品生产者标注的保质期；食品经营者现场制售的散装即食食品超过标注的保质期的；未标注保质期的食品经营者现场制售散装即食食品超过制售当天营业时间的。依据《食品安全法》，禁止超过保质期食品上市流通，不得捐赠、派发超过保质期的食品；禁止将超过保质期的食品作为食品原料出售；禁止将超过保质期的食品用于食品生产加工；不得将超过保质期的食品以改换包装等方式重新出售；生产经营者应当对变质、超过保质期或者回收的食品进行显著标示、单独存放，及时采取无害化处理、销毁等措施并记录。超过保质期食品违法行为主要表现为：用超过保质期的食品原料、食品添加剂生产食品、食品添加剂；经营用超过保质期的食品原料、食品添加剂生的产食品、食品添加剂；标注虚假生产日期和保质期；生产经营超过保质期的食品、食品添加剂。

3. 山寨食品问题。农村假冒伪劣食品中，很大一部分是假冒或"傍名牌"，恶意仿冒知名商标，误导消费者。假冒伪劣是食品安全的"重灾区"，农村食品市场是制售假冒伪劣的重点区域。"山寨食品"和"仿冒食品"在农村食品市场盛行，主要分布在城乡结合部及乡镇一级的农村市场。"山寨"食品起初出现在城乡结合部这一城市薄弱地域，后逐渐转到农村。商场、超市等场所进货查验严格，不易进入，"山寨"食品在偏远的农村及流动人口聚集的城乡结合部市场和小商贩处取得生存。当前我国农村假冒伪劣食品横行的主要原因有：一是农村消费水平偏低，给山寨食品生产经营者进入农村市场留有可乘之机。农村收入水平和购买力水平普遍偏低，消费者在选购食品时，多看重价格、口感和外观，给一些不良生产经营者生产经营价格低廉、质量低劣的食品提供了市场空间。二是农村消费者质量安全意识不强，食品安全知识水平偏低、维权意识淡薄，基层消费维权体系不完善。三是农村市场经营者多为当地村民，文化水平偏低，食品安全意识和管理能力缺乏。部分食杂店的散装食品不按规定贮存、销售，容易引发食品变质，有的拆零销售的食品无任何包装和防护措施，极易引起交叉污染、变质等食品安全风险。四是基层监管力量薄弱，执法定性有难度。乡镇和村一级的市场监管在人员力量、业务素质、资金保障和执法装备等方面与实际工作要求存在较大差距。

（四）农村集体聚餐食品安全问题易发

农村集体聚餐是食品安全监管的高风险点。一是聚餐人群涉及面广。农村社会自古就有讲究情义、热情好客的传统，农村集体聚餐频率比较高，聚餐人数众多，人群涉及面广，就餐人员结构复杂，包括老人、儿童等，加大了食品安全风险。二是聚餐场所分散。农村自办宴席大多设在家庭院落或临时搭建帐篷，加工和就餐场所防护和隔离措施缺乏，冷藏、保温、清洗、消毒等储存消毒设施条件较差，在饭菜卫生清洁、餐具消毒、餐厨垃圾处理等方面容易出现问题，加工处理过程食品交叉感染问题易发。三是食材需求量大，厨师游走乡间分散经营，运营过程食品安全风险较大。首先，原材料进货渠道不规范。有些举办者在采购原材料时贪便宜、忽视质量；有些从熟人门店采购，未按要求索证索票，没有仔细查验产品安全相关的信息，如生产日期和保质期限等。其次，加工处理过程不规范。多数流动厨师缺乏专业培训，操作流程不规范，菜品搭配上存在安全风险。再次，储存条件难以保障。大多数农村家庭缺少冷藏设施，防蝇、防鼠、防尘等措施缺乏，食品保存条件差，增加了食物腐变风险。四是食品安全意识淡薄。首先，从业人员素质参差不齐，健康证管理、食品安全培训考核缺乏。许多承办人聚餐时临时雇用的帮工、打杂人员随意性大，增加了操作不规范性和疾病传染方面的风险。其次，就餐人数多、人员杂，难免其中会有极少数人携带有食源性致病菌，这种高风险因素在聚集性就餐环境下增加了传播风险。就餐人员，无论成人还是孩子，主要凭着喜好就餐，几乎不去关注餐饮具清洁、菜品卫生等食品安全问题。五是监管难度大。农村集体聚餐面广点散，随意性大，举办者主动报备少，监管部门难以掌握集体聚餐信息，容易陷入监管盲区；当前基层食品安全网格化监管格局下，食品安全监管机构的基层监管人员、技术等监管资源不足。基层人力、物力资源配置与农村地区集体聚餐监管需求不匹配。作为监管者的第一道防线是村级食品安全协管员，各村协管员的安全责任状是与当地人民政府签订的，在实际操作中市场监管部门只起了一个中介作用，没有体现出主导地位，无法对协管员进行有效的管理，监管部门发出的通知，践行力度很小，加之缺乏明确的考评机制，很多协管员履行监管职责时存在敷衍态度。对村级信息员的管理、考核难度大。各村信息员由村干部兼任，由于村干部一身兼具各项工作，投入集体聚餐管理上的时间和精力难以保障，加之信息员的报酬与繁琐的工作不成正比，另外监管部门无法有效地对信息员进行考核，许多信息员对管理集体聚餐这项工作未足够的重视。如何确保食品安全，成为很多地方监管的一大难题。

（五）新冠肺炎疫情的冲击和不确定性对农村食品安全的影响

新冠肺炎疫情给食品安全带来了巨大的挑战，作为食品安全的薄弱环节，农村与城乡结合部面临的挑战更大。受新冠肺炎疫情冲击，我国食品工业显露出食品原辅料供应链不健全、冷链物流疫情防控能力亟待强化等新问题。根据现有科学知识和 WHO 的陈述，新冠肺炎不会通过食品传播，但是在疫情发生地区新冠病毒污染食品是可能的，在冷冻潮湿的环境下有可能长时间存在；新冠肺炎尽管不是食品安全问题，但其流行会为食品安全带来挑战，会影响食品安全。冷链屡次成为新冠肺炎疫情风险点，如何加强进口食品冷链安全防控，是食品安全监管体系面临的重要挑战之一。农村食品系统也是受新冠肺炎疫情影响的至关重要的农村基础设施之一，对于农村消费者、种植者和加工者及其员工而言，新冠肺炎疫情扰乱了食品的流动及其生产和交付系统的经济效益。新冠肺炎疫情冲击下，如何确保农村社区拥有所需资源以应对紧急情况、保障食品供应和安全，这将需要重新考虑食品和农业系统的多样性和韧性。食品和农业系统应该具有广泛的包容性，从工业化和大规模生产到多种多样的小型农场、小规模生产者，以及灵活、简单的加工和销售系统（比如小作坊、小经营店、摊贩等），这对农村食品可获得性、可负担性以及安全性都至关重要。

二、需求侧层面：农村及城乡结合部消费者多属于食品消费的弱势群体

（一）农村及城乡结合部消费者收入水平和食品负担能力偏低

农民、城市低收入者等弱势群体多聚集在农村及城乡结合部地区。广大农村地区特别是偏远地区经济社会发展水平相对落后，许多农村及城乡结合部地区居民在就业机会、投资机会、收入、生活条件、经济负担及公共服务等方面的弱势和不均衡，导致其食品负担能力和安全食品的选择能力偏低，农村及城乡结合部地区容易成为食品安全风险易发地带。从居民因素分析，农村及城乡结合部是农民、城市低收入者等弱势群体的聚集地带。实践中，农村居民认定主要从以下几个方面把握：依法承包土地或具有土地承包资格的农村户籍居民；因建制转为城

镇居民，但所在地未纳入城镇社保和福利覆盖范围，未享受城镇居民社保和福利；或虽享受城镇社保和福利，批转登记为城镇居民不足 5 年；从事农业种养殖业的国有农场在职职工（不包括不承包或不承租国有农场农用资源的农场管理人员）。随着户籍制度的改革，户籍标准逐步淡化，对虽为农村户籍，但在城市居住、就业、经营等居民，其经常居住地和主要收入来源地均为城市的，视为城镇居民，但其农村居民身份享有的权益应当受保护。区分农村居民和城镇居民的户籍、土地承包资格、从事农业生产、社保参缴、公共服务福利等标准，同时也反映了农村居民在就业、收入、生活、公共服务、知识和信息等方面的限制和不均衡。城乡结合部外来人口中，很大一部分是农村转移人口。在城镇化过程中，城乡结合部是农业转移人口进入城市的重要空间和通道，是进城务工农民为主体的外来人口的聚集地。由于房价低、生活成本低，城乡结合部是承载外来人口的巨大容器。但是，在城镇，政府财政资源主要用于城镇户籍居民的生活和就业及其他公共服务的改善上，工作中心是城市主城区的建设以及基础设施改造，常常忽视聚集在城乡结合部的郊区农民和外地农民的公共服务。一定程度上城乡结合部是城市郊区原住农民、农民工等进城迁移农民、城市低收入者等弱势群体的主要聚居地。

农村及城乡结合部地区容易成为食品安全风险易发地带。农村居民特别是妇女、老人、儿童是食品消费的弱势群体，城乡结合部地区食品消费群体也多包括城市郊区原住农民、农民工等进城迁移农民、城市低收入者等也是食品消费的弱势群体，他们食品安全意识不强，对食品安全信息了解较少，食品安全科学知识和法律知识较为缺乏，为一些"三无"、过期和假冒伪劣食品大量流入农村市场提供了空间，导致农村食品安全形势更为严峻。加之农村医疗条件和水平相对落后，一旦出现食品安全问题农村消费者更容易受到伤害。农村及城乡结合部的食品安全问题反映农村消费者、城市低收入者、农民工等弱势群体的食品安全问题，农村及城乡结合部食品安全政策措施须兼顾食品安全与农村消费者食品负担能力。

（二）农民作为食品消费者和经营者均处于食品价值链的弱势地位

农村及城乡结合部消费者经济能力和收入水平偏低，这影响其安全食品的负担能力。食品负担能力低，容易暴露于食品安全风险。农村及城乡结合部食品安全问题的一个重要基础性原因是收入低和收入不稳定。农村居民收入水平低和获得有酬就业及资源的机会不足。农村消费者的主要收入来源是从事农业活动，农作物歉收可能导致农村居民的可支配收入低和收入不稳定。低收入群体购买食物的支出常常占到收入的绝大部分，在很多情况下是其主要支出，最贫困的群体几乎把全部收入用于食物支出。低收入和收入不稳定的人，尤其是依赖非正规部门工作的人，更容易陷入食品不安全的风险。疾病或事故影响到主要收入来源时，甚至没有经济能力购买安全营养的食品。

大多数农民作为食品生产者和食品消费者均处于食品价值链的弱势地位，由于各种原因容易暴露在食品安全风险中。不均衡的食品价值链可能推高价格，影响低收入者和边缘化群体安全、营养食品的负担能力，也可能阻止农民（尤其是小农户）从其农产品中获得良好的利润。不均衡的食品价值链存在的主要问题包括：①"最后一公里"的问题。大多数容易暴露于食品安全风险的低收入者在地理上、经济上和社会上多是边缘化的，安全、营养食物的可获取性和可负担能力不足。②歉收年或歉收季节问题。遇上农作物歉收年或歉收季节，城市和农村地区的低收入家庭都因可用于食物的支出减少，而采取不利的应对策略，包括减少食物量或选择低营养、甚至安全性低的食物。③丰收年的问题。即使是丰收也有不好的一面。农村地区储存、销售和运输余量粮食的能力不足，导致粮食价格和质量下降。当需求最旺盛、粮食被浪费和变质、市场波动加剧时，农民无法以溢价出售农产品。[1] 改善食品价值链，提高所有人尤其是低收入者和边缘化人口的食品负担能力，是实现食品安全的关键之一。发展普惠金融，提高金融为农村食品消费者服务的能力和水平。金融机构以低利率向农村地区的人们提供贷款支持，以增加其购买力。完善农村社会保障体系，从而提高农民整体面对经济环境变化、食品价格波动的抵抗力。

（二）农村居民食品消费水平低

当前农村居民和城市居民之间的收入差距依然较大，农村居民用于食品的支出明显低于城镇居民。根据国家统计局《2021 年居民收入和消费支出情况》数据，2021 年，农村居民人均可支配收入 18 931 元，城镇居民人均可支配收入 47 412 元，城乡居民人均可支配收入之比为 2.5；农村居民人均消费支出 15 916 元，城镇居民人均消费支出 30 307 元。全国居民人均食品烟酒消费支出 7178 元，占人均消费支出的比重为 29.8%；农村居民人均食品烟酒消费支出 5200 元，占人均消费支出的比重为 32.7%；城镇居民人均食品烟酒消费支出 8678 元，占人均消费支出的比重为 28.6%；城乡居民人均食品烟酒消费支出之比为 1.7。因为农村人口从事日薪劳动和农业等活动，以及联合活动，这是不稳定的收入来源，而

---

[1]　https：//www.wfp.org/food-systems，最后访问时间：2021 年 2 月 18 日。

且财务规划也存在困难。大多数农村消费者可支配收入少，生活水平和消费水平偏低，食品购买能力偏低。农村市场对低价格食品需求度高，农村及城乡结合部很多负担能力弱的消费者无暇顾及食品安全，采购食品、在外就餐时关注较多的是价格和分量，食品安全和质量相对考虑较少，这为质次价低的食品提供了市场空间，也增加了农村及城乡结合部食品安全风险几率。而且，农村地区消费者食品安全意识不强，对食品品牌、标签、说明书等的鉴别能力不强，同时受限于维权信息不通畅、手续繁琐等因素，对食品安全维权意向不高，农村制售"三无"食品、销售假冒伪劣食品和"超过保质期"食品的现象屡见不鲜。

（三）农村及城乡结合部地区很多家庭和个人生活条件和食品设施简陋

农村及城乡结合部地区尤其是偏远地区和低收入群体的生活条件相对落后，食品贮存、制备等条件较差，不少农村消费者常常不能很好地贯彻 WHO "食品安全五要素"等基本的食品安全和卫生要求，容易暴露于食品安全风险中。这些不利因素表现为：其一，生活饮用水设施存在不到位问题，农村地区特别是偏远地区缺少有效的供水设施，有些地方还未引入自来水或者供应不充足，这给食品卫生和安全带来挑战。比如家庭和个人食物制备过程中要求的个人卫生、食品清洗、操作台面和餐厨用具清洁等不能很好地贯彻，容易引发食源性疾病。其二，食品储存设施和温控条件较差。比如缺乏冷藏设施等，难以满足食品安全基本要素的温控要求，食物不能保持在安全温度下。其三，厨房烹饪设施不齐备、简陋，一些家庭或个人食物制备过程中生熟混放、制备工具混用，难以满足食品安全生熟分开的基本要求。其四，烹饪知识和技能水平偏低，不关注、不阅读或不能很好地理解食品的标签和储存要求，不关注其中与食品安全相关的信息，烹饪过程中的温度和时间把握不够科学，不利于确保食品安全。其五，农村及城乡结合部地区尤其是偏远欠发达地区和低收入群体聚集地，消费者生活基础设施和基本社会服务不足或根本不存在，不少农村地区缺少日常保洁、垃圾无害化、污水处理处理等公共设施，餐厨垃圾等处理不力，加上一些地区仍存在旱厕粪缸，养殖牲畜粪便污水直排等现象，还有一些不良生活习惯，容易引发食源性疾病。

（四）缺乏切合农村食品安全风险因素的有针对性的信息

消费者选择食品取决于消费者所能获得的食品质量与安全信息充分与否。充分、准确的食品质量与安全信息可以使消费者作出正确的消费决策，消费信息的不足与错误直接影响消费者的决策质量。①随着信息媒介的发达，有关食品的文章、食品等层出不穷，消费者被流行杂志、小报和广播、网络中铺天盖地的信息淹没，有些信息是正确的，有些信息是错误的，有些是误导性的，有些甚至是谣言，农村及城乡结合部消费者因文化、食品安全科学知识等方面的不足，对这些良莠不齐甄别能力有限，容易被欺骗和误导，引发错误或不当的食物选择。②随着食品科技的发展，新材料、新技术、新工艺的广泛应用于食品产业，消费者难以掌握食品质量和安全方面的很多信息，难以通过传统方法来评估食品质量和风险。以前消费者的担忧主要限于肉眼看得见的范围，比如重量不足，尺寸变化，误导标签和质量差。而今天的消费者对看不见的东西充满了恐惧，诸如微生物、过量农药残留、环境污染物和看不见、闻不到或尝不到的不适当食品添加剂而造成的潜在健康危害。③农村及城乡结合部消费者缺乏切合农村食品安全风险因素的有针对性的信息。比如，在农村及城乡结合部地区，直接影响公众健康的农村环境卫生问题的信息，如饮用水设施、厨房设施、垃圾处理、如厕设施等，是影响农村消费者食品安全能力的至关重要的信息因素，而这种与农村基本公共服务和环境相关、激励农村个人或家庭对食品安全和自身健康承担更多责任的信息常常不能很好地认识和传播。

（五）农村地区食品安全意识和知识欠缺

消费者食品安全意识和知识直接影响农村及城乡结合部食品安全供应体系和治理成效。农村及城乡结合部地区特别是偏远地区由于收入水平低、文化水平低，以及食品安全宣传教育工作也不够深入、全面、高效，农村消费者的食品安全意识、食品安全法律法规知晓率以及食品安全科学知识水平偏低。传统农村消费者主要依赖农业，对市场上的产品和服务了解较少。如今，由于电视和网络等媒体，农村地区消费者对市场上出售的品牌产品有了更多的了解。但是，农村市场上有很多仿冒品牌，消费者很难辨识。如何能够帮助、提高农村消费者识别品牌、标识等的方面的能力，使其能买到真正的品牌，而不是各种"山寨"食品，是农村消费侧的一个重要的问题。

农村居民地处偏远，接近市场和获取信息的能力弱。文化水平相对较低，加之多样化的地方方言和广泛的文化多样性，食品安全知识和能力相对较弱。不少农村消费者食品安全常识淡薄，有的农民即使意识到食品安全的重要性，但基于信息和知识原因，辨识假冒伪劣食品的能力欠缺，无法辨别假冒伪劣食品、三无食品和过期食品。很多农村消费者尤其是低收入者，因食品安全知识缺乏和低价格食品需求度高等因素很容易上当受骗，也正因为如此，一些劣质假冒品牌崛起并渗透农村市场。因而，加强农村地区居民的食品安全宣传和教育，提高食品安全意识，帮助农村居民更好地识别假冒食品，至关重要。

三、政府监管层面：农村及城乡结合部是食品安全监管的薄弱环节

（一）农村及城乡结合部市场监管难度大

我国农村地域辽阔，食品生产、流通和消费都极为分散，这种食品市场高度分散化的结构导致农村食品安全监管点多线长、量大面广，监管挑战和难度大。农村食品市场主体多以农贸市场、集贸市场、农村集体聚餐、小作坊、小经营店、食品摊贩等非正式、传统业态经营，相较于规范化的超市等的正规市场监管难度更大，也是政府监管容易疏漏的领域。与此同时，农村及城乡结合部被监管者合规意识和能力较弱，甚至存在抵触情绪，一些小商贩往往将执法行为视为断其生计。

（二）基层监管资源和监管人员力量不足、执法力不强

一是基层监管资源不足，农村及城乡结合部地区均属于村级行政区域，在行政体制的上位于乡镇、村一级，是政府食品安全监管的"最后一公里"也是最薄弱和亟需加固的基础环节。在我国现行食品安全监管体系架构下，行政监管和执法力量往往是越往基层越薄弱，农村地区食品安全监管力量不足的问题尤为突出。二是农村及城乡结合部食品安全监督和执法存在落实不到位问题，特别是在弱势群体采购食品的传统市场，缺乏有效的监管资源和措施，食品安全法律法规在传统市场等领域的适用并不严格。农村及城乡结合部地区的规划管理和治安管理没有市区严格，容易被食品小摊贩、小排档等随意占用、摆摊设档。基层监管者责任与约束机制不健全，还存在"重收费，轻管理"等现象。三是基层食品安全监管执法措施不健全，对小作坊、食品摊贩等的监管缺乏具体、可操作规范，缺乏支持、帮助农贸市场、"三小"等农村食品市场经营者主体合规的培训、教育、技术协助等支持性措施和资源。

（三）农村及城乡结合部基础设施和公共服务不完备

农村及城乡结合部公共基础设施建设落后，公共服务不完备，违法经营现象多；无证照经营的商户也多，生产经营不规范，卫生环境堪忧。农村及城乡结合部房屋分布情况复杂，加之存在管理不到位的问题，容易成为食品黑窝点、黑作坊藏匿之地。农村及城乡结合部环境卫生管理不到位，容易引发食品安全问题。农村及城乡结合部环境与食源性疾病、人畜共患疾病的出现之间多有联系，城乡结合部因城乡迁移以及土地利用的变化导致建筑和人口密度高，居民多元、流动人口多、人员情况复杂，人口、动物和动物源产品流动加剧，而食源性疾病、人畜共患疾病主要通过肉类、乳制品和动物产品、水和其他食品传播，这导致城乡结合部地区食品安全风险较高。农村及城乡结合部基础设施不足或根本没有基础设施的低收入居民区为食源性疾病、人畜共患疾病提供了滋生地，而更普遍地边缘化影响了农村及城乡结合部地区应对食源性疾病、人畜共患疾病暴发的对策和

能力。

（四）未能有效发挥农村及城乡结合部消费者等的监督作用

食品安全信息、宣传教育等方面的政策、措施，对农村及城乡结合部低收入居民和受教育程度低的居民关注度不够，对农村及城乡结合部消费者、特别是在传统市场（相较于超市等固定经营场所的非正规市场）购物的消费者的保护力度不够，这可能造成农村及城乡结合部消费者食品安全意识和能力偏低。在农村及城乡结合部地区，消费者法律意识淡薄，维权意识不强，消费者保护组织等社会监督力量缺乏或不健全，难以发挥补充监管的作用。

（五）社会共治面临不小的挑战

随着我国食品安全合作共治的深入开展，食品安全相关合作项目的数量、范围和意义都在不断增加，越来越需要对基本政策决策的审议和协调。农村及城乡结合部食品安全社会共治仍然面临一些挑战：一是农村及城乡结合部食品安全社会共治缺乏系统方法论和路线图。目前，食品安全社会共治，包括农村及城乡结合部食品安全社会共治，仍然处于探索阶段，对于"做什么""怎么做"等缺乏系统的方法论。各级机构薄弱，缺乏跨部门协调、治理流程和法律框架，共治措施多表现为"农村食品安全治理行动"等集中突击式措施，但农村食品安全社会共治更需要制度化的、稳定的、切合农村实际的常态化协同合作机制。二是各地区、各部门就社会共治的模式认识存异，各地区食品安全社会共治的资源和能力存异。食品安全社会共治需要地方政府投入一定的人力、财力、技术等资源。一些欠发达地区，可能缺乏必要的能力和资源建立和实施农村及城乡结合部食品安全社会共治机制。三是各主体各自的责任不明确、清晰，存在简单混同的情况。许多主体没有认识到自身的食品安全管理职责，或者不重视农村及城乡结合部食品安全管理。四是在社会共治体系中，各主体合作共治关系、联系缺乏逻辑结构，未能形成有机联系的系统。

第四节　农村及城乡结合部食品安全问题原因剖析

食品安全治理体系和能力受到很多驱动因素的影响，为了确保食品安全，不仅食品领域的政策，而且许多领域的政策（如国家发展优先事项、经济政策和社会规则），需要因地制宜的变通。这些变通可能需要量身定制的办法来解决不同人群食品不安全的不同驱动因素。农村及城乡结合部地区食品安全问题的不同驱动因素包括：

一、农村及城乡结合部地区食品安全问题的制度原因

其一，国家食品安全战略涉及农村地区食品安全问题，尤其是弱势群体的食品安全方面的政策、投资、行动等不充分。农村发展战略中没有很好的融入食品安全相关方面：战略、规划、行动等不充分，未能确定食品安全的优先次序，缺乏稳定、法治的治理结构；其二，解决食品安全问题的政策、计划、方案和资金的决策和优先次序需要更好的协调，需要加强对弱势群体的关注；其三，农村及城乡结合部地区的公共服务不足，农民、小规模生产者等就影响其生计的公共经济决策进程参与度不足；其四，合作和融资碎片化，农村及城乡结合部食品安全治理分散在多个"专项行动"上，分散化的行动增加了行政费用，各专项行动之间的连贯性、持续性、常态化需要更好的协调。

农村食品安全问题很大程度上是由于农村发展水平低、公共服务和资源配置不足，国家和地方应采取全面、协调一致的短期、中期、长期的对策，采取行动消除城市和农村弱势群体的食品安全和粮食安全问题。解决农村食品安全问题，宜采取全面双轨办法，一是直接行动起来，立即解决农村市场假冒伪劣食品问题；二是实现中长期可持续农业、食品安全、粮食安全和营养，以及制订农村发展方案，将食品安全融入发展战略，通过乡村振兴解决食品安全问题，消除食品安全和粮食不安全的根源。

法律和政策是影响资源和权力分配的强有力的决定因素，具有创造意义和持久变化的潜力。通过公平的法律与政策为农村居民创造更安全的食品社区，促进城乡食品安全治理一体化。公共投资优先考虑受国家投资和资源不均衡影响最严重的人和地区，倾斜农村及城乡结合部特别是该地区的弱势群体。制度和机构（包括政府），应促进有意义的参与，并努力消除食品安全资源不均衡，注重农村最后一公里的制度建设和机构设置。

二、农村及城乡结合部地区食品安全问题的经济和生产原因

从食品生产经营者角度看，违法成本低，经济利益驱动力强。假冒伪劣食品属于典型的经济利益驱动食品掺假（economic motivated adulteration，EMA）。从消费者角度看，收入水平低，食品负担能力较弱，这也是质次价低的食品在农村及城乡结合部有市场的重要原因。根据国家统计数据，多年来我国农村及城乡结合部的恩格尔系数一直高于城镇。恩格尔系数（Engel's Coefficient）是食品支出总额占个人消费支出总额的比重，反映家庭食品负担能力。其深层次的根源在于：其一，就业和资源缺口。农村就业机会有限及低收入水平和食品负担能力不足，

社会保障制度不足，土地、水、信贷和技术等生产性资源分配不均衡和地区差异，低收入劳动者和城乡低收入者购买力不足，资源生产率低下。其二，投资和技术缺口。农业生产增长不足，对农业部门和农村基础设施的投资不足，特别是对小规模食品生产者的投资不足。农村食品生产者获得有关技术的机会不足，缺乏对食品生产者的综合性技术援助，特别是对处于弱势地位的当地生产者、小农和家庭农民专业户的支持不足，接近创新和技术的机会不足。技术是一种推动因素，但也可能造成技术鸿沟，进而影响小规模生产者，由于初始投资成本高，需要培训和教育，小规模生产者可能无法接近新技术进而获得收益。因而，技术必须具有可负担性，且必须提供教育和培训，确保人人可以获得和使用。其三，市场和贸易缺口。农业系统基础设施不足，缺少提供进入市场的渠道，接近市场、贸易的机会不足，也缺少减少收获后损失的技术和设施，出现大量的食物浪费以及食品安全和质量隐患。

三、农村及城乡结合部地区食品安全问题的社会和人口原因

农村食品安全治理表象上是食品安全问题，实质上触及教育公平、医疗公平、养老等社会保障公平等民生问题的各个层面，而所有问题纠缠裹挟在一起时，又会引起农村及城乡结合部各种问题的恶性循环。农村及城乡结合部消费者受教育程度低，食品安全知识水平低，食品安全意识淡薄，"不干不净，吃了没病"的意识仍然存在。农村及城乡结合部食品安全受到城市化、有限的教育机会、农民工进城、政策不健全等一系列因素的阻碍。其一，没有充分考虑农村及城乡结合部社区居民食品不安全的特殊脆弱性。社区条件可能会影响安全食物的实际获取，生活在农村及城乡结部地区的很多人可能难以进入提供全方位服务的超市或食品店；或者是基于地理原因不容易到达，比如农村地区尤其是偏远农村地区，鲜有大型超市；或者是因为负担能力不能接受超市的价格。其二，人口变化。人口增长、城市化和城乡人口迁移、农村缺乏就业和多样化生计的机会。农村地区主要人口经营或工作受限在小农场，获得增值机会很小，导致大量人口从农村地区流动到城镇。其三，食品安全基础设施和公共服务资源不足及配置不均衡，导致其缺乏安全的饮用水和卫生设施、高质量的保健服务，缺乏有效的社会保障制度。其四，农村及城乡结合部人们的教育和文化水平低会影响食品安全。由于文化水平受限，人们缺乏食品安全信息与知识，食品安全意识淡薄，选择安全食品的能力较弱。

第三章　食品安全法律法规概况与农村食品安全政策梳理

第一节　我国食品安全法规与标准体系

　　农村食品安全治理的根本途径是法治，我国食品安全法律法规标准体系是农村食品安全治理的依据和基础。我国食品安全领域的最初立法为 1995 年的《食品卫生法》。2009 通过的《食品安全法》，从整体上对食品安全加以规范，以食品安全的综合立法代替卫生、质量、营养等要素立法。2015 年《食品安全法》全面修订，包括总则、食品安全风险监测和评估、食品安全标准、食品生产经营等十章，共 154 条。为配合 2018 年国务院机构改革，《食品安全法》进行第一次修正，用"食品安全监督管理部门""生态环境部门"替代原部门。2021 年《食品安全法》进行第二次修正，将"仅销售预包装食品"从"许可"管理改为"备案"管理，仅销售预包装食品不需要取得许可，报所在地县级以上食品安全监督管理部门备案。我国《食品安全法》体现了"四个最严"的精神，强调"公众健康"宗旨，坚持"预防为主、风险管理、全程控制、社会共治"的原则，强调食品安全风险评估、食品安全风险管理、食品安全风险交流的风险分析框架，健全了食品安全标准制度，全面设计了"食品生产经营者主体责任、食品安全政府监管责任、食品安全社会共治"食品安全保障的三大支柱体系，并健全了食品安全法律责任制度。2009 年通过《食品安全法实施条例》，2019 年进行修订。我国不断健全完善食品安全配套法规，从标准、风险分析、许可、进出口、检验检测、标签标识、监督管理、转基因、添加剂、法律责任等方面进一步落实、落细食品安全法的各项举措，促进食品安全法律、法规有效衔接。如今，我国初步形成以《食品安全法》为核心，由法律、法规、规章构成的相互联系、相互协调的食品安全法律规范体系。

一、食品安全法律法规体系

（一）法律

食品安全相关法律主要包括《食品安全法》《农产品质量安全法》《产品质量法》《标准化法》《计量法》《消费者权益保护法》《行政许可法》《行政复议法》《刑法》《广告法》《进出口商品检验法》《进出境动植物检疫法》《国境卫生检疫法》《动物防疫法》《野生动物保护法》《种子法》《农业法》《反食品浪费法》等。

（二）行政法规

食品安全行政法规主要包括《食品安全法实施条例》《乳品质量安全监督管理条例》《生猪屠宰管理条例》《国务院关于加强食品等产品安全监督管理的特别规定》《工业产品生产许可证管理条例》《认证认可条例》《进出口商品检验法实施条例》《进出境动植物检疫法实施条例》《兽药管理条例》《农药管理条例》《饲料和饲料添加剂管理条例》《农业转基因生物安全管理条例》《食盐专营办法》《食盐加碘消除碘缺乏危害管理条例》《市场主体登记管理条例》等。

（三）规章

国家市场监督管理总局制定的规章主要包括《食品生产许可管理办法》《网络食品安全违法行为查处办法》《食品安全抽样检验管理办法》《食品召回管理办法》《保健食品原料目录与保健功能目录管理办法》《婴幼儿配方乳粉产品配方注册管理办法》《特殊医学用途配方食品注册管理办法》《保健食品注册与备案管理办法》《国家市场监督管理总局规章制定程序规定》《市场监督管理行政执法责任制规定》《市场监督管理严重违法失信名单管理办法》《市场监督管理行政处罚信息公示规定》《市场监督管理行政处罚程序暂行规定》《市场监督管理行政处罚听证暂行办法》《市场监督管理投诉举报处理暂行办法》《市场监督管理执法监督暂行规定》《强制性国家标准管理办法》《地方标准管理办法》《检验检测机构监督管理办法》等。此外，海关总署制定的规章主要包括《海关注册登记和备案企业信用管理办法》《进口食品境外生产企业注册管理规定》《进出口食品安全管理办法》。国家卫生健康委员会制定的《新食品原料安全性审查管理办法》《食品添加剂新品种管理办法》等。教育部、国家市场监管总局、国家卫生健康委员会联合制定的《学校食品安全与营养健康管理规定》。

（四）地方性法规

我国食品产业经营业态复杂多样，食品"三小"在我国食品供应体系中发挥重要的作用，同时食品"三小"监管也是我国食品安全监管体系中不可或缺的组成部分。食品"三小"应当依据《食品安全法》从事食品生产经营活动，符合与其生产经营规模、条件相适应的食品安全要求，保证食品安全，食品安全监管部门应加强"三小"监管。"三小"地方立法是保障食品安全和"三小"发展的重要制度保障。《食品安全法》第36条要求，省、自治区、直辖市制定食品生产加工小作坊和食品摊贩等的具体管理办法。各省、自治区、直辖市制定通过本辖区"三小"相关立法，"三小"进入法治化、规范化管理。如《北京市小规模食品生产经营管理规定》《上海市食品安全条例》《江苏省食品小作坊和食品摊贩管理条例》《广东省食品生产加工小作坊和食品摊贩管理条例》《西藏自治区食品生产加工小作坊小餐饮店小食杂店和食品摊贩管理办法》等。

（五）司法解释

为正确审理食品安全民事纠纷案件，保障公众身体健康和生命安全，最高人民法院先后制定通过《最高人民法院关于审理食品药品纠纷案件适用法律若干问题的规定》《最高人民法院关于审理食品安全民事纠纷案件适用法律若干问题的解释（一）》，对食品安全民事责任主体认定、赔偿责任承担以及诉讼程序等方面作出规定。为依法惩治危害食品安全犯罪，保障人民群众身体健康、生命安全，最高人民法院、最高人民检察院制定通过《最高人民法院、最高人民检察院关于办理危害食品安全刑事案件适用法律若干问题的解释》，明确了相关食品安全犯罪的定罪量刑标准和相关罪名认定标准。此外，《最高人民法院关于审理消费民事公益诉讼案件适用法律若干问题的解释》，对消费公益诉讼的原告资格、适用范围等进行了明确规定。

二、食品安全标准体系

食品安全标准的功能是保护公众健康，避免不必要的贸易限制，促进与国际标准的一致。食品安全标准的目的为下列之一或全部：食品安全；食品成分（包括但不限于 食品中污染物和残留物最大容忍量；添加剂或其他可能存在于食品中的物质的最大或最小量；微生物状况，菌落群数）；食品生产、制造、制备；转基因食品；确定食品成分或安全的检验检测；食品包装、储存、处理；材料、容器、用具、器具、设计；食品运输和递送；食品销售；食品信息，包括但不限于标签、说明、广告；食品安全计划；进口、生产、制造、准备、包装、储存、处理、运输、递送、销售等纪录保持和检查；其他与食品相关的影响公众健康的事项。

食品安全标准，是保障食品安全、维护公众健康的重要措施，是政府食品安全科学管理和监管的重要依据，也是规范食品生产经营、促进食品产业健康发展的技术保障。食品安全标准是强制性的、可以普遍反复适用的方法和规程，其内容是可以相对量化、具有可操作性的具体指标、要求、方法和规程。我国食品安全标准包括国家标准和地方标准，属于强制执行的标准，按照《食品安全法》管理。除了食品安全标准外，还可以制定其他的食品标准，但不能是强制性标准，按照《标准化法》管理。

（一）国家标准

食品安全国家标准由国家卫生健康委员会负责，会同国家市场监管总局制定；农药残留限量和兽药残留限量及其检验方法与规程由国家卫生健康委员会、农业农村部负责，会同国家市场监管总局制定；畜、禽屠宰检验规程由农业农村部负责，会同国家卫生健康委员会制定。食品安全国家标准，以公众健康为宗旨，以食品安全风险评估为基础，参照国际食品法典委员会的标准[1]和国际食品安全风险评估结果，考虑我国食品产业发展实际以及行业现实、居民饮食习惯以及监管实际需要，广泛听取食品相关政府部门、食品行业、社会组织以及消费者等的不同意见和建议。食品安全国家标准应经过食品安全国家标准审评委员会[2]审查，审查食品安全国家标准的科学性和安全性等。我国食品安全国家标准基本覆盖所有食品类别，食品安全国家标准体系框架涵盖通用（基础）标准、食品产品标准、食品添加剂标准、食品相关产品标准、生产经营规范类标准、检验方法与规程等，与国际食品法典委员会的标准基本一致，形成中国食品安全标准体系。食品安全国家标准包括通用标准、产品标准、生产经营规范标准、检验方法与规程标准四大类。

1. 通用标准。通用标准即基础标准，是从健康影响因素出发，按照健康影响因素的类别，制定出各种食品、食品相关产品的限量要求、使用要求或标示要求。常见的标准有食品中污染物限量、食品中致病菌限量、食品中农药最大残留限量、食品中兽药最大残留限量、食品添加剂使用标准、预包装食品标签通则、食品添加剂标识通则等。在食品安全国家标准标准体系中，食品安全通用标准涉及各个食品类别，覆盖各类食品安全健康危害物质，对具有一般性和普遍性的食品安全危害和控制措施进行了规定，构成了标准体系的网底。

---

[1] 国际食品法典委员会（CAC），是联合国粮农组织和世界卫生组织联合建立的政府间国际组织，其制定的国际标准（即 Codex 标准）是世界贸易组织认可的解决成员国食品贸易争端的仲裁标准。

[2] 食品安全国家标准审评委员会由医学、农业、食品、营养、生物、环境等方面的专家以及国务院有关部门、食品行业协会、消费者协会的代表组成。

2. 产品标准。产品标准是从食品、食品添加剂、食品相关产品出发，按照产品的类别，制定出各种健康影响因素的限量要求、使用要求或标示要求。产品标准包含食品产品、食品添加剂和食品相关产品。产品标准应与通用标准协调一致。通用标准和产品标准均为对食品中各种影响人体健康的危害物质进行控制的技术标准。产品标准规定通用标准不能涵盖的食品产品中其他健康危害因素的限量。通用标准对产品有规定的，直接引用，如污染物、致病菌、食品添加剂等均直接引用相应的通用标准。通用标准未规定特定污染因素及食品安全相关质量指标，可制定产品标准。不管是产品标准还是通用标准，均视为已经有食品安全国家标准。食品产品标准，如《食品安全国家标准 乳粉》。食品添加剂质量规格及相关标准，如《食品安全国家标准 食品添加剂 亚硝酸钠》等。食品相关产品标准，如《食品安全国家标准 消毒剂》等。

3. 生产经营规范标准。食品生产经营过程中的卫生管理是保证食品安全的重要环节。生产经营规范标准是食品安全标准框架体系中的一个重要部分，规定了从初级生产到最终消费的全过程中每一阶段的基本卫生要求和关键卫生控制措施。生产经营规范标准，如《食品安全国家标准 餐饮服务通用卫生规范》《食品安全国家标准 即食鲜切果蔬加工卫生规范》《食品安全国家标准 速冻食品生产和经营卫生规范》《食品安全国家标准 食品添加剂生产通用卫生规范》等。

4. 检验方法与规程标准。与食品安全有关的食品检验方法与规程是食品安全国家标准的一部分，是验证基础标准和产品标准是否得到执行的重要手段。食品检验机构及其检验人应当依照有关法律法规的规定和食品安全标准对食品进行检验。检验方法和规程标准，如《食品安全国家标准 食品中总酸的测定》《食品安全国家标准 食品中总汞及有机汞的测定》《食品安全国家标准 食品中铅的测定》《食品安全国家标准 食品中钾、钠的测定》等。

此外，进口尚无食品安全国家标准食品，应当符合《食品安全法》要求和国务院有关部门的管理规定。进口尚无食品安全国家标准食品，是指由境外生产经营的、符合相关国家（地区）标准或国际标准的，我国未制定公布相应食品安全国家标准的食品。国家食品安全风险评估中心负责审查进口尚无食品安全国家标准食品，提出暂予适用标准的建议，国家卫生健康行政部门指定暂予适用的标准。

（二）地方标准

食品安全地方标准是食品安全标准的组成部分，在一定的时间和范围内可以弥补食品安全国家标准的空白，指导和规范地方特色食品企业的生产和监督管理。食品安全地方标准体系以地方特色食品安全及相关检验检测方法、高风险食品生产经营过程卫生要求等为主要内容。依据《食品安全法》第 29 条，没有国家标准的地方特色食品，[1] 省级卫生健康行政部门可制定食品安全地方标准并报国务院卫生健康行政部门备案。制定了国家标准后，地方标准即废止。

地方标准范围。地方标准包括地方特色食品的食品安全要求、检验方法与规程、生产经营过程卫生要求等。食品安全国家标准已经涵盖的食品，婴幼儿配方食品、特殊医学用途配方食品、保健食品、食品添加剂、食品相关产品等不得制定地方标准。食品安全地方标准，如上海市卫生健康委员会制定的地方标准：《糟卤》《工业化豆芽生产卫生规范》《调理肉制品》《预包装冷藏膳食》《预包装冷藏膳食生产经营卫生规范》《青团》，浙江省卫生健康行政部门制定的《食品安全地方标准 食品小作坊通用卫生规范》，江苏省卫生健康行政部门制定的地方标准《食品小作坊卫生规范》，黑龙江省卫生健康行政部门制定的食品安全地方标准《生湿面制品小作坊生产卫生规范》《小油坊生产卫生规范》《豆制品小作坊生产卫生规范》《糕点小作坊生产卫生规范》等。

地方标准的制定与备案。省级卫生健康行政部门负责地方标准的立项、制定、修订、公布，开展标准宣传、跟踪评价、清理和咨询等，对地方标准的安全性、实用性负责。地方标准不得与法律、法规和食品安全国家标准相矛盾。国家卫生健康行政部门委托国家食品安全风险评估中心承担地方标准备案工作，包括食品安全地方标准备案信息系统建设和维护。地方标准备案是指对地方标准中食品安全相关内容进行形式审查，并登记、存档、公开地方标准目录和标准文本的过程。地方标准备案主要审查地方标准中的食品安全指标是否与法律、法规以及食品安全国家标准矛盾，相关地方标准之间是否矛盾等。地方标准公布实施后，如需制定食品安全国家标准，相关主体可以提出食品安全国家标准立项建议，食品安全国家标准公布实施后，省级卫生健康行政部门应当及时废止相应的地方标准并公布，同时上报国家食品安全风险评估中心。

健全地方标准管理制度。健全内部机制。各省配套制修订、完善更新辖区食品安全地方标准管理制度，完善地方标准审评委员会工作机制和地方食品安全风险评估专家委员会协作机制，科学、严谨开展食品安全地方标准制修订、清理、追踪评估、宣传贯彻等工作。部门协作与共治。省级卫生健康委员会，建立健全与同级市场监管局等部门间食品安全标准跟踪评价协作机制，会同同级相关部门

---

〔1〕　地方特色食品指在部分地域有30年以上传统食用习惯的食品，包括地方特有的食品原料和采用传统工艺生产的、涉及的食品安全指标或要求现有食品安全国家标准不能覆盖的食品。

共同做好食品安全标准宣传、贯彻、培训、指导解答和跟踪评价工作，推动食品安全标准正确严谨执行。与国家标准，省级疾控部门和卫生健康委监督所负责开展食品安全国家标准跟踪评价省级协作组相关工作。

（三）企业标准

国家鼓励食品生产企业制定严于食品安全强制性标准（食品安全国家标准和食品安全地方标准）要求的企业标准。严于食品安全标准，是指企业标准中的食品安全指标限值严于食品安全标准的相应规定。食品安全国家标准或者食品安全地方标准没有的指标，或者与食品添加剂使用标准、营养强化剂使用标准、食品生产规范不同不能视为"严于"。企业应当对企业标准负责，保证企业标准的内容符合《食品安全法》及相关法律法规的规定，不得低于食品安全国家标准及地方标准要求。企业标准应在省级卫生行政部门备案，"备案"须说明严于食品安全国家标准或者所在地食品安全地方标准的具体内容和依据情况。企业标准备案不是行政许可，也不是行政审批，不对备案材料进行实质性审查，只对备案材料及其内容是否齐全、是否属于备案范围进行核对，企业标准备案后，并不代表备案机构对其进行了批准或认可。备案以后，标准文本全文公开，接受社会监督，一旦发现企业标准违反食品安全法律、法规及食品安全标准规定的，备案企业应及时纠正，不予纠正的卫生行政部门将一律注销其备案。

团体标准。推动优势特色团体标准，鼓励学会、协会、商会、联合会、产业技术联盟等社会团体协调相关市场主体共同制定团体标准，开展团体标准应用示范。

（四）食品安全标准跟踪评价

食品安全标准跟踪评价是完善标准管理的重要措施之一，包括国家标准和地方标准跟踪评价。

1. 标准跟踪评价的目的。标准跟踪评价旨在了解标准执行情况、发现标准存在的问题，为标准制（修）订工作和完善国家食品安全国家标准体系提供参考依据。首先，标准跟踪评价是食品安全标准的反馈机制——问题发现和自查机制。将标准跟踪评价融入保障公众健康、服务食品产业发展、服务食品安全监管，发现国家食品安全标准体系建设方面面临的新议题及存在的不足与具体标准中存在的问题，推动完善食品安全国家标准体系，规范食品安全地方标准制定与实施。其次，标准跟踪评价是食品安全标准的实施机制。将食品安全标准培训与宣贯融入标准跟踪评价过程，通过常规与重点相结合、线上与线下相结合等方式，主动为开展食品安全标准解疑释惑，提升标准解释、宣传、指导、推广等服务水平。通过会同相关部门开展标准跟踪评价，建立和完善标准联合工作机制，不断提高标准工作的透明度与社会参与水平。

2. 标准跟踪评价的主体。①国家卫生健康委员会会同农业农村部、市场监管总局等部门负责标准跟踪评价的组织管理，加强顶层设计、部门协调和督促检查。国家风险评估中心负责标准跟踪评价的组织实施，制定具体技术要求，开展技术培训和业务指导，负责统一设计和维护跟踪评价平台及相关在线调查页面。②省级卫生健康行政部门会同同级农业农村、市场监管等部门依法组织辖区内食品行业组织、生产经营者及相关检验、科研、教学机构参与标准跟踪评价，采取培训会、座谈会、网上调查、实地调查、专家咨询、专题研讨等方式听取各方意见建议，认真研究、合理评估各方意见建议。③食品安全国家标准跟踪评价省级协作组通过密切合作，加强沟通在省级协作、资源共享、技术互补等方面的发挥技术优势。省级卫生健康行政部门组建省级标准跟踪评价协作组，选择部分类别食品产品协同开展专项跟踪评价，全面深入了解标准执行中存在的问题和困难。每个标准跟踪评价协作组由经验相对丰富的省份作为牵头单位，负责组织协调本协作组的工作，汇总分析形成专项跟踪评价报告。④发挥基层力量。各省带动基层卫生健康行政部门及其派出机构参与跟踪评价工作。充实基层力量，组建专业队伍、安排相应经费开展标准跟踪评价，提升标准管理队伍业务能力。

3. 标准跟踪评价途径：国家标准跟踪评价平台。跟踪评价平台由国家卫生健康委员会辖下的国家食品安全风险评估中心管理。标准相关各方均可通过跟踪评价平台反馈标准执行过程中的实际困难与问题，可就标准设定的技术指标、标准文本内容、标准实施效果等方面提出修订意见与建议，并说明相关理由或依据。产品专项跟踪评价。按照产品类别，通过量化评分，开展产品专项跟踪评价。以各类食品产品为对象，采用量化评分的方式，开展专项评价，横向评价不同类别食品产品涉及的食品安全标准的科学性、适用性和完整性等内容，全面深入了解相应类别产品标准执行中存在的问题及困难。如标准适用范围合理与否，在通用标准中对应的食品分类是否清晰、引用通用标准是否适当、涉及通用标准中各项安全指标要求是否合理，标签要求是否合理，生产经营过程卫生要求是否满足食品安全需要，产品所适用的其他推荐性标准与食品安全标准是否存在交叉矛盾，产品标准所引用的检验方法是否可行等。拟修订标准或重点标准的意见征集。对列入修订计划的标准、部分涉及面广的重点标准或公众、行业关注的标准，针对性地开展意见征集。通过标准管理部门、行业组织、监管部门组织统一培训、调研，对常态化模式所收集的信息缺失或不充分的问题进行深度调查收集，深入客观评价标准的科学性、合理性、可行性、执行成本等。

4. 标准解释和宣传培训。相关部门加强协同合作，开展食品安全标准的宣传贯彻、解疑释惑和培训指导，促进监管人员、检验人员、生产经营者等标准相关各方正确理解并准确掌握标准规定，严谨执行和落实标准，提高食品安全科学管理水平。及时解决跟踪评价发现的问题，如标准误解、缺乏认识等。广泛深入宣传标准在保障消费者健康、促进产业发展、增进监管公信力等方面的作用，社会各方共同推动更严谨的食品安全标准。

5. 强基固本。提升县级以上卫生行政部门食品安全标准的咨询等服务能力；提升县级以上卫生行政部门及相关技术机构对食品安全标准的解答指导能力。加强基层卫生部门（县乡村一体）在标准宣传、培训和跟踪评价方面的基础性作用，提升基层食品安全标准的咨询等服务能力，确保国家和地方食品安全标准在最后一公里的严谨落实。

三、我国食品安全战略

食品安全是党和国家高度关注的重大民生问题、社会问题、政治问题、经济问题、公共安全问题。食品安全国家战略是为了实现食品安全目标而制定的大规模全方位的长期行动纲领。自十八大以来，党和政府非常注重食品安全的战略意义，注重将重要而复杂的食品安全问题融入更为广泛的经济、民生、公共安全等议题中，统筹综合推进。习近平总书记强调：能不能在食品安全问题上给老百姓一个满意的交代，是对我们执政能力的考验。十八大以来，党中央、国务院对食品安全工作作出一系列重大决策部署，习近平总书记、李克强总理作出一系列重要指示批示。贯彻落实好党中央、国务院及中央领导关于食品安全工作的一系列决策部署和重要指示批示精神，是各级党委、政府和职能部门的义不容辞的责任。十八大报告指出：社会矛盾明显增多，食品安全等关系群众切身利益的问题较多，要改革和完善食品安全监管体制机制。十八届三中全会提出：创新社会治理体制，健全公共安全体系，完善统一权威的食品安全监管机构，建立最严格的覆盖全过程的监管制度，建立食品原产地可追溯制度和质量标识制度，保障食品安全。十八届四中全会强调：完善食品安全等方面的法律法规，重点在食品安全等领域内推行综合执法，依法强化危害食品安全等重点问题治理。十八届五中全会强调：创新、协调、绿色、开放、共享的发展理念，坚持共享发展，着力增进人民福祉，倡导合理消费，反食品浪费，推进健康中国建设，实施食品安全战略，形成严密高效、社会共治的食品安全治理体系，让人民群众吃得放心。"十三五"规划强调，实施食品安全战略，加快完善食品监管制度，健全严密高效、社会共治的食品安全治理体系。《健康中国2030规划纲要》强调，完善食品安全标准体系，加强食品安全风险监测评估，完善农产品市场准入制度，建立食用农产品全程追溯协作机制，完善统一权威的食品安全监管体制，加强互联网食品经营治理。加强进口食品准入管理，推进食品安全信用体系建设，健全从源头到消费全过程的监管格局，严守从农田到餐桌的每一道防线。十九大报告指出，实施健康中国战，实施食品安全战略，让人民吃得放心。十九届三中全会《中共中央关于深化党和国家机构改革的决定》提出，改革市场监管体系，实行统一市场监管，推进市场监管综合执法、加强产品质量安全监管，让人民群众买得放心、用得放心、吃得放心。2019年《中共中央、国务院关于深化改革加强食品安全的工作意见》提出，建立食品安全现代化治理体系，提高从农田到餐桌全过程监管能力，提升食品全链条质量安全保障水平。十四五规划要求，深入实施食品安全战略，加强食品全链条质量安全监管。

食品安全问题是政府工作报告持续关注的重大问题之一。《2014年国务院政府工作报告》强调，人命关天，安全生产这根弦任何时候都要绷紧。要严格执行安全生产法律法规，全面落实安全生产责任制，坚决遏制重特大安全事故发生。大力整顿和规范市场秩序，继续开展专项整治，严厉打击制售假冒伪劣行为。建立从生产加工到流通消费的全过程监管机制。严守法规和标准，用最严格的监管、最严厉的处罚、最严肃的问责，坚决治理餐桌上的污染，切实保障"舌尖上的安全"。《2015年国务院政府工作报告》提到，人的生命最为宝贵，要采取更坚决措施，全方位强化安全生产，全过程保障食品药品安全。《2016年国务院政府工作报告》，为了人民健康，要加快健全统一权威的食品药品安全监管体制，严守从农田到餐桌、从实验室到医院的每一道防线，让人民群众吃得安全、吃得放心。《2017年国务院政府工作报告》中，推进以保障和改善民生为重点的社会建设。民生是为政之要，必须时刻放在心头、扛在肩上。在当前国内外形势严峻复杂的情况下，更要优先保障和改善民生，该办能办的实事要竭力办好，基本民生的底线要坚决兜牢。推进健康中国建设。食品药品安全事关人民健康，必须管得严而又严。要完善监管体制机制，充实基层监管力量，夯实各方责任，坚持源头控制、产管并重、重典治乱，坚决把好人民群众饮食用药安全的每一道关口。在《2018年国务院政府工作报告》中，改革完善食品药品安全监管，强化风险全程管控。实施健康中国建设。创新食品药品监管方式，注重用互联网、大数据等提升监管效能，加快实现全程留痕、信息可追溯，让问题产品无处藏身、不法制售者难逃法网，让消费者买得放心，吃得安全。人民群众身心健康、向善向上，国家必将生机勃勃、走向繁荣富强。

第二节　食品"三小"地方立法表达

当前，我国农村及城乡结合部食品供应的基本业态是"三小"生产经营。"三小"的食品安全保障能力与产业发展水平，事关农村及城乡结合部地区人民群众的生命健康，事关农民生计，事关农业农村发展和乡村振兴。由于全国各地经济社会发展状况、地理、气候及饮食习惯的差异，加之"三小"业态具有基础性、地域性、多样性和分散性等特点，《食品安全法》第36条要求省、自治区、直辖市制定食品生产加工小作坊和食品摊贩等的具体管理办法，对"三小"管理专门事项作出配套具体规定。截至目前，全国31省、市、自治区均已出台"三小"食品安全地方性法规。"三小"进入法治化、规范化管理，各地也随之出台配套制度，保证地方立法正确贯彻实施。下表为31省市自治区食品"三小"立法"放管服"的主要措施：

地方性法规	许可、登记、备案（放）	政府支持服务（服）	清单管理（管）
《天津市食品生产加工小作坊和食品摊贩监督管理办法》	1. 小作坊：区县监管部门登记，推行食品安全承诺制度。 2. 摊贩：区县食品安全监管部门备案，通报乡镇政府、街道办。 3. 学校周边100米摊贩禁区。	1. 政府鼓励和支持改善生产经营条件，提高食品安全水平。 2. 鼓励参加食品安全公众责任保险。 3. 区县政府划定流动摊贩临时经营区、确定经营时段。	1. 小作坊"负面清单"和"正面清单"相结合的管理制度，区县级食品安全监管部门制定生产加工食品品种目录，经区县级人民政府同意，报市级食品安全监管部门备案。 2. 小作坊负面清单：乳制品、罐头制品等国家和地方禁止食品小作坊生产的食品；特殊食品；非本地传统特色食品。 3. 摊贩负面清单：专供婴幼儿和其他特定人群的主辅食品；保健食品；国家为防病等特殊需要明令禁止的食品；生食水产、裱花蛋糕等食品；食品添加剂。

地方性法规	许可、登记、备案（放）	政府支持服务（服）	清单管理（管）
《河北省食品小作坊小餐饮小摊点管理条例》	1. 小作坊：县级食品安全监管部门登记，通报乡镇政府或街办。 2. 小餐饮：县级食品安全监管部门登记，通报乡镇政府或街办。 3. 小摊点：乡镇政府、街办备案，报告县级食品安全监管部门。 4. 学校周边 100 米摊贩禁区。	1. 政府对三小进行综合治理，完善服务和规划，支持集中经营。 2. 政府通过业务培训、资金扶持、场地租金优惠、就业帮扶等措施，鼓励和支持三小规范操作，革新生产经营条件和工艺技术，创出品牌。	1. 小作坊：乳制品、速冻食品、酒类、罐头、饮料、保健食品、特殊医学用途配方食品、婴幼儿配方食品、婴幼儿辅助食品、果冻、食品添加剂等产品，以及法律、法规禁止生产加工的其他产品。 2. 小餐饮：裱花蛋糕、生食水产品以及法律、法规禁止经营的其他食品。 3. 小摊点：散装白酒、食品添加剂、保健食品、特殊医学用途配方食品、婴幼儿配方食品、婴幼儿辅助食品等法律、法规禁止经营的高风险食品。
《内蒙古自治区食品生产加工小作坊和食品摊贩管理条例》	1. 小作坊：旗县级食品安全监管部门登记。 2. 食品摊贩：旗县级食品安全监管部门备案。	1. 政府及其有关部门统筹规划，建设、改造适宜小作坊和摊贩生产经营的区域，并完善基础设施和配套设施。 2. 鼓励食品小作坊改进生产条件，提高生产能力，扩大经营规模，向成熟食品加工企业转型。 3. 市辖区政府、旗县所在地镇政府划定摊贩经营区域和时段。	小作坊：实行品种目录管理，禁止目录由自治区政府有关部门制定。

地方性法规	许可、登记、备案（放）	政府支持服务（服）	清单管理（管）
《辽宁省食品安全条例》	1. 食品生产加工小作坊：县级食品安全监督管理部门许可证。 2. 小餐饮：县级食品安全监管部门许可。 3. 食品摊贩：乡（镇）政府或者街道办登记备案。	1. 政府对"三小"加强服务和统一规划，完善"三小"基础设施及配套设施。 2. 鼓励和支持"三小"改善经营环境、经营条件、工艺技术，提高食品安全水平。	食品生产加工小作坊负面清单：乳制品、罐头制品；用非固态发酵工艺生产的酒类；保健食品；特殊医学用途配方食品、婴幼儿配方食品和其他专供特定人群的主辅食品。
《黑龙江省食品安全条例》	1. 小作坊：县级或设区市市场监管部门备案。 2. 小经营：县级市场监管部门备案。 3. 小餐饮：县级市场监管部门核准。 4. 摊贩：指定部门登记，并告知市场监管部门以及乡镇或街办。 5. 学校周边200米不得划定摊贩。 6. 校外托管机构。	1. 政府统一对小作坊监管，支持统一标准、规范工艺、联合经营，支持和引导改善生产经营条件和管理水平。鼓励开展品牌创建活动。 2. 设区市级、县级人民政府统一规划和建设适宜食品摊贩经营的固定场所，完善配套设施，制定优惠政策，引导摊贩进入统一集中交易场所。 3. 政府确定摊贩经营区域或临时经营场所和经营时段。	1. 小作坊负面清单：婴幼儿配方食品等特殊食品；婴幼儿辅助食品、运动营养食品等具有相应国家标准的特殊膳食用食品；乳制品、饮料、罐头制品、果冻食品；采用传统酿制工艺以外的其他方法生产酒类、酱油和醋；接受委托生产加工或者采取分装形式生产食品。 2. 摊贩负面清单：制售保健食品等特殊食品；制售婴幼儿辅助食品、运动营养食品等具有相应国家标准的特殊膳食用食品；以生鲜乳为原料制售乳制品；生食类食品和裱花蛋糕；食品批发。

地方性法规	许可、登记、备案（放）	政府支持服务（服）	清单管理（管）
《上海市食品安全条例》	1. 小作坊：区市场监管部门准许生产证（不同于许可证），审查时征询乡、镇政府或街办意见，准许后通报乡、镇政府或街办。 2. 摊贩：乡镇政府或者街道办登记，并通报区市场监管、绿化市容、城管等部门。 3. 学校周边100米内禁设摊贩。	1. 政府统筹规划、规范布局，创设小作坊集中食品加工场所，指引食小作坊进入集中场所；政府指定固定经营场所，并制定相关鼓励措施。 2. 政府划定临时区和固定时段供食品摊贩经营，提供相应的基础设施和配套服务。	1. 小作坊目录管理（正面清单）：小作坊目录由市食品安全监管部门负责编制并经市食品药品安全委员会批准。小作坊应当在准许生产的食品品种范围内从事食品生产加工活动，不得超出准许生产的品种范围生产加工食品。 2. 摊贩负面清单：生食水产品等生食类食品以及不符合法律强制性规定或者食品安全标准规定的食品。
《江苏省食品小作坊和食品摊贩管理条例》	1. 小作坊：县级食品安全监管部门登记，通报乡镇政府或街办。 2. 摊贩：乡镇政府或街办备案，通报县级市场监管、城管部门。 3. 县级和乡级政府确定摊贩经营区域、经营时段。乡级政府确定临时区域和时段。 4. 设区市级、县级政府建设特色食品街区，为摊贩提供统一摊位，并提供水、电、垃圾处理等便利。 5. 学校周边禁区由设区市级、县级政府确定。	1. 地方政府和有关部门通过奖励、资助、租金、税收、信贷等优惠措施，鼓励、支持富有地方传统特色、满足群众需求的小作坊和摊贩改善生产经营条件和工艺技术，创建品牌；鼓励、扶持本地历史悠久的食品小作坊传统特色食品生产技艺申报非遗鼓励小作坊扩大规模、提高能力，逐步向企业转型。鼓励摊贩采取提升改造、联合经营等方式改进经营条件、提高经营水平。 2. 设区市级、县级政府统筹规划，合理	1. 小作坊：正面清单与负面清单相结合。小作坊食品目录由县级市场监督管理部门制定，经同级政府批准后并报上一级市场监管部门备案。小作坊负面清单：乳制品、罐头制品；用勾兑工艺生产的酒类；保健食品；特殊医学用途配方食品、婴幼儿配方食品和其他专供特定人群的主辅食品。 2. 摊贩：不得经营生食水产品等生食类食品、裱花蛋糕和用勾兑工艺生产的酒类。

地方性法规	许可、登记、备案（放）	政府支持服务（服）	清单管理（管）
		布局，建设、改造适合小作坊和摊贩生产经营的集中场所，完善基础设施及配套设施，鼓励、支持小作坊和摊贩进入集中区域。 3. 地方各级政府采取措施，扶持生产经营本地优质特色食品、传统食品的小作坊和摊贩发展。	
《浙江省食品小作坊小餐饮店小食杂店和食品摊贩管理规定》	1. 食品小作坊、小餐饮店、小食杂店：所在地市场监管部门登记，载明是否从事网络食品经营。 2. 摊贩：食品安全监管部门登记卡，学校周边摊贩禁设区由乡镇政府、街道办划定；未划定的为学校周边100米内。	1. 政府统一领导、组织协调辖区三小的监管工作，加强监管能力建设，提供经费、人员等保障。 2. 食品安全监管部门对三小进行食品安全法律法规和食品安全标准、知识的宣传和学习，并免费提供食品安全宣传材料。	1. 三小实行负面清单管理，禁止目录由省级食品安全监管部门制定并报省级政府批准；设区市食品安全监管部门可增加禁止生产经营的食品种类并报本级政府批准。 2. 摊贩：不得从事网络食品经营。

地方性法规	许可、登记、备案（放）	政府支持服务（服）	清单管理（管）
《安徽省食品安全条例》	1. 小作坊：县级食品安全监管部门登记。 2. 小餐饮、食品摊贩：县级食品安全监管部门备案。 3. 学校门口 200 米内不得设食品摊贩。	1. 政府统筹规划、合理布局适合三小集中生产经营的场所，配套建设必要的用电、给水、排污、清扫设施等。 2. 鼓励、支持三小进入集中场所生产经营。	1. 小餐饮负面清单：裱花蛋糕、生食水产品。 2. 小作坊负面清单：食品添加剂；乳制品、罐头制品、饮料等食品；保健食品、特殊医学用途配方食品、婴幼儿配方食品；采用非固态法发酵工艺生产的白酒食品。 3. 摊贩负面清单：自制的生鲜乳制品；婴幼儿配方食品、保健食品等特殊食品。
《福建省食品安全条例》	1. 食品小作坊：县级食品监督管理部门核准。 2. 小餐饮：乡（镇）人民政府、街道办事处登记。 3. 食品摊贩：乡（镇）政府、街道办登记，报县级食品安全监管部门、市容环境卫生主管部门。 4. 县级政府划定学校周边禁设摊贩区。	1. 政府统筹规划、合理布局、建设食品生产加工小作坊集中生产加工场所。 2. 鼓励和支持食品生产加工小作坊进入统一管理场所从事食品生产加工活动。	小作坊负面清单：婴幼儿辅助食品、乳制品、饮料、即食罐头、特定人群的主辅食品、保健食品。

地方性法规	许可、登记、备案（放）	政府支持服务（服）	清单管理（管）
《江西省食品小作坊小餐饮小食杂店小摊贩管理条例》	1. 小作坊：县级食品监督管理部门登记。 2. 小餐饮：县级食品监督管理部门登记。 3. 摊贩：乡镇政府、街道办备案。 4. 学校周边 100 米范围内为摊贩禁区。	1. 县级以上人民政府加强对地方食品传统工艺的保护，对地方特色的食品小作坊、小餐饮、小食杂店和食品小摊贩鼓励通过连锁、联合生产经营，形成品牌效应和规模效应。 2. 鼓励、支持本地历史悠久的传统特色食品生产技艺申报非物质文化遗产。	1. 小作坊负面清单：乳制品、饮料（含饮用水）、调和食用油、配制的酱油、配制的食用醋、用酒精勾兑的白酒、预包装肉制品、罐头制品、果冻等高风险食品；专供婴幼儿、病人、孕产妇等特定人群的主辅食品；声称具有特定保健功能的食品。 2. 小餐饮负面清单：裱花蛋糕、生鲜乳制品、生食水产品以及法律、法规规定不得经营的食品。小食杂店经营者不得经营保健食品、婴幼儿配方食品等特殊食品。 3. 食品小摊贩负面清单：冷荤食品、裱花蛋糕、生食水产品和生鲜乳制品，不得销售散装白酒、特殊食品等。
《山东省食品小作坊小餐饮和食品摊点管理条例》	1. 小作坊：县级食品安全监管部门登记，告知乡镇政府或街道办。 2. 小餐饮：县级食品安全监管部门登记，告知乡镇政府或街道办。 3. 小摊贩：乡镇政府、街道办食品监督管理部门备案。 4. 乡镇政府划定学校周边禁止食品摊贩经营的范围。	1. 设区的市、县人民政府对食品小作坊、小餐饮和小摊贩实行综合治理、统筹规划，改善其生产经营环境。 2. 鼓励和支持"三小"进入集中区域、店铺等固定场所。通过资金资助、场地租金优惠、就业补助等措施，鼓励和支持食品小作坊、小餐饮和小摊贩革新生产经营条件和工艺技术，创建品牌。	1. 小作坊负面清单：乳制品、罐头制品、果冻、冷冻饮品、酒类、饮料（含瓶、桶装饮用水）、酱油、食醋、预包装肉制品；保健食品、婴幼儿配方食品、特殊医学用途配方食品和其他专供特定人群的主辅食品；食品添加剂。 2. 小摊贩负面清单：保健食品、婴幼儿配方食品、特殊医学用途配方食品和其他专供特定人群的主辅食品；裱花蛋糕、生食水产品、散装酒、现制乳制品、散装食醋、散装酱油、散装食用油。 3. 小餐饮负面清单：裱花蛋糕、生食水产品。

地方性法规	许可、登记、备案（放）	政府支持服务（服）	清单管理（管）
《湖北省食品安全条例》	1. 小作坊：县级食品监督管理部门许可。 2. 小餐饮：县级食品监督管理部门许可。 3. 小摊贩：乡镇政府、街道办登记，告知城管、食品安全监管部门。 4. 乡镇政府、街道办规定学校周边摊贩禁设区。	1. 政府对食品生产加工小作坊、小餐饮和食品摊贩进行综合治理。 2. 统筹规划、建设、改造适宜三小生产经营的集中场所和街区，配套建设相应的供水、供电、排污等设施，改善生产经营环境。	1. 小作坊负面清单：保健食品、特殊医学用途配方食品和婴幼儿配方食品等特殊食品；乳制品、罐头食品、瓶（桶）装饮用水、采用非固态法发酵工艺生产的白酒、配制酒；采用非物理压榨方法生产加工的食用植物油和其他食用油脂及其制品。 2. 小餐饮负面清单：裱花类糕点、生食类水产品、自制生鲜乳饮品。 3. 小摊贩负面清单：不经复热处理的熟食，自制生鲜乳饮品；发酵酒以外的散装酒。
《湖南省食品生产加工小作坊小餐饮和食品摊贩管理条例》	1. 小作坊：县级食品监督管理部门许可。 2. 小餐饮：县级食品监督管理部门许可。 3. 小摊贩：乡镇政府、街道办事处登记，告知县级食品安全监督管理部门。 4. 学校周边100米范围内不得划定为食品摊贩经营区域。	1. 县级以上人民政府应当采取措施，帮助生产经营本地传统、优质特色食品的食品小作坊、小餐饮和食品摊贩的健康发展。 2. 设区的市、自治州、县（市、区）人民政府统筹规划、合理布局，鼓励、支持食品小作坊和食品摊贩改进生产经营条件，进入集中生产经营场所生产经营。	1. 小作坊负面清单：乳制品、罐头制品、果冻；声称具有保健功能的食品；专供婴幼儿、孕产妇和其他特定人群的主辅食品；采用传统酿制工艺以外的其他方法生产的酒类、酱油和醋；食品添加剂。 小餐饮负面清单：裱花蛋糕、生食水（海）产品、乳制品（发酵乳、奶酪除外）。 3. 小摊贩负面清单：裱花蛋糕、生食水（海）产品、现制乳制品、散装白酒、专供婴幼儿和其他特定人群的主辅食品。

续表

地方性法规	许可、登记、备案（放）	政府支持服务（服）	清单管理（管）
《海南省食品生产加工小作坊监督管理办法》	小作坊：向食品安全监管部门备案。	1. 政府统一领导、组织、协调本行政区域小作坊的综合治理和监督管理工作。 2. 引导、规范小作坊的生产经营活动。 3. 县级政府设立小作坊集中生产经营场所，鼓励小作坊进入集中场所。	1. 负面清单：婴幼儿配方食品、特殊膳食食品、特殊医学用途配方食品、保健食品、乳制品、罐头等高风险食品品种；委托或者受委托、以分装方式生产经营食品。 2. 负面清单由省级食品安全监管部门制定并向社会公布。市县级食品安全监管部门可以增加辖区小作坊禁止生产经营的食品品种，经同级政府批准并报省级食品安全监管部门备案。
《广东省食品生产加工小作坊和食品摊贩管理条例》	1. 小作坊：县级食品监督管理部门登记。 2. 小摊贩：乡镇政府、街道办登记，告知县级食品安全监管部门。 3. 乡镇人民政府、街道办事处划定学校周边摊贩禁设区。	1. 政府通过财政、租金优惠等措施，鼓励、支持"三小"改善生产经营条件和工艺技术，提高食品安全水平。 2. 鼓励"三小"组建或加入食品行业协会。	1. 小作坊负面清单：乳制品、罐头制品等食品；婴幼儿配方食品和其他专供特定人群的主辅食品；声称具有保健功能的食品；不符合食品安全标准的土榨花生油等食用油；使用酒精勾兑的酒类。 2. 摊贩负面清单：冷荤凉菜、生食海产品、发酵酒以外的散装酒；不经复热处理的改刀熟食、现制乳制品、冷加工食品。
《广西壮族自治区食品小作坊小餐饮和食品摊贩管理条例》	1. 小作坊、小餐饮：县级市场监督管理部门登记。 2. 摊贩：乡镇、街道市场监督管理机构办理备案。 3. 学校周边 100 米摊贩禁设区。	1. 政府组织、协调辖区"三小"食品安全监管工作、加强服务和统一规划、应对食品安全事故。 2. 鼓励、支持"三小"改善生产经营环境和条件。	小作坊负面清单：乳制品、罐头制品；酒精勾兑的酒类；保健食品、特殊医学用途配方食品、婴幼儿配方食品和其他专供特定人群的主辅食品；非物理压榨法植物油及其制品。

续表

地方性法规	许可、登记、备案（放）	政府支持服务（服）	清单管理（管）
《重庆市食品生产加工小作坊和食品摊贩管理条例》	1. 小作坊：县食品安全监管部门登记。 2. 摊贩：县食品安全监管部门备案。	1. 政府组织、协调辖区"三小"食品安全监管，统一规划、统一应对食品安全事故，加强服务。 2. 鼓励、支持"三小"改善生产经营环境、生产经营条件。	小作坊负面清单：保健食品、婴幼儿配方食品等特殊食品；乳制品、罐头制品、冷冻饮品等食品；食用油、油脂及其制品（不含压榨植物油）；酒类（不含粮食酿造酒）。
《四川省食品小作坊、小经营店及摊贩管理条例》	1. 小作坊：县级食品安全监管部门备案。 2. 小经营店：县级食品安全监管部门备案。 3. 摊贩：乡（镇）街道办登记，并告知食品安全监管部门和城管部门。经营区域及时段和临时区域及时段由乡（镇）政府、街道办确定。 4. 学校周边 200 米摊贩禁设区。	1. 政府通过财政扶持、税收优惠等措施，鼓励和支持三小改善生产经营条件和工艺技术，提高食品安全和质量。 2. 政府对三小综合治理，加强服务和统一规划，鼓励集中经营。 3. 鼓励三小通过行业协会加强行业自律，推动行业诚信建设。	1. 小作坊负面清单：保健食品、特殊医学用途配方食品等；乳制品、饮料、冷冻饮品、速冻食品、罐头、果冻；传统工艺外的方法生产的酒、酱油、醋；食品添加剂；小作坊不得接受委托生产加工或者分装食品。县级食品安全监管部门可制定小作坊禁止的食品目录，报县级政府批准，并报市级食品安全监管部门备案。 2. 小经营店负面清单：婴幼儿配方食品、特殊医学用途配方食品；裱花蛋糕、生食水产品。 3. 摊贩负面清单：婴幼儿配方食品、特殊医学用途配方食品；裱花蛋糕、生食水产品；现制乳制品。

地方性法规	许可、登记、备案（放）	政府支持服务（服）	清单管理（管）
《贵州省食品安全条例》	1. 小作坊：县级食品安全监管部门登记。 2. 小餐饮：县级食品安全监管部门登记。 3. 小摊贩乡镇政府、街道办备案，通报食品安全监管部门和城管部门。 4. 学校周边200米摊贩禁设区。	1. 县级食品安全监管部门负责小作坊、小餐饮监管。 2. 乡镇政府、街道办（社区）帮助食品安全监管部门监管。	1. 小作坊负面清单：省级食品安全监管部门统一编制小作坊禁止生产的品种目录并经省级政府批准。 2. 摊贩：不得经营专供婴幼儿和其他特定人群的主辅食品。
《云南省食品生产加工小作坊和食品摊贩管理办法》	1. 小作坊：县级食品安全监管部门登记。 2. 摊贩：县级食品安全监管部门派出机构备案。	政府统筹规划、建设三小集中生产经营场所，支持"三小"改进工艺技术和经营条件。	1. 小作坊负面清单。 2. 摊贩：专供婴幼儿等特定人群的食品、保健食品、裱花蛋糕、生食水产品等。
《陕西省食品小作坊小餐饮及摊贩管理条例》	1. 食品小作坊、小餐饮：县级食品监督管理部门许可。 2. 食品摊贩：县级城市管理综合行政执法部门或者市容环境卫生部门登记备案。 3. 设区市城区学校100米内、县（市）城区学校50米内为摊贩禁设区。	1. 政府统一领导、指挥食品安全突发事件应对工作。 2. 政府健全监管机制、落实监管责任制，配套建设相应的给水、排污等设施，改善生产经营环境。	1. 小作坊负面清单：专供婴幼儿等特定人群的食品；声称具有特定保健功能的食品；乳制品、速冻食品、果冻食品等；非传统工艺方法酿制的酒类、酱油和醋；受委托加工或分装食品。 2. 小餐饮负面清单：裱花蛋糕、生食水产等。

地方性法规	许可、登记、备案（放）	政府支持服务（服）	清单管理（管）
《甘肃省食品小作坊小经营店小摊点监督管理条例》	1. 小作坊、小经营店：县级市场监督管理部门登记证。 2. 小摊点：县级市场监督管理部门登记卡。 3. 中小学校、幼儿园周边200米范围内不得确定为食品小摊点经营活动区域。	1. 统筹规划、建设、改造适宜三小生产经营的集中场所和街区，配套建设相应的给排水、排污等设施。 2. 通过奖励、资助、租金优惠、贷款等措施，帮助三小改善经营条件和工艺技术，提高食品安全水平。 3. 乡（镇）政府、街道办划定小摊点临时经营区域、时段。	小摊贩负面清单：散装白酒；保健食品；特殊医学用途配方食品；婴幼儿配方食品；食品添加剂；裱花蛋糕；其他。
《青海省食品生产加工小作坊和食品摊贩管理条例》	1. 小作坊：县级食品安全监管部门许可。 2. 摊贩：县级食品安全监管部门登记并通报同级城市管理主管部门。 3. 学校周边100米内禁设摊贩。	政府统一领导组织协调"三小"食品安全监管和服务，建立食品安全监管责任制和信息共享机制，统一应对食品安全突发事件。	1. 小作坊负面清单：专供婴幼儿、孕产妇等特定人群的食品；声称具有特定保健功能的食品；冷冻饮品、速冻食品、罐头制品、果冻食品；传统工艺外的方法生产乳制品、酱油和醋；使用酒精勾兑的酒类；接受委托生产加工或者分装食品。 2. 摊贩：散装白酒、裱花蛋糕、生食水产品、凉菜以及其他不符合食品安全标准的食品。
《宁夏回族自治区食品生产加工小作坊小经营店和食品小摊点管理条例》	1. 小作坊、小经营店：县级食品安全监督管理部门登记。 2. 摊贩：县级食品安全监督管理部门备案。	1. 政府领导、组织、协调辖区"三小"监管与服务，领导、协调食品安全突发事件应对。 2. 建立健全"三小"食品安全监管责任制和信息共享机制。	小作坊：不得生产登记证载明的品种范围之外的食品。

续表

地方性法规	许可、登记、备案（放）	政府支持服务（服）	清单管理（管）
《河南省食品小作坊、小经营店和小摊点管理条例》	1. 小作坊、小经营店：向县级食品监督管理部门登记。 2. 小摊点：县级食品监督管理部门备案。	1. 政府统一领导、协调监管工作，建立健全生产经营者自律、行政监管、社会监督相结合的机制。 2. 完善落实食品安全监督管理责任制，加强监管能力建设，提供资金、人员等保障。	小作坊负面清单：乳制品、传统酿制工艺以外的白酒、罐头、果冻类食品；婴幼儿配方食品等特殊食品；食品添加剂。
《山西省食品小作坊小经营店小摊点管理条例》	1. 小作坊：县级食品安全监管部门许可。 2. 小经营店：县级食品安全监管部门备案。 3. 小摊点：县级食品安全监管部门备案。 4. 县级政府或乡（镇）政府、街办确定学校周边禁设摊贩区。	1. 政府建设集中场所、街区，健全基础设施和配套设施；建立健全食品安全信息网络。 2. 鼓励支持社会力量开展餐具、饮具集中消毒服务、食品检验检测服务。 3. 鼓励支持食品行业协会制定传统、特色食品的生产工艺要求，促进传统、特色食品传承与发展，创建地方品牌。	小作坊负面清单：保健食品；特殊医学用途配方食品；婴幼儿配方食品，专供婴幼儿、孕产妇等特定人群的主辅食品；乳制品；国家和本省规定禁止生产的其他食品。

续表

地方性法规	许可、登记、备案（放）	政府支持服务（服）	清单管理（管）
《北京市小规模食品生产经营管理规定》	1. 小作坊：区市场监管部门许可。 2. 小餐饮：区市场监管部门许可。 3. 小食杂店：区市场监管部门备案。 4. 摊贩：乡镇政府或街办备案，食品安全承诺书。仅从事食用农产品销售，无需备案。 5. 学校周边200米为摊贩禁区。	1. 政府统一领导、组织、协调和指导"三小"监管，纳入政府考核体系。 2. 通过资金扶持等鼓励性措施，鼓励、支持"三小"改进生产经营条件和工艺技术。	1. 小作坊正面清单；小食杂店、食品摊贩负面清单。 2. 摊贩负面清单：冷荤凉菜、生食水产品、裱花蛋糕、散装熟食、散装酒，婴幼儿配方食品等特殊食品，区政府确定不得经营的其他食品。 3. 小食杂店负面清单：不得从事食品现场制售活动。
《新疆维吾尔自治区食品小作坊、小餐饮店、小食杂店和食品摊贩管理条例》	1. 食品小作坊、小餐饮店、小食杂店：向县级市场监督管理部门登记。 2. 食品摊贩向乡（镇）政府、街道办备案。 3. 幼儿园、中小学校大门200米范围内禁止食品摊贩经营。	1. 县级以上人民政府采取奖励、资金资助等激励措施。 2. 提供技术培训、完善公共服务。 3. 扶持本地特色、传统特色的三小健康发展。	1. 小作坊负面清单：专供婴幼儿、老年人、病人、孕产妇等特殊人群的食品；声称具有特定保健功能的食品；乳制品（发酵乳、奶酪除外）、果冻食品、酒类、饮料、冷冻食品、速冻食品、罐头制品、酱油、食醋和豆类酱制品、桶（瓶）装水等风险较高食品；接受委托生产加工或者分装食品。 2. 小餐饮店负面清单：裱花蛋糕、生食水（海）产品、乳制品（发酵乳、熟鲜乳、奶酪除外）等风险较高食品。 3. 小食杂店负面清单：保健食品；特殊医学用途配方食品；婴幼儿配方乳粉和其他婴幼儿配方食品。

续表

地方性法规	许可、登记、备案（放）	政府支持服务（服）	清单管理（管）
《西藏自治区食品生产加工小作坊小餐饮店小食杂店和食品摊贩管理办法》	1. 生产加工小作坊、小餐饮店、小食杂店：县级市场监督管理部门登记。 2. 县（区）人民政府和乡（镇）人民政府、街道办事处应当划定中小学校和幼儿园周边禁止食品摊贩经营的范围。未划定的，学校周边100米内禁止食品摊贩经营。	1. 县级以上人民政府鼓励社会力量参与三小生产经营场所和街区建设。 2. 鼓励和支持三小改进生产经营条件，提高生产能力，扩大经营规模，逐渐向食品生产经营企业转型。 3. 鼓励食品摊贩进入市场、店铺等固定场所进行经营。	小作坊、小餐饮店、小食杂店和食品摊贩生产经营的食品，实行目录管理。目录由自治区人民政府市场监督管理部门制定并调整，报自治区人民政府批准后施行。
《吉林省食品小作坊小餐饮店小食杂店和食品摊贩管理条例》	1. 食品小作坊、小餐饮店、小食杂店：县级市场监督管理部门及其派出机构登记。 2. 食品摊贩：县级市场监督管理部门及其派出机构备案。 3. 幼儿园、中小学校校门外道路两侧200米范围以内禁止食品摊贩经营。	1. 政府应当对"三小"进行综合治理，提高食品安全水平。 2. 鼓励和支持食品小作坊、小餐饮店、小食杂店改进生产经营条件。 3. 鼓励和支持食品摊贩进入市场、店铺等固定场所经营。 4. 鼓励"三小"组建行业协会或者加入相关行业协会。	食品小作坊、小餐饮店、小食杂店和食品摊贩实行目录管理。省人民政府市场监督管理部门制定生产经营目录或者禁止生产经营目录，报省人民政府批准。

第三节　农村及城乡结合部食品安全政策和行动

一、农村及城乡结合部食品安全政策

自 2009 年国家制定并实施《食品安全法》以来，农村地区历来是国家食品安全的重点和优先领域。国务院和国家食品安全相关部门对农村食品安全监管体制、农村餐饮食品安全监管、农村儿童食品安全监管、农村假冒伪劣食品治理、农村集体聚餐监管等工作作出专门部署，持续关注农村食品安全问题。

国务院食品安全委员会（简称食安委）《关于严厉打击假劣食品进一步提高农村食品安全保障水平的通知》指出，在一些农村地区和城乡结合部，假冒、仿冒、劣质、过期等假劣食品仍然屡禁不止，屡打不绝。因此要高度重视农村食品安全，强调标本兼治、重在治本，将查处农村假劣食品与健全农村食品流通体系相结合，将地方政府领导、部门指导协调、各方联合行动、社会广泛参与相结合，重点查处生产、销售、餐饮服务等环节的假劣食品违法犯罪行为，净化农村食品市场，保障农村食品安全和农民健康。

原国家食品药品监督管理局《关于进一步加强农村餐饮食品安全监管工作的指导意见》聚焦农村餐饮食品安全监管，完善监管体系、创新监管机制、落实监管责任、提高监管效能，监管与指导服务相结合、典型示范与整体推进相结合，落实主体责任、健全监管体制、创新监管机制，提高监管效能。建立以县为中心，以乡（镇）为前沿，辐射到村的县乡村三级餐饮食品安全监管网。聚焦问题，开展农村餐饮食品安全专项治理，强化对农村学校食堂、农村集体聚餐、农村小餐饮、农家乐餐饮等的监管。

"四个最严"的要求最早是习近平总书记 2013 年在中央农村工作会议上提出的。

原国务院食品安全委员会办公室（简称食安办）《关于进一步加强农村儿童食品市场监管工作的通知》强调，保障农村食品安全，特别是农村儿童的食品安全。加强农村儿童食品从生产、销售、学校供餐等环节的全程监管，净化农村儿童食品市场。

《国务院关于加强食品安全工作的决定》指出如下措施：其一，强化基层食品安全管理工作体系。推进食品安全工作重心下移、力量配置下移，强化基层食品安全管理责任。乡（镇）政府和街道办事处要将食品安全工作列为重要职责内容，主要负责人要切实负起责任，并明确专门人员具体负责，做好食品安全隐患排查、信息报告、协助执法和宣传教育等工作。乡（镇）政府、街道办事处要与各行政管理派出机构密切协作，形成分区划片、包干负责的食品安全工作责任网。在城市社区和农村建立食品安全信息员、协管员等队伍，充分发挥群众监督作用。基层政府及有关部门要加强对社区和乡村食品安全专、兼职队伍的培训和指导。其二，深入开展食品安全治理整顿，将城乡结合部作为重点区域，加大整治力度，组织经常性检查，及时发现、坚决取缔制售有毒有害食品的"黑工厂""黑作坊"和"黑窝点",依法查处非法食品经营单位。其三,加强食品生产经营监管,切实加强对食品生产加工小作坊、食品摊贩、小餐饮单位、小集贸市场及农村食品加工场所等的监管。

《国务院关于地方改革完善食品药品监督管理体制的指导意见》指出要健全基层管理体系。县级食品药品监督管理机构可在乡镇或区域设立食品药品监管派出机构。要充实基层监管力量,配备必要的技术装备,填补基层监管执法空白,确保食品和药品监管能力在监管资源整合中都得到加强。在农村行政村和城镇社区要设立食品药品监管协管员,承担协助执法、隐患排查、信息报告、宣传引导等职责。要进一步加强基层农产品质量安全监管机构和队伍建设。推进食品药品监管工作关口前移、重心下移,加快形成食品药品监管横向到边、纵向到底的工作体系。

2014年3月和8月,食安办、食药总局、工商总局分别发布《严厉打击生产经营假冒伪劣食品违法行为进一步加强农村食品市场监管工作》和《开展农村食品市场"四打击四规范"专项整治行动》,突出强调农村食品安全问题,加大农村食品市场专项整治力度,着力规范农村食品市场秩序。

食安办《食品安全重点工作安排》要求开展农村食品安全专项整治,加强食品安全整治力度,将农村地区、城乡结合部、小作坊聚集村等作为重点区域,以小卖部、小超市、流动摊贩、批发市场等为重点场所,打击销售假冒伪劣、"三无"食品等违法行为。着力加强农村食品安全消费意识。规范农村集体用餐申报,加强对农村餐饮服务单位从业人员健康、场地环境设施、清洗消毒的管理,确保集体用餐安全。《食品安全重点工作安排》指出要重点加强区域风险防控,包括农产品主产区、食品加工业集聚区、农产品和食品批发市场、农村集贸市场、城乡结合部等重点区域,以及学校食堂、旅游景区、铁路站车等就餐人员密集的场所。对农村集体聚餐进行指导,防范食物中毒事故等发生。《2016年食品安全重点工作安排》加强农村食品安全治理,要求食药总局牵头,会同教育、旅游、铁路等部门,规范农村集体聚餐管理,开展学校食堂和校园周边食品安全整治行动,开展旅游景区、铁路运营场所等就餐重点区域联合督查。《食品安全重点工作安排》表示要深入开展农村食品安全治理,农业部、工商总局、食药总局各尽其职,负责重点排查治理农村及城乡结合部地区突出食品安全风险隐患,有针对性地开展长效机制建设。《食品安全重点工作安排》强调,开展食品安全放心工程建设攻坚十大行动,"实施农村假冒伪劣食品治理行动"是十大行动之一。农业农村部、市场监管总局等五部门按职责分工负责,以农村地区、城乡结合部为重点,全面清理食品生产经营主体资格,严厉打击制售"三无"食品、假冒食品、劣质食品、超过保质期食品等假冒伪劣违法违规行为，坚决取缔"黑工厂""黑窝点"和"黑作坊"。规范农村食品流通供应体系，净化农村食品消费市场，提高农村食品安全保障水平。建立农村食品安全风险隐患排查整治常态化机制。

《食品安全十三五规划》中，专栏 2 以"食用农产品源头治理工程"为主题，将"农村"作为食品安全生产经营环节现场检查的重点区域；专栏 3 以"食品安全监管行动计划"为中心，将食品污染物和有害因素监测网络延伸到"乡镇和农村"，提升风险监测能力；专栏 4"风险监测预警、评估能力提升项目"，将食源性疾病监测报告网络延伸到"农村"，完善国家食源性疾病监测系统，提升风险监测能力；专栏 7 为"专业素质提升项目"，加强科普宣传，推进食品安全进农村，提升包括农村居民在内的全民食品安全科学素养，加快形成食品安全社会共治格局。

《中共中央 国务院关于深化改革加强食品安全工作的意见》提出：其一，推进"农村集体聚餐"主动购买食品安全责任保险，发挥保险的他律作用和风险分担机制，落实食品生产经营者主体责任。其二，在农村建立专兼职食品安全信息员（协管员）队伍，充分发挥群众监督作用。其三，持续开展食品安全进农村宣传活动，提升公众食品安全素养，改变不洁饮食习俗，避免误采误食，防止食源性疾病发生。其四，落实好农村义务教育学生营养改善计划，保证学生营养餐质量。其五，实施农村假冒伪劣食品治理行动。以农村地区、城乡结合部为主战场，全面清理食品生产经营主体资格，严厉打击制售"三无"食品、假冒食品、劣质食品、过期食品等违法违规行为，坚决取缔"黑工厂""黑窝点"和"黑作坊"，实现风险隐患排查整治常态化。

二、农村假冒伪劣食品治理行动

开展农村假冒伪劣食品专项整治行动，遏制假冒伪劣食品向农村渗透。专项执法行动——聚焦案件查办。中央农村工作领导小组办公室（简称农办）和农业农村部会同商务部、公安部、市场监管总局等开展农村假冒伪劣食品专项整治行动，保障农村消费者食品安全和合法权益，联合拟定政策、方案、部署、联合开展工作方案和成效评估等信息公示工作并公开发布了《农村假冒伪劣食品专项整治行动方案》和《关于加强农村假冒伪劣食品治理的指导意见》，提出用 2~3 年时间，健全农村食品安全治理机制，建立规范的农村食品流通供应体系，全面改善和提高农村食品质量安全水平。打击与规范相结合，坚持"案件查处与经营者合规并重"理念。注重通过个案查处，提升经营者的守法意识和责任意识，规范食品行业生产经营行为，构建食品安全环境。全链条查处假冒伪劣食品生产经营者及为其提供商标、广告、认证、包装等服务者。查处无证经营行为，捣毁违法"黑工厂""黑窝点""黑作坊"，对违法生产经营单位负责人和其他直接责任人员进行处罚。涉嫌犯罪及时移送公安机关。

国家市场监督管理总局（简称国家市场监管总局）等六部门提出《农村假冒伪劣食品专项整治行动方案》，并于 2018 年 12 月至 2019 年 2 月联合开展了农村假冒伪劣食品专项整治行动，以小作坊、小商店、小摊点、小餐馆、小商贩等"三小"食品生产经营主体和农村集市、农贸市场、食品批发市场等农村相关集中交易市场作为重点整治对象；聚焦农村消费量大的食品品类，如方便食品、休闲食品、酒水饮料、调味品、奶及奶制品、肉及肉制品等，重点查处食品假冒（使用不真实的厂名、厂址、商标、产品名称、产品标识等信息）、侵权"山寨"（食品包装标识、文字图案等模仿其他品牌食品，误导消费者）、食品假货（假羊肉、假狗肉、假驴肉等涉及食品欺诈的行为）、"三无"（无生产厂家、无生产日期、无生产许可）、劣质（以次充好、不符合食品安全标准等）和超过保质期等违法违规行为，防止农村成为假冒伪劣食品的"集散地""承接地"。整治行动发布了十大典型案例，涉及食品假冒、侵权"山寨""三无"、劣质、超过保质期等违法违规情形：①北京侦破多起制售假酒案，聚焦农村假酒，违法行为假冒低端牛栏山、二锅头等白酒，全市跨区联合，公安和市场监管协同，行刑衔接。②湖南侦破文某等制售假冒品牌瓜子案，查处农村市场假冒"童年记"品牌瓜子等零食，并追踪查处制作商标包装等工具。③贵州侦破制售假冒调味品案，查处销售至农村集贸市场的假冒"太太乐"品牌产品以及制作商标、标识等的工具。④福建、四川等地查处多起制售假冒品牌糖果案。福建查处在农村加工并销往农村的假冒"徐福记"糖果，四川查处农村小商店销售假冒"阿尔卑斯"糖果。⑤河北查处两企业生产"山寨"品牌饼干案，查处生产仿冒"奥利奥"的"粤力奥"和"粤力粤"山寨饼干并销往农村市场。⑥安徽、湖北等地查处多起销售"山寨"品牌核桃乳案，查处多起农村小商店销售的仿冒"六个核桃"品牌的"六个土核桃""六个果仁核桃"等饮料。⑦江苏、宁夏等地查处多起销售"山寨"品牌饮料案，查处多起农村小商店销售仿冒"椰树""特种兵"品牌的"椰素海南椰子汁""特攻队生榨椰子汁"、"海南特种兵果汁"，以及仿冒"茶π""芬达""可口可乐""雪碧"等品牌的"果π""芬迪""Cole 可乐""可乐ceele""雪柠"等山寨饮料。⑧江西、广西、云南等地查处多起销售无标签食品案，查处多起农村小商店销售多种无标签、标识食品案。⑨山西侦破史某制售有毒有害食品案，查处农村地区工业醋酸勾兑老陈醋违法行为。⑩内蒙古、浙江、陕西等地查处多起销售过期食品案，查处多起在农村小饭店、小商店、农村集市销售超过保质期食品。

国家市场监管总局发布《假冒伪劣重点领域治理工作方案（2019—2021）》，并将其列入农村市场专项治理。其一，随机抽查为重点的食品安全日常监督检查制度；加强对农村市场和城乡结合部等假冒伪劣食品高发多发区域的监管，落实购销台账和索证索票制度。发现假冒伪劣食品的，追踪溯源，深挖违法活动的组织者、实施者，铲除销售网络，清理生产源头，依法查处无证"黑作坊""黑窝点"，净化农村食品市场环境。其二，开展"农资打假下乡"行动，聚焦化肥、农机及其配件等农资产品，开展标准化、认证、计量、质量、知识产权等综合执法，打击不符合标准、以次充好、虚假标识、商标侵权、仿冒名牌、伪造产地等违法行为。其三，"山寨食品"治理。从生产源头到流通环节再到消费终端，全链条治理农村"山寨食品"。围绕食品产业集中地区、农村集贸市场、小作坊、小商铺等，聚焦食品名称、包装、标识、商标等相同或近似的假冒食品。加强商标法、反不正当竞争法执法，查处商标侵权和市场混淆行为，查处违法生产经营者及其商标、广告、认证、包装等提供者链条。强化对标签标识声称具有特定成分、含量等食品以及食品、保健食品虚假广告的监督检查，打击食品领域的虚假宣传。

国家市场监管总局等部门发布的《农村假冒伪劣食品整治行动方案（2020—2022年）》将农村假冒伪劣食品问题治理置于实施乡村振兴战略和国内国际"双循环"发展新格局的高度，强化地方政府属地管理责任，市场监管部门牵头建立农村假冒伪劣食品整治协调机制，明确部门职责，加强部门协调沟通，以问题隐患为导向，聚焦农村集贸市场、城乡结合部农贸市场等场所的食品批发商、小餐馆、校园周边小超市小商店等食品生产经营主体，对生产、销售等环节的违法行为进行全链条打击，着重查处非法添加滥用添加剂、三无食品、劣质食品、过期食品，铲除制售假劣食品的黑工厂、黑窝点、黑作坊。制定符合农村食品生产经营特点的食品生产经营规范，落实主体责任。着眼提升发展农村食品产业，推动完善农村现代食品流通体系和食品产业转型升级，建立防范和处置农村假冒伪劣食品的制度机制，提高农村食品安全保障水平。

三、民生领域案件查办"铁拳"行动

国家市场监管总局《2021民生领域案件查办"铁拳"行动方案》，是基于数据的决策，体现了风险分级的理念，在食品安全等民生领域开展案件查办"铁拳"行动。综合分析了全国12315平台投诉举报情况、全国消协组织投诉分析报

告、市场监管舆情监测热点和风险点等相关数据，综合分析违法行为性质、危害程度、社会关注度等因素，将食品安全、产品质量、虚假违法广告、"山寨"食品等消费者集中反映、市场监管风险较大的领域作为执法行动重点领域，作为监管资源优先配置的领域。关系群众生命健康安全的食品安全问题是"铁拳"行动聚焦的产品之一，"农村及城乡结合部市场、制售假冒伪劣产品多发地"是行动查处的重点区域。食品安全相关的典型问题包括：药残超标畜产品、水产品及未经检验检疫或检出"瘦肉精"的肉类；宣称减肥和降糖降压降脂等功能的食品中添加药品；农村市场"山寨"酒水饮料、节令食品。以最严厉的处罚震慑违法者，警示经营者，保护消费者，切实维护人民群众饮食安全。查办过程综合运用行政约谈、指导，宣传教育，行刑衔接，罚款，吊销营业执照，捣毁黑窝点等手段措施。"铁拳行动"产生、公布了一系列典型案例，包括：

案件类型	案件名称	案情
畜禽肉类、水产掺假	江西省樟树市市场监管局查处樟树市鹏泰百货有限公司经营含"瘦肉精"的牛肉案	当事人经营含克伦特罗（"瘦肉精"）牛肉，使用国家禁止的兽药，属于违法行为。
	安徽省铜陵市市场监管局查处葛某、邹某等生产销售有毒有害食品案	监管部门查处生产经营添加非食用物质西布曲明的减肥糖果的黑窝点，涉嫌构成生产销售有毒、有害食品罪。
	四川省西昌市市场监管局查处西昌市奇阳商贸有限公司未经许可从事食品经营及经营未经检疫肉制品案	涉案冻品及环境新冠病毒核酸检测呈阴性。涉案行为人食品经营许可证为虚假证件，涉案冻品系从昆明个人郑某、成都海霸王市场进货，除了微信交易记录、电话号码和微信号，不能提供供货方资质信息等资料，不能出具入境检疫、核酸检测、消毒等证明。
	山东省济南市市场监管局查处经营以假充真、超范围使用食品添加剂的"假鸭血"案	黑窝点历来是市场监管执法的重点。生产"假鸭血""黑窝点"用鸡血冒充鸭血，超范围添加食品添加剂山梨酸及钾盐，经营条件恶劣、隐蔽性强，食品安全风险大。"假鸭血"供应多家火锅店、川菜馆等餐饮单位，餐饮经营者未履行进货查验义务，没有把好原料采购关，使"假鸭血"流入消费者餐桌。

案件类型	案件名称	案情
畜禽肉类、水产掺假	上海市黄浦区市场监管局查处上海炳桢餐饮管理有限公司等9家经营主体生产经营禁止生产经营的食品系列案	黄浦区市场监管局主动对辖区30家餐饮经营者生醉食品、蚶类食品开展专项执法检查。其中9家经营者存在销售毛蚶等明令禁止生产经营的食品的违法行为。禁止生产经营毛蚶等生食类食品是预防甲肝大流行疾病和控制重大食品安全风险的地方特色防疫措施，由属地市场监管部门结合地域特点开展执法，查处系列案件，查办一案、警示一片。
	广西壮族自治区南宁市兴宁区市场监管局查处罗某某经营未经检验检疫猪肉案	农贸市场内销售者经营未经检疫猪肉的行为，南宁市兴宁区五塘镇某村庄的私人养殖场的生猪，在养殖场私自屠宰，未经检验检疫，私自运至金桥江南果菜交易中心综合批发区销售，未能提供《检疫证明》和《肉品品质检验合格证》。猪肉是餐桌上重要的动物性食品之一，市场监管部门聚焦食用农产品集中交易市场以及农村流动摊贩生猪产品来源和"两证一报告"，打击销售未经检验检疫猪肉的违法行为。
	安徽省亳州市涡阳县市场监管局查处吴某某销售、使用禁止从国外疫区进口且超过保质期牛副产品案	新冠疫情期间，从国外疫区进口且超过保质期牛副产品的违法行为，顶风作案，是食品安全执法严查、严惩的对象。
	江苏省无锡市市场监管局查处王某、黄某某经营未经检验检疫进口冻品系列案	新冠肺炎疫情流行期间，国家严格落实食品生产经营者食品安全和新冠肺炎疫情防控责任。进口冷链食品疫情防控要求，禁止不能提供检疫合格证明、核酸检测合格证明、消毒证明、追溯信息的进口肉类上市销售。
宣称减肥和降糖降压降脂等功能的食品中添加药品	广东省广州市花都区市场监管局查处毕沛灯涉嫌生产经营非法添加药品的食品案	当事人违法进行无证经营，未取得《营业执照》《食品生产许可证》等资质，擅自从事赛维娜金装胶囊等生产加工活动，产品检出非食用物质"西布曲明"；当事人通过线上线下销售，无法提供进货渠道，未履行进货查验义务，涉嫌构成生产销售有毒、有害食品罪。

案件类型	案件名称	案情
宣称减肥和降糖降压降脂等功能的食品中添加药品	浙江省台州市玉环市市场监管局查处丽江得慈延年生物科技有限公司生产销售有毒有害食品案	本案在食品中添加抗炎药"双氯芬酸钠",制作"古禅茶"等宣称具有治疗效果的功能产品。原料的源头为医药公司,经跨地区的个人、再经本地个人地下窝点到涉案公司,市场监管与公安组成联合专案组,追溯查处一条生产销售有毒有害食品的违法链条,包括原料供应、生产、销售等环节。
	河南省济源市市场监管局查处黄某等人销售非法添加药品食品案	涉案产品花粉山药压片糖果,添加药品格列本脲(优降糖),生产经营的食品中添加药品,涉嫌构成生产销售有毒、有害食品罪。按照行刑衔接工作要求,该案已移送公安机关。市场监管部门与公安部门联合打击食品中非法添加非食用物质等食品安全违法行为,落实食品安全"四个最严"要求。
	福建省厦门市同安区市场监管局查处厦门兜好麦食品有限公司使用非食用物质生产酵素果冻案	涉案企业涉嫌使用非食用物质生产食品的违法行为,在食品中添加药物番泻苷。使用药品等非食用物质生产食品一直是市场监管打击的重点之一。《食品安全法》禁止生产经营的食品中添加药品。面对食品中添加药品违法行为隐蔽性增强、非法添加物质不断翻新的趋势,市场监管要常抓不放。
	湖南省株洲市市场监管局查处高某某等人跨省生产销售有毒有害食品案	涉案产品将西地那非非法添加到功能食品中,西地那非是功能类食品中常见的非法添加化学物质,提醒消费者注意。
农村市场"山寨"酒水饮料、节令食品	安徽省芜湖市市场监管局查处张某生产销售假冒白酒案	当事人生产销售假酒,假冒茅台、古井贡、口子窖、剑南春等品牌白酒。商标是区分商品和服务来源的重要标志,关系着企业的商誉和形象。假冒商标,不仅侵犯他人商标权,而且误导消费者,侵害消费者利益。情节严重,涉嫌犯罪。
	浙江省金华市金东区市场监管局查处宋某生产销售假冒洋酒案	当事人假冒洋酒生产销售行为,属于侵犯商标专用权违法行为,不仅侵犯了企业的合法权益,而且误导消费者,损害了消费者利益。情节严重,涉嫌犯罪。

案件类型	案件名称	案情
农村市场"山寨"酒水饮料、节令食品	山东省潍坊市市场监管局查处孙某销售假冒"牛栏山"白酒案	监管部门查处销售假冒白酒窝点，侵犯"牛栏山"商标权，因情节严重，涉嫌犯罪，移送司法。涉案行为人从外地购进假冒"牛栏山"白酒，存放在诸城市龙都街办大栗园村一仓库，销往周边城乡结合部和农村地区的小商店、小饭店等场所。该案典型意义在于，因消费者对假冒食品的辨识能力弱、维权意识较弱，农村和城乡结合部假冒伪劣食品高发区。假冒食品，既侵害商标权人的利益，又误导消费者。因黑窝点位于诸城市龙都街办大栗园村一仓库。涉嫌房东不配合、当事人不到场。市场监管部门与当地公安部门联合行动，并邀请社区干部参与，对黑窝点仓库开展执法检查，查处假冒白酒黑窝点，净化了农村及城乡结合部白酒市场。
	新疆维吾尔自治区哈密市市场监管局查处宋某销售假冒"郎酒""习酒"白酒案	监管部门查处假冒"郎酒""习酒"商标权白酒销售黑窝点，因情节严重，涉嫌犯罪，移送司法。涉案行为人购进假冒"郎酒""习酒"商标权白酒，假酒储存黑窝点分别位于一农舍农家院和地下停车库，隐蔽性强市场监管和公安联合执法，行刑衔接。
	天津市市场监管委查处李某销售假冒知名品牌白酒案	涉案烟酒店位于城乡结合部，在房间衣柜后藏匿大量假冒茅台、五粮液、汾酒等知名品牌白酒，暗中进行交易，不仅侵犯了茅台等白酒注册商标专用权，而且损害消费者的利益。市场监管与公安联合，行政执法与刑事司法无缝对接。

案件类型	案件名称	案情
农村市场"山寨"酒水饮料、节令食品	福建省福州市市场监管局查处仓山区明文食杂店销售侵犯商标专用权饮料案	商标是具有商业价值的区分商品和服务来源的重要标记。假冒商标、山寨食品，具有极大的迷惑性，侵害商标权、误导消费者，是对诚信食品生产经营者和消费者的双重侵害。涉案行为人为农村地区的小食杂店——仓山区盖山镇白湖村的小食杂店，涉嫌侵犯"红牛"饮料注册商标专用权，造成消费者混淆。市场监管部门开展"双打"行动，在食品安全领域对知识产权侵权与假冒伪劣违法行为进行联合执法，发挥市场监管综合执法效能。
	山西省晋城市城区市场监管局查处晋城市城区培高烟酒店销售侵犯注册商标专用权白酒案	烟酒店销售假冒"老白汾"白酒，侵犯了杏花村汾酒注册商标专用权，欺骗消费者，执法部门予以查处追责。
	新疆生产建设兵团第十二师市场监管局查处王某销售侵犯注册商标专用权饮料案	欺诈是市场监管始终的执法重点之一。涉案食品批发市场销售假冒浓缩糖浆，假冒百事、美年达、七喜等注册商标，侵犯了百事公司注册商标专用权，涉案浓缩糖浆虽经检测未发现存在食品安全问题。但假冒食品损害诚信经营者商标权人的合法权益，误导消费者，影响消费体验。
	广东省深圳市市场监管局南山监管局查处益康元（深圳）健康科技有限公司经营标签不符合规定的食品案	涉案产品系用普通固体饮料冒充婴儿配方食品。监管部门对涉案企业经营标签不符合规定的食品、未建立食品销售记录制度、未保存相关销售凭证等违法行为，严厉处罚到人。我国对婴幼儿配方食品实行严格监管。监管部门严查和严惩生产经营假冒婴幼儿配方食品的违法行为，是四个最严的集中体现，警示违法者，保护消费者尤其是弱势消费者。
	山西省晋城市市场监管局查处郭某某销售侵犯注册商标专用权白酒案	涉案违法行为人从不同地方采购原料和包装材料，将生产假冒白酒的"小作坊"设在偏僻农村地区，独门独院隐蔽制作，用低端分装散酒，冒充正品白酒，隐蔽性极强，欺骗消费者，扰乱市场秩序，鼓励消费者投诉举报，发挥公众监督作用。

案件类型	案件名称	案情
农村市场"山寨"酒水饮料、节令食品	浙江省丽水市青田县市场监管局查处青田家里福进出口贸易有限公司销售侵犯注册商标专用权火腿案	全球化背景下，涉外商标侵权案件越来越成为国家知识产权保护和市场监管的重要领域，涉案当事人通过将火腿、包装标识分别报关的方式逃避海关监管，在境内进行包装组合，假假冒注册商标。
	浙江省温州市市场监管局查处温州西山酒业有限公司无证生产白酒和虚假白酒标签案	本案无证生产白酒，安全隐患大。虚构酒龄冒充陈年"老酒汗"的虚假标示行为，损害非物质文化遗产"老酒汗"的市场声誉，误导消费者。
	天津市市场监管委查处天津市欣海福食品贸易有限公司购进食品未查验合格证明文件及销售侵犯注册商标专用权的食品案	本案将进口食品安全执法检查与侵犯注册商标专用权的知识产权执法联合，是进口食品领域市场监管综合执法的体现。
其他	四川省南充市仪陇县市场监管局查处老叫花串串店使用回收油加工食品案	监管部门查处使用回收油作为食品原料生产加工食品的违法行为，处罚到人，移交司法。
	贵州省遵义市市场监管局查处遵义黔北果蔬投资经营有限责任公司未履行食用农产品批发市场食品安全管理责任案	涉案行为人未履行食用农产品批发市场食品安全管理义务的违法行为，包括未审查入场经营者食品经营许可证等，未配置检验设备及检验人员或委托合格第三方机构对入场食用农产品进行检验，伪造虚假检验报告在市场内进行张贴公示。食用农产品批发市场是消费者"米袋子""菜篮子"产品的重要渠道和枢纽，加强对食用农产品批发市场等环节的监管，督促集中交易市场开办者履行食品安全管理责任，是守护舌尖上安全的重要举措。食用农产品批发市场和农贸市场开办者的食品安全管理义务包括：审查入场经营者许可证等资质，配置检验设备和检验人员或委托第三方对入场食用农产品进行检验并将检验报告张贴公示。

案件类型	案件名称	案情
其他	安徽省滁州市定远县市场监管局查处孙勤香邮政农资加盟店及李某某等人生产销售劣质肥料案	农资打假是农村食品安全专项行动之一。肥料是农业生产的重要物资，是食品安全的源头把控环节，其质量关系到食品安全、农民收入、农业发展、乡村振兴。市场监管部门将农资打假与"提质量、保供应、稳价格"行动相结合，行刑衔接，查处制售劣质肥料窝点，震慑违法者，维护农民群体合法权益。
	吉林省松原市市场监管局查处松原市凯成学校无证从事食品经营活动的食品案	学校食品安全是食品安全监管执法的优先事项，本案学校食品无证经营违法行为，对聚集性学生的食品安全构成重大威胁。

随着国家对农村假冒伪劣食品治理行动的不断深化，假冒伪劣打击、整治呈现新趋势：

其一，信息化时代，打击新形式假冒伪劣违法行为。假冒伪劣食品问题是食品安全领域最古老、最长久、最基本的违法行为，迄今依然是食品安全面临的重大挑战之一，其花样不断翻新，令人眼花缭乱。数字时代，借助网络、电商平台、社交媒体、电视购物等媒介进行假冒伪劣食品违法行为日益显现。例如，在电子商务平台上通过网络直播营销，将伪造、假冒伪劣产品买给农村消费者。因而，整治假冒伪劣食品违法行为，须持续推进，打击食品安全领域不断出现的新形式的违法行为。加强监管网络新业态的假冒伪劣食品违法行为，打击通过网络购物平台等途径向农村地区输送假冒伪劣食品的违法行为。其二，综合统一市场监管背景下，知识产权保护与假冒伪劣整治相结合。聚焦假冒伪劣，将知识产权保护与假冒伪劣整治相结合，通过跨部门、跨区域联动执法，开展市场综合执法行动。农村地区和制售假集中区域是侵权假冒治理的重点区域。农村及城乡结合部农贸市场、批发市场、超市、商店、餐馆等是食品安全侵权假冒问题多发地。农村及城乡结合部也是农资假冒的聚集地，生产经营假劣种子、肥料、农药、兽药等违法行为以及侵犯植物新品种权、假冒授权品种及制售假冒伪劣种苗违法行为屡见不鲜。对多次受到举报、侵权假冒多发的重点区域，重拳出击、整治到底、震慑到位。对侵权假冒问题高发地区，通过通报、约谈、挂牌督办等方式督促整改。落实食品安全"四个最严"要求，公安、市场监管、农业农村等部门联合开展食品安全领域全链条保护行动，持续打击食品安全违法犯罪行为。

加强寄递环节治理。公安、市场监管、邮政等部门督促寄递企业严格落实实名收寄、收寄验视、安全检查等责任。监管部门向寄递企业提供涉侵权假冒食品和商家名录，指导、培训寄递企业辨识假冒伪劣食品，从源头控制假冒伪劣食品流入寄递渠道。加强地理标志食品治理。打假办、农业农村、市场监管、知识产权等部门联合推进行政执法信息共享，加强监管，查处侵犯地理标志行为，加强地理标志全链条保护。

第四章　部分国家和地区食品安全社会共治经验

第一节　联合国食品安全社会共治做法

一、联合国粮农组织合作促进整个食品链安全

保持食品安全是一个从农田到餐桌的复杂过程，涉及从生产、收获和储存到准备和消费整个食品链的所有阶段。联合国粮农组织[1]是监管整个食品链食品安全的国际组织，强调各国政府制定和实施涵盖本国农业粮食系统的综合性多部门食品安全政策和立法，提升价值链经营者和消费者能力与意识。粮农组织鼓励采取系统性战略举措，支持在国家、区域和国际各级加强食品安全和质量控制系统，食品安全和质量方案支持以综合和多学科的方式进行食品安全管理，并为具体食品安全问题提供整体和可行的基于科学的食品链解决方案。具体包括：通过领导支持各国评估和逐步发展食品控制系统，包括食品安全政策和食品控制监管框架，加强国家食品控制监管能力和全球贸易便利化；支持发展食品控制和食品安全管理（包括食品安全突发事件的管理）机构和个人的能力；通过提供合理的科学建议在国家、区域和国际层面加强食品安全标准，进而支持以科学为基础的食品安全治理和决策；加强整个食品链的食品安全管理，以预防疾病和贸易中断，方法是支持发展中国家在整个食品链应用适合国家和地方生产系统、遵守食品法典标准、基于风险的食品安全管理；提供食品安全平台、数据库和机制，支持网络、对话和全球信息获取，并促进就关键食品安全问题进行有效的国际交流；开展食品安全信息和预测，成为收集、分析和沟通食品链信息的主要参与者；评估改善食品安全和保护公众健康的新技术。

（一）粮农组织与各国政府合作

粮农组织与各国政府合作，确保各国拥有强有力的食品控制系统（Food control systems）。国家食品控制系统确保国内食品安全、卫生、适宜人类食用，符

---

[1]　联合国粮农组织（Food and Agriculture Organization of the United Nations，FAO），简称粮农组织。

合食品安全和质量要求，依法如实标识。因此，食品控制系统保护消费者的健康和安全，并有助于确保在国内和国际上交易的食品的安全和质量。食品控制系统的有效运作需要适当的法律和政策工具、合格的人力资源、健全的体制框架以及财政资产、设备和基础设施作为基础。

1. 国家法律框架。国家法律框架是有效食品控制系统的关键支柱。在所有国家，食品都受到复杂的法律法规的约束，这些法律法规规定了食物链经营者必须满足的政府要求，以确保食品安全和质量。虽然食品法（food law）是一个单一术语，但在许多国家可能不止一项法律中包含确保食品安全和质量的条款。现代食品立法以国际原则和标准为基础。食品法适用于规制食品的生产、贸易和处理的法例，涵盖整个食品链（从动物饲料供应至消费者）的食品控制（food control）、食品安全（food safety）、食品品质和食品贸易的有关方面的法规。粮农组织与各国合作审查和更新食品立法，制定以证据为基础的一致政策，并改善食品检查的能力。粮农组织鼓励各国政府根据国际法和最佳做法，起草、修订或更新国家食品安全和质量法律和实施法规，以加强食品控制和监测系统。一是评估国家食品控制系统，确定优先改进领域，并计划连续和协调的活动，以达到预期的结果。二是根据国际食品安全要求，特别是食品法典的要求，同时考虑各国的优先事项和需要以及现有的国家和地方能力和机构，确立国家食品安全/质量管理的政策和机构框架。三是制定现代有效的国家食品法律框架，适当考虑使法律框架与WTO要求相协调。四是制定科学和基于风险的法规，充分利用风险分析框架，并以食品法典标准、指南和业务守则为基础。五是制定基于风险的食品检验和监测计划（包括管理方面的内容、基于风险的检验的技术技能、抽样和测试等）。

2. 食品安全主管部门。食品安全主管部门在国家食品控制系统中具有关键作用。①主管部门的职责主要有：一是为国家食品控制系统提供领导和协调。二是负责国家食品控制系统的设计、开发、运行、评价和完善。三是建立、实施和执行科学和基于风险的监管要求，以鼓励和促进积极的食品安全结果。四是建立、实施和执行监管要求，以支持食品贸易中的公平做法。五是在适当情况下与官方认可的检验、审核、认证及认可机构等支援机构建立及维持相关任务。六是推进和培育食品安全方面的知识、科学、研究和教育。七是与利益相关者接触，以确保透明度并获得建议。八是在适当情况下与其他国家建立和维持合作计划、对等协议等安排。②协调合作。主管部门工作的基础是，通过食品安全立法为其提供足够的权力和机制来管理和运行国家食品控制系统，反映预期的政策目标并与减少风险相称。有效的沟通和协调机制使主管部门能够规划和执行其行动方针，以支持共同和一致的政策目标。如果在国家食品控制系统内有几个主管部门，应在明确分配的作用和责任范围内以合作和协调的方式运作，以便最有效地利用资源，尽量减少重复和漏洞，并促进信息交流。主管部门和任何官方认可的代表主管部门开展合规和执法活动的机构应获得充分和透明的资源，以使国家食品控制计划在不损害整体性和独立性的情况下实现其目标。此外，主管部门除了根据其监管任务进行的强制性活动外，还需要考虑到该制度的非强制活动，包括交流和能力发展方案。与利益相关者进行建设性互动的过程很重要，能使食品控制系统考虑到国家和国际利益相关者不断变化的需求并充分了解自己的责任。

3. 食品检验（inspection）。消费者有权获得安全和有益健康的食品，政府必须通过制定法规并通过执法行动核查对这些法规的遵守来确保这一权利得到保护。食品检验是执法体系的核心。食品检查的方法已从主要是反应性的，以最终产品检验为基础，转变为预防性和以风险为基础，考虑到整个食品链，以更好地管理现代和高度复杂的供应链。基于风险的检验还有助于监管机构将其（通常稀缺的）资源分配到风险较大的食物链中，从而使其行动的效益最大化。基于风险的食品检验的主要特点为：重点关注食物链或流程中风险最高的环节；通过减少不必要的检验和测试成本，使食品经营者的成本降至最低；推广预防性而非反应性的食品控制方法；优化食品控制的效率和检验资源的使用。

4. 实验室建设。食品控制已经从关注最终产品检测（testing）发展到通过适当的过程控制来预防的方法。尽管如此，食品检测仍然是任何旨在生产安全食品的系统的重要组成部分。经过精心策划的抽样和检测方案为我们提供了一项验证，证明了食品链经营者实施的卫生控制措施可使食品安全符合国家法规和国际食品安全要求。运作良好的实验室服务也确保提供可靠的食品污染数据，有助于国家当局确定食品安全优先事项，并据此确定食品控制计划的方向。实验室建设包括：①将检测计划与食品安全优先事项相结合。促进部门间合作和私营部门的有效参与，共同确保保护公共健康和支持进入市场最需要的分析能力。②加强实验室管理。发展实验室服务能力，与实验室管理者一起提高工作流程和行政程序的效率，建立和监控项目的目标，为实验室升级包括人力资源发展进行规划，并与确定实验室服务的年度预算决策者进行有效沟通。③对实验室人员进行有效的培训。确保实验室工作人员具备正确履行其职责所需的知识和技能。培训一般包括建立实验室质量管理方案，包括理论工作和实际工作。培训活动通常旨在鼓励与国家大学、研究中心、区域或国际实验室建立联系。这有助于建立非正式的网络，帮助实验室工作人员应对持续的挑战，并支持进一步的工作人员发展。实验室建设还包括保持实验室服务的可持续性。

5. 食品安全风险分析。为了应对当前和正在出现的挑战，食品控制系统必须以证据和科学为基础，结合风险分析原则，跟上新的科学发展和创新，不断提高食品控制活动的有效性和效率。风险分析是一种国际公认的结构化框架，它为国家食品安全主管部门提供一种系统的、训练有素的方法制定基于证据的食品安全决策。由风险评估、风险管理和风险沟通三个相互作用的部分组成，用于评估对人类健康和安全的风险，识别和实施适当的措施控制风险，并与利益相关者就风险和所应用的措施进行沟通。粮农组织和世卫组织联合定期召集来自世界各地的专家会议，以收集有关食品中潜在危害的最新科学进展的信息，评估食品的化学、微生物等风险并确定控制措施，该科学建议可作为各国政府和食品法典委员会的参考。

（二）FAO 与 WHO 的合作

联合国粮农组织和世界卫生组织（World Health Organization，简称世卫组织或 WHO）在涉及食品安全的诸多问题上通过相互补充的任务规定和长期伙伴关系，支持全球食品安全和保护消费者健康。粮农组织的任务是提高营养水平，提高农业生产率，改善农村人口的生活，并为世界经济的增长作出贡献。世卫组织的目标是使所有人民达到尽可能高的健康水平。粮农组织处理食品供应链上的食品安全问题，世卫组织与各国公共卫生部门合作，减轻食源性疾病负担。两个组织一起从事范围广泛的活动，集中于从初级生产到消费的整个食品链，并考虑到食品安全和质量以及营养方面。两个组织开展关于食品标准、提供科学咨询和应急响应的联合方案。

1. 国际食品法典委员会[1]。国际食品法典委员会（Codex Alimentarius Commission，简称食品法典委员会或 CAC），通过安全且营养的食品保护消费者健康。粮农组织和世卫组织联合设立的食品法典委员会，是确保全球食品安全的质量标准制定机构。食品法典委员会制定国际食品标准、指南和实践守则，确保食品安全、质量良好和贸易公平。食品法典标准，是保护消费者免受食物威胁的重要工具。这些标准确保食品质量和营养价值，通过贴标签向消费者提供相关信息，预防食品污染，解决与膳食相关的非传染性疾病方面日益加重的公共卫生问题，同时也防止出现贸易纠纷。以保障健康为基准制定国际食品标准，一切卫生和安全要求必须以保护公众的健康为目的，以健全、科学的风险评估为基础。

2. FAO/WHO 食品安全与营养科学建议。科学建议是制定国际食品标准的基

---

[1] 国际食品法典委员会是联合国粮食及农业组织（FAO）和世界卫生组织（WHO）于 1963 年联合设立的政府间国际组织，专门负责协调政府间的食品标准，建立一套完整的食品国际标准体系。

础，也是食品控制体系的基础。粮农组织和世卫组织自成立之初就为有关粮食安全和营养的科学讨论提供了一个中立的国际论坛，通过这些讨论产生的科学建议已被成员国、食品法典委员会及其附属机构和粮农组织和世卫组织内部的特定单位广泛使用，为其决策过程提供信息和支持。《FAO/WHO 食品安全与营养科学建议框架》，[1] 旨在提高粮农组织和世卫组织在提供食品安全和营养方面科学咨询的过程和程序的透明度。①相关科学议题包括：食物中化学品的安全评估（例如食物添加剂、兽药残余、除害剂残余、污染物、天然毒素）；食品中生物制剂（如微生物、真菌、寄生虫和朊病毒）的安全性评估；对用于食品生产的做法和技术的评估（例如对源自生物技术的食品的安全评估）；人体营养（如益生菌、人体营养需求、食物强化）。[2] ②咨询建议。科学咨询对宣传和加强以食品安全和营养为重点的决策过程发挥作用。国际和国家层面的风险管理人员、政策制定者、食品安全监管机构以及其他人都在使用这一建议。咨询意见可以采取许多不同的形式，包括对具体问题的答复、提供与具体需要有关的科学资料、全面的定量风险评估等。根据不确定性的程度，建议的范围可能从关于风险的明确结论到获得额外数据的建议。在整个风险分析过程中，甚至随后的任何时候，都可以寻求建议。③风险评估。提供科学建议，特别是风险评估，对于食品安全风险分析至关重要。粮农组织和世卫组织促进在涉及食品安全的所有问题上应用风险分析。该框架以风险评估和风险管理的功能分离为基础，以确保科学的完整性和独立性，避免对风险评估人员和风险管理人员各自角色的混淆，并减少潜在的利益冲突。根据 CAC 的原则和程序，食品法典委员会及其附属机构负责风险管理，而独立于 CAC 的粮农组织/世卫组织联合专家机构和会议主要负责风险评估。风险分析是一个循环迭代过程，风险管理者和风险评估者之间的互动是至关重要的。最佳建议需要风险评估人员和风险管理人员之间的有效对话。④合作机制主要包括：FAO/WHO 食品添加剂联合专家会议（The Joint FAO/WHO Expert Committee on Food Additives）；FAO/WHO 农药残留问题联合会议（The Joint FAO/WHO Meetings on Pesticide Residues）；FAO/WHO 微生物风险评估联合专家会议（The Joint FAO/WHO Expert Meetings on Microbiological Risk Assessment）；FAO/WHO 杀虫剂规格联合专家会议（The Joint FAO/WHO Expert Meetings on Pesticide Specifications）；FAO/WHO 营养问题联合专家会议（The Joint FAO/WHO Expert

---

〔1〕 FAO/WHO Framework for the provision of scientific advice on food safety and nutrition, （Updated 2018）.

〔2〕 此处"营养"一词是指有关人类营养需求、食物组成、饮食、肥胖和预防慢性病的活动。

Meeting on Nutrition）；为响应特定的特别请求或紧急情况而组织的特设专家协商和会议（Ad hoc expert consultations and meetings organized in response to specific ad hoc requests or emergency situations）。

3. 食品安全紧急预防系统。随着世界的变化，对食品安全的警惕追求必须不断改革，适应日益复杂的价值链和全球化的食品供应，当食品安全受到威胁时，问题可能很快从本地问题演变为国际事件。因此，确保涉及私营和公共利益相关者的价值链系统能够预防和控制食品安全风险至关重要。发展有助于预防食品安全紧急情况和加强对这类事件的准备能力和系统。一是主动识别出现的问题。应用前瞻性方法支持识别影响食物链安全的关键和新出现的问题，是预防和准备食品安全紧急情况的关键。二是通过国际食品安全当局网络（International Food Safety Authorities Network，INFOSAN）协调沟通。FAO 和 WHO 的国际食品安全当局网是一个重要的管理工具，用于交换有关食品安全的信息，并确保在国际贸易食品出现包括紧急情况在内的食品安全问题时迅速获得信息。国际食品安全网络的任务是通过在食品安全专业人员中培养一个全球实践社区，加强对食品安全事件和紧急情况的预防、准备和响应。粮农组织与世卫组织共同支持国家当局加强参与国际食品安全当局网络，粮农组织特别与各国合作，鼓励食品安全领域的所有相关参与者，包括农业部门和贸易部部门，积极参与该网络。跨部门联网在一般情况下和在食品安全紧急情况下支持交流和沟通系统。国际食品安全网络的目标是：促进在食品安全相关事件期间迅速交流信息；分享有关全球关注的重要食品安全问题的信息；促进国家之间和网络之间的伙伴关系和协作；帮助各国加强食品安全应急管理能力。

（三）粮农组织与私营部门合作

私营部门包括一系列广泛的实体，从农民、渔民和中小微企业（包括合作社、社会企业等）到国内和跨国大公司（包括国有企业）以及慈善基金会，私营部门还包括工商业协会和私营部门联合会，但不包括学术界和研究机构。私营部门不仅在创新、贸易、金融和投资方面具有独特作用，而且对食品安全具有重大影响能力，私营部门伙伴关系可以提供食品安全实时知识和数据、市场情报和最佳做法，并促进在国家和全球范围内有效传播信息。粮农组织采取创新方式与私营部门作为平等伙伴建立战略伙伴关系，鼓励、支持私营部门负责任的商业战略和投资，为私营部门特别是小规模生产者提供食品安全专门知识。依据《联合国粮农组织私营部门合作战略（2021—2025 年）》，粮农组织与私营部门合作战略内容包括：与私营部门积极发展伙伴关系的愿景；坚持联合国价值观的合作原则；确定关键的战略合作领域；更新和扩大建立伙伴关系的机制；评估和管理风险的适当的尽职调查方法；评估和衡量伙伴关系预期成果的新方法。粮农组织努力确保与私营部门合作的包容性，关注与小农户和中小微企业的合作。比如，粮农组织通过与农民和渔民等食品生产者合作，遵循良好的卫生实践和其他农业做法，最大限度地减少食品安全风险。良好农业规范指南（Good Agricultural Practices）为世界各地的生产者提供了一些基本指导，不仅保证食品安全，而且帮助其接近市场。如果食品是按照国家或国际标准生产和处理的，就会保持安全，并可以在国内或国际市场上销售，增加生产者收入。

此外，粮农组织还鼓励家庭和消费者安全食品实践。为数不少的食源性疾病是由个人和家庭不安全的做法引起的。当清洁的水或冰箱等的电力无法保障时，安全处理食物就更具挑战性。农村是粮农组织的工作重点，实地开展风险识别，并通过报纸、媒体、广播、网络等方式向消费者提供明确、务实和可信的建议。

二、联合国支持小农融入市场

联合国强调小农在保障食品安全、粮食安全、食品系统中的重要作用。小农，包括家庭农户、个体农民、小规模生产者和加工者、牧民、手工业者、渔民、林场群体、土著居民和农业工人。"小规模生产者"是指拥有低资产基础和有限资源（包括土地、资本、技能和劳动力）的农民、牧民、林农和渔民。

（一）小农在食品市场中的机遇和挑战

小农面临的挑战和机遇。世界粮食安全委员会的报告《支持小农接近市场》[1] 指出，小农在确保今天和未来的粮食安全和营养方面发挥着至关重要的作用，包括在增加满足未来全球所需的食品生产方面。小农在不同国家和地区包括的群体不尽相同，供应了总粮食产量的 70%，但与此同时，许多小农自身仍遭受着粮食不安全和营养不良的困扰。小农经营的经济、社会、环境和政治格局比以往任何时候都在快速变化中。气候变化、人口压力和变化、城市化、更高的收入和不断变化的饮食等因素，对小农既是挑战也是机遇。其中一些变化可能给小农提供进入新的或更高价值市场的机会，促进收入多样化，改善社会、经济和环境的可持续性，但也可能带来重大挑战。小农面临的挑战包括金融风险、不公平的条件、实际进入市场的机会以及土地和其他自然资源获得和可持续利用的机会。另一些问题是由于交易成本高，许多小农，特别是妇女，在进入快速增长的

---

〔1〕 Committee on World Food Security. Connecting Small holders to Markets. 2016.

城市市场方面面临风险。造成这些问题的原因包括基础设施和市场信息系统不完善、投入和服务市场效率低下、机构和监管框架薄弱等。面对这些挑战和机会，公共政策和投资在为小农创造有利环境方面发挥着重要作用。

小农与地方和国内市场。小农是地方、国家食品市场和食物系统的主体。在全球范围内，80%以上的当地和国内食品市场是以小农经营为主的，世界上消费的大部分食物在这些市场中流转，可以从当地到跨境到全球，可能位于农村、城乡结合部或城市地区，并直接与当地、国家和区域食品系统连接。食品生产、加工和交易过程的增值利益在地方、国家等食品系统中流通时，有助于创造就业机会，并有助于地方或国家经济社会发展。这些市场以结构化安排或非正式等方式进行，减少小农进入市场的障碍，提高小农进入市场的灵活性。食品市场除了商品交换价值之外，还具有促进社会互动和知识交换等多重功能。尽管这些市场数量众多而且至关重要，但在公共政策决策信息的数据收集系统中往往被忽视，这不利于形成基于证据的公共政策。

小农与国际市场。小农参与食品出口市场给其带来特别的机会和挑战。国际市场增进了小农获得食品更高附加价值的潜力。同时，小农还可能面临诸满足食品国际标准以及与食品安全和质量相关的其他要求等的挑战，且容易受到不利合同或不公平条件和做法的伤害。因而，对小农进行能力建设和培训应作为价值链投资的一部分。关于市场功能、文化和计算能力的培训和能力发展可以促进和更好地为小农进入市场做好准备，通过数据收集和分析可以更好地了解国际市场对小农粮食安全和营养所产生的影响。

（二）促进小农融入市场的措施

1. 信息、政策与资源支持。首先，信息支持。收集全面的数据，包括地方、国家或地区食品系统，农村市场和城市市场，正式和非正式市场的数据，并将这些信息提供给小农，以便其做出基于证据的决策；支持建立负担得起的机制，通过信息和通信技术让小农获得有用、及时和透明的市场和价格信息，支持建立适合小农的市场信息系统，以便就生产什么、何时和在哪里生产和销售做出知情决策。其次，政策支持。为小农创造更加有利的市场环境，提供公平和透明的价格，使小农的劳动和投资得到充分的报酬。建立与价值链运作有关的政策和制度安排，包括创新的伙伴关系，使小农（特别是妇女和青年）及其组织有能力在设计和执行合同安排方面发挥有效和公平的作用。促进在政策和更广泛的国家战略之间采取综合和平衡的办法，例如关于地方经济发展和城乡规划的干预措施，以促进它们对与地方、国家和区域粮食系统有关的市场的支持。最后，资金和技术等资源支持。通过加强小农，特别是妇女和青年获得和控制生产性资产和资源、收入和就业机会，便利提供符合其具体需要的扩展、金融和商业发展服务、风险管理工具和简化行政程序，增强他们的权能。改善获得符合小农需求的普惠金融体系的机会，这些体系提供广泛的服务和创新金融产品、小额信贷、特殊信贷额度、启动资本和保险。投资于能力建设、研究和采用创新技术的小农以及技术转让，以促进附加值、生产多样化、就业和收入来源，这有助于防止粮食价格波动并减轻风险和农业收入冲击的影响。有针对性的教育和培训，特别是对青年的教育和培训，以指导为重点，丰富小农的实践和知识、创业精神、创新和价值链和农业企业的营销，并使农业对他们更具吸引力。

2. 将小农纳入食品公共采购。公共机构采购方案是将生产者与农产品的结构性需求联系起来的有用工具，可以帮助小农户规划和多样化生产，并提供更可预测的收入，包括在危机、冲突和自然灾害情况下支持生计的一种方式。食品公共采购需要有明确的目标、适当的协调，并为小农及其组织提供透明和参与性的程序。缺乏可预测的需求和支付，或采购程序复杂性和僵化，都可能给小农造成困难。在公共采购方案的设计和实施中纳入当地利益相关者，有助于满足小农生产者和当地消费者的具体需求，并带来社会、环境和经济效益。让小农参与拟订公共机构采购合同安排，就会增加满足小农需要的空间。促进和扩大小农参与食品公共采购的机会，支持小农参与公共机构采购项目、食品援助、学校供餐，帮助小农与食品和农产品结构性需求连接，消费者可以获得充分、安全、健康、营养和多样化的小农生产的食品；改进采购程序，促进与小农相适应的包容性的协议，包括简化语言、免除履约保证金、定期和预先付款以及易管理的数量和期限。比如，世界粮食计划署"采购促进发展"（Purchase-for-Progress，P4P）项目，[1] 旨在促进小农融入市场。在全世界范围内，小农生产的食物养活了亚洲和撒哈拉以南非洲多达 80% 的人口。然而，大多数小农的生计问题不容乐观。由于受到气候变化带来的极端天气现象和土地逐渐退化的影响，小农缺乏投资于生产性、可持续耕作方法的手段。使用传统、最基本的储存方式，会使农作物容易受到害虫的侵袭，而且容易受到湿热天气的影响。农作物收获损失，不仅意味着收入损失，而且意味着浪费所有用于生产的土地、水、劳动力等宝贵资源。至关重要的是，由于生产率低以及缺乏运输和基础设施等结构性缺陷，小农无法进入正规市场，而正规市场可以激励小农对其业务进行投资。在供给侧，P4P 项目与各合作伙伴合作，促进小农创业，以此作为建立恢复力和解决长期营养需求的一

---

〔1〕 https：//www.wfp.org/purchase-for-progress

种方式。P4P 主要与农民组织和其他合作伙伴合作，提供培训和资产以提高作物质量，促进融资和推广营销。多年来，P4P 已扩展到约 35 个国家，帮助改变了非洲、拉丁美洲和亚洲的 100 多万小农与市场互动的方式。P4P 的经验表明，以需求为导向的小农户友好型采购在应对营养和其他发展挑战方面可以发挥作用，建立更强的市场，使农村社区摆脱贫困，促进负责任的消费和生产等可持续发展目标。

3. 提高小农组织化。支持发展小农、其组织和中小企业的生产、管理和创业能力。推进制度创新，完善农业生产体制。提高小农的组织化程度，使其更好地融入食品价值链，增加收入。促进小农能力，提高议价能力、控制经济环境、参与食品价值链，通过集体行动，形成合作社、协会和网络和其他组织，促进传统弱势群体的参与和决策权力平等等方式。认识到粮食生产的环境、社会和经济价值，认识到小农在可持续利用和管理自然资源方面发挥的关键作用。通过鼓励有关当局与所有感兴趣的行为者，包括小农组织、消费者和生产者，特别是妇女和青年的参与，促进包容性参与地方食品系统。促进生产多样化，提高应对气候变化、自然灾害和价格冲击的能力，使粮食消费更加多样化，减少季节性粮食和收入波动。鼓励生产营养和健康的食品，为小农提供新的市场机会。

4. 提高食品安全基础设施。投资和改善城乡地区的加工和储存设备和设施及其可供应性和可获取性，以提高可用性、质量、营养价值和食品安全，减少季节性食品不安全以及食品损失和浪费。发展或改善以小农为目标的基础设施，如灌溉、小型加工和包装中心；连接城乡和相关市场的基础设施，如支线公路、直销市场等；改善能源获取。推广具有特定质量特点的小农产品，既能增加小农收入，又能满足消费者需求，同时又能保留传统做法和知识以及农业生物多样性。促进粮食短链供应，使小农能够从生产中获得更好的收入。通过有效的风险评估促进严格保护食品安全，建立适合不同规模、背景和生产销售模式的控制系统，同时提供满足这些要求的信息和能力建设。

三、联合国支持投资农业和食品系统

（一）支持农村创业就业

食品产业发展所带来的成果应惠及农村地区尤其是贫困人口和小规模食品生产者，改善农村就业环境，促进小农等小规模食品生产者体面的工作。粮农组织认为，确保食品系统中农村贫困人口获得体面的农业和非农就业，对于实现可持

续食品系统至关重要。食品系统，是一个广泛的概念，是从生产到消费的一系列活动，包括粮食安全及其组成部分的供应、获取和利用，并包括这些活动的社会和环境结果。全球化在很大程度上改变了发展中国家的食品系统。这一变化为食品工人提供了获得新的更好就业的巨大机会。然而，小规模食品生产商和其他食品工人仍然常常被排除在食品产业带来的利益之外。对农业投入的控制主要集中在全球价值链中，以及难以获得土地、灌溉用水、金融服务和市场等资源，是农村地区贫困人口面临的巨大障碍。由于缺乏相关的职业培训、薄弱的农业机构和服务以及法律框架的缺陷，致使小农特别是年轻生产者和妇女的议价能力弱，农村贫困人口几乎没有机会在食物系统中获得体面的工作。因而，应促进农村人口特别是贫困人口获得体面的就业机会，具体措施包括：一是促进有利于灵活就业的农业和粮食安全政策，并能够实施应对冲击的保护性机制，同时考虑性别和年龄差异。二是制定包含体面的农村就业方面的部门法规。三是支持落实有利于创造就业和促进体面工作的农业和食品系统负责任的投资原则。四是支持政府制定具体的就业创业投资计划，通过对农业和食品系统负责任的投资，支持国家粮食安全，并有助于家庭、地方、国家、区域或全球层面的粮食安全和营养，特别是最弱势群体的粮食安全和营养。

（二）农业和食品系统投资的主要原则

1. 投资应促进粮食安全和营养。一是提高安全、营养、多样化和文化上可接受的食物的可持续生产和生产力，减少食物损失和浪费。二是提高收入和减少贫困，包括通过参与农业和粮食系统或通过提高为自己和他人生产粮食的能力。三是加强市场的公平、透明度、效率和运作，特别是考虑到小农的利益，改善相关基础设施，提高农业和粮食系统的弹性。四是通过获得清洁水、卫生设施、能源、技术、儿童保育、医疗保健和教育（包括如何准备、提供和维持安全和营养食品），加强粮食利用。

2. 投资应有助于预防浪费、可持续利用资源。一是保护和可持续管理自然资源，提高复原力，减少灾害风险，预防、减少和适当补救对空气、土壤、水和生物多样性的负面影响。二是支持和保护生物多样性和遗传资源，促进恢复生态系统功能和服务，发挥当地人民和社区保护当地遗传资源的作用。三是减少生产和收获后作业中的浪费和损失，并提高生产效率、消费的可持续性以及废物和/或副产品的生产性利用。四是提高农业和粮食系统的复原力，通过适应措施支持产地和相关生计（特别是小农）对气候变化影响的适应能力。五是采取措施减少温室气体排放。六是通过不同的方法，包括农业生态方法和可持续强化等，将传统和科学知识与最佳做法和技术结合起来。

3. 尊重文化遗产和传统知识，支持多样性和创新。一是尊重文化遗产景点和系统，包括传统知识、技能和做法，发挥当地人民和社区在农业和食品系统中的作用。二是认识到农民，特别是世界所有区域的小农以及农作物遗传资源多样性集中地区的农民，在保存、改进和提供遗传资源（包括种子资源）方面的作用，尊重其依法节约、使用、交换和出售这些资源的权利和利益。三是促进应用适合当地的创新技术和做法，支持农业和粮食科学研究和发展，鼓励协商一致的技术转让（包括对小农的转让）。

4. 促进安全健康的农业和食品系统。一是促进食品和农产品的安全、质量和营养价值。二是支持动植物健康和动物福利，持续提高生产率、产品安全和质量。三是改善农业投入和产出管理，提高生产效率，尽量减少对环境、植物、动物、人类健康的潜在危害（包括职业危害）。四是管理和减少整个农业和食品系统的公共卫生风险，包括加强以科学为基础的食品安全控制战略和规划，并支持基础设施和资源。五是加强关于食品质量、安全、营养和公共卫生问题的循证信息的理解、知识和交流，从而加强整个农业和食品系统特别是小农的能力。六是通过促进安全、营养、多样化和文化上可接受的食品的供应和获取，促进消费者的选择。

四、联合国呼吁所有利益相关者共同采取措施预防和减少食品浪费

世界粮食安全委员会《可持续粮食系统背景下的粮食损失和浪费》[1] 指出，食物损失和浪费是食物系统如何发挥功能的结果。食物损失和浪费影响到农业和粮食系统的可持续性和恢复力，影响到确保当代和后代所有人粮食安全和营养的能力。减少粮食损失和浪费有助于更好地利用自然资源。所有利益相关者按其优先事项和方式，采取符合成本效益、切实可行和环保的行动，通过包容性、整合性、参与性的方式识别食物损失和浪费的根本原因和解决方案。

（一）预防和减少食品浪费的战略方案

1. 改进食物损失和浪费的数据收集和知识共享。一是所有利益相关者促进对食物损失和浪费的性质和范围的共同理解和定义。二是加强对食物链各阶段食物损失和浪费数据的收集、透明度和共享，并酌情分类，以及分享与减少粮食系统食物损失和浪费有关的经验和最佳做法。三是提高现有数据的一致性，用于测

---

〔1〕 Committee on World Food Security. Food Losses and Waste in the Context of Sustainable Food Systems. http：//www. fao. org/3/av037e/av037e. pdf

量食物损失和浪费、分析潜在的原因。四是制定有效的战略。

2. 制定有效的战略减少食物损失和浪费。通过包容性程序，使利益相关方（如私营部门、社会组织、政府等）广泛参与，确定食物损失和浪费的原因、潜在解决方案、关键行动者以及个人和集体行动的优先事项。一是识别整个食品系统食品浪费的利益相关者。二是确定制约因素和挑战并设计解决方案。三是考虑到食物链之间的潜在互补性，采用系统和跨部门方法。

3. 采取有效措施减少食物损失和浪费。基于优先事项和战略，国家、地方政府创造减少食物损失和浪费的有利环境，通过投资、分享经验和激励措施，鼓励可持续的消费和生产模式。一是考虑各种可持续方法，促进基于传统和科学知识的投资和创新，以减少食物损失和浪费。二是投资基础设施和其他公共产品和服务，以减少食物损失和浪费，促进可持续的粮食系统（如储存和处理设施、可靠的能源供应、运输、适当技术），并改善粮食生产者和消费者进入市场的机会（如改善市场信息和产品知识）。三是实施适当的政策和监管框架，鼓励私营部门和消费者采取减少食物损失和浪费的步骤。四是支持小型食品生产者和加工者及其组织更好地获得知识和创新、市场、金融服务、物流（例如储存、加工、包装和运输）和其他对减少食物损失和浪费很重要的服务。五是评估和酌情改善公共食品采购管理和分配政策及做法，尽量减少食物损失与浪费，同时确保食品安全和质量、保护环境，提高经济效益和社会效益。例如支持小规模食品生产者获得公共食品采购机会。六是进一步探讨短链供应、社区支持农业和地方市场的影响，以努力减少整个食物链（特别是新鲜易腐食品）的食物损失与浪费。

4. 改善政策、战略和行动的协调，以减少食物损失和浪费。国家和地方当局以及政府间机制。一是酌情将食物损失和浪费问题及基于粮食系统的解决办法纳入农业、粮食和其他相关政策和发展方案。二是根据国家的优先事项以及"预防——食物回收——重新分配安全和有营养的食物"的层级，适时制定目标并通过政策和激励措施，建立减少食物损失和浪费的社会环境。三是鼓励所有利益相关者优化利用资源，探索食物废物分类解决方案，减少食物损失和浪费。四是支持简化、连贯、统一和说明性的食品日期标签，同时确保食品安全。五是支持所有层面多元利益相关者减少食物损失和浪费的倡议的协同效果。六是认识到国家、地方和多元利益相关者机构在减少食物损失和浪费方面的重要作用和举措。

（二）利益相关者预防和减少食品浪费的具体措施

1. 所有利益相关者的措施。一是开展培训和能力建设，促进使用适当的做法和技术以及最佳做法，以减少食物损失与浪费。二是促进创新，在双方同意的条件下交流最佳做法、知识和自愿技术转让，以减少食物损失与浪费。三是促进利益相关者的协调，以提高治理和集体理解的效率，并采取行动减少食物损失与浪费。四是鼓励消费者通过提供咨询和传播循证信息以及科学和传统知识来减少家庭中的食物浪费。五是鼓励所有行动者，特别是妇女参与公共运动、青年教育和提高消费者对减少食物损失和浪费的重要性和方式的认识。六是鼓励加强食物链组织以减少食物损失和浪费，认识到整个粮食系统行动的影响。

2. 私人部门的措施。一是在本部门按照国家规定，通过研究、开发、技术创新，在其生产和分销系统内，在预防和减少食物损失与浪费方面负首要责任（primary responsibility）。二是收集和共享有关食物损失和浪费以及减少食物损失和浪费效果的数据，改变实践以促进减少业务伙伴和家庭的食物损失和浪费，将这些行动整合到经营实践和企业责任政策中。三是制定和改进与产品采购和零售相关的惯例和行业标准，以减少食物损失与浪费，特别是用于接受或拒绝食品产品的标准（如水果、蔬菜、牲畜和鱼类产品标准）。例如，可以通过实行差别定价防止产品外观标准造成的经济和营养价值的损失。

3. 研究与发展等社会组织的措施。一是增加对研究、技术和社会创新的投资，适当注意整个食物链中小规模粮食生产者的需要和知识，以便有效减少食物损失和浪费，在整个食品价值链中为农产品增加价值，例如延长保质期，同时保护食品安全和营养价值。二是协助提供适当的推广服务和培训，特别是小型运输、储存、加工、包装和分配系统方面，以减少食物损失和浪费。三是研究开发食物损失和浪费的分析系统和方法，量化食物损失和浪费，并评估减少食物损失和浪费的效果。四是与小型食品生产商合作、支持行动，促进参与性研究，以减少食物损失和浪费。

第二节　欧盟食品安全社会共治做法

一、食品安全是欧盟和成员国之间的共同责任

在农业、畜牧业和食品生产部门，健康保护是所有欧盟法律和标准的目标。欧盟范围广泛的法律体系涵盖了欧盟内部的整个食品生产和加工链以及进出口商品。在发生了几次人类食品和动物饲料危机之后，如牛海绵状脑病（BSE），欧盟的食品安全政策在 21 世纪初进行了改革。欧盟食品安全政策的目标为：食品和动物饲料既安全又有营养；动物健康和福利以及植物保护（例如安全使用杀虫剂）都遵照高标准；有关食物的含量（如添加剂或防腐剂）、来源（可追溯性）

和用途（如特殊食品）的信息是清晰的。欧盟食品安全政策主要受《欧盟职能条约》第 168 条（公共卫生)[1] 和 169 条（消费者保护)[2] 的调整。公共卫生是欧盟和欧盟成员国之间的共有权限，消费者政策是欧盟和欧盟成员国之间的共同责任（shared responsibility)，食品安全是欧盟和欧盟成员国之间的共同权限和责任。欧盟法律涵盖了"从农场到餐桌"的整个食物链，采用综合方法（integrated approach)，涉及从标签到包装到卫生等各个方面。该领域的决策是基于欧洲食品安全局（European Food Safety Authority，EFSA）提供的独立、可靠的科学建议，食品和兽医办公室在欧盟内外进行现场检查，欧盟食品和饲料快速预警系统（Rapid Alert System for Food and Feed，RASFF）保护人们免受不合规食品的侵害。欧盟食品安全政策旨在保护消费者，同时保障单一市场的顺利运行。自 2003 年起，该政策的核心是投入（如动物饲料）和产出（如初级生产、加工、储存、运输和零售）的可追溯性观念。欧盟成员国就确保食品卫生（food hygiene)、动物健康和福利、植物健康以及控制外部物质（如杀虫剂）污染达成一致标准。从欧盟以外进口的食品（例如肉类)，每一阶段都要进行严格的检查，必须符合欧盟内部生产食品的相同标准。欧盟《与食物链、动物健康和动物福利有关的支出，以及与植物健康和植物繁殖材料有关的支出管理规定》（［EU］No 652/2014）旨在促进食物链上的人类、动物和植物的良好健康，为消费者和环境提供高水平的保护，消灭害虫，同时促进竞争力、创造就业机会。

二、欧盟食品安全协调机构——欧洲食品安全局

（一）欧洲食品安全局组成和职能

第一，欧洲食品安全局属于分权化的欧盟机构（Decentralised EU Agencies)，执行技术、科学或管理任务，提供独立、专业的食品安全信息，帮助欧盟机构制定和实施政策。通过汇集欧盟机构和成员国当局的技术和专业知识，支持欧盟与

---

〔1〕根据《欧盟职能条约》（Functioning of the European Union）第 168 条，公共卫生是欧洲联盟和欧盟成员国之间共有的一项权限（public health is a competence shared between the European Union and EU countries)。在欧盟国家确定并提供其国家保健服务和医疗保健的同时，欧盟设法通过其保健战略来补充国家政策：通过提倡更健康的生活方式来预防疾病；促进获得更好和更安全的医疗保健；为创新、高效和可持续的卫生系统作出贡献；应对跨境威胁；使人们终生健康（健康伴随一生)；利用新技术和实践。

〔2〕欧盟消费者政策（《欧盟职能条约》第 169 条）旨在促进消费者的健康、安全和经济利益，以及获得信息、受教育和组织起来以保护其利益的权利。依据《欧盟职能条约》第 114 条，消费者政策是欧盟和欧盟成员国共同的责任（Consumer policy is a shared responsibility between the European Union and EU countries.)。

成员国政府之间的合作。分权化的欧盟机构设立在欧盟各地，在欧盟中发挥着重要作用，有助于使欧洲更具竞争力，成为一个更好的生活和工作场所，从而服务于欧盟居民的整体利益。分权化欧盟机构是由欧盟设立的，以执行技术和科学任务，帮助欧盟机构实施政策和作出决定。欧洲食品安全局致力于解决影响欧盟 5 亿人口日常生活的问题，为欧盟机构和成员国提供不同领域的专业知识，包括食品、药品、化学物质、教育、工作生活和环境的质量、司法、交通安全、基本权利、知识、安全，为公众和产业成员提供服务。

第二，欧洲食品安全局（EFSA）就食品相关风险提供独立的科学建议。欧洲食品安全局就与食物链有关的现有和正在出现的风险提供科学建议并进行交流，为欧洲的法律、法规和政策制定提供信息，从而有助于保护消费者免受食物链中的风险。欧洲食品安全局的职责包括食品和饲料安全、营养、动物健康和福利、植物保护和植物健康。其具体工作为：收集科学数据和专业知识；就食品安全问题提供独立的、最新的科学建议；向公众传播其科学工作；与欧盟国家、国际机构和其他利益相关者合作；通过提供可靠的建议提高对欧盟食品安全体系的信任。欧洲食品安全管理局由管委会（Management Board）管理，管委会成员代表公众利益，不代表任何政府、组织或产业部门，欧洲食品安全局的预算由管委会制定，年度工作计划由管委会批准。欧洲食品安全局执行主任（executive director）负责业务运行和人员配备，与欧盟委员会（European Commission）、欧洲议会（European Parliament）和欧盟各国共同制定年度工作方案。咨询论坛（advisory forum）向执行主任提供咨询，特别就起草工作方案的提案向执行主任提供咨询意见。该论坛由成员国负责风险评估的国家机构的代表组成，还有来自挪威、冰岛、瑞士和委员会的观察员。

第三，欧洲食品安全局的运行机制。欧洲食品安全局的科学工作是由顶尖科学家组成的科学委员会和 10 个工作小组[1]领导。科学委员会和工作小组由独立的科学专家组成，任期三年，进行科学评估并开发相关的评估方法。科学委员会具有科学机构工作经验的资深科学家，涵盖欧洲食品安全管理局职责范围内的所有学科。在欧洲食品安全局职权范围内尚未确定欧盟范围内方法的领域，科学委员会就横向的科学问题开发协调的风险评估方法。科学委员会提供综合协调，以

---

〔1〕 动物健康与福利小组，生物危害小组，食品接触材料、酶和加工助剂小组，食物链中的污染物小组，食品添加剂和香料小组，动物饲料中使用的添加剂和产品或物质小组，转基因生物小组，营养、新食品和食物过敏原小组，植物健康小组，植物保护产品及其残留问题小组。如果需要专业的知识，可以成立欧洲食品安全局的科学家和外部专家组成的工作组。

确保欧洲食品安全局科学小组拟制的科学意见的一致性。同时也为欧洲食品安全管理局的管理提供战略性的科学建议。

（二）欧洲食品安全局合作伙伴关系

欧洲食品安全局不是政府部门，向政府提供食品或饲料风险情况等的独立信息，是利益相关方、政府政策制定者和消费者可信赖的科学机构，在食品安全控制体系中至关重要。欧洲食品安全局的服务对象是消费者和政府，所服务的政府机构主要包括负责管理公共卫生问题和批准食品和饲料产品使用的欧盟机构和成员国政府机构。欧洲食品安全局通过为欧盟制定法律法规政策等提供科学建议和技术支持，通过与政府、消费者、其他利益相关者的沟通交流，直接或间接影响食品及饲料安全。欧盟食品安全局管委会由 15 名成员组成，其中，1 名为欧盟委员会代表，其余 14 名（包括 1 名主席和 2 名副主席）均为具有科学专长和技术经验的人才担任。组员由欧盟委员会提名，欧洲理事会（European Council）参考欧洲议会的意见任命。欧盟食品安全局须与其他欧盟单位紧密合作，其中包括了欧盟委员会风险管理部门、欧洲议会和成员国。此外，欧洲食品安全局的合作对象还包括了所有与食品安全相关的单位团体，欧洲食品安全局还与在人类、动物和环境健康和安全问题领域积极工作的其他欧盟机构密切合作，这些合作机构主要包括欧洲药品管理局（European Medicines Agency，EMA）、欧洲化学品管理局（European Chemicals Agency，ECHA）、欧洲疾病预防和控制中心（European Centre for Disease Prevention and Control，ECDC）、欧洲环境局（European Environmental Agency，EEA）等。欧洲食品安全局与欧洲疾控中心，就食品安全、流行病管制、感染性疾病的预防和紧急处理交换资讯。欧洲食品安全局与欧盟委员会的联合研究中心（Joint Research Centre）签有合作协同，就加强食品和饲料安全、动物卫生与福利、植物安全与营养方面的研究进行合作。欧洲食品安全局派代表定期参加议会的相关委员会的会议。如环境公共卫生和食品安全委员会（Committee for Environment，Public Health and Food Safety）的会议和其他相关议会会议，如农业与农村发展委员会（Committee for Agriculture and Rural Development）、内部市场与消费者保护委员会（Committee for Internal Market and Consumer Protection），以提供专业上的服务。

三、欧盟食品欺诈协调控制行动

2013 年马肉风波中，欧盟委员会、欧洲食品安全局与成员国主管当局一起行动，并在欧洲刑警组织协助下调查，这是欧盟食品安全协同合作的一次行动。

2013 年初，欧盟一些成员国的官方控制显示，某些预包装食品（如汉堡包）含有马肉，但食品标签中并未标示马肉，只误导性标示牛肉，牛肉的价格要比马肉高得多。马肉如果来自于经批准的用于食品生产的马肉屠宰场，且通过必要的兽医检测，本身是一种合法的食品成分。这一问题因非用于食品生产的马肉允许使用兽药苯丁松而变得更加复杂。人们担心非用于食品生产的马肉已经进入人类食物链。这一状况导致欧盟委员会及欧洲食品安全局与成员国主管当局一起，在欧洲刑警组织的协助下，密切合作调查问题的严重程度，制定计划来解决这一问题，并恢复消费者对食品的信心。该食品安全协同合作包含两项行动：其一，对市场营销或标签标示含有牛肉的食品进行控制，以确定其是否含有马肉；对供人类食用的马肉进行控制，以检测可能存在的苯丁松残留。所有检查结果有问题的，必须立即通知欧盟委员会，并通过食品和饲料快速警报系统（RASFF）在整个欧盟范围内进一步转发。这一欧盟范围内的协调行动，快速识别出了食品生产链的责任人并召回了已识别的产品。其二，在欧盟委员会负责卫生和消费者的部门内成立一个欧盟食品欺诈小组（EU food fraud team）；2013 年 5 月，欧盟委员会通过了加强整个农业食品链的健康和安全标准实施的系列建议，其中，要求成员国将反欺诈检查完全纳入其国家食品控制计划，并确保发生欺诈时经济处罚的设定基于劝阻性标准；参照 2014 年 12 月生效的《欧盟消费者食品信息法》（EU law on food information for consumers），欧盟委员会准备了一份关于扩大用作预包装食品成分肉类的强制性原产地标签的可行性报告。

四、适用预警原则的共同准则

预警原则（precautionary principle）的概念最早在 2000 年 2 月通过的一份欧洲委员会的通讯中提出，定义了这一概念并构想了其应用。《欧盟职能条约》第 191 条确立了这一原则，[1] 目的是通过风险情形下的预防性决策，确保更高水平的环境保护。预警原则是一种风险管理方法，如果某一项政策或行动有可能对公众或环境造成损害，而且在这个问题上仍然没有科学共识，就不应推行有关的政策或行动。一旦有了更多的科学资料，就应该对形势进行审查。实践中，这一原则的适用范围要广泛得多，包括消费者政策，欧盟关于食品和人类、动物和植物健康的立法。该原则的定义也在国际一级产生积极影响，以确保在国际谈判中

---

〔1〕欧盟的环境政策应以高水平的保护为目标，同时考虑到欧洲联盟各区域情况的多样性。它应以预防原则为基础，并以应采取预防行动、应优先从源头纠正环境损害和应由污染者支付费用的原则为基础。

获得适当水平的环境和健康保护，已得到各种国际协定的承认，特别是在世界贸易组织框架内缔结的《卫生和植物检疫协定》（Sanitary and Phytosanitary Agreement，SPS）。

根据欧盟委员会的规定，如果一种现象、产品或过程通过科学和客观的评估确定可能具有危险的结果，如果风险评估有待足够的确定性确定，则可以援引预警原则。欧盟委员会强调，只有在发生潜在风险的情况下才可以援引预警原则，绝不能成为武断决定的理由。同时，只有在满足以下三个先决条件时才能援引预警原则：识别潜在的不利后果；对现有的科学数据进行评估；科学不确定性的程度。在援引预警原则时，风险管理的五个一般原则仍然适用：所采取的措施与所选择的保护水平之间的相称性原则；不歧视原则；所采取的措施与在类似情况下采取的类似措施或使用类似方法的类似措施的一致性原则；审查采取行动或不采取行动的利弊原则；根据科学发展对这些措施进行审查原则。

《欧盟一般食品法》（178/2002）第7条确立了预警原则。在对现有资料进行评估后确定有害健康影响的可能性，但是仍然存在科学不确定性的特定情况下，可采取必要的临时风险管理措施，以确保欧盟所选择的高水平健康保护，等待进一步的科学资料，以便进行更全面的风险评估。风险管理措施应是相称的，对贸易的限制不得超过为达到欧盟所选择的高水平健康保护所要求的程度，同时应考虑到技术和经济上的可行性以及其他合法因素。应在合理的时间内审查这些措施，审查取决于被识别的生命或健康风险的性质以及用于明确科学不确定性和进行更全面的风险评估所需的科学信息类型。援引预警原则，在面临可能危及人类、动物或植物健康危险时能够作出快速反应，或为保护环境作出快速反应。特别是，在科学数据不足以对风险进行全面评估的情况下，可以利用这一原则，例如，停止销售或从市场上收回可能有危险的产品。负责风险管理的当局可以决定采取行动或不采取行动，这取决于风险的级别。如果风险很高，可以采取几类措施，如适当的法律行为、研究方案的筹资、公众信息措施等。在大多数情况下，欧洲消费者及其协会必须证明与市场上的工艺或产品（药品、杀虫剂和食品添加剂除外）有关的危险，即由消费者承担举证责任。但是，在根据预警原则采取行动的情况下，可能要求生产商、制造商或进口商证明不存在危害，即举证责任倒置。这种可能性必须在个案基础上加以审查，一般不能扩展到市场上的所有产品和工艺。

五、欧盟食品安全综合融资框架

为所有人提供可持续的食品，确保欧盟销售的食品的安全是保护欧洲的核心。欧盟食品安全规则赋予公民、企业和政策制定者权力，使他们能够为一个安全、繁荣和可持续的欧洲作出贡献。欧盟 2021~2027 年食品安全预算中，食品政策将由下列财政项目提供资金：单一市场计划（Single Market Programme）[1]，欧洲社会基金+（European Social Fund Plus，ESF+）[2]，欧洲地平线研究项目（Horizon Europe）[3]，欧盟共同农业政策（Common Agriculture Policy，CAP）[4]，数字欧盟计划（Digital Europe Programme）[5]，应急救援储备（Emergency Aid Reserve）[6]。欧盟委员会在《2021~2027 年多年度财政框架》（Multiannual Financial Framework 2021~2027）背景下通过了一项新的单一市场计划立法提案，将通过新财政法规所设想的一切手段（资助金、采购）提供资金，食品政策的筹资将侧重于保护人类、动物和植物健康。这一框架将食品相关预算融入经济和市场部门、社会保障部门、农业部门、研究部门、创新数字化部门、应急管理部门等综合体系中，其中以经济和市场部门为基础，这充分体现了部门协同的食品安全综合治理理念。

（一）单一市场计划为基石的食品安全综合融资框架

欧盟委员会建议在单一市场计划中食品部门的总分配额为 16.8 亿欧元。其一，为了使融资框架更加韧性和灵敏，多年度金融框架架构将食物链措施纳入研究、创新和数字政策等其他预算优先事项。其二，食品安全、动物福利、打击食物浪费或可持续使用杀虫剂作为新的共同农业政策目标的一部分。其三，欧盟委员会建议增加方案内部和方案之间的灵活性，通过扩大紧急援助储备的范围来加强危机管理工具，用于处理不可预见的事件，并对可能构成潜在公共卫生风险并

---

〔1〕　单一市场计划（SMP）是欧盟的资助计划，旨在帮助单一市场充分发挥潜力，确保欧洲从 COVID-19 大流行中恢复，该计划将在 2021~2027 年期间提供 42 亿欧元，为支持和加强单一市场的治理提供了一个综合方案。

〔2〕　欧洲社会基金+（ESF+）是欧盟投资于人口的主要工具。ESF+在 2021~2027 年期间的预算接近 993 亿欧元，将继续支持欧盟的就业、社会、教育和技能政策，包括为这些领域的结构改革提供支持。

〔3〕　Horizon Europe 是欧盟的主要研究和创新基金项目，2021~2027 年的预算为 955 亿欧元。

〔4〕　欧盟共同农业政策（CAP）始于 1962 年，是农业和社会、欧洲和农民之间的伙伴关系。支持农民，提高农业生产率，确保负担得起的粮食稳定供应；保障欧盟农民过上合理的生活；帮助应对气候变化和自然资源的可持续管理；维护整个欧盟的农村地区和景观；通过促进农业、农业食品工业和相关部门的就业来保持农村经济的活力。

〔5〕　数字欧洲计划（Digital）是《欧盟 2021~2027 年多年度财政框架》（MFF）的一部分，该计划侧重于建设欧盟的战略性数字能力，并促进数字技术及其应用的广泛部署。

〔6〕　紧急援助储备旨在为非欧盟国家的人道主义、平民危机管理和保护行动提供资金，以便迅速应对突发事件。

产生重大经济影响的动物疾病和植物病虫害领域的紧急情况作出反应。

食品安全是单一市场计划的一部分。单一市场方案将把以前在企业竞争力、消费者保护、金融服务的客户和最终用户、金融服务政策制定、食物链等五个计划的财政资金集中统一起来。这些都与内部市场的运作和中小企业的竞争力有关。单一市场方案下食品安全领域的具体目标包括：通过对植物病虫害进行调查，通过对动物疾病实施监督、监测和根除活动，以及针对动植物采取紧急措施，预防和根除疾病和害虫，以确保欧盟领土内的高水平健康状况；通过减少食物浪费和向消费者提供信息以确保整个欧盟的高质量标准，支持可持续的食物生产和消费；提高整个食物链官方控制的有效性、效率性和可靠性，以确保欧盟在这一领域的规则得到适当的实施和执行；支持增加动物福利的政策。

（二）欧盟食品安全治理的成功经验和基于证据的未来措施

1. 抗击动物疾病和植物害虫。在自 2013 年以来采取的抗击非洲猪瘟的措施中，欧盟已经启动近 5000 万美元来支持根除方案和紧急措施。沙门氏菌（感染病例）从 2002 年前 15 个成员国的每年 15 万~22 万例下降到 2012~2015 年 28 个成员国的每年约 9 万例。自 2010 年以来，沙门氏菌暴发的数量下降了 41%。这一领域未来的措施包括：疾病预防、紧急措施和危机管理；在欧盟进行植物检疫监测以及早发现害虫，并在任何疫情暴发的初始阶段采取紧急措施。

2. 官方控制和培训的人员。整个欧盟大约有 10 万人监管控制着大约 2000 万食品经营者。2016 年，为参与欧盟成员国和非欧盟国家官方控制的近 5.5 万名国家当局官员组织了约 1300 次培训活动。未来更好的食品安全培训计划，支持成员国实施部门措施，从而使成熟完善的欧盟执法系统能够有效工作（在委员会层面主管的实验室活动、培训以及预警和信息提供工具）。

3. 食品浪费和食品欺诈。欧盟粮食损失和粮食浪费平台（EU Platform on Food Losses and Food Waste）促进合作并分享最佳做法。欧盟关于食物捐赠的指引（EU guidelines on food donation），以促进向有需要的人回收和重新分配安全的可食用食物。欧盟通过与成员国协调行动和提高认识运动，打击食品欺诈。该领域的未来措施注重提高消费者和经营者的意识，促进公共和私营部门参与，以减少整个食物链的食物浪费。

4. 动物福利。第一欧盟动物福利参考中心（First EU Reference Centre for Animal Welfare）向成员国提供科学和技术专业知识，开展研究并开发评估动物福利水平及其改善的方法。欧盟动物福利平台（EU platform on animal welfare），促进主管当局、企业、民间社会和科学家就欧盟层面相关的动物福利问题加强对话。

该领域未来应提高动物福利标准，确保欧盟国家的执行。

（三）欧盟食品安全治理主要优先事项和受益者

通过单一市场计划资助的食品安全活动将侧重于已证明具有欧盟增值价值的优先领域，即基于证据的未来措施；资金覆盖从有效的预防措施到决定性的危机管理系统；总体目标仍将是维持和提高欧盟动植物健康的高标准。资金资助的范围主要包括：①兽医和植物检疫紧急措施。会员国、第三国和国际组织为预防、控制和消灭疾病和害虫而开展的活动，以及在发生疫情或粮食危机（如禽流感、非洲猪瘟）时应对紧急情况的特别措施。②与会员国密切合作，支持改善动物福利的活动。为欧洲联盟参考实验室和欧洲联盟参考中心提供资金，以确保欧盟高质量诊断和统一检测，交流最佳做法并提供关键政策方面的培训。③动物疾病和植物病虫害协调控制方案（Coordinated control programmes），以及信息和数据收集。欧盟委员会各部门措施，包括培训、预警和提供信息等，应有助于满足首要保护需求并对内部市场和贸易提供战略支持。④预防食物浪费、打击食物欺诈。支持可持续粮食生产和消费的活动，包括提供信息和提高认识，通过提高消费者的意识，以及通过公私（public-private）参与，减少整个食物链的粮食浪费，改善粮食系统的可持续性。⑤负责官方控制的主管部门和参与管理和/或预防动物疾病或植物害虫的其他各方员工的培训，确保对食品和饲料、动植物健康、动物福利等方面有良好的了解，并为欧盟和第三国在相关领域开展工作的官员制定统一的官方控制办法。⑥采取措施保护人类、动物和植物健康免受来自欧盟外部边界的不安全产品和物质的危害，确保欧盟食品供应的安全性，并确保所有产品无论原产地均适用相同的食品安全标准。

六、欧盟农村发展政策网络

（一）欧盟农村发展政策网络功能和形式

农村政策网络的作用在于：其一，打破了典型的自上而下的线性政策转移，为政策制定者及其利益相关者社区之间的参与和对话创造了螺旋和循环的机会，从而为其政策领域增加了合法性。其二，因为灵活的结构（而不是等级组织）网络具有必要的适应性，以应对存在多元利益相关方的不同地区的饮食文化和结构之间的差异。农村政策网络包括正式和非正式网络。①正式网络。正式网络通常是由某种外部实体为了达到一定的目的自上而下设计和建立的。政府公共部门建立的政策网络是一种特殊类型的正式网络，目的是让公众、企业、特殊利益集团参与特定部门或领域的特定政策的制定和实施。2001年的《欧洲治理白皮书》

中，欧盟委员会承诺以一种更加系统和主动的方式与关键网络合作，使其能够对决策形成和政策执行做出贡献。正式建立的政策网络已被欧洲联盟广泛地用于所有政策领域和许多职能。比如，欧洲渔业区域网络（European Fisheries Areas Network），将渔业部门实施社区主导的地方发展的社区人员联系起来；宽带能力办公室（Broadband Competence Offices）网络预计将在农村和偏远地区的宽带发展中发挥重要作用；欧洲企业网络（Enterprise Europe Network）支持中小型企业。②非正式网络。有些农村网络是非正式的，围绕对农村社区有重要意义的问题自下而上有机地发展起来的。非正式网络用最少的资源得以维持，通过面对面的会议、定期的时事通讯、社交媒体上的沟通交流等方式在成员之间的互动中蓬勃发展。这些网络非常重要，可能具有高度的影响力，但通常面临一个阈值，超过这个阈值，其效力就会因缺乏资源而受到限制。

（二）农村发展政策网络的影响因素

农村政策网络具有挑战性，因为来自各种不同社会经济背景的大量农村行为者和利益相关者都在不同层次运作，有着广泛的需求、优先事项、利益和期望。因此，将网络作为农村发展的政策工具的这一过程比欧盟大多数其他政策网络更为复杂，要求也更高。成功的农村发展网络的主要组成部分可以确定为：①有效的利益相关者参与。成功的政策网络必须充分和有效地与网络所关涉利益相关者进行接触。有效的参与使该网络能够在最需要的时间和地点提供信息和支持，无论是广泛的提高认识还是非常具体的有针对性的建议。农村网络除了利用各种典型的交流工具，如网站和时事通讯，还应利用更创新的方法，特别是在试图与难以接触到的群体接触时。②建立对共同政策的共识。欧盟各地几亿农民和50多万农村社区，各地不同的农村情况和需求，在方案设计、内容和执行方面允许相当大的灵活性。③收集、分析和传播项目实例和良好做法。宣传政策工具和实施机制在实地所做的工作以及哪些工作行之有效以及为什么有效，是任何政策网络最切实的好处之一，并直接有助于改善当前政策实施并对未来决策产生新思路。农村网络可以前所未有地获得由农村发展规划管理机构和支付机构管理的项目数据。了解利用农村发展规划资金正在采取的基层行动和正在实施的项目，对于地方一级和国家一级确定、收集、分析和分享先进例子和良好做法非常重要。在某些情况下，这可能涉及平淡无奇的行政程序的具体细节，但这些小细节累积起来，有助于实际政策执行的顺利进行。不同的农村网络使用不同的交流机制，为利益攸关方向各层级决策者提供直接反馈创造了机会。④农村行动主体的能力建设。通过分享良好做法和经验，并辅以提供培训和其他形式的能力建设。农村发展规划在为地方行动小组领导者提供培训和网络方面负有具体责任。地方行动的类型可能是广泛的或非常具体的，但通常是高度多样化的，因为它们是针对每个群体和当地情况的具体需要而制定的。⑤农村行动主体之间的协作和联合行动。为农村居民和农村企业提供遇见潜在合作伙伴、讨论共享想法和发展合作项目的机会，是农村发展网络的核心。支持协作和联合行动，使农村网络远远超出了良好实践的收集、相关经验交流、创造新结构、产生新思路，成为农村网络的一个积极维度，自上而下和自下而上的界限开始消失，正式的政策网络可以为非正式的民间倡议创造繁荣的空间。

（三）农村发展政策网络示例

荷兰的南荷兰省可持续地方食品系统开放网络是农村政策网络的成功示例，该省的南荷兰食品家庭网络（The South Holland Food Families Network）是一个融合了正式的、自上而下的方法和鼓励积极的、自下而上的参与、创造力和创新的政策网络。该网络成立于2016年，由30名成员组成，成员包括农民、农业研究人员、零售商、餐饮供应商和决策者。随后该网络的成员和项目逐渐增加。该网络是根据"南荷兰省的创新可持续农业议程"发起的，目的是追求省政府"为每个人提供健康、可持续和负担得起的食物"的愿景；通过《荷兰农村发展规划（2014~2020）》中可用资金将当地整个食物链不同领域的行动者联系起来。这是一个开放的网络，任何来自该省的人，只要愿意为创建一个可持续的当地食品系统而合作，都欢迎加入。该网络通过专业的沟通策略和定期研讨会等传统活动以及参与式梦想会议等创新方式，保持网络成员参与性、知情和沟通联络，细化愿景目标并引导网络的方向。该网络的重点是开发和实施试点项目，将不同的网络成员聚集在一起，培育、开发和测试创新的方法和行动，以支持可持续的地方食品系统。省政府聘请了一名地区网络经纪人，帮助联系潜在试点项目的相关个人、企业和组织。

第三节　美国食品安全社会共治做法

一、食品安全是食品链各主体的共同责任

食品安全是食品链各主体的共同责任，包括从生产者到消费者之间的每一个环节，政府也扮演着重要的监督和监管角色。

（一）生产者责任是起点

美国农场主和牧场主（farmers and ranchers）致力于为美国和世界各地的消费者生产安全和负担得起的食品。他们强烈支持食品安全有几个原因。农民和其他消费者一样渴望有一个安全、充足和负担得起的食品供应。农民也有经济利益，因为对其产品的需求是由消费者对食品安全的信心决定的。食品安全对农业产业中的每一个人来说都是至关重要的。为国内和国际消费者生产安全、营养的产品，这一义务是农业产业所有工作的核心。供人食用的食品预防控制法规、动物食品预防控制法规、农产品安全法规、进口食品认证项目中都有"客户条款"（customer provisions），[1] 旨在向制造商、加工商、进口商或农民提供书面证明，确保在到达消费者之前食品加工过程已采取危害控制。

（二）政府的角色

美国食品安全面临的主要挑战有：一是美国食品供应中越来越多的是进口食品，这使得联邦政府用于确保这些食品安全的资源变得紧张。二是消费者食用的生鲜食品和加工程度最低的食品越来越多，这些食品通常更容易感染病原体，特别易受食源性疾病影响的群体（如老年人和免疫缺陷个体）日渐增加。三是报告的多州食源性疾病暴发数量呈增长态势，这是由于食品加工做法更加集中、食品分配更广泛以及检测和调查方法的改进。为了应对日益增长的食品安全挑战，加强联邦食品安全监管至关重要。食品安全改善一直是美国联邦政府重要目标之一，国家食品安全体系必须有保障消费者免遭食源性疾病的立法、权力和组织机构。

立法方面，政府通过评估现有食品安全法律，一是确定其是否适应食品生产、加工和销售方面的重大变化适时完善，如新的食品来源、生产和分销方法的改进以及进口数量的增长，这些变化是农业和食品工业以及政府的优先事项；二是取缔不必要的法规和监管，过多的标准将使市场不必要地复杂化，不利于全面促进食品安全。在任何新的食品安全法规或立法中，都必须考虑到农场层面对生产者的影响。

机构方面，美国联邦食品安全监管机构（见下表）主要包括：隶属于美国卫生与公众服务部的食品和药物管理局（FDA）和隶属于美国农业部（USDA）的食品安全检验局（FSIS）负责大部分政府的食品安全监管体系。与此同时，在食品安全方面发挥作用的机构还包括美国农业部的农业研究局（Agricultural Re-

---

〔1〕 客户是商业客户，不包括消费者。

search Service)、疾病预防与控制中心、环境保护局(Environmental Protection Agency)、国家海洋渔业局(National Marine Fisheries Service)和国土安全部(Department of Homeland Security)等。此外,还包括作为专门项目部分分配食品、确保食品安全的机构。例如,美国农业部食物和营养服务中心(Food and Nutrition Service)负责确保学校膳食安全,[1] 国防部国防后勤局食品安全办公室负责美国在世界各地的军事力量的食品安全问题和食品技术和质量保证政策。

美国联邦机构的食品安全职责

联邦部门	食品安全部门	负责事项
农业部	食品安全和检验局	确保国内和进口的肉类、家禽、鲶鱼和蛋类产品的商业供应安全、卫生,并正确地标示和包装;执行1978年修订的《人道屠杀方法法案》;对野生动物自愿进行有偿检查。
	动植物卫生检验局	防止植物病虫害和牲畜病虫害或疾病的传入或传播。
	农业市场营销中心	建立乳制品、水果、蔬菜和牲畜的质量和条件标准。负责促进牲畜、家禽、肉类、谷物、油籽和相关农产品的市场营销,促进公平和竞争的贸易做法,为消费者和美国农业的整体利益。
	农业研究中心	提供科学研究,以帮助确保食品供应安全和保障,并确保食品符合国内外监管要求。
	经济研究中心	对影响美国食品供应安全的经济问题进行分析。
	国家农业统计中心	提供与食品供应安全有关的统计数据,包括农用化学品使用数据。
	国家食品和农业研究所	支持赠地大学(多为州立大学)系统中的食品安全项目和其他合作组织,以综合方法解决应用食品安全研究、教育或推广方面的问题。

---

〔1〕 42 U.S.C. § 1769j,确保学校供餐安全。①食品和营养服务中心(Food and Nutrition Service),农业部食物及营养服务中心主任代表农业部长,与农业营销服务中心(Agricultural Marketing Service)和农业服务机构(Farm Service Agency)负责人协商,开发指南,确定何种情况下部长适宜对涉嫌食品采取行政扣留,该食品由部长采购的用于《1966年的儿童营养法案》规定的学校供餐计划。②与各州合作,探讨各州如何提高向学校和学校食品主管部门通报食品召回的及时性。③通过食品及营养服务中心的商品预警系统等,提高食品及营养服务中心与各州就涉嫌食品的扣留和召回直接沟通的及时性和完整性。④建立一个时间表,以改善农业部的商品扣留和召回程序,以确定加工商的责任,并确定分销商参与加工的产品可能含有召回成分,以便向学校提供更及时和完整的信息。⑤食品安全及检验局(Food Safety and Inspection Service),食品安全及检验局局长代表农业部长修订食物安全及检验服务的程序,以确保学校参与食物安全及检验的成效。

联邦部门	食品安全部门	负责事项
卫生与公共福利部	食品药品监督管理局	确保所有国内和进口食品（不包括肉类、家禽、鲶鱼和加工过的蛋制品）是安全、健康、卫生的，并有适当的标签。
	疾病预防与控制中心	防止食源性疾病的传播、传染及蔓延，以保障公众健康。
商务部	国家海洋渔业中心	为海产品提供自愿、收费的安全及质量检查。
环境保护署		管制对健康或环境造成不合理伤害风险的某些化学品和物质的使用；颁布法规，以建立、修改或撤销农药化学残留的界值；制定国家饮用水质量标准；在 FDA 颁布瓶装水质量标准法规之前与 FDA 磋商。
交通部		建立安全检查程序，以确保食品运输的卫生。
财政部	烟酒税收和贸易局	对酒精饮料的生产、标签和分销进行管理、执行和颁发许可证。
国土安全部	海关和边境保护局	检查进口产品（包括食品、植物和活的动物）是否符合美国法律，并协助所有联邦机构在边境执行其规定。
联邦贸易委员会		禁止对食品等产品做虚假广告。

（三）消费者是目标和终端

一旦一个安全的食品产品离开零售货架，安全存储、处理和制备的最终责任最终取决于消费者。食品科技的发展促使烹制食物的时间缩短和烹饪方法多样化，这要求消费者提高其知识和意识。然而，在过去的 30 年里，消费者食物储存和制备方面的知识显著下降，致使其在食物选择和制备过程中引发食品安全问题的几率增大。据估计，美国每年有 7600 万食源性疾病病例，其中许多病例是在家里感染的，这些病例许多原本可以通过适当的厨房卫生、储存和烹饪来预防。

二、《食品安全现代化法案》改革美国食品安全体系的合作路径

《食品安全现代化法案》（Food Safety Modernization Act，FSMA）正在将美国的食品安全体系转变为一个以预防食源性疾病为基础的体系。在这个体系中，食品产业将系统地采取行之有效的措施来防止污染。无论食品是在哪里生产的，无

论是传统食品还是有机食品，无论是小型、中型还是大型企业，无论是生产食品还是加工食品，确保食品安全是最重要的。

（一）《食品安全现代化法案》重构美国食品安全体系

食品安全法是国家保护公众健康的重要途径。2009 年美国数千人因受污染的鸡蛋、花生酱和菠菜而患病，暴露了美国食品药品监督管理局（Food and Drug Administration，FDA）在过时的法律、人手不足和资金不足的限制下运行的问题。一系列的食品安全事件不是孤立的事件，而是法规过时、资金不足和不堪重负的食品安全体系的结果。[1] 国会在 2010 年通过了一项影响广泛的食品安全法，赋予美国食品药品监督管理局新的权力，以防止更多的疫情暴发。2011 年 1 月 4 日签署的《食品安全现代化法案》实现了美国食品安全体系从应对食源性疾病到预防食源性疾病的转变，是 1938 年《食品药品化妆品法案》以来最大的一次食品安全体系改革。《食品安全现代化法案》是基于急剧变化的全球食品供应体系和对食源性疾病及其后果的认识，包括认识到可预防的食源性疾病既是一个重大的公共卫生问题，也是对食品系统经济福祉的威胁。仅对食源性疾病暴发作出应对是不够的，必须从一开始就预防其发生。美国多个州暴发的食源性疾病造成成千上万人和动物严重疾病和死亡引起立法者、公共卫生机构、行业和消费者的广泛关注，推动了《食品安全现代化法案》出台。《食品安全现代化法案》赋予 FDA 新的权力、工具和资源来全面改革国家的食品安全体系。《食品安全现代化法案》旨在改变美国食品安全体系，将重点从食源性疾病应对转变为预防，是对美国食品安全体系的全面改革，扩大了 FDA 召回受污染食品的能力，增加了检查，要求食品公司承担责任，并加强监督农业。并强调在各机构之间建立更好的协调。但是，资金预算仍然是美国《食品安全现代化法案》制度运行的障碍。立法者没有提供足够的资金，国会预算办公室（Congressional Budget Office）表示，FDA 在 2011 年至 2015 年期间需要总计 5.8 亿美元，才能实施《食品安全现代化法案》（Food Safety Modernization Act）所要求的改革。到 2015 年为止，国会拨出的款项还不到这一数额的一半，资金预算是美国《食品安全现代化法案》制度运行的障碍之一。国会缩减食品检查和监督预算资金，致使消费者因食用不安全食品而生病的风险和国家医疗保健费用的增加。

（二）实施法规基于食品链不同节点的共同责任

制定实施法规和指南是实施《食品安全现代化法案》的重要组成部分。到

---

〔1〕Durbin Pushes for Overhaul of Nation's Food Safety Laws. https：//www.durbin.senate.gov/newsroom/press-releases/durbin-pushes-for-overhaul-of-nations-food-safety-laws

2021 年 1 月，美国食品药品监督管理局已经确定了实施《食品安全现代化法案》的七项主要法规，[1] 概述了该法案在国内和进口食品种植、制造、加工、包装、储存和运输方面所要求的基于风险的预防措施，基于这七项法规，建立一个防止食源性疾病暴发的食品安全系统。认识到确保食品供应安全是人类和动物食品全球供应链中许多不同节点的共同责任，《食品安全现代化法案》实施法规的目的是明确在每一节点必须采取的具体措施以防止污染，影响供应链的各个层面，推动餐馆、零售商、供应商、分销商和种植者加强其安全性和可追溯性实践。

《食品安全现代化法案》的七项主要法规包括《现行供人食用的食品良好生产规范、危害分析和基于风险的预防控制》《现行动物食品良好生产规范和危害分析以及基于风险的预防控制》《国外供应商验证计划》《保护食品不受故意掺假的缓解措施》《人和动物食品的卫生运输》《供人类消费的农产品的种植、收获、包装和保存标准》《自愿合格进口商计划》。《食品安全现代化法案》实施法规涉及供人食用的食品和动物食品、农产品、进口食品、食品运输、食品防御几方面。①生产人类和动物食品的设施必须有食品安全计划，包括危害分析和基于风险的预防控制，以减少或防止这些危害。这些规则包括针对动物食品生产商的现行良好生产规范要求和预防标准。确保宠物和食用动物的食品安全是有效的食品安全体系的重要组成部分。《食品安全现代化法案》显著地改变了对农产品和食品进口商的监管。②在《食品安全现代化法案》下，农产品（水果和蔬菜）的种植、收获、包装和保存有了基于科学的监管标准。③进口商有责任核验外国供应商是否符合旨在预防的新 FDA 安全标准，并且有一个第三方审核机构对外国实体进行食品安全审核的认证项目。FDA 与加拿大、墨西哥、欧洲、中国和其他贸易伙伴的监管部门密切合作，加强对进口美国的食品的安全监管。④食品运输公司必须防止运输过程中产生食品安全风险的做法。⑤食品防御是另一个优先事项，某些已登记的供人食用的食品设施被要求减少其易受故意掺假影响的薄弱环节，故意掺假的目的是造成广泛的公众伤害，包括恐怖主义行为。食品追溯规则发布，为协调增强可追溯性所需的关键数据元素和关键跟踪事件建立基础成分，使食品安全系统能够使用同样的追溯语言，帮助更迅速地识别受污染食品的来源。

FDA 持续确保后续《食品安全现代化法案》实施法规和相关指南文件最终

---

〔1〕 FDA 法规，提案规则或提案规则制定通知（NPRM）是宣布和解释机构解决问题或完成目标计划的官方文件。提案规则都必须在《联邦公报》上公布，以通知公众并提供提交意见的机会。最终规则也在《联邦公报》上公布，并编入《联邦法规》（Electronic Code of Federal Regulations，e -CFR）。

发布并得到实施。FDA 与业界合作，在最新科学和新技术应用的基础上不断改进，尽最大努力使国家食品供应尽可能安全。由 FDA 专家和许多利益相关者组成的专门团队一直致力于《食品安全现代化法案》的实施，致力于建立一个以预防为导向的食品系统，使人们免受食源性疾病危害。

（三）智能食品安全新时代食品系统的可追溯性

实现食品安全现代化不是一蹴而就的，FDA 正在通过 2019 年 4 月宣布的"更智能食品安全新时代"倡议，在《食品安全现代化法案》所取得成就的基础上进一步发展，以创建一个更数字化、更可追溯和更安全的食品系统。2020 年 7 月发布的《智能食品安全新时代蓝图》为实现这一目标制定了十年路线图。该蓝图建立在《食品安全现代化法案》要求的基础上，鼓励和激励产业界自愿采用新技术，从而实现源头到末端的可追溯性（End-To-End Traceability），有助于保护消费者免遭受污染的食品。该蓝图也着眼于帮助确保行业履行其在《食品安全现代化法案》规则下责任的新途径。例如，FDA 将研究使用技术进行远程或虚拟检查的可行性，并鼓励行业使用传感技术来监测关键控制点和预防控制点。在预防控制措施失败的情况下，新时代的举措还将加强对根本原因分析的使用，根本原因分析可以帮助认识对食品是如何受到污染的，并帮助产业加强预防控制。《食品安全现代化法案》的设计者遵循持续改善的理念，创建一个可以随着科学技术进步进行调节的富有弹性的监管框架。新时代蓝图的另一个重点是在世界各地的农场和食品设施中继续建立和发展食品安全文化。尽管塑造对食品安全的态度和承诺的重要性一直是《食品安全现代化法案》的核心，但新时代将推动这一原则，以帮助确保全球供应链的每一个环节都了解其在该法案下为保护消费者而采取的措施的重要性。随着时间的推移，《食品安全现代化法案》的要求越来越深入到全球食品系统中，并成为食品安全迈向智能新时代现代化进程的重要基础。通过这种方式，FDA 将继续共同努力，创新思维，创建一个更加数字化和可追溯的食品系统，进一步提高食品安全，提高消费者的生活质量。

1. 源头到末端的可追溯性（End-To-End Traceability）。美国现有许多食品公司的可追溯采用"一步向前、一步向后"系统（one-up and one-back，OUOB）方法，通过上下游可追溯性管理方法，食品公司只能了解产品来自哪里以及发送或销售到哪里，由于这一过程缺乏可见性，用户只能确定其产品在多层次食品供应链中的最后位置及下一步去向，无法实现产品整个过去和未来的可见性。《食品安全现代化法案》《国外供应商验证计划》（Foreign Suppliers Verification Programs，FSVP）《转基因标识法案》（GMO Labeling Bill）的出台以及监管环境的变化，推动了源头到末端整体可追溯性方法的发展和应用。考虑到日益复杂的食品供应链，整体的可追溯性对于有效的召回管理和遵守《食品安全现代化法案》的规定至关重要。随着《食品安全现代化法案》的实施，企业在处理污染或质量问题时再不依赖供应链的其他部分，品牌比以往任何时候都更易受牵连。源头到末端（end-to-end）的整体可追溯性方法提高了安全性和透明度，符合食品行业快速跟踪的目标。回顾每一种产品的整个过去和未来的可见性，企业可以很容易地查验供应商的安全措施、原料的来源和真实性，还可以了解潜在的过敏原。在数据管理方面，一些组织在电子表格中记录信息，而另一些则坚持使用纸质记录和实体文件柜。如果没有一个通用的、全链的可追溯软件解决方案，及时追踪必要的信息可能难以实现，因此造成的延误可能会使消费者的生命处于危险之中，也会使品牌的声誉和信誉处于危机之中。[1]

2. 进口食品安全认证。在整个供应链范围内健全源头到末端追溯平台对于有效的召回管理以及维护《食品安全现代化法案》下的产品质量和完整性至关重要。特别是对于高风险食品，消费者有必要了解产品旅程的每一个中途停留点。美国食品供应链的很大一部分位于国外，15%的食品是进口的，其中包括50%的新鲜水果，20%的新鲜蔬菜和80%的海鲜，这些都被认为是高风险食品。FDA推出的《国外供应商验证计划》（FSVP），作为《食品安全现代化法案》的一个方面，该法规将进口食品安全认证的责任从FDA转移到进口商自身，要求品牌确保其外国供应商符合FDA对国内供应商的要求。根据《食品安全现代化法案》和《国外供应商验证计划》，食品安全和供应商证明文件是证明一个公司（特别是国外供应商）的食品安全计划和验证供应链合作伙伴安全的必要条件。这些记录必须在FDA要求后24小时内汇编，并至少保存两年。根据《国外供应商验证计划》，如果外国供应商出现违反任何国内规定，比如危害分析、基于风险的预防控制或主要食品过敏原标签，FDA可以停止进口。使用供应商管理软件或食品安全管理系统来追踪和追溯（trace and track）所有合作伙伴和产品，有助于这些法规要求的自动化，从而简化安全流程和文件编制，即使供应商位于海外。

3. 源头到末端可追溯性的透明度。食品工业正在经历一次复兴，安全和透明是这个新方向的基石。随着消费者对其食品中的成分的关注，联邦法规开始回应这一关注，食品种植者、供应商和零售商尽可能清晰地提供最高质量的产品。为了保有品牌自觉的消费者，品牌必须保持更高水平的透明度，这可以通过全链

---

〔1〕 Dean Wiltse, *End-To-End Traceability: The Start of Supply Chain Safety*, October 1, 2016.

追溯解决方案实现。通过投资于全面的追踪和追溯技术，品牌可以利用收集到的信息，让消费者了解食品背后的数据。在食品欺诈日益猖獗的情况下，这也使品牌公司能够提高对供应商和种植者的知名度，使其对有机和非转基因产品的完整性有信心，甚至更有价值。源头到末端的供应链可追溯性可以帮助行业满足这些严格的要求，维护品牌的完整性，缓解未来的质量问题，并赋权品牌自觉的消费者。与此同时，召回是食品行业不可避免的一部分，每个品牌都将在某个时点经历召回，无论是自愿的还是强制的。从根本上说，在质量或污染问题中生存下来、保证消费者安全、维护品牌声誉的秘诀在于透明度。

4. 进一步强化《食品安全现代化法案》的合作路径。《食品安全现代化法案》建立在 FDA 和合作伙伴共同确保完整的食品安全系统的基础上。2021 年 1 月 4 日 FDA 负责食品政策和应对的副局长弗兰克·扬题为"《食品安全现代化法案》颁布 10 周年：回顾法案取得的进步和前进的道路"的演讲中谈到，《食品安全现代化法案》颁布后，FDA 开启了改革美国食品安全体系的合作路径（collaborative）。[1] FDA 领导者和专家们向农民、制造商、分销商和全球供应链上的其他主体征求意见。在经过数百次实地考察、公开会议和听证会后，这种前所未有的广泛参与形成了《食品安全法现代化法案》要求的初稿。但仍然有很多细枝末节需要改变，比如，FDA 从利益相关者处得知，农业用水的某些标准过于复杂，难以实施。同时，农业用水可能是污染物产生的病原体的主要渠道，这些标准是一些与生产有关的疾病暴发的因素。基于此，FDA 开始了数百个农场实地考察，并将提出既可行又有效的新的农业用水要求，简化方法，使合规负担更轻，成本更低，同时仍然能够保护公共健康。FDA 开始以一种不同的方式开展工作，与食品行业、国内外监管机构以及消费者权益保护组织进行了前所未有的密切合作。各方共同认识到，保持食品安全有利于公众健康、有利于企业，是正确的选择。

三、《食品安全现代化法案》合作实施的示例:《农产品安全法规》

《农产品安全法规》（Produce Safety Rule）[2] 是《食品安全现代化法案》的

---

〔1〕 The FDA Food Safety Modernization Act at 10: Reflecting on Our Progress and the Path Forward, https://www.fda.gov/news-events/fda-voices/fda-food-safety-modernization-act-10-reflecting-our-progress-and-path-forward.

〔2〕 农产品是指任何水果或蔬菜（包括完整的水果和蔬菜的混合物），包括蘑菇、芽菜、花生、坚果和香草，不包括谷类食物，谷类食物包括大麦、玉米、高粱、燕麦、水稻、黑麦、小麦、苋菜、藜麦、荞麦和油籽（如棉籽、亚麻籽、油菜籽、大豆和葵花籽）。

实施法规，为供人食用的水果和蔬菜的安全种植、收获、包装和储存确立了以科学为基础的最低标准。该法规是 FDA 为实施食品安全现代化法案所作的持续努力的一部分。合作是《食品安全现代化法案》成功实施的关键，《农产品安全法规》是一个合作的成功例子。FDA 致力于与农民、各州、各州农业部门全国协会等伙伴合作，以确保美国食品供应的安全和质量。《农产品安全法规》的实施需要进一步加强伙伴关系。FDA 与合作伙伴之间保持开放的沟通渠道，对共同成功实现 FSMA 所设想的公共卫生目标至关重要。如果 FDA 不与各州合作采取一些新措施来应对《农产品安全法规》实施面临的挑战，该法规将无法运行和发挥作用。成功地执行《农产品安全法规》取决于支持其执行的一系列广泛行动，这些活动必须得到很好的协调（coordinated）。FDA 建立持续的协作架构，共同努力工作将使几代消费者和农民的生活更加美好。

（一）CFSAN 农产品安全高级科学顾问是协调负责人

FDA 的食品安全与应用营养中心（Center for Food Safety and Applied Nutrition, CFSAN)[1] 为消费者、国内外行业和其他外部团体提供食品和化妆品方面的实地服务，开展科学分析和支持，制定政策和计划，处理食品、膳食补充剂和化妆品相关的关键问题。CFSAN 是美国保护和促进公众健康的引领者，与联邦、州、地方、社区公共卫生倡导者、学术和科学研究人员、国际组织等合作伙伴共同保障食品、膳食补充剂和化妆品的安全。

CFSAN 农产品安全高级科学顾问（Senior Science Advisor for Produce Safety）是 FDA 食品安全与应用营养中心主任的农产品安全相关政策和项目的首席科学顾问，开展推广、与利益相关者沟通、调查、召回、研究、培训等工作，帮助开发实施《食品安全现代化法案》的《农产品安全法规》的策略，确保高层管理人员和一线实地工作人员（包括负责外国检查的人员）监管标准一致。这种协调的层面延伸到利益相关者，包括所有类型和规模的种植者、加工工厂、州和联邦监管机构、消费者、合作外联代理（cooperative extension agents）及其他利益相关者，所有利益相关者朝着共同的目标。CFSAN 农产品安全高级科学顾问与相关部门建立合作关系，在农业社区开展工作，主要包括：与农产品安全司（Division of Produce Safety）密切合作，该司一直处于 FSMA 规则制定和实施工作的前沿；与 FDA 的农产品安全网络（Produce Safety Network）密切合作，该网络

---

[1] CFSAN 的职责主要包括：利用现代化方法发现、追踪和消除有害细菌和其他危害；评估食品新成分和新色素添加剂的安全性；加强生产实践规范；确保食品、膳食补充剂、化妆品的适当标签；培养良好的营养和有效的食品安全实践规范；调查食源性疾病暴发的原因；盯梢不安全产品。

在全国各地派驻了专家，以支持农民和州监管机构；与州监管伙伴和国内外其他政府机构合作，为《农产品安全法规》的实施提供支持；与产业界合作，帮助其合规。

（二）FDA 与产业界合作，帮助其合规

《农产品安全法规》实施的优先事项之一是制定和发布指导文件，帮助为准备遵守规定的农民提供清晰的信息，以便了解法规的预期。FDA 建立了实施《农产品安全法规》的良好的框架，该框架并非该法规在实践中应该如何运作的每个问题都有现成的答案，在农产品安全方面没有"放之四海而皆准"的方法，需要 FDA 和农产品行业通过合作采取灵活的实施方法，为复杂问题提供实用的解决方案，促进法规实施的可行性。FDA 与种植者合作，日常执行法规的规定，帮助农产品行业从业者更好的理解相关法规要求，双方的共同目标是确保食物安全。FDA 能为生产商和监管合作伙伴做得最好的事情就是确保其理解后《食品安全现代化法案》时代对其提出的要求，要确保其拥有实施规则的资源。FDA 采取综合的方法，通过培训、技术援助和指导文件，确保产业界和监管合作伙伴拥有实施 FSMA 所需的工具，提高监管透明度和加强合作的综合方法。

（三）FDA 与各州伙伴合作

在各州实施农产品安全规则时，州监管机构承担重任。FDA 必须不断探索深化和加强与州公共卫生和农业部门关系的方法。除了向州机构提供指导和教育，FDA 在 FSMA 下的部分职责还包括向各州提供资金，支持州农产品安全项目的开发。除了种植者教育、推广、培训和技术援助之外，大多数州还选择为检查、合规和执法项目提供资金。同时，FDA 定期与各州的农业监管负责人进行沟通，直接传达 FSMA 实施进展更新，并定期向公众发布信息。FDA 可以从各州农业和公共卫生官员获得信息和知识，各州农业和公共卫生官员敏锐地适应独特的区域性、季节性和特定作物的经营问题，这些问题是所在州种植者日常需要面对的。FDA 和各州合作伙伴都有保护公众健康的共同目标，共同努力将是成功、顺利制定和实施农产品安全规则的关键。新鲜农产品是健康饮食的重要营养组成部分，改善营养是 CFSAN 使命的重要组成部分。因此，要确保农产品农民能够为消费者提供营养、新鲜、丰富的农产品。

（四）FDA 与国外监管机构合作

其他国家种植的农产品被进口到美国，或者被提供进口到美国，也会受到农产品安全规则的约束。FDA 的职责包括利用 FSMA 提供的工具以及确保进口和国内产品都符合美国食品安全标准。FSMA 的《国外供应商核查程序计划》发挥了核心作用，要求进口商有责任确保其供应商生产的食品能够提供与国内种植者要求的相同水平的公共卫生保护。农产品进口商可以选择参加 FDA 的《自愿合格进口商计划》（Voluntary Qualified Importer Program，VQIP），该项目要求农产品来自已通过 FDA 认可的第三方认证项目认证的农场。与国外监管机构合作，帮助确保符合安全标准。在边境有监管工具，可以对产品进行取样和检测，杜绝对公共健康构成威胁的产品入境。

（五）FDA 搭建农产品安全网络

1. 农产品安全网络的组成。为实施《农产品安全法规》，FDA 建立农产品安全网络（Produce Safety Network，PSN），支持农民、各州监管机构和其他关键利益相关者实施该法规，预防与农产品相关的食源性疾病。FDA 在建立食品安全网络的整个过程中都与美国农业部（USDA）进行磋商，并将继续与美国农业部合作，帮助确保为美国消费者生产的所有食品的安全。农产品安全网络的人员构成体现政策制定和监督检查之间的协同，更好地回应农民和外部利益相关者的需求，支持农民、州监管机构和其他关键利益相关者实施《农产品安全法规》。农产品安全网络由隶属于 FDA 的食品安全与应用营养中心（CFSAN）农产品安全专家、监管事务办公室（ORA）[1] 专业调查员联合组成，包括 CFSAN 的 7 名农产品安全专家和 1 名组长以及 ORA 的 14 名调查人员和 2 名分支机构负责人。农产品安全网络将 FDA 的这两部分人员结合起来，是因为开发一个食品安全项目时，同时需要政策和监管专业知识。农产品安全网络的 CFSAN 农产品安全专家通常专注于政策、教育、培训和研究，负责撰写指南，并对通过 FDA 的 FSMA 技术援助网络（Technical Assistance Network，TAN）收到的咨询做出回应。农产品安全网络的 ORA 调查人员定期进行监管活动，包括监督检查、原因检查、调查和样本收集；农产品安全网络的 ORA 调查人员还将参与教育、推广和培训工作。农产品安全网络将这两组人聚集在一起，使制定政策的人员和进行监督检查的人员之间更好的协调（即监管与执法协同）。农产品安全网络的 CFSAN 农产品安全专家和调查人员保留了 CFSAN 或 ORA 各自的员工角色，但做了一些改变，使其能够更好地回应农民和外部利益相关者的需求。这些改变主要体现在：在农产品安全网络（PSN）之前，CFSAN 农产品安全专家通常来自华盛顿特区，而农产品安全网络的 CFSAN 农产品安全专家则来自北卡罗来纳州、明尼苏达州等不

---

〔1〕 监管事务办公室（Office of Regulatory Affairs，ORA）是 FDA 全部监督检查活动的领导办公室。

同地区,[1] 在调查活动中与 ORA 调查人员一起工作。农产品安全网络的 ORA 调查人员仍然负责检查和调查活动,但在农产品安全网络中,还要与 CFSAN 农产品安全专家合作开展教育、推广和培训工作。拥有兼具政策制定和监督检查视角的团队,可以根据农民所在地区、种植的商品等向农民和外部利益相关者提供最好的信息。

2. CFSAN 农产品安全专家的具体角色。①提供技术援助。技术援助是一个非常广泛的术语,包括解决有关农产品安全规则、政策和规则解释的问题,以及为 FDA 和州政府监管机构进行农场检查提供实时支持。CFSAN 正在建立一个系统,任何在农场进行检查的监管机构都可以在出现问题时呼叫网络寻求帮助。②双向沟通。产品安全专家还将其所在地区或特定商品的信息反馈给 CFSAN,用于制定指南、培训课程、回应询问。③开展培训。农产品安全网的 CFSAN 和 ORA 工作人员(包括走访农场的调查人员)都参与为各州和联邦监管机构开发培训课程的工作。一些工作人员将担任课程培训人员,还通过课程咨询小组支持其他材料的开发。④拓展服务。分享关于农产品安全网络这一新平台的信息,分享关于农产品安全规则的信息,并解决信息鸿沟。

3. ORA 调查员的角色。①拓展服务,支持州监管伙伴,并参与培训工作。一种培训方式是关于产品检查和调查的基础监管培训;另一种方式是通过农场实地体验和教育性农场参观,更多地了解地区种植实践和条件。②参与国内外的检查。美国国内,在未依据《州农产品执行合作协议计划》(State Produce Implementation Cooperative Agreement Program, CAP)制定农产品安全计划的州进行例行和定期检查。在制定农产品安全计划的州,应州检查员的要求陪同进行原因检查和例行检查。农产品安全网络的 ORA 调查人员将根据农产品安全法规在国外开展监管活动,包括检查和调查,保持进口和在美国销售的产品,与国内种植、收获和销售的产品标准相同。由进行或支持国内检查的农产品安全网络的 ORA 调查人员同时进行国外检查,是确保对国内和国际农场都适用相同标准的关键。

4. CFSAN 农产品安全专家和 ORA 调查员的协同合作。①拓展服务。除了拓展外,在一些特定领域,调查人员和农产品安全专家密切合作。②教育性农场参观。教育性农场参观帮助了解更多关于全国各地的不同种植条件和做法。农场参观,使监管人员能够与农民和州合作伙伴进行互动,并实地观察独特的条件和种

---

[1] 地区专家至关重要。美国各地的种植方式和种植条件差异很大,东北部的农场面临的条件、实践和合规挑战可能与在西部(如加利福尼亚)经历的非常不同,因此实施适用于所有这些地区的规则极具挑战性。

植实践。对于农产品安全专家，访问参观不仅有助于 CFSAN 开发指南，而且为答复关于农产品安全规则的询问提供了地区视角和知识扩充。对于 ORA 的工作人员，访问参观有助于真正了解这些经营活动是如何运行的。③教育。CFSAN 与 ORA 共同制定农场准备情况审查（On-Farm Readiness Review，OFRR）计划，与州农业部门全国协会（NASDA）和州合作伙伴密切合作，为准备遵守农产品安全规则的农民开发资源。OFRR 的目标是向农民提供具体的反馈，说明其准备满足农产品安全法规要求的措施，是农民自我评估的一种工具。如果农场主愿意，由州监管机构、FDA 监管机构和其他教育合作伙伴组成的团队可以访问农场，提供观察、建议和资源，这对农场是很好的教育机会。④技术援助。CFSAN 与 ORA 共同建立一个农产品监管机构技术援助网络，这将成为 FDA 调查人员和州检查员在检查活动期间从主题专家获得支持的资源。这种援助可以是政策、法规解释或检查、调查或抽样方面的技术援助。

5. 农产品安全网络的协同路径。①农产品安全网络是专业的协同平台。农产品安全网络从合作推广组织、产业界、州农业部门和 FDA 引进经验丰富的工作人员，在农业科学、农产品生产、国际农产品安全、与农产品有关的疫情应对以及农产品检查和调查等领域拥有广泛的知识和经验。考虑到实施农产品安全规则所面临的挑战，诸如全国各地不同的种植方法和条件、新型联邦监管，由各地区的个人组成的专门小组可以更好地支持农民和州监管机构。农产品安全网络通过提供技术援助、开展外展和培训、参与政策项目开发、参与疫情调查、进行国外检查以及在没有检查项目的州进行检查等方式开展工作。②农产品安全网络连接广泛的利益相关者。在农产品安全网络中，CFSAN 农产品安全专家和 ORA 调查人员等内部利益相关者（inside stakeholders）保持持续的内部沟通；农产品安全网络还与各州部门、产业界、合作扩展组织、学术机构、行业组织、农民种植者等外部利益相关者（external stakeholders）合作，开展互动和沟通。农产品安全网络通过电子邮件、电话、虚拟会议以及面对面的会议和培训等方式与利益相关者合作。农产品安全网络网站上有工作联络名录，CFSAN 农产品安全专家与 ORA 调查人员分开列出。③农产品安全网络主要联络节点。农产品安全网络的 CFSAN 农产品安全专家是与农民和外部利益相关者接触的主要联络点。农产品安全网络的 ORA 调查人员，负责与州调查人员协调开展农场准备情况审查（On-Farm Readiness Review，OFRR）计划，共享工作计划和任务信息，协调监管活动（如检查和调查）。农产品安全网络还与行业组织（trade organization）合作，如与农产品市场营销协会（Produce Marketing Association）这一代表整个农产品供应链的行业组织合作。对于农民种植者而言，农产品安全网络是农民和其他利益相关者的资源，帮助其遵守农产品安全规则。预防性法规的实施，须让利益相关者获得其需要的信息，以便在正确的时刻做出正确的决定。网络是人们获取信息的资源，当监管合作伙伴或农民有疑问或对规则不确定时，农产品安全网络能够提供给一个熟悉该地区、熟悉当地条件和做法的专家。

（六）美国国家食品安全培训、教育、推广、拓展和技术援助项目

FDA 食品安全与应用营养中心和农业部国家食品与农业研究所（National Institute of Food and Agriculture，NIFA）[1] 结成合作伙伴关系，按照 FSMA 第 209 条的要求建立国家食品安全培训、教育、推广（extension）、拓展（outreach）和技术援助项目。根据 FSMA 的授权，这项竞争性拨款计划将向农场所有者和经营者、小型食品加工商和小型水果和蔬菜批发商提供食品安全培训、教育、推广、拓展和技术援助。2015 年国家食品与农业研究所和食品安全与应用营养中心联合制定《国家食品安全培训、教育、推广、拓展和技术援助竞争性拨款项目》，增进区域对已建立的食品安全标准、指南和协议的理解和适用。美国农业部致力于确保农民、食品加工商和批发商在遵守《食品安全现代化法案》的新规定时得到相关培训和协助。美国农业部拨款建立食品安全培训、推广和技术援助区域中心，在协调和实施与《食品安全现代化法案》相关的培训、教育和推广项目方面发挥主导作用，这些培训、教育和推广项目优先资助中小型农场、初创期农民、社会弱势农民、小型加工商和/或小型新鲜水果和蔬菜批发商，培训与教育解决多样化的农业生产和加工系统，包括传统、可持续、有机、节能环保的实践。

农业部与 FDA 的合作项目，即《国家食品安全培训、教育、推广、拓展和技术援助竞争性拨款项目》包括一个国家协调中心（National Coordination Center，NCC）和四个区域中心（Regional Centers，RCs），目标是改善与食品安全和遵守《食品安全现代化法案》有关的协调培训、教育和推广工作。农产品安全联盟、食品安全预防控制联盟和芽菜安全联盟与这些中心进行了合作，以确保满足全国农产品种植者和加工者的培训需求。FDA 资助的国家协调中心（NCC），设在密

---

〔1〕 NIFA 是美国农业部（United States Department of Agriculture，USDA）下属的一个联邦机构，是美国农业部研究、教育和经济（REE）使命的一部分。该机构管理联邦资金，以解决影响人们日常生活和国家未来的农业问题。NIFA 与世界各地的顶尖科学家、决策者、专家和教育工作者合作，推动前沿发现从研究实验室到农场、教室、社区循环，为最紧迫的地方和全球问题寻找创新的解决方案。提高美国农业竞争力；支撑美国经济；提高国家食品供应的安全性；改善美国公民的营养和福祉；维护自然资源和环境；建立能源独立。

歇根州巴特克里的国际食品保护培训研究所（International Food Protection Training Institute，IFPTI），负责协调整个项目，协调 FSMA 第 209 节所涵盖的食品企业的课程开发和交付工作。NIFA 和 FDA 分别资助两个区域中心，区域中心将深入当地社区，与全国各地的 FSMA 的利益相关方合作。各区域中心通过国家协调中心相互协调。农业部拨款的两个中心为南部中心和西部中心。FDA 拨款的两个中心为中北部中心和东北部中心。这些中心与来自非政府组织和社区组织的代表，以及来自合作推广服务机构、食品中心、当地农业合作社和其他能够满足其所服务社区具体需求的实体的代表合作。食品安全培训、推广和技术援助的四个区域中心与 FDA 建立的国家协调中心一起，帮助全国各地的生产者和经营者安全地增加农产品价值、增加其进入地方、区域和全国市场的机会。①南部中心即食品安全培训、推广和技术援助南部区域中心（Southern Center for Food Safety Training，Outreach，and Technical Assistance）设在佛罗里达大学。该中心由农业部资助，支持符合 FSMA 标准的培训、教育、推广、外联，以及与南部地区农产品行业相关的技术援助。该中心将与各种实体合作，包括州和地方政府、南部地区州立大学、社区组织和非政府组织。该中心将在南部地区培养一批培训人员，重点是支持农产品行业遵守 FSMA 的规定。它还将制定和实施针对区域和利益相关者的具体的教育、培训课程和技术援助方案，并评估培训和技术援助方案对不同目标受众的影响。②西部中心即加强食品安全西部区域中心（Western Regional Center to Enhance Food Safety）设在俄勒冈州立大学，并与州和地方政府、其他西部地区大学、社区和非政府组织开展合作。该项目由农业部资助，培养培训人员，为中小型农场、初创期农民、社会弱势农民、小型加工商以及受 FSMA 指南影响的小型新鲜水果和蔬菜批发商提供符合 FSMA 标准的培训讲习班。项目还将开展区域和利益相关者培训和援助项目，并评估这些项目的影响。③中北部中心即 FSMA 培训、推广和技术援助的中北部区域中心（North Central Region Center for FSMA Training，Extension，and Technical Assistance）设在爱荷华州立大学，由 FDA 资助。本项目的首要目标是通过在中北部地区（North Central Region，NCR）内沟通和协调与《食品安全现代化法案》的《农产品安全法规》及《预防控制法规》相关的信息，支持国家食品安全计划的基础设施。④东北部中心即促进食品安全东北部区域中心（Northeast Center to Advance Food Safety，NECAFS）设在佛蒙特大学和佛蒙特州立农业学院，由 FDA 资助。东北部食品安全促进中心和佛蒙特法学院农业和食品系统中心，识别、研究和开发与 FSMA 农产品安全法规相关的关键法律问题相关的教育资源。东北部食品安全促进中心（NECAFS）负责协调与 FSMA《农产品安全法规》和《供人食用的食品预防控制法规》有关的培训、教育和推广，工作重点是协调和促进东北地区网络，以支持国家食品安全培训、教育、推广、外联和技术援助系统，通过全面的食品安全培训，提高对既定食品安全标准、指南和协议的理解和采用。中心为受《食品安全现代化法案》（FS-MA）影响的主体提供教育和技术援助，特别关注中小型农产品农场所有者和经营者、初创期农民、社会弱势农民、小型加工商或小型新鲜水果和蔬菜批发商的需求。东北部食品安全促进中心与国家协调中心（NCC）、其他区域中心（RCs）及食品安全培训联盟合作，开展与食品安全和遵守《食品安全现代化法案》有关的教育和推广工作。

此外，FDA 拨款资助阿肯色大学土著食品和农业倡议中心（the University of Arkansas Indigenous Food and Agriculture Initiative）和全国农民联合会（National Farmers Union）的地方食品安全协作中心（Local Food Safety Collaborative，LF-SC），根据 FDA《食品安全现代化法案》加强食品安全。①阿肯色大学土著食品和农业倡议中心（IFAI）负责部落培训。IFAI 的重点是将部落主权纳入粮食主权，推动以部落为主导的解决方案，以振兴和推进传统粮食系统，促进整个印第安土著部落的多样化经济发展。IFAI 为部落政府、生产者和食品企业提供教育资源、政策研究和战略法律分析，作为建立强健的食品经济的基础。②地方食品安全协作中心（Local Food Safety Collaborative，LFSC）负责当地生产者和加工者培训。全国农民联合会的地方食品安全协作中心是 FDA 资助的一个项目。食品安全是良好农场管理的重要组成部分。全国农民联合会通过食品安全合作项目有针对性的推广、教育和培训当地食品生产者和加工商，包括初级和社会弱势农民、传统农民、城市农民、小农和加工商以及其他供应链参与者，来加强食品安全。全国农民联合会的地方食品安全协作中心为当地食品生产商提供培训、教育和技术援助，核心任务是建立食品安全的基础知识，并支持遵守《食品安全现代化法案》的规定。依托地方食品安全协作中心的组织协调，全国农民联合会与 12 个农业组织和学术机构合作，利用当地网络和专业知识，解决小规模、多样化、可持续、有机和身份保持（如非转基因身份保持）的种植者和加工商的食品安全需求。在这些组织中建立食品安全知识有助于遵守 FSMA，并加强生产者进入更广泛的市场的能力。

四、FDA 的合作与共治框架

虽然食品安全是食品链各主体的责任，从生产者到消费者，FDA 和其他监管机构有重要的作用。在许多情况下，FDA 必须在多个利益相关者利益、资源和优先级权衡中履行这一职责，面临如何在快速变化的世界中吸引各利益相关者更加有效和高效地履行其食品安全责任。FDA 通过与州领导者、产业界、学术界和公私联盟的合作，扩大影响力。FDA 发展了伙伴关系，并通过诸如与各州和地方伙伴的国内相互依赖的合作稳步推进综合食品安全系统的愿景，这些合作是通过共享和协调（sharing and harmonization）来确定的。《FDA 食品和兽药项目战略规划（2016~2025）》强调，伙伴关系是 FDA 成功的关键。必须与利益相关者开展全项目范围的合作，确保各自角色和责任清晰，确保多样复杂的食品系统中预防控制标准科学基础上的合理性和可行性，实现高合规率，实现最佳的公众健康绩效。[1] FDA 善于合作与借力，扩充资源和科学知识，扩展能力，实现有限监管资源的杠杆效用。FDA 通过与联邦、州、地方、领地、国外食品监管机构、国际组织、食品产业、学术机构、消费者合作，撬动合作方的资源，借力其他机构的资源和能力，倡导全国整合的食品安全体系，优化现代化法案实施的效率、效果、一致性、持续性。

FDA 通过谅解备忘录、合作研究开发协议、合作协议及其他公私合作机制等多种正式方式开展合作。FDA 将优先考虑不需要 FDA 提供资金的合作意向和建议。谅解备忘录是 FDA 与联邦、州、地方政府监管机构，与学术机构或其他实体之间的正式协议，是双方之间建立理解但不具有约束力的协议。当需要界定各自的权限和责任或明确合作程序时，FDA 与合作伙伴达成备忘录，目的是对共同资源的有效利用，减少重复监管。

（一）FDA 与其他监管机构合作，拓展监管资源

FDA 与其他监管机构合作，拓展 FDA 的监管资源，弥补监管资源缺口，提升绩效。FDA 与国内外的其他政府机构建立规范化的合作机制，建立稳健的数据整合和分析系统以及信息共享机制支持积极实效的合作，培育多元信任伙伴关系。所有食品机构需要合作整合实现公众健康的目标，FDA 接受信任其他机构的检测，明确授权接受其他联邦机构、各州、地方机构的检验以满足国内食品设施的强制性检验要求，FDA 通过跨部门协议发挥资源的杠杆效用。

1. FDA 通过备忘录与合作伙伴明确职责界限和合作程序。FDA 与 USDA、CDC、FTC、CPSC 等通过跨部门的协议明确各自的责任，并保持密切沟通、信息、知识分享。备忘录是 FDA 与其他政府机构、学术机构以及其他实体之间的正式协议，旨在建立双方之间的理解并不具有约束性的协议。FDA 的政策要求：当需要明确与其他实体之间的职权和职责界限或者明确合作程序时签署谅解备忘

---

[1] FDA FOODS AND VETERINARY MEDICINE PROGRAM STRATEGIC PLAN (FISCAL YEARS 2016 - 2025).

录。备忘录的目的是通过更有效的汇集资源以及减少责任重叠来提升消费者保护能力。如《FDA 与农业部市场服务局关于信息分享及食品审计、检查、定级相关活动合作备忘录》，目的是开展合作，分享食品产品以及设施检查信息。这两个机构在执行各自的监管和服务活动时具有特定相关的目标。两个机构各自服从其所代表的利益并尽可能有效地履行职责，进行产品检查、定级及标准化活动。备忘录赞成农业部市场服务局（Agricultural Market Service，AMS）的审计、调查、认证服务，帮助农业生产者充分履行保障其产品安全且满足 FDA 适当要求的责任，保护消费者。备忘录赞成 FDA 愿意考虑 AMS 的服务信息做出基于风险的决策，如确定检查优先顺序。此外，备忘录申明 FDA 是负责美国食品安全的主管部门，AMS 所做的决定不能改变或减少 FDA 依据《食品、药品、化妆品法案》的职权，也不能限制 FDA 履行法定职责、依法开展检查或采取监管行动，不能影响食品公司承担《食品、药品、化妆品法案》的法定责任。双方保持密切合作，从顶层到一线，双方相关人员召集定期会议，资源授权许可，为项目规划、合作、评估、审查相关检查等共同相关的事项，对可能提出的质疑和问题加以解决。

2. FDA 与 USDA、CDC 合作负责食源性疾病调查。

第一，食源性疾病暴发应对和评估协调网络的组成。食源性疾病调查的职责分工为：CDC 负责协调跨州调查，FDA 负责调查 FDA 监管的产品，USDA 负责调查 UDSA 监管的产品。FDA 搭建食源性疾病暴发应对和评估协调网络（Coordinated Outbreak Response and Evaluation，CORE），基于协调的 CORE，旨在建立关系，加强疫情应对和公共安全。2011 年 FDA 建立了食源性疾病暴发应对和评估协调网络，通过该网络汇集了医学、公共卫生和科学方面的专业知识，协调努力，以发现、制止和预防食源性疾病暴发。CORE 是一个包括 FDA、联邦政府、州和地方合作机构资源的网络。在 FDA 内部，该网络包括危机管理办公室（Office of Crisis Management）和对外关系办公室（Office of External Relations）等的工作人员，FDA 食品安全和应用营养中心和兽医中心（Center for Veterinary Medicine）的主题专家，FDA 总部和 FDA 地区办公室的监管事务办公室（Office of Regulatory Affairs）的工作人员，以及国际项目办公室（Office of International Programs）的工作人员。在 FDA 之外，CORE 包括疾病控制和预防中心（CDC）和美国农业部（USDA），以及州和地方政府机构的食品安全、农业、监管、公共卫生和实验室专业人员。CORE 由专业人才组成，分为三个工作小组，信号监测小组（Signals and Surveillance Team）利用数据库、向 FDA 提交的不良事件报告、新闻报道、抽样信息和其他信息来识别潜在的食源性疾病疫情。应对小组（Response Team) 负责在食源性疾病暴发期间进行追溯调查，与 FDA 地方办事处合作，安排检查、取样和收集记录，同时与其他联邦、州和地方机构协调。在应对疫情期间，应对小组还与 CFSAN 和 FDA 地方办事处的合规和执法人员密切合作，以确保根据需要实施产品召回和其他监管行动，以保护公众。事后应对小组 (Post Response team) 通过提供政策建议和指导以及建议未来的取样或研究任务，利用从疫情中吸取的经验教训预防未来的疫情，利用吸取的经验教训提出改进应对活动的建议。从疫情从信号监测小组到应对小组再到事后应对小组，三个小组共同预测、应对疫情并从中吸取教训。CORE 是一个以自己名义进行协调的组织，必须不断提高沟通能力，与其他工作组进行 FDA 机构内或跨机构的协调，弥合学术界、产业界、州和联邦政府之间的缝隙，各方尽管可能会采取不同的方式，但都以阻止食源性疾病暴发为共同目标。CORE 需要建立共同基础，分享所获得的信息和协同工作，防止未来问题出现。CORE 具有开放性和创新性，需要更多了解世界上正在发生的事情以及人们的看法，需要评估是否以及何时可以与合作伙伴和利益相关者共享信息，伙伴关系和协同 (collaboration) 有助于各方在保护公众健康方面向前迈进。[1]

第二，食源性疾病暴发应对和评估协调网络的职能。CORE 协调开展食源性疾病暴发的发现、应对、预防工作，具体包括：①放哨。CORE 信号监测小组与CDC、FDA 地方办事处、州机构合作，评估新出现的食源性疾病暴发和疾病监测趋势。该小组审查食品公司数据，包括过去的检查、抽样结果、产品分配和来源信息，同时考虑之前食源性疾病事件所涉类似病原体和食物配对。这一信息用于确定能否为了解正在出现的疫情提供线索。当合理怀疑疫情由 FDA 监管的食品引起时，该信息会传递给应对小组，协调 FDA 的应对措施。②搜索。应对小组(Response Team) 只有一个目标：控制和阻止疫情暴发。应对小组直接与 FDA 地方办事处、FDA 主题专家、CDC 和州合作伙伴合作制定应对策略。该小组协调调查、检查、抽样和跟踪产品分销。FDA、CDC、州和地方监管部门、公共卫生部和农业部之间的密切协调对于阻止疫情暴发至关重要。③应对行动的结果。在疫情应对期间或之后，可以采取一些措施维护公众健康或为公众健康工作提供信息。基于 CORE 协调调查结果而采取的行动包括：通过公告提醒消费者避免食用可疑食品；对相关食品设施或农场的调查或检查、记录收集、样本收集等。④交

〔1〕 CORE Director Focuses on Building Relationships to Strengthen Outbreak Response and Public Safety. https：//www. fda. gov/food/conversations-experts-food-topics/core-director-focuses-building-relationships-strengthen-outbreak-response-and-public-safety.

流。CORE 沟通小组（Communications Team），监测正在浮现和正在发生的事件的调查。如果对公众存在持续的风险，并且可以采取措施降低疾病风险，FDA 将发布公众警告。该小组还准备回应 FDA 利益相关方和媒体关于疾病暴发的询问。⑤预防的视角。从中学到了什么？怎样才能防止这种情况再次发生呢？这些问题指导着疫情评估和疫情分析小组（Outbreak Evaluation and the Outbreak Analytics Teams）的任务。这些小组考虑从原料采购到生产、分配所有方面的食源性疾病暴发，通过数据分析得出推荐方法，将预防措施融入食品安全活动中。⑥应对后行动的结果。疫情评估和疫情分析小组利用基于协调的 CORE 的疫情数据，这有助于：改进疫情检测和预防工作；FDA 产品安全规则及相关文件的制定，旨在减少产品污染的风险；制定检查和抽样监测任务，旨在监测与疫情有关的食品公司和行业、并收集疫情预防数据；向零售商、种植者、托运人和运输商提供资源，以处理疫情被召回的产品，并针对过去的疫情调查编写文章和演示文稿，向公众和食品行业专业人员提供信息和教育；通过以疫情应对和预防为重点的科学期刊文章和专业会议传播疫情分析和预防工作的结果。此前，一旦发现疫情，FDA 就会组建一个应对小组，一旦应对结束，这些工作人员就会回到日常工作岗位。当前，有五个全职工作小组（应对小组细分为三个小组）在从信号调查、到应对、到应对后活动的各个方面开展工作，并能在新的疫情暴发时立即展开工作。这种新结构提高了应对速度，确保了连续性，并使过程标准化。

3. FDA 与各州、地方合作。FDA 与各州、地方、领地等签订合作协议，提供经费支持，用于开展教育、培训、拓展、技术协助等工作，更好地落实 FDA 的计划及各项监管措施。各州、地方等监管机构适用 FDA 的标准规范、接受 FDA 的技术指导和其他技术协助，FDA 通过培训和指导等方式支持州和地方监管机构，更好地落实 FDA 的计划及对食品营业所和零售商的各项管理工作。加强州和地方的能力建设，FDA 必须制定和执行战略，增加州和地方的资源的投资，发挥和增强州和地方的食品安全和防御能力，以更有效地实现国家食品安全目标。FDA 提供零售食品保护、牛奶安全和贝类安全的信息，包含示范性国家法规（如 food code）、FDA 解释指南、官方程序、州际牛奶和贝类运输商名单、食品召回信息和食源性疾病信息。牛奶、零售和贝类项目由美国各州负责食品安全监管，是 FDA 与各州和地方卫生和监管机构合作的项目。牛奶安全项目包含牛奶安全计划的支持信息，包括州际牛奶运输商名单和牛奶专家名单、CFSAN 人员、国家 A 级牛奶卫生人员、第三方认证机构[1]和单一咨询顾问。零售食品项目，3000 多个州、地方和部落机构对食品零售和餐饮服务业监管负有主要责任，负责检查和监督餐馆和杂货店，以及自动售货机、自助餐厅和保健设施、学校和惩教设施的其他销售点等 100 多万个食品机构。FDA 努力促进在零售和餐饮场所应用基于科学的食品安全原则，以尽量减少食源性疾病的发生率。FDA 通过提供示范性食品准则、基于科学的指南、培训、项目评估和技术援助，协助（assists）监管机构及其监管的行业。

4. FDA 与国外政府机构合作。FDA 培训外国政府机构和食品企业满足美国食品安全的要求，加强国外能力建设。FDA 与国际组织协调国际标准，为进口产品建立国际公认的食品安全标准、法规、规则。FDA 食源性疾病暴发反应和评估协调网络执行主任哈里斯博士在访谈中谈到，食物供应面临的最大危险是食物来源的全球网络，美国一半以上的水果和 80% 的海鲜通过进口。FSMA 为监管进口食品提供了工具，扩大了与其他国家在食品安全方面的工作，但食品供应的全球规模增加了复杂性。[2]

（二）FDA 与学术机构合作，拓展科学能力

1. FDA 监管科学和创新卓越中心。FDA 与学术机构合作，拓展 FDA 的科学能力，弥补科学缺口，促进创新，支持和提升 FDA 的监管科学。FDA 通过建立协同中心，与学术机构开展有针对性、实质性的合作。FDA 监管科学和创新卓越中心（Centers of Excellence in Regulatory Science and Innovation，CERSIs），致力于通过创新研究、教育、科学交流等提升监管科学的协同合作项目，FDA 的食品安全与应用营养中心支撑四个卓越中心，研究和培训食品安全的前沿议题，提供信息和经验，实现积极的公众健康实效。四个中心分别开展食品厂商设施、果蔬产品、膳食补充剂、进出口专题研究，向 FDA 提供有针对性的信息和专门知识。伊利诺伊科技研究院国家食品安全暨科技中心（National Center for Food Safety and Technology，NCFST），侧重于食品安全与健康研究；马里兰大学食品安全和应用营养联合研究所（Center for Food Safety and Applied Nutrition，JIFSAN），开发国际食品安全培训项目；密西西比大学国家天然产品研究中心研究（National Cen-

---

[1] 成立于 2006 年的 Milk Regulatory Consultants, LLC（MRC），审核和实验室人员在 NCIMS 的 A 级项目中有超过 100 年的综合经验。乳品监管顾问利用广泛知识和经验提供咨询、审核或实验室服务。

[2] CORE Director Focuses on Building Relationships to Strengthen Outbreak Response and Public Safety. https：//www.fda.gov/food/conversations-experts-food-topics/core-director-focuses-building-relationships-strengthen-outbreak-response-and-public-safety.

ter for Natural Products Research，NCNPR）侧重于膳食补充剂的安全和掺假研究；加利福尼亚大学戴维斯分校西部食品安全中心（Western Center for Food Safety，WCFS）侧重于果蔬产品安全研究。大学为食品安全监管提供重要信息和数据；开展新知识的教育和拓展培训，为食品安全挑战提供实际解决方案；为监管人员和产业开发预防食品污染的培训课程和技术信息，通过远程教育等途径落实；为食品产业提供技术协助，帮助产业符合预防控制法规的要求；评估知识缺口和研究需要，开展创新研究。

2. 哈佛大学食品法律和政策诊所。哈佛大学食品法律和政策诊所（Food Law and Policy Clinic），支持 FDA 法规的科学性和沟通性，利用食品安全法律与政策专门知识，促进法律对食品系统的影响，研究和开发法规与政策，参加法规评论、开展法律解释、开展访谈和实情调查、培训社区公众参与，提升公众参与和沟通能力。

3. 康奈尔大学合作推广中心。康奈尔合作推广中心（Cornell Cooperative Extension，CCE）将社区与康奈尔大学农业与生命科学学院（CALS）和人类生态学院的研究联系起来，以丰富和增强纽约州的社区、当地企业、城镇和城市。在纽约州的所有县和纽约市的五个行政区，CCE 当地办事处提供专门针对其社区需要的规划和资源，以匹配整个州各个社区的多样化和不断变化的需求。CCE 将知识运用到实践中，以追求经济活力、生态可持续性和社会福祉，将当地经验和基于研究的解决方案结合起来，帮助纽约州的家庭和社区繁荣。通过研究和实践相结合的项目促进社区选择健康的食物和健康的习惯。①开展食品安全培训。教育工作者致力于保障消费者的安全，并通过教育和关于合规和最佳实践的研讨会，帮助生产企业达到食品安全标准。教育内容包括食品安全法规的重要信息和更新，包括《食品安全现代化法》（FSMA）的农产品安全法规、良好农业规范以及自然资源和食品安全的共同管理。②扩大食品和营养教育项目。食品与营养教育拓展计划（The Expanded Food and Nutrition Education Program，EFNEP）是联邦政府资助的一项营养教育计划，通过合作推广服务在各州为资源有限的青年和家庭提供服务。该项目服务于符合收入条件[1]的父母、监护人和准妈妈，以及儿童和青少年。成年参与者学习如何选择食物，以改善他们为家人提供的膳食的营养质量。通过体验式的学习过程，他们提高了选择和购买食物的能力；掌握食品制备、储存和卫生技能；并学会更好地管理他们的食物预算和相关资源。青少

---

〔1〕 扩大食品营养教育计划（EFNEP）的目标是有幼儿的低收入家庭（5~19 岁孩子）和低收入青年（5~19 岁儿童青少年），向低于联邦贫困线 185% 的抚养孩子的家庭提供营养教育。

年学员将参加一系列旨在培养精通感、归属感、独立性和慷慨感的课程。除了营养、食品准备和食品安全，青少年话题还可能包括减少屏幕时间和增加身体活动的策略。通过亲自动手的工作坊，教育工作者向成年人传授有关食品和运动、食品安全和保障的知识，并努力培养青年参与者的精通感、归属感、独立性和慷慨感。在纽约州，EFNEP 由康奈尔大学的食品和营养教育社区项目（Food and Nutrition Education in Communities，FNEC）管理，并由康奈尔在纽约州各县的合作推广机构提供。③食品和营养教育社区项目。该项目通过研究、循证规划和政策促进积极的营养做法，以鼓励明智地利用资源，使人们能够获得营养和安全的食品，并为低收入个人和家庭培育粮食安全社区。该项目的教育工作者接受了广泛的培训，了解最新的营养信息，以及如何以一种对参与者有意义的方式展示这些信息；每堂课都采用一致的、以研究为基础的框架，积极参与学习过程；持续的职业发展确保教育工作者在重要的项目主题上保持更新。参与者因其为课程带来知识而受到尊重；参与者的实力和经验丰富了学习环境；参与者向教育者学习，也通过相互交流发展知识和技能；通过互动课程，主要不是讲授，更多的是动手学习，通过创意美食体验，参与者了解可负担、可获取的食物选择；毕业前须上够一定的课时，以确保健康的习惯随着生活方式的改变而融入其中，完成系列工作坊的学员将获得一份证书，可在求职时使用。该项目特色主要有：多样性，目标受众和工作人员在种族、文化和生活经历方面的差异受到重视和尊重；以学习者为中心，学习者的需求是课程内容和授课的基础，建立在学习者的优势和过去的经验上，会导致更丰富的学习经验；赋能，通过对成功的认可、提高自尊、继续教育机会和专业发展，鼓励员工和参与者在个人生活和社区中做出积极的改变；全面健康，强调和支持身体和情绪健康，包括最佳营养健康、慢性病预防、体育活动和食品安全；整合，所有层级的工作人员、其他大学部门、CCE 范围内的项目领域、县级组织、纽约市办公室之间的合作以及包括目标受众的社区合作伙伴的参与是项目成功的关键，纽约州被分为 7 个地区，每个地区有一名区域协调员，为该地区营养工作人员提供培训和技术援助，并充当康奈尔校园与地区之间的联络员。④农贸市场营养项目。"农贸市场营养项目"（Farmer's Market Nutrition Program，FMNP）是一项联邦项目，旨在加强农贸市场，帮助低收入家庭和老年人购买当地种植的新鲜水果和蔬菜。在纽约州，纽约州农业和市部门管理FMNP，并与纽约州卫生部门、纽约州老龄办公室和康奈尔合作推广署合作。是一项全州范围内的努力，将缺乏粮食保障的社区和人口与当地农民连接起来，让他们有工作养活他们，提供高质量的地方食品。当地协会在农贸市场运行展示和示范，为水果和蔬菜在季节提供样品和配方想法。通过县一级的推广人员，康奈尔合作推广机构在全州范围内为农贸市场营养计划提供推广服务。推广人员提供教育活动，以帮助妇女、婴儿和儿童特别补充营养计划（WIC）的参与者和低收入老年人选择、储存和准备农贸市场上的新鲜农产品。

（三）FDA 与食品企业合作，建立法律伙伴关系，促进合规

1. FDA 与食品企业各自的食品安全责任。一方面，强调企业首要作用和第一责任人。食品安全关键在于食品产业的行动，主要依靠食品产业高水平的安全管理义务并不断创新提升能力，从农田到餐桌的所有适当节点实施基于科学和风险的预防措施，在企业生产经营管理和供应链管理过程中，确保适当的预防措施融入企业的日常行为。要求企业建立食品安全计划，评估食品安全危害点、确定预防措施，监测预防措施的效果、保持监测记录、采取矫正措施。另一方面，注重发挥 FDA 的科学引领作用。FDA 是提升食品安全创新和行动的催化器，是理解和预防食品安全问题所需科学、专门知识、经验的主要的资源和智库。FDA 对食品安全负有监管责任，在提供技术经验、设定和培育食品安全标准、出现问题时的回应和研判方面发挥监管作用，具体包括：针对重大食品议题提供政策拟订、规划和处理等服务；对企业提供现场规划、科学分析与支援服务；对企业进行宣贯、教育、培训、技术协助等服务；开展消费者教育。FDA 监管的品质和公信力取决于其科学水平，FDA 监管创新的基础是科学技术知识和研究。科学研究旨在增强 FDA 的专业技术和能力，支持 FDA 和产业实施预防控制措施。FDA 投入大量的资源用于测量分析、科学方法、基础研究、数据库开发、生物信息、风险分析等方面的科学研究，开展微生物、毒理、化学、基因等领域的研究，评估产品安全和促进各环节操作实践的食品安全，FDA 还开展消费行为研究，研究消费者对食品标签上营养和健康信息的回应，增进消费者健康食物选择以及正确的家庭食品操作实践。

2. FDA 与利益相关者合作保障食品安全。食品安全法实施的关键是企业等利益相关者对法规标准的认知、理解、遵守，通过参与、教育、宣传、培训、技术协助等，促使企业和监管部门形成法律伙伴关系。首先，FDA 向企业提供合规建议。通过制定法规、指南等，FDA 向产业提供确定的、量身定制的适宜的符合食品安全标准和法规的建议，帮助企业合规，增强食品安全监管治理体系绩效。其次，企业等利益相关者的参与和反馈是食品安全现代化法案实施的重要内容。FDA 听取各种观点，确保法规内容有效性和可操作性，确保新的食品安全标准能够帮助食品产业生产安全产品。最后，FDA 通过培训、技术支持及其他支持性措施帮助、协助食品产业合规。通过发布宣传小册子、举行公众会议，获取反馈意

见，并促使食品产业有机会与 FDA 专家交流。

3. FDA 的预防性监管措施。首先，鼓励企业自觉合规。FDA 首先关注食品安全预防控制体系有效运行，加强预防控制措施的沟通、培训、技术协助，帮助、鼓励企业自觉合规，确保生产过程持续合规，防止不安全、不合法的食品流入市场。其次，创新合规检查，促进合规。FDA 利用现代化检查方法，促进合规。合规检查是体系检查，而非缺陷检查，关注点是食品安全预防控制体系是否有效运行，侧重于检查数据的完整、真实、可追溯，评估其是否符合预防控制措施，帮助 FDA 确保食品符合法律、法规，发现、识别违规并予以纠正，禁止任何不安全、不合法的产品进入市场。最后，采取针对性的矫正措施，防止"一刀切"。FDA 考虑违规所带来的公众健康风险的差异性，根据违规引发的公众健康后果分别采取有针对性的矫正措施，防止"一刀切"的粗放执法。不符合预防控制措施，根据违法行为的性质以及是否构成掺假和错误标识，FDA 采取不同的监管措施：其一，企业自我矫正措施。签发警告信，企业采取自愿销毁、召回等自我矫正措施，防止不安全食品进入市场；调查员及技术专家在检查过程中通过与公司沟通交流立即实施；地方监管部门通过不足信的形式与企业沟通实现自愿矫正，针对安全相关的重要记录、数据不足，要求一定期限内矫正，并立即跟进现场检查以确认矫正效果；其二，行政措施。行政扣押控制掺假或错误标识产品、强制召回违法食品、吊销注册证等行政措施旨在防止不安全食品流通；产品扣留，对可能违反法律的产品进行扣留，限制可疑食品流通；自愿和强制召回，将具有潜在危险的食品移除市场；吊销登记注册，食品可能带来严重的不利健康后果或死亡的合理可能性，当其他的合规措施不足以矫正时，采取吊销注册证，禁止食品分配。其三，法院司法强制措施。当行政救济不充分时，法院查封非法产品；当吊销注册证或其他措施不足以预防将来的不合规行为，法院发布禁令。查封非法产品、发布禁令等司法措施旨在阻止继续违法。

（四）FDA 与社会公众合作

公众意识是促进食品链改变的重要因素。消费者教育是保障食品安全的基础性措施，帮助消费者面对食品安全风险，采取最佳的行动。FDA 增强消费者的能力，发挥消费者对减少食品安全风险的积极主动作用。加强研究、数据分析和系统性评估，提升食品安全教育在改善消费者不安全食品处理行为的实效；加强消费者导向的安全食品处理实践交流和宣贯；加强消费者在食品安全事故中、事后的沟通交流。

FDA 注重法规政策的沟通性。法规政策制定和实施的沟通性和参与性是实现高合规率和建立公众信任的保障。FDA 遵循透明和参与原则，广泛征集和回应公众意见和要求，确保法规政策的沟通性，保障广泛适用性、操作性和实效性。

五、FDA 与广泛的公私伙伴合作开发和提供培训

合作是成功实施《FDA 食品安全现代化法案》（FSMA）的关键。食品产业培训是该法案实施的重要组成部分，《农产品安全法规》和《预防控制法规》等都规定了培训内容。食品行业的利益相关者有责任获得其必要的培训以遵守 FSMA 法规的要求，FDA 在促进培训中发挥重要引领作用。FDA 与各州、联邦、部落、产业界和学术界等的公共和私人伙伴合作开发和提供培训。FDA 培训项目的最重要目标是提高食品行业的知识以满足 FSMA 的要求。达到目标的方法不止一种，而且有各种各样的培训选择和提供形式：①由 FDA 资助的公私联盟（public-private alliances），作为产业资源，促进对新安全标准的广泛理解，以支持合规。②认识到食品产业各主体之间的巨大差异，FDA 通过资助合作协议，为当地食品生产系统和部落运营开发培训选项。③FDA 与农业部国家食品与农业研究所（NIFA）提供拨款资助国家协调中心（NCC）和四个区域中心（RCs）为农场所有者和经营者、小型食品加工商、小型水果和蔬菜批发商提供培训机会。④FDA 将与世界各地的伙伴合作，包括联盟、相应的监管机构和跨国组织，促进对全球食品供应商的培训。FSMA 合作培训论坛（FSMA Training Collaborative Forum），是由 FDA 和 USDA 共同主持的 FSMA 非正式合作培训论坛，为参与培训的机构、中心、协会和其他实体之间的对话提供机会，是培训伙伴之间讨论的场所。FSMA 合作培训论坛将这些团体的代表聚在一起，分享项目信息，提供工作最新进展情况，讨论共同关心的问题。其目的不是就各种问题达成协商一致意见，而是就这些问题进行公开对话，并在最大可能的情况下消除重复和最大限度地利用有限的资源。参与者将代表 FDA、USDA、农产品安全联盟（Produce Safety Alliance，PSA）、食品安全预防控制联盟（Food Safety Prevention and Control Alliance，FSPCA）、芽菜安全联盟（Sprout Safety Alliance，SSA）、国家协调中心（NCC）、食品安全和应用营养联合研究所（JIFSAN）、州农业部门全国协会（National Association of State Departments of Agriculture，NASDA）以及已达成合作协议的组织。其他实体也可酌情邀请参加。

（一）FSMA 课程开发与培训框架

开发课程的组织。①开发 FSMA 联盟课程的组织包括农产品安全联盟（PSA）、食品安全预防控制联盟（FSPCA）、芽菜安全联盟（SSA）。②开发选择

性课程的组织包括地方食品合作协议（local foods cooperative agreement）和部落农业合作协议（Tribal Ag cooperative agreement）。③开发课程的组织也包括国家协调中心（NCC）和4个区域中心（RCs）。为促进提供培训，国家协调中心（NCC）和4个区域中心（RCs）有时也开发课程。只有联盟制定的标准化课程和通过合作协议制定的选择性课程才会得到 FDA 的正式认可。鼓励开发其他培训课程的机构与联盟、国家协调中心和四个区域中心 RCs 合作，以确保培训的一致性和完整性。

提供培训的组织。①负责农产品安全培训的组织包括：农产品安全联盟培训者负责联邦农产品安全培训，州农业部门全国协会负责各州农产品安全培训，食品安全与应用营养联合研究所负责农产品安全的国际培训。②负责食品安全预防控制培训的包括：食品安全预防控制联盟培训者负责食品安全预防控制培训，食品安全与应用营养联合研究所负责食品安全预防控制的国际培训。③负责芽菜安全培训的为芽菜安全联盟培训者。④地方食品合作协议培训者和辅助者负责当地食品生产者培训，部落农业合作协议培训者和辅助者负责土著部落培训。⑤四个区域中心负责国家协调中心（NCC）和四个区域中心（RCs）开发的课程的培训。

（二）FSMA 联盟课程

农产品安全联盟（PSA）、食品安全预防控制联盟（FSPCA）和芽菜安全联盟（SSA）已经开发了培训项目，帮助国内外食品企业（包括小型和微型农场和设施）了解预防控制法规和农产品安全法规的要求。联盟由来自政府（包括FDA、USDA、州监管机构）、食品产业和学术界的代表组成。联盟与利益相关者进行合作开发行业培训课程，包括食品加工商、农业社区、学术界、合作拓展和监管机构。联盟开发的课程重点是 FSMA 法规和法规存在的基本原因，以促进对"需要什么"和"为什么需要"的理解。这些课程被设计成具有培训模块的精品课程，可根据特殊需要增加模块。联盟确保向国际食品企业提供的培训机会与国内企业一致，食品安全预防控制联盟（FSPCA）与农产品安全联盟（PSA）、进口商代表和外国政府代表等合作，成立了一个国际小组委员会，以解决全球利益相关者的培训、教育和技术援助需求。

1. 农产品安全联盟（PSA）。①农产品安全联盟的组成和课程。农产品安全联盟是康奈尔大学、美国食品药品监督管理局（FDA）和美国农业部（USDA）合作建立的，通过培训和教育让新鲜农产品种植者满足 FDA《食品安全现代化法案》的《农产品安全法规》中的监管要求。由美国农业部和 FDA 资助的合作协议支持，PSA 的合作者和培训者包括 50 个州的州立大学、农产品生产行业、监管办公室和种植者组织。PSA 还与食品安全和应用营养联合研究所（JIFSAN）及其他组织合作，支持种植者和培训人员的国际培训项目。PSA 为新鲜水果和蔬菜种植者、包装者、监管人员和其他对新鲜产品安全感兴趣的人提供以科学为基础的农场食品安全知识。这包括评估农产品安全风险，实施良好农业规范，如何满足与 FSMA 农产品安全规则相关的监管要求，以及满足买方对食品安全的要求。课程包括《FSMA 生产安全规则》中的良好农业规范（GAPs）和规定。外联工作侧重于新鲜农产品种植者、包装者和种植者合作社，特别强调小型和微型农场和包装厂。PSA 开发了 7 个模块课程，模块 1 到模块 6 与 FSMA 生产安全规则中概述的部分一致。模块 7 主要是帮助种植者制定书面的农场食品安全计划。尽管 FSMA 农产品安全法规中没有要求制定农场食品安全计划，但由于部分种植者表达了对计划的需要，所以课程中也包括了这一计划。许多种植者需要书面的农场食品安全计划，以满足买方的要求，由第三方审核，以验证农产品安全措施是否到位。②PSA 具有三大职能：一是种植者培训课程，通过提供良好农业规范及共同管理信息、FSMA 农产品安全法规要求及如何制定农场食品安全计划的详细资料，向国内外农产品行业（包括但不限于小型和微型农场）以及监管人员提供协助。培训者培训课程。二是 PSA 领导培训师流程，培养有资格为种植者提供课程的培训师，包括成人学习原理、如何形成培训伙伴关系、关于良好农业规范的教学观念的指导信息、FSMA 农产品安全标准。三是支持农产品产业和农产品安全培训传播的培训人员网络。③PSA 的四大目标为：其一，向新鲜农产品种植者和包装商，包括种植者合作社提供教育推广援助，通过实施农场和包装间差距、农场环境协调管理（共同管理）和其他预防性控制，使其更了解自身在公共卫生方面发挥的关键作用。其二，制定一个标准化的、多种形式的培训和教育项目，以协助包括种植者、包装商和监管机构在内的农产品行业执行 FDA 必需的农产品安全法规。其三，在执行 FDA 的农产品安全法规的同时，帮助其了解共同管理环境效益，整合食品安全和环境共同管理原则。其四，作为一个资源库，为利益相关方提供与 FDA 的农产品安全法规、农场和包装厂产品安全以及相关环境共同管理相关的最新科学和技术信息。

2. 食品安全预防控制联盟（FSPCA）。2011 年由伊利诺斯理工学院食品安全和卫生研究所（Illinois Institute of Technology's Institute for Food Safety and Health）协调，开发了一种标准化的培训和教育项目和技术信息网络，帮助国内外食品行业（包括某些农场的混合型设施），遵守预防控制规则以及外国供应商验证计划（FSVP）的要求。食品安全预防控制联盟（FSPCA）是一个基础广泛的公私联盟，由行业、学术界和政府利益相关者组成，其使命是开发课程、培训和推广项目，以支持遵守《食品安全现代化法案》（FSMA）的预防为导向的标准。①一个面向供人食用的食品行业和监管人员的标准化危害分析和预防控制培训课程和远程教育模块，另一个面向动物食品行业和监管人员标准化危害分析和预防控制培训课程和远程教育模块。课程内容包括：制订食物安全计划的资源及初步步骤；危害类型，进行危害分析，对危害进行预防控制；监测预防控制、验证和确认，纠正措施、惩罚；纪录保持；法规要求。②培训培训者的模块。③针对进口食品加工者（processors）的 FSVP 法规模块，以及针对进口非加工者（non-processor）的 FSVP 课程。联盟还鼓励所有进口商接受全面的预防控制培训。食品安全预防控制联盟（FSPCA）是由关键行业、学术机构和政府利益相关者结成的广泛的公私联盟，以支持安全的食品生产为使命，通过开发全国性的核心课程、培训和拓展项目，协助公司生产的人类和动物食品符合《食品安全现代化法案》（FSMA）的预防控制规定。

3. 芽菜安全联盟（SSA）。2012 年建立伊利诺斯理工学院食品安全与健康研究所协调，作为芽菜产业以及联邦和州监管机构的网络枢纽和资源。芽菜安全联盟（SSA）是一个公私联盟，为芽菜生产社区的利益相关者开发核心课程、培训和外联项目，以加强行业对 FDA 食品安全现代化法案（FSMA）农产品安全规则要求的理解和实施，以及促进芽菜安全性的最佳做法。

（三）选择性培训课程

选择性培训课程通过 FDA 资助的合作协议（地方食品合作协议和部落农业合作协议）开发。FDA 资助的三个联盟已经制定了标准化课程，旨在满足受 FSMA 法规影响的大多数群体的需要。FDA 认识到传统的培训活动可能不适用于所有群体，在某些情况下，选择性课程和培训可能是适当的。FDA 通过合作协议资助开发针对特定目标受众的某些培训项目，包括地方食品合作协议[1]和部落农业合作协议[2]。FDA 通过合作协议资助开发特定培训项目，作为选择性培训课程，目标是与了解企业特殊需求并能直接接触到在实施 FSMA 过程中面临特殊情

---

〔1〕 通过全国农民联盟（National Farmers Union）的食品安全合作计划（Food Safety Collaborative Project），对当地食品生产者和加工商进行有针对性的外展、教育和培训，包括初级和社会弱势农民、传统农民、城市农民、小农和加工商以及其他供应链参与者。

〔2〕 阿肯色大学土著食品和农业倡议中心（the University of Arkansas Indigenous Food and Agriculture Initiative）培训土著部落，通过以科学为基础的食品安全培训、教育、宣传和技术援助，考虑到部落历史、文化和区域农业生产和加工实践，为 FSMA 实施提供了支持。

况和挑战的企业的团体进行合作。选择性培训课程的培训方案包括提供对新标准的根本原因的认识，并将确保培训针对目标受众的独特需求。FDA 与协议的参与者密切合作，并期望通过这些合作开发的培训方案获得认可。

（四）国家协调中心和区域中心的课程开发和培训

对小农场所有者和食品加工者进行食品安全培训的对保障食品安全至关重要，而这些群体可能难以获得足够和负担得起的培训、教育和必要的技术援助。为此，2015 年 FDA 和 USDA 的国家食品和农业研究所（NIFA）发布了国家食品安全培训、教育、推广、外联和技术援助资助计划，旨在提供资金加强培训，资助优先考虑针对中小型农场、初创期农民、社会弱势农民、小型加工商或小型新鲜水果和蔬菜批发商的项目，使这些关键群体获得符合 FSMA 相关标准的培训、教育和技术援助。通过该计划资助了一个国家协调中心（National Coordination Center，NCC）和四个区域中心（Regional Centers，RCs），既促进了针对特定受众的培训，也促进了课程开发。农产品安全联盟与这些中心合作，确保满足全国农产品种植者的培训需求。

国家协调中心和四个区域中心，主要是促进培训的实施，特定情形下也促进针对特定受众的课程开发，涉及课程开发和提供培训两项职责。FDA 拨款建立的国际食品保护培训研究所（International Food Protection Training Institute，IFPTI），作为食品安全培训、教育、推广、外联和技术援助的国家协调中心（NCC），协调课程开发和提供培训。作为国家协调中心，IFPTI 将全面领导支持和协调区域中心，其职责包括：为针对目标受众开发的基于能力的农产品安全培训课程建立标准化体系；监督针对目标受众的基于能力的农产品安全培训的设计、开发和交付；监督生产安全培训者骨干队伍的建设；通过 IFPTI 讲师技能培训课程和 IFP-TI 特定讲师培训课程，使农产品安全讲师具备成为能够胜任的合格讲师所需的能力；通过现场访问、面对面会议、电话会议和网络研讨会，与区域中心、利益相关者和 FDA 项目工作人员保持频繁的沟通；监督所有项目评估和评估工具的创建和实施；将区域影响汇总成年度全国影响报告；作为 FDA 和地区中心之间的信息和沟通联络人；发现和招聘食品安全和食品行业的专业人员，作为区域中心的信息资源。NCC 通过 RCs 协调和支持提供标准化或选择性培训课程培训。RCs 负责了解和沟通本地区目标企业培训机会的可得性，确定是否需要开发或定制课程，以满足未得到满足的特定区域或特定受众的需求。NCC 将促进 RCs、联盟和其他合作团体之间关于开发此类区域或针对目标受众的材料的沟通。区域中心与来自非政府组织和社区组织的代表，以及来自合作推广服务机构（cooperative extension services）、食品中心（food hubs）、当地农业合作社和其他能够满足其所服务社区具体需求的实体的代表合作。

（五）农产品安全培训主体

①农产品安全联盟制定培训师培训计划，以确保首席培训师熟悉并准备讲授课程，并了解 FSMA 规则的要求。完成培训师培训计划的培训师，为食品行业提供培训，并向参与者颁发 PSA 培训的结业证书。农产品安全联盟的四个区域推广机构（Regional Extension Associates）提供由农产品安全联盟开发的培训课程。②负责各州农产品安全培训的是州农业部门全国协会。FDA 与州农业部门全国协会（NASDA）签订合作协议，将一系列州的合作伙伴聚集在一起，共同实施农产品安全法规。来自 FDA 和 NASDA 的专家共同制定实施农产品安全法规的最佳实践，包括对监管机构和行业的教育和推广活动。FDA 和各州之间的合作协议为实施农产品安全制度的州提供资源，开发和提供教育、推广和技术援助，优先考虑农产品安全法规所涵盖的农业操作，制定方案以满足其农业社区的具体和独特需求。州农业部门全国协会（NASDA）、州机构和其他州监管利益相关者协会参与 PSA，有助于促进 FDA 认可的行业培训以及州监管机构的培训。其中，州监管利益相关者协会包括食品和药品官员协会（Association of Food and Drug Officials）、公共卫生实验室协会（the Association of Public Health Laboratories）、美国饲料控制官员协会（the Association of American Feed Control Officials）以及州和属地卫生官员协会（the Association of State and Territorial Health Officials）。③负责农产品安全国际培训的是食品安全和应用营养联合研究所（JIFSAN），该所是 FDA 和马里兰大学的合作伙伴，负责开展国际培训项目。领导监督国际教育、推广和培训的实施；协调与 FDA 合作的国际组织，为遵从农产品安全法规的农场提供教育、推广和培训；提供由 PSA 开发的培训培训师标准化课程的国际培训；与可能向外国农业社区提供技术援助的组织建立关系。此外，还包括其他政府机构、合作推广机构（cooperative extension）、大学、贸易协会、非营利和社区组织以及咨询机构。

六、GAO 督促以全政府方法应对食品安全监管体系碎片化

（一）食品安全工作组

食品安全改善一直是美国政府一个重要的目标。因为食品生产、加工、销售方法不断进步与发展，消费者的食品安全意识不断提高，食品安全工作组提出食品系统面临的挑战：新的疾病病原体；日益全球化的食品供应链增加了食物来源

的复杂性；美国人口的变化以及新的饮食模式增加了参与制备食物的人数；食品召回提高了消费者对食品安全的意识。2009 年美国农业局联盟（The American Farm Bureau Federation）在众议院农业委员会的检讨食品安全听证会上指出，越来越多的美国人选择在外就餐，每一美元的食物中，大约有 50 美分是花在诸如餐馆、自动售货机和学校等家庭以外的地方准备的食物上。这一发展增加了确保对全国各地的食品服务人员进行充分培训的必要性，并考虑到故意污染食品供应的潜在广泛影响。随着供应链变得越来越长，对公众健康的威胁（包括意外的和有意的）也越来越多。

2009 年 3 月，美国总统奥巴马成立了食品安全工作组（FSWG），[1] 以协调联邦政府的努力，并制定食品安全目标，使食品更加安全。食品安全工作组的成立将食品安全提升为国家优先事项，显示了强有力的承诺和最高领导层的支持，旨在促进在这一跨领域问题上的跨部门合作。FSWG 包括来自食品药品监督管理局（FDA）、美国农业部（USDA）、行政管理和预算办公室（OMB）和其他联邦机构的官员。工作组还收集了来自各州和各地、食品行业、消费者权益倡导者、其他专家和公众的意见。工作组的做法基于三个核心原则：优先预防；加强监督和执法；提高反应和恢复能力。工作组建议，一是更新 21 世纪的美国食品安全法。评估食品安全法，以确定其是否紧跟食品生产、加工和销售方面的重大变化，如新的食品来源、生产和分销方法的进步以及进口数量的增长，这是农业和食品工业以及政府的优先事项。食品安全问题的部分原因是，许多法律法规自西奥多·罗斯福时代制定以来一直没有更新。取缔不必要的法规和监管。过多的新标准将使市场不必要地复杂化，不能全面改善食品安全。在任何新的食品安全法规或立法中，都必须考虑到农场层面对生产者的影响。二是促进整个政府的食品安全工作的协调。国家食品安全体系必须有保障消费者免造食源性疾病的资源、权力和组织机构。三是确保法律得到充分的执行，使美国人免受食源性疾病的危害。

（二）食品安全监管碎片化问题与全政府方法

联邦政府对食品安全的分散监管一直是人们长期关注的问题，因为它会导致监管不一致、协调不力和资源利用效率低下。政府问责办公室（The Government Accountability Office，GAO）在 2007 年、2019 年、2021 年均将食品安全的联邦监管列入高风险名单，认为联邦政府对食品安全监管的拼凑性可能会使政府难以

---

〔1〕卫生与公共福利部部长和农业部部长为主席，FDA、FSIS、CDC、国土安全部、商务部、国务院、环保局和几个白宫办公室参加。

确保有效地促进国家食品供应的安全和完整性，多次提出旨在帮助减少联邦食品安全监管分散化的建议。美国食品供应的安全和质量，无论是国内的还是进口的，都由一个高度复杂的体系来管理，这个体系源于至少 30 部联邦法律，由 15 个联邦机构共同管理。FDA 监管着 80% 的食品供应。该机构负责确保所有的国内和进口食品（除了大部分来自主要动物物种的肉类和家禽）都是安全、营养、卫生和准确标记的。FDA 与 FSIS 对鸡蛋安全负有共同责任。FSIS 监管 20% 的食品供应，确保大多数供人类消费的国内和进口肉类和家禽及其产品的安全、卫生和适当标签。FSIS 负责肉类、家禽、加工蛋类产品和鲶鱼的安全。FSIS 检查所有牛、羊、猪、山羊和马在屠宰之前和之后的情况。FSIS 还对肉类和家禽加工过程进行监督。这两个机构并不总是相互协调。例如，在 1984 年的一份谅解备忘录中，二者同意就药物残留检测方法进行协调，但目前还没有这样做。结果，各机构没有利用彼此的知识和资源来开发药物残留检测方法。积极的一面是，FDA 和 USDA 于 2018 年 1 月签署了一项协议，正式确定了在农产品安全和生物技术产品监管领域正在进行的协调和合作努力。卫生和公共服务部更新了其战略和绩效规划文件，以更好地解决食品安全的交叉努力。美国农业部同样需要更新其战略和绩效规划文件，增加跨部门食品安全协作的细节。GAO 在 2007 年将联邦监管食品安全列入高风险名单。多次提出旨在帮助减少联邦食品安全监管分散化的建议。GAO 于 2016 年 6 月主持的为期两天的会议上，19 名食品安全专家和其他专家一致认为，迫切需要制定一项国家战略，解决食品碎片化问题，并改善食品安全监管。总统执行办公室内的适当实体需要与相关联邦机构（和其他利益相关者）协商，以制定一项国家食品安全战略，该战略建立高层次的可持续领导，确定资源需求，并描述将如何监测进展。2021 年美国政府问责办公室（GAO）提交国会的年度报告《2021 年高风险报告》，仍然将"加强联邦食品安全监管"列入高风险清单，强调需要一种全政府范围的方法来解决联邦食品安全监管体系的碎片化问题。

　　为何是高风险领域？长期以来，GAO 一直在报道联邦食品安全监管体系的分散，导致监管不一致、协调失灵和资源低效使用。2019 年美国政府问责办公室《高风险报告》以来，所有 5 项标准的评级均未改观。①领导承诺：部分实现。正如问责办公室在 2014 年 12 月所建议的，美国农业部（USDA）和卫生与公众服务部（HHS）现已通过更新其战略和绩效规划文件，更好地解决横切式的食品安全努力，展示了其领导作用。根据国会预算办公室，政府机构正在通过《FDA 食品安全现代化法》的框架，努力加强联邦机构之间的协调。例如，FDA 通过《农产品安全法规》继续与美国农业部进行合作，以支持《FDA 食品安全现代化法》的实施，展示了其领导作用。但是，联邦机构还没有为食品安全制定一项国家计划或战略。具体地说，国会没有指示预算办公室制定食品安全全政府执行计划解决 2014 年提出的问题，政府还没有采取行动制定这样的计划，也没有落实问责办公室 2017 年 1 月提出的制定国家食品安全战略的建议。为了更充分地展示在这一领域的领导作用，政府应该为食品安全制定一项全政府范围的执行计划，或者至少是一项国家战略。确定执行食品安全任务所需的资源将是整个政府执行计划或至少是国家食品安全战略的重要组成部分。制定这样的计划或战略，包括所有在食品安全方面发挥作用的联邦机构的贡献，将证明其能力，并可解决问责办公室 2014 年 12 月的问题和 2017 年 1 月的建议。美国政府问责办公室基于联邦食品安全监管体系的碎片化，建议制定食品安全国家战略或全政府执行计划，但未落实。②能力：部分满足。联邦食品安全机构将受益于一个中央集权的食品安全协同机制。2009 年，总统成立了食品安全工作组（Food Safety Working Group，FSWG）来协调联邦食品安全工作。然而，到 2019 年工作组已经近 10 年没露面了。需要国会采取行动，通过法令将这种机制正式化。③行动计划：不满足。没有一个行动计划，诸如全政府范围的执行计划或至少一个食品安全国家战略，国会、规划部门和其他决策者在确定机构和程序解决类似任务方面受到阻碍，在设置优先事项、分配资源、重组联邦政府工作以及实现长期目标方面受到阻碍。国家食品安全战略要满足整个政府的规划需要，有一个明确的目标，建立持续的领导，确定资源需求，并描述将如何监测进程。如果没有像食品安全工作组（FSWG）这样的集中协作机制（centralized collaborative mechanism）来处理食品安全问题，各机构就没有一个平台就一套基础广泛的食品安全总体目标和具体目标达成一致，这些总体目标和具体目标可以在一项全政府范围的执行计划或国家食品安全战略中阐明行动计划。④监控：不满足。一项全政府范围内的执行计划，或者至少是一项国家食品安全战略，将促进对联邦食品安全工作的有效监督，从而使这些工作在国会和公众面前清晰透明。于此情形下，要了解联邦食品安全监管行动，国会、规划部门、其他决策者和公众必须查阅、理解和协调用于执行联邦食品安全法规的许多联邦机构的个别文件。一项全政府范围的执行计划或国家战略将使国会和各机构能够监督联邦食品安全方案的有效性，特别是涉及多个机构的方案，并确定需要采取纠正措施的领域。⑤演示的进展：部分满足。自 2019 年《高风险报告》发布以来，美国农业部已与美国卫生与公众服务部（HHS）一起实施了问责办 2014 年的建议，以更新其战略和执行计划文件，更全面地描述二者如何与其他机构合作，以实现其与食品安全相关的总目标和具体目标。然而，各个机构逐个对个别计划文件的关注并不能提供联邦食品安全执行的综合视角，综合视角对于指导国会和行政部门的决策以及告知公众联邦政府确保食品安全的行动是必要的。不过，这些单独的文件可以为下一步制定一个单一的、全政府范围内的食品安全执行计划提供基础。美国食品及药物管理局和美国农业部还通过联合工作组和信息共享做法继续在食品安全方面进行合作，如机构间食源性疫情应对协作（Interagency Foodborne Outbreak Response Collaboration）和机构间风险评估联盟（Interagency Risk Assessment Consortium）。然而，制定一项更广泛的政府执行计划，或者至少是一项国家食品安全战略仍然是必要的，并可能涉及其他机构，比如业已确定的在食品安全方面发挥作用的机构。这些机构包括：疾病预防控制中心（CDC），负责确定和协调食源性疾病暴发的调查，以保障公众健康；美国商务部的国家海洋渔业局（National Marine Fisheries Service），提供自愿收费的海产品安全和质量检测；国土安全部海关和边境保护局（Customs and Border Protection），负责检查进口食品、植物和活的动物是否符合美国法律，并协助联邦机构在边境执行法规。一项全政府范围的食品安全执行计划或国家食品安全战略，包括在食品安全方面发挥作用的多个机构，可以促进在解决联邦食品安全监督体系的分散问题方面取得持续进展。

（三）GAO 建议制定国家食品安全战略

自 2007 年将食品安全列入高风险名单以来，GAO 已提出多项建议，加强食品安全机构之间的合作。截至 2020 年 12 月，其中 7 项建议仍未被采纳，其中关于制定国家食品安全战略的建议对于将食品安全从高风险名单中移除具有重要意义。2017 年，GAO 建议总统行政办公室（Executive Office of the President，EOP）内的适当实体与相关联邦机构和其他利益相关方协商，制定一项国家食品安全战略，其中包括建立高层次的可持续领导，确定资源需求，并描述如何监测进程。总统行政办公室（EOP）没有就问责办的建议发表评论。需要国会采取的行动：截至 2020 年 12 月，有三个悬而未决的问题需要国会考虑，这三个问题对于将食品安全从高风险名单中移除有重要意义。①2014 年 GAO 建议国会指示预算办公室制定一项全政府范围的食品安全执行计划，包括以结果为导向的目标和执行措施，以及对战略和资源的讨论。即建议预算办公室制定全政府范围的食品安全执行计划。②2014 年 GAO 建议国会考虑通过立法正式确立组（FSWG），以确保长期以来在食品安全机构中发挥持续的领导作用。即建议国会通过立法确立食品安全工作组的法律地位。③2001 年 GAO 建议国会考虑委托国家科学院或蓝带小组（a blue ribbon panel）对替代组织的食品安全结构（alternative organizational food safety structures）进行详细分析，并将分析结果报告给国会。美国政府问责公室将接受一项全政府范围的执行计划，或者至少是一项国家食品安全战略，以解决其工作中提出的许多问题。即建议国会至少制定国家食品安全战略。

七、美国食品和农业新议题

（一）美国城市边缘乡村食品观光农业的监管问题

近几十年来，美国许多城市和郊区居民成为当地种植食物的爱好者，这将农业生产带入城市，农民市场和社区菜园兴起，城市农业法规增多。这些法规包括允许城市居民饲养畜禽、种植菜园、从事小微型农业生产，供家庭以及农贸市场和社区食用。城市农业项目，不仅为城市居民提供了参与农业和食用本地食物的机会，也为边缘社区提供了种植食物的空间，这不仅补充了食物预算，改善了低收入群体获得健康食物的机会，提高了健康成果，提高了城市的包容性，同时还加强了人们之间的联系。与此同时，城市居民越来越想去农村地区参观农业。葡萄酒消费者想要参观自己喜欢的葡萄酒的葡萄园，生乳采购商希望参观奶农和生产牛奶的奶牛，有机农产品爱好者想在离食物产地附近的谷仓里享用从农场到餐桌的晚餐，肉类爱好者希望直接从饲养和屠宰牛的牧场主那里购买牛肉。这一发生在城市边缘乡村（rural urban fringe）的新兴运动，不只是在打理花园，而且是在打理食物棚，需要重新审视的监管结构不仅包括城市和郊区的监管结构（urban and suburban areas），而且包括因当地食品运动由城市转型的城市社区菜园。

食品观光农业（food agritourism）是指，本地种植者或生产者从事食品种植和收获、食品生产和销售以及围绕食品开展的可能涉及或不涉及食品的营销等活动，经营场所具有或不具有农业用途、处于城市边缘等具有乡村特征的地方。城市边缘的乡村农场（rural farms at the urban edge）包含娱乐或教育成分的农业旅游农场，如参观农场运转和采摘水果。食品农业旅游是小农户增加收入多样化的形式，女性经营者、年长的经营者以及经营有牛或马的大型牧场的经营者（专门从事旅游活动，如露营和骑马）最有可能获得农业旅游收入。偏远农村地区的农场更有可能参与农业旅游，但规模较小的农场经营很少报告可观的农业旅游收入，靠近城市地区的观光农业农场往往有更高的观光农业收入。[1]

农业旅游有利于振兴农村经济，教育公众农业知识，保护农业遗产。但是，

---

〔1〕　Christine Whitt, Sarah A. Low, and Anders Van Sandt. Agritourism Allows Farms To Diversify and Has Potential Benefits for Rural CommunitiesVan Sandt, A., Low, S., Jablonski, B. R., & Weiler, S. Place-Based Factors and the Performance of Farm-Level Entrepreneurship: A Spatial Interaction Model of Agritourism in the U. S., Review of Regional Studies, 49, October 2019

该行业监管混乱。在食品观光农业中销售的食品差异很大，这是造成行业监管混乱的一个主要因素。食品观光农业可能包括采摘水果蔬菜，也可能包括在家庭厨房加工的果酱；小型奶制品公司可能会直接向消费者出售未经巴氏消毒的生鲜乳；农民可能会向附近城市的消费者出售自养和屠宰的动物；有机农场可能在种植地附近经营"从农场到餐桌"的餐饮服务。城市居民期望在食品农业旅游景点购买的食品比在当地食杂店买到的食品更安全。在这些高度多样化、直接面向消费者的交易中，如何保障必要的食品安全监管又不会因监管过度对这一新兴产业发展造成不利影响，法律和监管须做出有效回应。

影响食品农业旅游经营的食品安全法规只是间接提到了食品农业旅游，联邦、州和地方食品安全法规也包括豁免对食品农业旅游的监管。较大的食品农业旅游经营者主要被纳入农业和食品生产经营者进行监管，对小型食品农业旅游经营者豁免监管，不受这些较大食品安全要求的限制。监管者不清楚如何以及是否应在现有法律下监管食品观光农业，以保护食品安全。这种监管上的混乱导致了两个相反的问题。一方面，监管机构对食品观光农业的监管方式通常是将这一新的灰色活动领域通过现有的农业和食品生产法规进行监管，而这些法规在规模上适合于大农业和大食品生产行业，这种一刀切的做法对于小型的食品观光农业过于繁重甚至是不切实际的。另一方面，受监管的食品观光农业经营者因为没有专门针对其制定的法规而认为自身受到过度监管，因此寻求立法援助，通常要求放松监管，以避免繁重的要求。而如果缺乏适当的监管，对该行业将带来潜在危害，比如，无法关闭野蛮生长的企业；一旦这些豁免被公开，人们会臆测这种乱象会破坏整个行业；由于缺乏监管，人们会臆测该类产品存在危险。没有必要将这一新兴行业置于这种真实的、甚至是被臆测的、在市场上处于劣势的风险之中，政府应当对食品观光农业进行更一致的监管，以保障公众健康和安全，允许和鼓励食品观光农业的发展，并保护食品观光农业。通过一种协调的监管方法，替代过度监管和放松监管，食品观光农业优先确保公众健康，同时兼顾农村社区经济发展。

（二）当地食品系统与城市及城乡结合部农业

1. 当地食品关系和当地食品供应系统。工业化的粮食生产和分配系统，由于其对商品、运输和能源的隐性补贴，并不能反映粮食的真实成本，因为它影响环境和公众健康。随着食品生产加工监督减少，一系列食品安全问题——从大肠杆菌污染、生物恐怖主义、未知的后果含有转基因生物的食物到人为或自然灾害导致的供应或分销链中断。当消费者购买当地种植的食品时，他们会用自己的钱包投票支持更可能可持续和公正的农业实践和劳动关系。平时对当地食品系统的支持是为因异常情况需要依赖当地食品系统做准备。为肉类、农产品和增值产品的生产而保留农田和农民是为可能发生的人为或自然灾害做长期准备的一部分。本地食品消费，是直接面向消费者的营销渠道，如农贸市场、社区支持农业、批发采购。美国缅因州有机农民和园丁协会（Maine Organic Farmers and Gardeners Association）估计，如果缅因州每个家庭每周在当地食品上花费 10 美元，将为当地经济贡献 1.04 亿美元。支持区域性和地方农场供应消费者的食品企业有助于保持整个行业对食品系统的贡献，增加可持续生产和消费食品的可能性。[1] Harvest NY 的专家通过创新的课程和有针对性的业务咨询来促进地方食品持续增长。通过市场准备、良好农业规范和经营方面的教育和推广，Harvest NY 为农民提供支持，帮助其了解并应对市场变化，以减轻阻碍小农场参与更大、更多样化市场的障碍。

2. 美国多样化的城市农业实践。社区粮食安全联盟（The Community Food Security Coalition）的城市农业委员会将城市农业界定为："城市农业是指在城市及其周边地区通过集约化的植物栽培和畜牧业，对食品和其他产品进行种植、加工和分销的农业。"[2] 城市和城乡结合部农业的全部潜力体现在其与周边地区的关系上。居民们希望当地的食物供应能够保持健康、充足和方便。如果供应商、分销商和消费者有机会建立更直接的地方关系，通过社区支持农业、农贸市场、餐馆、农场到学校或农场到机构餐厅项目提供农场新鲜食品，将有利于安全、健康、营养食物的地方供应。①在废弃的市中心种植食物。随着城市人口向邻近郊区蔓延，市中心的建筑被遗弃或拆毁。例如，在美国，芝加哥估计有 7 万处空地，费城有 3 万余处空地，特伦顿有 900 英亩空地，占总土地的 18%。倒闭的企业和房屋被推倒，废弃土地空置。城市农业是空地的替代品，可以立即产生多种效益。闲置工业用地经过适当重新开发后可以安全转化为农业用地。都市农业产生再生效应，空地从杂草丛生、垃圾遍地、危险的聚集地变成了富饶、美丽、安全的花园，为人们提供身心所需。城乡结合部农业作为社区、土地利用、商业，具有与城市工业、商业、交通和住房和谐相处的特点。农业整体表面是绿色的，

〔1〕 Katherine H. Brown and Anne Carter. Urban Agriculture and Community Food Security in the United States: Farming from the City Center to the Urban Fringe. https://community-wealth.org/sites/clone.community-wealth.org/files/downloads/report-brown-carter.pdf.

〔2〕 Martin Bailkey & Joe Nasr, "From Brownfields to Greenfields: Producing Food in North American Cities", Community Food Security News, Fall 1999/Winter 2000, p. 6 http://foodsecurity.org/uploads/BrownfieldsArticle-CFSNewsFallWinter1999.pdf.

与工业的混凝土和窗户形成对比。农业可以作为绿化带或公共用地并入城市社区。②耕种其他未利用的土地。在学校、医院等的部分绿化地带，开发食品园和果园，代替园林植物。部分城市公园用于种植食物。1992 年 10 月 3 日成立的 Food from the Hood（FFTH）是美国第一家由学生管理的天然食品公司。起初的克伦肖高中（Crenshaw High School）校园的课堂项目已经成为全国知名项目。FF-TH 是一个非常独特的非营利性组织，致力于通过发展现实世界的创业培训来增强青年的能力。该项目结合了以工作为基础的技能培训、学术辅导、生活技能开发和与经验丰富的企业家合作的实际业务经验。③绿色屋顶可以为食物生产提供场所。绿色屋顶，即位于建筑物屋顶上的绿色植物空间，提供了许多经济、社会和环境效益。环保主义者和城市规划者被要求通过减少能源消耗和城市热岛效应来减少城市的生态足迹，通过减少雨水污染来减少水污染，以及保护生物多样性。屋顶通常至少占城市土地总面积的 30%，从而创造了一个很大的生产区域。加拿大国家研究委员会最近的研究表明，如果多伦多 6% 的屋顶被绿化（相当于多伦多陆地面积的 1%），这座城市每年将减少 2.18 吨的温室气体排放。在这些屋顶上生产食物将减少进出城市的交通量，进一步减少排放，并为当地生产的水果和蔬菜创造 550 万美元的价值。总部设在纽约的"地球承诺"（Earth Pledge），旨在提高人们对可持续农业在环境、社会和健康方面的效益的认识，发起了一个旨在绿化纽约屋顶的项目。芝加哥、西雅图、温哥华和多伦多是另外四个拥有各种屋顶花园的城市。④废物再利用。城市农业可以利用自身的废物以及居民和工业的废物来生产食物。可回收的食物垃圾可以用作花园的堆肥和牲畜的饲料。城市公园的废弃物，主要是树叶和剪下的草坪，可以作为堆肥的来源，用于城市农业。通过处理废水，加利福尼亚州每天节省 75.9 万立方米淡水，处理后的废水大部分通过 200 个废水回收厂投入农业使用。存储和再利用雨水可以减轻污水处理厂的负担。⑤集约化生产方法可以最大限度地提高小规模经营的效率，并提供大部分家庭每年所需的蔬菜和营养。波士顿市区和郊区的食品项目充分说明了这种潜力。该项目的员工和志愿者每年在距离波士顿市中心不到两英里的两个城市空地上，在 21 英亩的土地上提供超过 12 万磅的新鲜蔬菜和 12 万磅的食品。这些产品被出售给该项目的股东、农贸市场以及波士顿收容所和救济所。

3. 美国农场到学校网络，倡导本地食品消费。从农场到学校项目，通过改变学校（包括幼儿护理机构）的食品采购和教育实践，加强社区与新鲜、健康食品和当地食品生产商的联系。从农场到学校项目使学生有机会享用健康的当地食品，并通过学校菜园、烹饪课和农场实地考察等获得教育机会，使儿童及其家庭有能力做出知情的食物选择，同时加强当地经济并促进充满活力的社区建设。

①农场到学校项目的主要要素。农场到学校项目的实施因地制宜，核心要素包括：采购，在自助餐厅购买、推广和供应本地食品或零食；学校花园，学生通过园艺开展动手实践；教育，学生参加与农业、食品、健康或营养有关的教育活动。②农场到学校项目的目标。从农场到学校项目实现儿童、农民、社区多赢。一是儿童受益。"从农场到学校"为所有的孩子提供营养、高质量的当地食物，促进学习和成长。从农场到学校的活动通过与食品、健康、农业和营养有关的动手实践，提高了课堂教育。二是农民受益。从农场到学校为农民、渔民、牧场主、食品加工商和食品制造商提供重要的经济机会，为其打开价值数十亿美元的机构市场（institutional market）的通道。三是社区受益。从学生、教师、管理人员到家长和农民，从农场到学校的每个人都受益，为建立家庭和社区参与提供了机会。向当地生产商和加工商采购可以创造新的就业机会，并增强当地经济。③全国农场到学校网络。全国农场到学校网络是一个致力于将当地的食品采购、学校花园、食品和农业教育融入学校的信息、宣传和网络中心。通过改变学校的食品采购和教育实践，从农场到学校项目加强了社区与新鲜、健康食品和当地食品生产商的联系。全国农场到学校网络在州、地区和国家层面为连接和扩大"农场到学校"运动提供愿景、领导和支持。"农场到学校"运动从 20 世纪 90 年代末的少数学校发展到 2014 年在全美 50 个州的 4 万多所学校。[1] 全国农场到学校网络包括各州的核心伙伴组织和支持伙伴组织、无数从农场到学校的支持者、一个全国咨询委员会及其工作人员。其中，核心合作伙伴组织，作为各州与国家农场到学校网络之间的信息、资源、需求和机会的联络者，在各州以非营利组织、州机构、大学和其他实体为基础建设能力，每个州有一个核心伙伴组织，支持农场到学校工作。比如，印第安纳州卫生部门作为社区食品系统和农场到学校网络的协调员和营养协调员。支持伙伴组织，与全国农场到学校网络的核心伙伴组织合作（collaborate），支持其所在州农场到学校项目的能力建设和拓展。比如，印第安纳州农业部门和普渡大学拓展中心，中心会员超过 2 万个农场到学校的从业者和支持者参加和支持国家农场到学校网络。全国农场到学校网络围绕目标、优先事项和方法进行有意义的对话，将员工和合作伙伴围绕共同的成果团结起来，促进组织选择和决策，使其与确定的长期和最终结果相一致。

---

〔1〕 http：//www.farmtoschool.org/about.

（三）增加农村居民、城市低收入者获得安全、健康食品的机会

美国农业部（USDA）与再投资基金（Reinvestment Fund）[1] 建立伙伴关系，作为健康食品融资倡议（Healthy Food Financing Initiative，HFFI）的国家基金管理机构。作为国家基金管理人，再投资基金将筹集资金，向区域、州和地方伙伴关系提供财政和技术援助，改善服务不足的农村地区获得新鲜、健康食品的机会。[2] 健康食品融资倡议是一项创新计划，使美国农业部、财政部和卫生与公众服务部这三个联邦机构共同努力，增加缺乏服务的社区获得健康食品的机会。三个部门各自独立管理 HFFI 项目，但定期举行会议，分享实施健康食品推广工作的最有效方法，并支持州和地方政府以及私营部门。政府相关部门和利益相关者合作，投资食品供应和服务不足的农村社区，不仅改善了健康食品的选择，而且增加了就业机会，帮助振兴贫困社区，并为农民打开销售产品的新市场。根据 2014 年《农业法案》（the 2014 Farm Bill）批准的国家基金管理机构是健康食品融资倡议的一个重要组成部分，作为国家基金管理机构，再投资基金将与美国农业部合作，创建金融服务，建立和支持食品杂货店和其他企业，为农村地区提供新鲜和健康食品。

CDC 土地利用规划和城市/城市周边（Peri-Urban）农业，增加城市低收入者获得安全、健康食品的机会。都市农业是指在乡村、城镇或城市周边种植、加工和分配食物的农业。加强传统土地利用规划与新兴的社区和区域食品规划领域之间的联系具有共同利益，其中包括：帮助建立更强大、可持续和更加自给自足的社区和区域粮食系统；利用规划者可以发挥的作用，帮助减少不断上升的饥饿和肥胖发生率；节约用于生产、加工、运输和处理食物的化石燃料能源；了解大都市地区农田迅速流失的影响，从而提高为当地和区域市场生产食物的能力；认识到在农业中过度使用化肥和杀虫剂污染地面和地表水，并对饮用水供应产生不利影响；有助于减少城市的扩张，减少建筑物和其他结构中热量积聚造成的城市热岛效应；通过在城市或城市环境（城市农业）的土地上种植食物、可食用景观、社区花园和绿地，增加城市社区新鲜水果和蔬菜的供应。然而，长期以来规

---

〔1〕再投资基金是一个社区发展金融机构（CDFI），致力于为低收入社区创造经济和其他机会。2004 年，它在宾夕法尼亚州创建了第一个由州政府资助的健康食品融资项目：宾夕法尼亚州新鲜食品融资倡议。（Pennsylvania Fresh food financing Initiative）。

〔2〕USDA Announces New Partnership to Increase Rural Residents' Access to Healthy Food. https：//www. rd. usda. gov/newsroom/news-release/usda-announces-new-partnership-increase-rural-residents% E2% 80% 99-access-healthy-food.

划者对食品问题的关注较少，规划主题主要涉及经济发展、交通、环境和住房等。因而，应发挥规划者在支持健康食品环境和城市/城市周边农业方面的积极作用。比如，社区规划者应积极参与食品政策委员会，寻求保护农田和牧场土地的增长管理策略，推荐有餐厅和杂货店的商业区，建议鼓励社区菜园和其他方式在社区种植食物的政策。经济发展规划者应考虑用传统的夫妻店来支持主要街道的复兴，制定吸引食品加工厂到工业区的策略。交通规划者应建立连接低收入社区和超市的交通线路。环境规划者为农民提供指导以避免或减少径流对湖泊和河流的影响。

第五章　农村及城乡结合部食品安全社会共治框架

第一节　农村食品安全治理原则和"四个最严"的要求

一、食品安全治理原则

（一）预防为主原则

凡事预则立，不预则废。预防为主是解决食品安全与公众健康问题的基石。预防原则注重遵守预防控制标准，提高合规率，而不是在疾病或疫情发生后发现和应对违规行为。预防为主的原则，不仅仅是被动应对食品安全事件，更要从整个食品链的各个环节主动预防食品安全风险；不仅关注食品安全风险产生的后果，而且关注食品安全风险产生的原因和条件。健全法治，完善标准，开展风险监测和评估，主动预防、应对食品安全风险，防患于未然。转变食品安全监管理念，建立"农田到餐桌"的预防性控制机制，"产管"并重，加强源头治理，全程控制，保障食品安全。生产经营者制定、实施内部食品安全管理制度，开展风险自查，确保生产安全。政府、企业、公众、媒体等协同合作，监测、评估、管理、交流食品安全风险，通过风险识别和预警机制，以可控方式和节奏主动释放风险，将风险消灭在萌芽状态，提升食品安全风险防控能力，进而提升国家食品安全治理水平。

（二）风险管理原则

食品安全风险与食品工业、食品科技是相伴相生的。"我们经历了一次这样的革命，那就是识别随科技而来的副作用并努力去控制它们。"[1] 食品安全不可能"零风险"，食品安全很大程度上是将风险控制在人们可接受的范围内。食品安全涉及从农田到餐桌的复杂过程，重在预防、管理、应对整个食品链的风险。

---

[1] 陈君石："风险评估在食品安全监管中的作用"，载《农业质量标准》2009 年第 3 期。

通过科学的风险分析对于消费者生命健康造成危害之风险，进而制定出确保食品安全的管制措施，以食品安全措施来排除或降低对于消费者生命、健康的风险，是食品安全的核心。风险分析是一种国际公认的控制食品安全风险的结构化框架，由风险评估、风险管理和风险沟通三个相互作用的部分组成，用于评估对人类健康和安全的风险，识别和实施适当的措施控制风险，并与利益相关者就风险和所采取的措施进行沟通。风险评估、风险管理和风险沟通分别从技术、行政和社会三维的角度为保护公众健康提供了一个有效、适当、针对性的系统方法。我国《食品安全法》确立了风险分析框架，明确了风险监测、风险评估、风险管理、风险交流、风险自查等制度。

1. 风险监测。风险监测是指通过系统和持续地收集食源性疾病、食品污染以及食品中有害因素的监测数据及相关信息，并进行综合分析和及时通报的活动。风险监测包括日常食品监测、专项食品调查及时令食品调查。食品安全风险监测是食品安全治理的科学工作方法之一，是开展食品安全风险评估、制定标准和国家相关方针政策的重要基础。

2. 风险评估。风险评估是指对食品、食品添加剂、食品相关产品中的生物性、化学性和物理性危害对人体健康造成不良影响的可能性及其程度进行定性或定量估计的过程，主要由危害识别、[1] 危害特征描述、[2] 暴露评估、[3] 风险特征描述[4] 等步骤构成。食品安全风险评估对风险管理和风险交流发挥技术支持作用，通过将大量风险监测数据转化成科学结论，为风险预警、风险交流、标准制定、事故处置和危机处理提供技术依据。

3. 风险管理。风险管理是一个在与各利益方磋商过程中权衡各种政策方案的过程，该过程考虑风险评估和其他与保护消费者健康及促进公平贸易活动有关的因素，并在必要时选择适当的预防和控制方案。食品安全风险管理是降低、避

---

〔1〕 危害识别即识别可能会影响食品生产、加工、包装、存储的已知或可合理预见的危害因素。根据流行病学、动物试验、体外试验、结构—活性关系等科学数据和文献信息确定人体暴露于某种危害后是否会对健康造成不利影响、造成不利影响的可能性，以及可能处于风险之中的人群和范围。

〔2〕 危害特征描述是对与危害相关的不利健康作用进行定性或定量描述，确定危害与各种不利健康作用之间的剂量—反应关系、作用机制等；如果可能，对于毒性作用有阈值的危害应建立人体安全摄入量水平。

〔3〕 暴露评估是描述危害进入人体的途径，估算不同人群摄入危害的水平。根据危害在膳食中的水平和人群膳食消费量，初步估算危害的膳食总摄入量，同时考虑其他非膳食进入人体的途径，估算人体总摄入量并与安全摄入量进行比较。

〔4〕 风险特征描述是在危害识别、危害特征描述和暴露评估的基础上，综合分析危害对人群健康产生不利作用的风险及其程度，同时应当描述和解释风险评估过程中的不确定性。

免风险的计划、方案、措施，包括设置临时限值、制定标准、依据风险进行管理、风险预警、召回、食品安全事故应急与处置等。国际通行做法强调坚持风险评估与风险管理相分离原则。风险管理不同于风险评估，风险管理除了基于科学的风险评估之外，还要合理考虑社会发展、产业状况、文化传统、道德、环境保护、现实可行性以及消费心理等方面的因素。在我国，卫生健康行政部门负责食品安全风险评估，食品安全监管、农业行政等部门负责食品安全管理。

4. 风险交流。风险交流指食品安全监督管理部门、食品安全风险评估机构，按照科学、客观、及时、公开的原则，组织食品生产经营者、行业协会、技术机构、新闻媒体及消费者协会等，就食品安全风险评估信息和食品安全监督管理信息进行的交流。风险交流是一门涉及多领域多学科的新兴科学，是风险分析框架的重要组成部分。食品安全风险交流坚持科学客观、公开透明、及时有效、多方参与的原则。只有更好地理解和关切社会公众的需求，明确风险交流的利益相关者，规划风险交流的领域，构建更清晰、更简单、更容易沟通的风险交流机制，充分发挥政府、专家、媒体以及公众的作用，建立信息交换和配合联动机制，才能提高风险交流的科学性、有效性。

（三）全程控制原则

食品安全纵贯"农田到餐桌"的整个食品链，深入各类主体决策和行为的全过程。食品安全深入法律、标准、政策制定和实施的全过程，深入企业生产经营决策和行为的全过程，深入消费者食物选择和消费的全过程。食品安全要求关注生产经营者生产经营决策和行为的过程化控制，关注政府监管执法决策和行为的过程化管理。加强"农田到餐桌"的整个食品链的全程控制要求：在食品生产及流动的各个环节和各个方面，制定科学的法律法规体系及严密的食品安全标准体系；在法律实施管理体制上始终保持整体性和连贯性，确保食品链中的产地环境、种植养殖、生产、加工、包装、运输、贮存、销售、消费等各个环节的食品安全；建立全程追溯体系，全面科学地监控、记录食品移动的全过程，确保原材料和食品以及其成分的可追溯性；在出现食品安全问题时能快速而准确地查明原因，明确责任，及时将问题食品及可能引起食品安全问题的原材料一同撤出市场，提高食品安全的可信度。

食品生产经营包括种植、养殖、生产、加工、贮存、运输、销售、消费等诸多环节。任何一个环节出现安全隐患，都可能危及整个过程的食品安全性。因而，在整个食品供应的各个环节都要采取适当措施，强化整个食品链各环节的密切联系，实现对食品安全风险的全程控制，最大限度地保护消费者。基于"从农田到餐桌"的过程化管理，强调对食品生产的全面控制和连续管理，要求其立法涵盖食品生产及流通的各个环节和各个方面，强调在法律实施管理体制上始终保持整体性和连贯性，确保食品安全全程控制。例如，欧盟《食品安全白皮书》提出了"从农场到餐桌"的食品全过程控制理念。日本《食品安全基本法》第4条提出，"鉴于从生产农林水产品到销售食品等一系列国内外食品供给过程中的一切要素均可影响到食品的安全性，应当在食品供给过程中的各个阶段适当地采取必要措施，以确保食品安全。"

全程控制原则强调在食品链的所有阶段采取预防措施，加强过程控制。危害分析关键控制点体系是一种国际公认的、可应用于食品生产、加工和处理各个阶段的重要预防方法，为识别和控制食源性危害提供了系统结构，是提高食品安全的基本工具，是基于"农田到餐桌"整个食品链过程的预防性控制体系。《食品安全法》第48条规定，国家鼓励食品生产经营企业符合良好生产规范要求，实施危害分析与关键控制点体系，提高食品安全管理水平。

全程控制原则强调食品链的可追溯性，并在出现问题时进行召回。《食品安全法》提出国家要建立食品全程追溯制度。可追溯性是指在生产、加工和分销的特定阶段跟踪食品的能力。食品控制系统中的可追溯性是一种控制食品危害、提供可靠的产品信息和保证产品真实性的工具。追踪是由源头到末端的跟踪，实现对食品全流程的信息跟踪。从"农田到餐桌"全过程必须做到关键信息的跟踪，以便对关键环节、重点食品进行有效监控。追溯是由末端至源头的信息追溯，通过输入产品的基本信息，如追溯码、生产批号等可以查询到产品的种植作业环节、原料运输环节、基地加工环节、成品运输环节的所有信息。通过追溯，使食品生产经营每个环节的责任主体可以明确界定，一旦出现食品安全问题，能够做出快速反应，通过食品标签上的溯源码进行联网查询，通过产业链向上游环节追溯，查出该食品的生产企业、食品的产地、具体农户等全部流通信息，明确事故方相应的法律责任。建立以企业为主体、从"农田到餐桌"的全过程食品安全追溯体系，确保从采购、运输、贮存、销售各环节都可进行有效追溯，并做好记录，是倒逼生产经营者履行食品安全主体责任的有效机制。

（四）社会共治原则

食品安全是跨领域、跨部门的战略行动，横跨所有与食品安全相关的部门。面对复杂的食品安全问题，任何单一主体都难以应对分散化的食品安全风险，任何单方面的措施可能只会产生很小的作用。必须发动中央与地方、政府各部门、企业、社会组织、消费者等各方面的力量，共同采取措施，各部门要加强合作与协同，整个食品链之间开展互动，建立网络和伙伴关系共享信息，共担责任，构筑社会共治体系。

食品作为人类生存的必需品，与每个人息息相关，拥有最广泛的利益相关者，因而保障食品安全需要全社会的共同参与。食品安全是一项广泛共担的责任，需要所有利益相关者之间的相互协作。食品链的每个组织和个人，包括政府、食品生产经营者、社会组织、消费者等利益相关者，都有责任保障食品安全。联合国粮农组织和世界卫生组织在《保障食品的安全和质量：强化食品控制体系指南》强调指出，当一国主管部门准备建立、更新、强化或在某些方面改革食品控制体系时，该部门必须充分认识食品控制人人有责，需要所有的利益相关者积极合作。

影响食品安全的因素包括政府、市场和社会的各个方面，"农田到餐桌"的各个环节都至关重要，以零散和割裂的方式解决食品安全问题，难以应对复杂的食品安全风险。因而，食品安全社会共治需要所有利益相关者积极合作，在消费者层面、行业层面、中央和地方政府层面、国际层面、社会组织层面以及其他利益相关层面共同采取措施，构筑社会共治体系。社会共治，强调参与食品安全的所有利益相关者之间的有效合作，强调政府食品机构与其他利益相关者之间的合作，特别是与食品行业和消费者群体之间相互作用和支持的关系。在食品安全治理中，必须正确处理好政府、科技部门、企业、行业、消费者、媒体等之间的关系，充分调动社会各方面的积极性、主动性和创造性，共同保障食品安全。食品安全社会共治强调从政府、企业、社会三大领域及其关系来把握食品安全。

食品安全社会共治包括两个基本要求：一是明确各利益相关者责任，各司其职。重视、调动每一特定角色的作用，并设置科学、明确的分工和责任。明确各主体间的责任的方式，让食品安全利益各方能够各司其职，为实现食品安全的最终目标提供了有效的机制保障。食品生产经营者负有对食品安全最基本的责任，是食品安全第一责任人；政府对食品安全负有监管责任，通过国家监督和控制系统的运作履行其监督和检查的职责；行业协会、消费者组织等社会组织对食品安全履行社会监督职责；消费者对食品的妥善保管、处理与烹饪自负其责，在食品问题上采取积极态度，改变不良的消费习惯。二是推动所有利益相关者协同合作。企业、政府、社会、消费者等各方积极协作、严密衔接、高效整合，形成企业自律、政府监管、社会协同、公众参与的食品安全社会共治格局。强调私人、公共、第三部门等不同层面之间的协同合作，也强调每一个层面内部不同主体之间的协同合作。在政府内部、各部门以及政府各级之间形成合力，所有部门共同将食品安全与公众健康作为政策制定和行动的关键组成部分，就能最好地实现食品安全目标。挖掘食品安全治理的内生动力，改革创新食品安全治理结构，注重内部协同与外部协同并举，通过机构内部协同以及外部与更多机构、组织建立更紧密的伙伴关系，提升食品安全治理能力。培育政府、企业、社会在信息、行动和知识等方面的伙伴关系，共同保障食品安全和公众健康，构建协同合作、共治共享的食品安全社会关系。

二、"四个最严"的要求

（一）最严谨的标准

食品安全标准把保障公众健康放在首位，坚守安全底线，在保障健康安全的前提下，维护公平贸易、促进产业发展。在科学基础上，加强食品安全国家标准审评委员会、风险评估委员会协同，强化风险监测、评估与标准衔接，强调风险评估结果是制定标准的科学依据，坚持食品安全标准的科学严谨性。在内容上，注重国家标准、地方标准、临时管理限量、进口无国家标准食品的管理，注重标准协调衔接。在程序上，从标准立项、公布实施、跟踪评价全链条严格管理，优化标准工作流程，完善标准审查机制，强化标准的质量管控，坚持标准立项、起草、审查、批准公布、跟踪评价和修订等程序的严谨性。在职责上，明晰国家和地方、行政部门和技术机构、项目承担单位和食品安全国家标准审评委员会职责，坚持标准管理的严谨性。近年来，我国已经在食品产品、食品添加剂、食品相关产品、食品营养强化剂、农药残留、兽药残留、生产经营规范、理化检验方法与规程、微生物检验方法、毒理评价方法等方面发布了 1400 多项食品安全国家标准。

加大食品安全标准宣贯力度，在农村地区和城乡结合部严格执行食品安全标准。增进食品安全标准解释、宣贯和培训，指导、帮助农村地区食品生产经营者准确理解和应用食品安全标准，确保食品安全通用标准、产品标准、食品添加剂标准、食品相关产品标准、配套检验方法标准、食品标签标准等国家标准在农村及城乡结合部的执行落实。

落实标准跟踪评价工作，充分发挥食品安全标准保障食品安全、促进产业发展的基础作用。为加强食品安全国家标准制定、修订与标准执行情况的有机衔接，食品安全法确立了标准跟踪评价制度。通过开展标准的跟踪评价，广泛收集标准使用者对食品安全国家标准和地方标准的意见和建议，了解标准适用性、科学性和可行性情况，及时发现标准执行中存在的问题，了解标准对食品行业发展和消费者健康保护水平的影响情况，为进一步修订和完善标准提供科学依据。省级卫生行政部门会同食品安全监管、农业行政等部门，负责食品安全标准跟踪评价。省级食品安全监管、农业行政等部门收集、汇总食品安全标准执行中存在的问题通报省级卫生行政部门。食品生产经营者、食品行业协会发现食品安全标准存在问题的，报告省级卫生行政部门。

（二）最严格的监管

首先，《食品安全法》第 3 条规定，建立科学、严格的监督管理制度。明确建立最严格的全过程的监管制度。明确并严格落实食品、食品添加剂、食品相关产品、食用农产品、农业投入品等的食品安全标准，明确并严格落实食用农产品生产者、农产品批发市场、食用农产品销售者、食品生产者、食品添加剂生产者和经营者、食品经营者、餐饮服务提供者、餐具和饮具集中消毒服务单位、学校及托幼机构等集中食堂、集中市场开办者、网络交易平台提供者等食品链主体的生产经营过程管理制度和食品安全主体责任，明确并严格落实地方政府、食品安全监管部门等主体的监管责任和监管机制。《中共中央国务院关于深化改革加强食品安全工作的意见》强调，加强全程监管，严把产地环境安全关、农业投入品生产使用关、粮食收储质量安全关、食品加工质量安全关、流通销售质量安全关、餐饮服务质量安全关。其次，《食品安全法》要求加强食品安全产地源头监管，国家对农药的使用实行严格的管理制度。要求食用农产品生产者按照食品安全标准等使用农业投入品（包括农兽药、肥料、饲料等），落实安全间隔期和休药期制度，严禁使用国家明令禁止使用、淘汰的农业投入品，禁止将剧毒、高毒农药用于国家规定农作物（包括蔬菜、水果、茶叶、中药等），对使用剧毒、高毒农药的违法行为，可处以拘留。加强食用农产品批发市场检验，加强食用农产品销售管理。最后，《食品安全法》第 74 条规定，国家对特殊食品从严监管。对保健食品、特殊医学用途配方食品、婴幼儿配方食品等特殊食品从市场准入、生产经营过程控制等方面实行较一般食品更为严格的监管。

（三）最严厉的处罚

1. 民事责任。民事补偿性责任、惩罚性赔偿责任、连带责任相结合。其一，民事赔偿和罚款、罚金并存，生产经营者财产不足时，民事赔偿优先。其二，生产不符合食品安全标准的食品或经营明知是不符合食品安全标准的食品，消费者可以请求补偿性赔偿，还可以请求价款 10 倍或损失 3 倍的惩罚性赔偿。其三，食品安全连带责任包括生产经营场所等提供者、集中交易市场开办者、柜台出租者、展销会的举办者，食用农产品批发市场，网络食品交易第三方平台，第三方检验、认证等社会中介机构，广告经营者及推荐者等的连带责任。其四，完善食品安全民事和行政公益诉讼，探索食品安全民事公益诉讼中的惩罚性赔偿适用。

2. 行政责任。其一，规定了行政拘留处罚。对违反食品安全违法的行为做出限制人身自由的处罚。对违法添加非食用物质、经营病死畜禽、违法使用剧毒、高毒农药等屡禁不止的严重违法行为，可以由公安机关处以拘留。其二，加大行政处罚力度。对使用非食品原料生产食品、经营未经检疫的肉类、经营国家为防病等特殊需要明令禁止的食品等性质恶劣的违法行为，最高可处以货值金额30倍的罚款。对故意实施违法行为单位的主要负责人和直接责任人员处以罚款，落实处罚到人。对构成食品安全犯罪被判处有期徒刑以上的人终身禁业。食品检验机构人员因出具虚假检验报告而受到开除处分的，终身禁业。其三，对重复的违法行为增设了处罚的规定。针对多次、重复被罚而不改正的问题，要求食品安全监管部门对在 1 年内累计 3 次因违法受到罚款、警告等行政处罚的食品生产经营者给予责令停产停业直至吊销许可证的处罚。其四，对非法提供场所的行为进行处罚。为了加强源头监管、全程监管，对明知从事无证生产经营或者从事非法添加非食用物质等违法行为，仍然为其提供生产经营场所的行为进行处罚。其五，地方政府隐瞒、谎报、缓报食品安全事故等违法失职行为，对直接负责的主管和其他直接责任人给予记大过、降级撤职、开除、引咎辞职等处分。其六，地方食品安全监管部门瞒报、谎报、缓报及未按规定查处食品安全事故等违法失职行为，对直接负责的主管和其他直接责任人给予记大过、降级撤职、开除、引咎辞职等处罚。

3. 刑事责任。其一，坚持从严惩处的政策导向，严密刑事法网。明确危害食品安全相关犯罪的定罪量刑标准，依法惩治危害食品安全犯罪。依法对在农药、兽药、饲料中添加禁用药物等危害食品安全上游犯罪行为进行惩处；依法惩治食品相关产品造成食品被污染的行为；从严惩治面向未成年人、老年人等群体实施的危害食品安全犯罪；从严惩处往生猪等畜禽中注水、添加瘦肉精等行为；依法惩治用超过保质期的食品原料生产食品等行为，加大刑法对食品安全的全链条保护力度。依法打击生产、销售不符合安全标准的食品罪，生产、销售有毒、有害食品罪，生产、销售伪劣产品罪，非法经营罪，食品监管渎职罪等危害食品安全犯罪，保护人民群众饮食安全。其二，健全行刑事衔接制度。食品安全监管部门等行政执法机关发现涉嫌犯罪的，应及时移送司法机关。公安等司法机关在食品安全犯罪案件侦查过程中认为没有犯罪事实或犯罪事实显著轻微不需要追究刑事责任的，应及时移送食品安全监管部门等行政执法机关和监察机关。公安等司法机关商请食品安全监管部门等行政执法机关提供检验结论、认定意见等协助的，有关部门应予以协助。完善市场监管等部门与公安机关联合督办、考核、评比、培训、信息发布等工作机制，推动建立食品安全司法鉴定制度、食品安全专家出庭和保护制度等。

（四）最严肃的问责

问责是落实食品安全属地责任和监管职责的重要举措。我国《食品安全法》明确了地方政府食品安全属地责任及各级监管部门的监管责任，即县级以上地方政府对辖区食品安全监管工作的领导责任和各级监管部门的监管责任。省级政府、县、市、区政府，镇（乡）政府、街道办事处，由上级人民政府、有关行政部门和有干部任免权限的部门依法对有关责任人员进行问责；各级承担食品安全监管的部门、负责人和工作人员，由同级人民政府、有关行政部门和有干部任免权限的部门依法对有关责任人员进行问责。

1. 对监管部门的问责机制。首先，明确监管事权。严格确定不同部门及机构、岗位执法人员的执法责任，建立健全常态化的责任追究机制。省级政府依法制定食品安全监管事权清单，明确各职能部门食品安全行业管理责任。对产品风险高、影响区域广的生产企业监督检查，对重大复杂案件查处和跨区域执法，原则上由省级监管部门负责组织和协调，市县两级监管部门配合。市县两级原则上承担辖区内直接面向市场主体、直接面向消费者的食品生产经营监管和执法事项，保护消费者合法权益。上级监管部门要加强对下级监管部门的监督管理。其次，强化执法监督，构建执法监督网络平台，完善投诉举报、情况通报等制度，排除对执法活动的干预，防止执法工作中的利益驱动、部门利益及地方保护主义，惩治执法腐败。最后，严格责任追究。依照监管事权清单，尽职照单免责、失职照单问责，滥用职权、失职渎职、决策失误等行为受到严格的责任追究。对中央食品安全决策部署不力、履职不力等严重损害国家和人民利益的行为，追究领导责任；对监管工作中不作为、乱作为等违法失职行为，追究相关人员责任；涉嫌犯罪的，追究刑事责任。

2. 对地方政府的问责机制。首先，明确职责。明确地方政府属地责任，对辖区内食品安全工作负责，统一领导、组织、协调本行政区域的食品安全监督管理工作。制定、调整辖区内食品安全年度工作计划；加强食品安全年度工作目标考核；制定辖区食品安全事故应急预案，发生重大食品安全事故时，及时启动应急预案，组织相关部门开展有效处置；落实食品安全监管责任制，并对食品安全监管相关部门进行评价、考核；加强食品安全监督管理能力建设，确保食品安全监管经费、检验检测经费、设施设备、监管队伍以及工作制度等方面满足食品安全监管需要；明确监管部门监管责任，在各自职责范围内负责本辖区域的食品安全监督管理工作。其次，加强食品安全考核评估。将保障农产品质量和食品安全作为衡量党政领导班子政绩的重要考核指标，在各级党政绩效考核指标中，因地制宜地提高食用农产品质量与食品安全指标所占权重。国务院食品安全办对省级人民政府履行食品安全属地管理职责的情况进行考核评价，将考核成绩和失分情况通报省政府，同时报送中央综治办、抄送中央组织部。地方各级人民政府对下一级政府和有关部门逐级开展食品安全工作考核。签署、落实食品安全工作责任书。国务院食品安全办对各地食品安全工作开展年度督查，对履行食品安全监管职责不到位的地方政府和有关部门，依法进行问责。最后，对地方政府的问责机制。依据中共中央办公厅、国务院办公厅的《地方党政领导干部食品安全责任制规定》，地方各级党委和政府对辖区食品安全工作负总责，主要负责人是辖区食品安全工作第一责任人，班子其他成员对分管行业或者领域内的食品安全工作负责。坚持党政同责、一岗双责，权责一致、齐抓共管，失职追责、尽职免责。健全食品安全工作评议考核制度，将考核结果作为党政领导班子和领导干部综合考评的重要内容和干部奖惩、使用、调整的重要参考，约谈考核不达标的地方党政主要负责人。

第二节　生产经营者主体责任

生产经营者是保障食品安全的基础性力量，是食品安全的第一责任人，生产经营者的自觉、主动担责是食品安全的保障。生产经营者对食品安全负有基本的法律责任，有责任在食品产业链的各个环节适当地采取必要措施，确保食品安全。食品产业链各环节的生产经营者遵循高质高效的食品安全流程，依据相关食品安全标准，对自身的生产经营活动过程实施管理，是食品安全有效控制的基础。食品安全应主要通过食品人员的培训、教育，食品生产操作规程的设计和严格执行，食品设备、设施的设计等来保障，强调生产经营者的自律机制。

我国《食品安全法》明确规定，食品生产经营者对其生产经营食品的安全负责。食品生产经营者既要严格遵守食品安全法等法律法规的禁止性规定，也要建立严格的生产经营管理体系，采取积极措施全程控制食品安全风险，发现食品不符合食品安全标准或有关规定要求的，应当立即停止生产和销售、召回，并对生产销售不符合食品安全标准的食品承担相应的法律责任。为落实生产经营者食品安全第一责任人制度，我国《食品安全法》通过一系列的激励与约束机制规范生产经营者食品安全管理活动，完善了食品安全管理制度、食品标识制度、食品全程追溯制度、食品召回制度、食品安全自查制度、食品安全强制责任保险制度等。

一、食品安全管理制度

食品生产经营者是食品安全第一责任人，其主要负责人全面负责本单位食品安全工作。

食品生产经营者应当结合实际设置食品安全管理机构或岗位，配备专职或者兼职的食品安全专业技术人员、食品安全管理人员并组织培训、考核，对职工进行食品安全知识培训，加强从业人员健康管理。食品生产经营者结合实际制定本单位保证食品安全的规章制度，严格执行法律法规、标准规范等要求，确保生产经营过程持续合规，确保产品符合食品安全标准。下表为食品生产企业主要食品安全管理制度：

食品生产企业食品安全 管理制度清单	主要法律依据
食品安全管理机构和管理人员制度	《食品安全法》第 44 条
食品安全风险自查制度	《食品安全法》第 47、83 条
从业人员健康管理制度	《食品安全法》第 45 条
食品加工人员卫生管理制度	《食品安全国家标准 食品生产通用卫生规范》第 6.3.1 款
培训与考核制度	《食品安全法》第 44 条
文件和记录管理制度	《食品安全法》第 46、50、51、59 条
进货查验记录制度	《食品安全法》第 50 条
生产过程控制制度	《食品安全法》第 46 条
食品添加剂和食品工业用加工助剂使用制度	《食品安全国家标准 食品生产通用卫生规范》第 7.1、7.3 款
清洗剂 消毒剂等化学品使用制度	《食品安全国家标准 食品生产通用卫生规范》第 8.5 款
防止化学污染和物理污染管理制度	《食品安全国家标准 食品生产通用卫生规范》第 8.3、8.4 款
仓储和运输管理制度	《食品安全国家标准 食品生产通用卫生规范》第 10 款
出厂检验记录制度	《食品安全法》第 51、81 条
实验室管理制度（有实验室企业）	《食品安全国家标准 食品生产通用卫生规范》第 9.3 款

食品生产企业食品安全 管理制度清单	主要法律依据
食品生产卫生管理制度	《食品安全法》第 33 条
虫害控制管理制度	《食品安全国家标准 食品生产通用卫生规范》第 6.4 款
废弃物管理制度	《食品安全国家标准 食品生产通用卫生规范》第 6.5 款
设备保养和维修制度	《食品安全国家标准 食品生产通用卫生规范》第 5.2.3 款
不合格品管理及食品召回制度	《食品安全法》第 63 条
食品安全信息主动报告制度	《食品安全法》第 47 63 103 条
食品安全事故处置方案	《食品安全法》第 102 条
客户投诉处理机制	《食品安全国家标准 食品生产通用卫生规范》第 14.1.3 款
标签标识管理制度	《食品安全法》第 67、70 条
标准管理制度	《食品安全法》第 30 条

生产经营者应结合实际制定实施本单位生产经营过程控制要求。危害分析与关键控制点体系（HACCP）是国际公认的保证食品安全的基本方法。HACCP 体系，体现预防为主、全程监控的科学理念，是通过过程控制以保证食品安全的体系，包括对食品的不同生产、流通和餐饮服务环节进行危害分析，确定关键控制点，制定控制措施和程序。危害分析与关键控制点体系，为食品安全风险管理提供分步式方法，改进食品产品的安全性、合法性、质量和真实性。国际食品法典委员会于 1993 年正式通过 HACCP 应用指南，并向所有会员国推荐。HACCP 是国际公认的保证食品安全性的基本方法，可用于政府、企业（包括初级食品生产者、加工者、食品服务者、零售商等）和消费者。美国的 HACCP 体系是强制性的，要求所有食品工厂都实行 HACCP 体系。美国食品药品监督管理局要求所有食品生产经营者须针对自己的食品风险制定一套符合自己企业的方案，包括识别危害，确认并启用预防控制，监控、记录预防性控制方案的实施情况等环节。《美国食品安全现代化法案》中，HACCP 体系的基本要求包括：①危害分析。②预防性控制。生产经营者应制定和实施预防性控制措施，包括对关键控制点的控制措施，将所识别出的危害降到最低或加以避免，并确保生产、加工、包装或存储的食品不存在掺假或者贴错标签等情况。③效果监控。对所采取的预防性控制的

效果进行监测，以确保达到危害降到最低或加以避免，以及不存在掺假或者贴错标签等的效果。④整改措施。所实施预防性控制措施无效时，应采取恰当的行动来降低再次发生该情况的可能性。⑤核实验证。确保防控措施正在有效且明显地减少或避免已发现的危害再次发生。⑥保持记录。生产经营者对所实施的防控措施、整改措施的成效应记录并保存记录文件。⑦重新分析的要求。1995 年《日本食品卫生法》推行 HACCP 承认制度，出生产经营者自主选择适用 HACCP 体系，政府并不强制企业采纳，只是承认、积极引导，提高采纳 HACCP 体系企业的公信度。2018 年修订的《日本食品卫生法》要求所有食品经营者实施基于 HACCP 体系的卫生控制。我国推行自愿与强制相结合的 HACCP 体系。我国《食品安全法》第 48 条规定，国家鼓励食品生产经营企业符合良好生产规范要求，实施危害分析与关键控制点体系，提高食品安全管理水平。一是通过认证制度推行 HACCP 体系。国家承认、积极引导，鼓励所有食品生产经营企业符合良好生产规范要求，实施危害分析与关键控制点体系，提高食品安全管理水平，提高采纳 HACCP 体系企业的市场知名度和公信度。二是遵循风险分类管理原则，根据食品安全风险状况和食品安全监督管理需求，在较大规模以上食品生产经营企业和肉制品、乳制品等食品生产经营企业以及申请特殊医学用途配方食品或者婴幼儿配方乳粉产品配方注册的企业等，强制推行 HACCP 体系。

二、食品标识制度

消费者的消费决策取决于消费者所掌握的食品信息，对于已经在市场上流通的食品而言，需要有一套稳定的质量安全显示体系，增加信息供给。食品标签是消费者可获得的食品信息的最直接载体，适当标签是各国实现食品安全控制的有效方式。食品标签是指粘贴、印刷、标记在食品或者其包装上，用以表示食品名称、质量等级、商品量、食用或者使用方法、生产者或者销售者等相关信息的文字、符号、数字、图案以及其他说明的总称，是食品包装上的图形、符号、文字及一切说明物。内容真实完整的食品标签可以准确地向消费者传递该食品的质量特性、安全特性以及食用、饮用方法等信息，是保护消费者知情权和选择权的重要体现。

食品标签旨在增进产品信息和消费者意识，要求向消费者正确传递公共卫生相关的信息，便于消费者做出安全、营养、健康的食物选择。食品安全要求强化对食品标签、标识和广告的法律规制，保障食品安全信息透明，向消费者提供有针对性的信息，防止食品安全风险和食品欺诈。真实、准确、恰当的食品标识，能够如实反映食品营养和安全信息，是消费者判断食品经济价值和健康价值的重要依据，是消费者选择安全食品的必要信息。各国通过对食品标签信息监管，一是确保所供应食品的营养与安全；二是防止欺诈消费者。依据我国《食品安全法》，生产者对标签、说明书上所载明的内容负责。预包装食品的包装上应当有标签。标签应当标明下列事项：名称、规格、净含量、生产日期；成分或者配料表；生产者的名称、地址、联系方式；保质期；产品标准代号；贮存条件；所使用的食品添加剂在国家标准中的通用名称；生产许可证编号；法律、法规或者食品安全标准规定应当标明的其他事项。

三、产品检验制度

检验是验证食品生产过程管理措施有效性、确保食品安全的重要手段。通过检验，企业可及时了解食品生产安全控制措施上存在的问题，及时排查原因，并采取改进措施。食品生产企业严格落实原辅料把关和产品出厂检验义务，加强原辅料、半成品、成品以及生产卫生状况的检验检测。企业对各类样品可以自行进行检验，也可以委托具备相应资质的食品检验机构进行检验。企业开展自行检验应配备相应的检验设备、试剂、标准样品等，建立实验室管理制度，明确各检验项目的检验方法。检验人员应具备开展相应检验项目的资质，按规定的检验方法开展检验工作。为确保检验结果科学、准确，检验仪器设备精度必须符合要求。企业应妥善保存检验记录，以备查询。食品、食品添加剂、食品相关产品的生产者，应当按照食品安全标准对所生产的食品、食品添加剂、食品相关产品进行检验，检验合格后方可出厂或者销售。《食品安全法》第51条规定，食品生产企业应当建立食品出厂检验记录制度，查验出厂食品的检验合格证和安全状况。

四、食品安全全程追溯制度

食品追溯体系是食品安全与质量管理体系的一部分，旨在实现食品顺向可追踪、逆向可溯源，必要时可以将问题食品追回和召回。食品安全追溯体系弥补了以往仅仅针对单一行为主体内部的生产、加工等环节进行控制的缺陷，有助于食品企业利用全流程信息进行风险管控，以最大程度降低生产过程中的风险，有助于克服或缓解食品市场的信息不完全和不对称问题。一旦出现问题，便可追溯到出现问题的环节，明确责任，召回食品，把危害控制在最小范围。食品安全可追溯性是指在生产、加工及销售的各个环节中，对食品、饲料、食用性动物及有可能成为食品或饲料组成成分的所有物质的追溯或追踪能力。追踪，是由源头到末端的跟踪，实现对食品全流程的信息跟踪。从"农田到餐桌"全过程必须做到关键信息的跟踪，以便对关键环节、重点食品进行有效监控。追溯，是由末端至源头的信息追溯，通过输入产品的基本信息，如追溯码、生产批号等可以查询到产品的种植作业环节、原料运输环节、基地加工环节、成品运输环节的所有信息。通过追溯，使食品生产经营每个环节的责任主体可以明确界定，一旦出现食品安全问题，能够做出快速反应，通过食品标签上的溯源码进行联网查询，通过产业链向上游环节追溯，查出该食品的生产企业、食品的产地、具体农户等全部流通信息，明确事故方相应的法律责任。

建立以企业为主体、从"农田到餐桌"的全过程食品安全追溯体系。食品生产经营企业出于保护企业的声誉和品牌、赢得消费者忠诚度的需要，具备建立食品追溯体系的动力，应由企业主导建立食品安全追溯体系。食品生产经营者应当依法建立食品安全追溯体系，依法如实记录并保存进货查验、出厂检验、食品销售等信息，保证食品可追溯。国家鼓励食品生产经营者采用信息化手段采集、留存生产经营信息，建立食品安全追溯体系。引导食品链的所有环节均建立适宜自身特点的可靠有效的食品安全追溯管理体系。分层、分类、分品种进行产品追溯体系建设，构建原辅料到成品"顺向可追踪，逆向可溯源"的体系。加强电子追溯系统建设，鼓励食品生产经营者采用信息化手段采集、留存生产经营信息，探索"互联网+"食品安全电子追溯模式，提升饲料和食品链的可追溯性，建立食品安全追溯体系。借助科技手段，构建地方食品电子追溯体系，实现食品生产、仓储、运输、流通、餐饮等全过程信息的来源可溯、流向可控、去向可查、责任可追。构建农产品"责任主体有备案、生产过程有记录、主体责任可溯源、产品流向可追踪、风险隐患可识别、监管信息可共享"的全程追溯管理模式。构建食品"生产、仓储、运输、流通、餐饮等全过程信息的来源可溯、去向可查、责任可追"的全程追溯体系。落实婴幼儿配方乳粉、白酒和肉类食品等重点产品追溯体系建设。实施进口食品供应链信息全记录，保障进口食品质量安全可追溯。逐步扩大可追溯信息化范围，覆盖所有食品、动物饲料以及其组成成分（产地环境、农业投入品、农资产品、农产品、水产品、预包装食品、食品原料、食品添加剂、食品相关产品），并贯穿种植、养殖、生产加工、出入境、流通、消费全过程。

国家建立食品安全全程追溯制度。食品追溯体系只有在与有效的食品安全管理体系相关联之后才能发挥作用。国家建立统一的食品（产品）安全追溯平台、食用农产品追溯平台，建立食用农产品和食品安全追溯标准和规范，完善全程追溯协作机制，全面提升食品安全追溯管理能力。国务院食品安全监督管理部门会同国务院农业行政等有关部门明确食品安全全程追溯基本要求，指导食品生产经营者通过信息化手段建立、完善食品安全追溯体系。不同监管部门间建立健全食品安全全程追溯协作机制。国家市场监管总局会同同国务院有关部门建立食品安全全程追溯协作机制。建立食品和食用农产品全程追溯协作机制，建立严格的全过程、全链条监管体制，对"从农田到餐桌"各环节全流程进行记录，通过持续的监督抽检和风险监测，发现可能存在的食品安全隐患，依据及时、连续、准确的跟踪、记录食品链中全程数据和信息，通过共享数据信息，对危害原因与风险程度开展风险评估，查找或控制系统性风险，控制污染食品走向和流通范围，及时召回不安全食品。加强全程追溯的示范推广，逐步实现企业信息化追溯体系与政府部门监管平台、重要产品追溯管理平台对接，接受政府监督，互通互享信息。

五、食品召回制度

食品召回是指食品生产经营者认为或有理由认为其生产、加工制造、销售或进口的食品不符合安全标准或可能危害人体健康的，应立即从市场撤出，并通知消费者和有关部门，以便及时消除或者减少食品安全危害的活动。食品召回制度通过发现、确认、消除共性的食品问题，消除潜在食品安全风险，保护公众健康。食品召回制度通过对食品的后市场监管，从源头上督导企业对存在缺陷的食品采取主动或强制召回措施，消除缺陷食品对公众人身安全造成的危害，维护公共安全、公众利益和社会经济秩序。食品召回，通过增加生产经营者的义务和责任以及政府监管者的职责和责任，旨在保护消费者的利益。食品召回是对食品安全的人本主义思考，既是法律的规范要求，也蕴含着食品生产经营者诚信的企业伦理道德。

《食品安全法》第63条规定，国家建立食品召回制度。食品生产经营者应当依法承担食品安全第一责任人的义务，建立健全相关管理制度，收集、分析食品安全信息，依法履行不安全食品的停止生产经营、召回和处置义务。不安全食品，是指食品安全法律法规规定禁止生产经营的食品以及其他有证据证明可能危害人体健康的食品。①停止生产经营。食品生产经营者发现其生产经营的食品属于不安全食品的，应当立即停止生产经营，采取通知或者公告的方式告知相关食品生产经营者停止生产经营、消费者停止食用，并采取必要的措施防控食品安全风险。②召回。食品生产者通过自检自查、公众投诉举报、经营者和监督管理部门告知等方式知悉其生产经营的食品属于不安全食品的，应当主动召回。食品经营者对因自身原因所导致的不安全食品，应当依法在其经营的范围内主动召回。因生产者无法确定、破产等原因无法召回不安全食品的，食品经营者应当在其经营范围内主动召回不安全食品。食品生产经营者未依法停止生产经营或召回的，县级以上人民政府市场监督管理部门可以责令其停止生产经营或召回。③处置。

食品生产经营者应当对召回的食品采取补救措施、无害化处理、销毁等措施。对违法添加非食用物质、腐败变质、病死畜禽等严重危害人体健康和生命安全的不安全食品，食品生产经营者应当立即就地销毁。对因标签、标识等不符合食品安全标准而被召回的食品，食品生产者可以在采取补救措施且能保证食品安全的情况下继续销售，销售时应当向消费者明示补救措施。④记录和报告。食品生产经营者应当如实记录停止生产经营、召回和处置不安全食品的名称、商标、规格、生产日期、批次、数量等内容。食品生产经营者应当将食品召回和处理情况向相关监管部门报告，相关监管部门认为必要的，可以实施现场监督。

六、食品安全风险自查制度

食品安全自查制度强调由后置危机处理向前置风险防范转变，同时也要求行业组织建立健全行业规范，引导和督促企业依法生产经营，通过食品安全自查制度和第三方核查机制，提高全行业食品安全管理水平。我国《食品安全法》第47条确立了食品安全风险自查制度，要求食品生产经营者自行或委托第三方专业机构定期对食品安全状况进行检查评价。同时实行"潜在风险报告"制度，强化了风险评估与风险交流制度的衔接。即生产经营者定期对产品研发（配方）、原料采购贮存、生产环境条件、设施设备、产品检验、标签标识说明、生产记录等方面食品安全状况进行检查评价并报告食品安全事故潜在风险。鼓励企业选择食品安全专业机构开展第三方检查评价。

七、食品安全责任保险制度

食品安全责任保险为解决食品安全问题提供了一条市场途径。食品安全责任保险不仅是经营者转移风险、分散风险、补偿不安全食品对消费者造成损失的工具，而且是落实生产经营者主体责任、补充政府监管、开展食品安全社会共治的机制。食品安全责任保险主要有四个作用：一是确保食品安全事故中受害方能够得到经济赔偿，维护消费者的合法权益。二是可以在消费者中提高食品企业的信用和信誉，促进食品企业的生产发展；食品销售企业财务压力也可以得到分散，保障了企业的正常运营。三是食品安全责任保险最具社会保障功能，能在食品事故发生后及时补偿受害消费者，减轻政府的财政压力。保险公司作为第三方，可以协助政府职能部门协调处理事故，化解社会矛盾。四是发挥保险费率经济杠杆作用和事前第三方安全监督作用，减少食品安全事故发生。《食品安全法》规定，国家鼓励食品生产经营企业参加食品安全责任保险。生产经营者应积极投保食品安全责任保险。推进肉蛋奶和白酒生产企业、集体用餐单位、农村集体聚餐、大宗食品配送单位、中央厨房和配餐单位等主动购买食品安全责任保险，有条件的中小企业要积极投保食品安全责任保险，发挥保险的他律作用和风险分担机制。

八、食品企业诚信制度

第一，加强食品企业诚信管理体系建设。主要内容包括：原辅料进货管理制度，生产过程及仓储管理制度，产品检验、不合格品处理制度，企业广告宣传、合同管理、标识管理制度，产品追溯、召回、申诉处理、食品安全事故责任追究制度，从业人员诚信教育及考核、关键岗位人员诚信信息等相关记录档案管理制度，诚信内部核查、诚信风险信息收集评估、诚信危机处理和预警制度。

第二，完善企业诚信管理体系运行机制。包括企业诚信教育机制、企业失信因素识别机制、企业内部诚信信息采集机制、自查自纠改进机制和失信惩戒公示机制等。

第三，加强企业员工的诚信意识培养。个体对事物的认知决定着他们的行为，是否拥有诚信意识决定着诚信行为是否会发生。培养企业员工的诚信意识至关重要，从员工做起，建立"诚信立企，德行天下"的企业文化，提高员工诚信意识，严格职业操守，恪守职业道德，不制假，不售假，对产品负责到底。将企业诚信建设融入企业日常活动中，形成企业食品安全诚信文化。

第三节　食品安全政府监管责任

一、健全国家食品安全监管体制，延伸至农村

（一）中央监管体制

1. 国家食品安全监管机构的演进。国家通过修订法律、调整体制不断推进食品安全治理现代化。2009 年《食品安全法》颁布，代替了之前的《食品卫生法》，从食品卫生到食品安全，是食品治理理念和治理范式的重大变化，标志着我国开启了食品安全治理新时代。2013 年我国食品安全监管机构改革，组建国家食品药品监督管理总局，整合生产、流通、餐饮等领域的食品安全监管职能，有利于理顺部门职责关系，强化和落实监管责任，实现全程无缝监管；有利于形成一体化、广覆盖、专业化、高效率的食品药品监管体系，形成食品药品监管社会共治格局。2015 年《食品安全法》修订，2018 年国家食品安全监管机构再次改革，将国务院食品安全委员会办公室、国家食品药品监督管理总局、国家质量

监督检验检疫总局、国家工商行政管理总局的食品安全监管职责进行整合，组建国家市场监督管理总局，将食品安全监管纳入市场监管体系，进一步推进市场监管综合执法，强化了食品安全监管的协调力和综合性，有利于形成综合、统一、权威、全流程、全链条式监管机制和监管体系，促进形成整体市场监管格局。2019 年《中共中央国务院关于深化改革加强食品安全工作的意见》提出，完善统一领导、分工负责、分级管理的食品安全监管体制；深化监管体制机制改革，创新监管理念、监管方式，堵塞漏洞、补齐短板，推进食品安全领域国家治理体系和治理能力现代化。2021 年十四五规划再次强调，加强和改进食品安全监管制度，我国食品安全监管体制不断适应不断变化的国际国内食品安全监管形势、不断完善。

2. 中央食品安全监管机构分工与合作。市场监管总局与国务院其他部门的食品安全监管职责及相互之间的协同衔接（见下表）：

部门	职责	协同衔接
国家市场监管总局	负责食品安全监管：负责生产、流通、消费全过程的食品安全监管。健全全过程监管机制和风险排查机制，防范区域性、系统性食品安全风险。健全落实食品生产经营者主体责任的机制和追溯机制。实施食品安全抽检、风险监测、核查处置和风险预警等风险管理工作和风险交流工作。组织实施特殊食品注册、备案和监督管理。	负责食品安全监督管理综合协调：组织制定食品安全重大政策并组织实施。负责食品安全应急体系建设，组织指导重大食品安全事件应急处置和调查处理工作。建立健全食品安全重要信息直报制度。承担国务院食品安全委员会日常工作。
国家卫生健康委员会	负责风险监测、风险评估、食品安全标准。	1. 会同国家市场监管总局等部门制定、实施国家食品安全风险监测计划。 2. 向国家市场监管总局通报食品安全风险评估结果，国家市场监管总局酌情采取措施。 3. 国家市场监管总局在监督管理工作中发现需要进行食品安全风险评估的，应当及时向国家卫生健康委提出建议。

续表

部门	职责	协同衔接
农业农村部	负责食用农产品从种植养殖环节到进入批发、零售市场或者生产加工企业前的质量安全监督管理，负责动植物疫病防控、畜禽屠宰环节、生鲜乳收购环节质量安全的监督管理。	1. 国家市场监管总局监管食用农产品进入批发、零售市场或者生产加工企业后的环节，包括批发市场、零售市场（含农贸市场）、柜台出租者和展销会举办者等集中交易市场、商场、超市、便利店等批发、零售销售食用农产品的活动。 2. 两部门建立食品安全产地准出、市场准入和追溯机制，加强协调配合与衔接。
海关总署	负责进口食品安全监督管理。	1. 发现进口食品安全问题的，海关总署应采取风险预警等控制措施，并通报国家市场监管总局，国家市场监管总局应采取相应措施。 2. 与市场监管总局 建立协作机制，避免重复检验、重复收费、重复处罚。
公安部	负责组织食品安全犯罪案件侦查。	与市场监管总局等建立行刑衔接机制。
教育部	负责学校食品安全，农村义务教育学生营养改善计划。	与市场监管总局、国家卫生健康委员会协同保障学校食品安全与营养工作；与市场监管总局、国家卫生健康委员会、财政部等部门协同落实农村义务教育学生营养改善计划。
国务院其他与食品安全工作相关的部门	履行相应职责。	中央编办、发展改革委、财政部等部门为食品安全监管提供重要的体制、经费、装备保障。法制部门为食品安全监管工作提供重要的法制保障。
国务院食品安全委员会	统一领导，综合协调。	国务院食品安全委员会具体工作由设在国家市场监管总局的国务院食品安全委员会办公室承担。国务院食品安全委员会的主要职责为：分析食品安全形势，研究部署、统筹指导食品安全工作；提出食品安全监管的重大政策措施；督促落实食品安全监管责任。

3. 食品安全部际协调机制。单一部门无法系统性地解决数量众多的跨部门

食品安全问题，政府部门之间的协调机制包括议事协调机构、部际联席会议、部门协议等。健全各部门之间的横向衔接机制。进一步完善行政执法协调与协作机制、监管信息共享机制、风险评估结果共享机制、违法案件信息相互通报机制、应急管理协作机制、统计数据共享机制等。

议事协调机构。国务院食品安全委员会，[1] 是国务院议事协调机构，[2] 成员单位包括国家市场监管总局、公安部、农业农村部、国家卫生健康委员会、海关总署等部门，旨在促进整个政府各部门的食品安全工作协调，确保国家食品安全体系有适当的资源、权力、机构，防止监管重叠和监管漏洞。国务院食品安全委员会的职能主要为：分析食品安全形势，研究部署、统筹指导食品安全工作；提出食品安全监管的重大政策措施；督促落实食品安全监管责任。国务院食品安全委员会设置专家委员会，是国务院食安委的决策咨询机构，承担技术咨询、政策建议、科普宣传、风险评估、风险交流等方面的科学咨询工作，旨在提升国务院食品安全委员会决策的科学化、民主化。更好发挥国务院食品安全委员会统一领导，综合协调作用。强化专家委员会在技术咨询、政策建议、科普宣传、风险评估、风险交流等方面的科学咨询作用，提高食品安全决策的科学化、民主化水平。完善专家委员专家遴选机制、议事规则，提高其科学意见的权威性、独立性。设立国务院食品安全委员会办公室[3]，是国务院食品安全委员会的联络者和协调者，承担国务院食品安全委员会的日常工作，具体由国家市场监管总局承担。

部际联席会议。食品安全相关的部际联席会议，如国务院标准化协调推进部际联席会议，统筹协调国家标准化工作，就跨部门跨领域、存在重大争议标准的制定和实施等进行协调。联席会议由国务院分管标准化工作的领导担任召集人，成员单位包括市场监管总局、农业农村部、国家卫生健康委等39个部门，国家

---

〔1〕 分析食品安全形势，研究部署、统筹指导食品安全工作；提出食品安全监管的重大政策措施；督促落实食品安全监管责任。

〔2〕 国务院议事协调机构，是国务院的组成部门之一，是为了完成某项特殊性或临时性任务而设立的跨部门的协调机构。国务院议事协调机构承担跨国务院行政机构的重要业务工作的组织协调任务。

〔3〕 组织拟订国家食品安全规划及推动实施；承办国务院食品安全委员会综合协调任务，健全协调联动机制和综合监管制度，指导地方食品安全综合协调机构；督查食品安全法律法规和国务院食品安全委员会决策部署落实；督查、考核国务院有关部门和省级人民政府履行食品安全监管职责；指导完善食品安全隐患排查治理机制，组织食品安全重大整治和联合检查行动；推动国家食品安全应急体系和能力建设，组织拟订国家食品安全事故应急预案，监督、指导、协调重大食品安全事故处置（牵头组织食品安全重大事故调查）及责任调查；规范指导食品安全信息工作（统一发布重大食品安全信息等），组织协调食品安全宣传、培训，开展国际交流与合作；其他。

市场监管总局是联席会议的联络人，联席会议办公室设在国家市场监管总局（国家标准委），协调解决国家标准化改革发展中的重大问题。

又如网络市场监管部际联席会议，由市场监管总局、工信部、公安部、海关总署等14个单位组成，市场监管总局为牵头单位。职责包括贯彻落实中央网络市场监管决策部署、研究提出促进网络市场发展的政策建议，加强网络市场监管法治建设，加强对网络市场监管的协同、指导和监督，协调解决网络市场监管中的重大问题等。

部门协议。市场监管总局与其他食品安全部门之间通过签订部门协议明确各自的监管职责和合作。比如，市场监管总局与农业农村部专门签订了关于食用农产品生产与销售全过程监管的协议，市场监管总局与海关总署也签署了关于进口食品监管的合作协议等。

多部门联合制定法规政策、联合执法。针对学校食品安全，教育部、国家市场监管总局、国家卫生健康委员会联合制定部门规章《学校食品安全与营养健康管理规定》。针对食品市场上出现的含金（银）箔粉类的食品问题，国家市场监管总局、国家卫生健康委、海关总署联合发出《关于依法查处生产经营含金银箔粉食品违法行为的通知》，加强食品安全监管，维护人民群众身心健康和生命安全，净化市场消费环境。针对一些向未成年人销售包装或内容含有色情暗示、宣传违背社会风尚的食品现象，市场监管总局、教育部、公安部《关于开展面向未成年人无底线营销食品专项治理工作的通知》，全面治理校园及周边、网络平台等的经营行为。为打击疫情期间野生动物违规交易行为，市场监管总局、公安部、农业农村部、海关总署、国家林草局联合开展打击野生动物违规交易专项执法行动。为加强农村假冒伪劣食品问题治理，维护群众健康和合法权益，保障公平竞争的市场秩序，促进乡村振兴战略有效实施，农业农村部、商务部、公安部、国家市场监督管理总局、国家知识产权局和中华全国供销合作总社六部门联合开展农村假冒伪劣食品专项整治行动，严厉打击生产经营假冒伪劣食品等违法违规行为，净化农村食品市场。

（二）地方政府属地管理责任和党政同责

地方政府负总责是守土有责、属地管理责任在食品安全领域的体现。《食品安全法》第6条明确了地方政府属地责任，对辖区内食品安全工作负责，统一领导、组织、协调本辖区的食品安全监督管理工作。具体包括：制定、调整辖区内食品安全年度工作计划；加强食品安全年度工作目标考核；制定辖区食品安全事故应急预案，发生重大食品安全事故，及时启动应急预案，组织相关部门开展有效处置；落实食品安全监管责任制，并对食品安全监管相关部门进行评价、考核；加强食品安全监督管理能力建设，确保食品安全监管经费、检验检测经费、设施设备、监管队伍以及工作制度等方面满足食品安全监管需要；明确监管部门监管责任，在各自职责范围内负责本辖区域的食品安全监督管理工作。

1. 完善地方食品安全法规、标准体系。首先，由于食品安全问题的复杂性、特殊性和地域性，开展食品安全地方立法尤为重要。地方立法结合当地实际，进一步细化、补充地方监管体制、机制，明确部门职责，增加地方食品安全监督管理制度的针对性和可操作性。《食品安全法》要求地方制定食品生产加工小作坊和食品摊贩具体的管理办法，强化对小作坊、食品摊贩等的监管。其次，按照食品安全法第29条的规定，对于地方特色食品由省级卫生部门制定公布食品安全地方标准。地方政府加强食品安全地方标准项目管理工作以及经费预算等，加强地方专业机构、设备配置，规范工作程序，指导做好本地区食品安全地方标准的制定和备案工作等。

2. 强化地方食品安全保障能力。首先，统一领导、组织、协调辖区食品安全监管及食品安全突发事件应对工作，健全全程监管机制、信息共享机制和综合协调机制。其次，确保食品安全监督管理职能、机构、队伍、装备到位。地方政府应将食品安全工作纳入本级国民经济和社会发展规划，建立食品安全财政投入的科学合理保障机制；加强食品安全监督管理能力建设，为执法部门提升食品安全监管的能力提供执法保障；解决机构编制、监管人员及辅助人员配备、基本待遇、工作条件等方面的实际问题，保障辖区内食品安全管理必须有责、有岗、有人、有手段的"四有"要求，做到责任落实、岗位匹配、人员齐整、手段齐全。最后，地方政府负责制定本行政区域的食品安全年度监督管理计划，向社会公布并组织实施。

3. 推行食品安全监督管理责任制。《食品安全法》要求上级人民政府对下级人民政府和本级食品安全监管部门做出专门的评议和考核；要求对不依法报告、处置食品安全事故或者对本行政区域内涉及多环节发生区域性食品安全问题未及时组织进行整治，未建立食品安全全程监管工作机制和信息共享机制等等情形，设定了相应的行政处分责任条款。

4. 落实食品安全党政同责。地方各级党委和政府对本地区食品安全工作负总责，主要负责人是本地区食品安全工作第一责任人，班子其他成员对分管、协管、联系的行业或者领域内的食品安全工作负责。落实食品安全党政同责要求，完善食品安全责任制，形成"党政同责、一岗双责，权责一致、齐抓共管，失职追责、尽职免责"的食品安全工作格局。地方党委主要负责人全面领导辖区内食品安全工作；地方级政府主要负责人领导辖区食品安全工作；地方政府食品安全工作分管负责人领导、组织辖区食品安全监管（包括食用农产品监管）工作；地方党委常委会其他委员和政府领导班子其他成员按职责分工领导分管行业或者领域内食品安全相关工作。[1] 通过跟踪督办、履职检查、评议考核等手段督促地方党政领导干部落实食品安全工作职责。地方党委和政府跟踪督办食品安全重大部署、重点工作情况落实工作；地方党委结合巡视巡察工作安排，对地方党政领导干部履行食品安全工作职责情况进行检查；地方党委和政府应当充分发挥评议考核"指挥棒"作用，运用奖惩机制，明确表彰奖励、[2] 问责[3] 的适用情形，通过考核、奖励、惩戒等措施，督促地方党政领导干部履行食品安全工作职责。

（三）完善地方食品安全相关部门协同机制

在地方分级管理和综合执法改革的背景下，地方政府对基层市场监管部门的"人财物"有着最终决定权。各地结合本地实际，采取"一竿子插到底"的办法，明确规定省、市、县、乡四级机构设置、人员编制，建立起覆盖省、市、县、街道（乡镇）、社区（村）的五级食品安全监管网络体系，构建"综合协调、专业监管 基层综合执法"的食品安全监管体系。明确地方政府主要监管部门的职责，确保食品安全监管横向到边。围绕食品链全链条全过程监管，食品安全部门职责既包括食用农产品质量安全监管、食品生产经营安全监管，还包括食品安全相关领域工作的责任，后者具体指与食品安全密切相关的粮食（粮食安全、食品浪费等）、卫生健康（医疗保健等）、生态环境（餐厨垃圾处理等）、教育（学校食品安全与食品安全教育等）、政法、宣传（食品安全宣传教育）、民政（社保）、建设（城乡规划等）、文化（食品非遗等）、旅游（旅游、飞机、火车等食品安全）、交通运输等行业或领域，以及为食品安全提供支持的发展改革、

---

〔1〕包括与食品安全紧密相关的卫生健康、生态环境、粮食、教育、政法、宣传、民政、建设、文化、旅游、交通运输等行业或领域，以及为食品安全提供支持的发展改革、科技、工信、财政、商务等领域。

〔2〕表彰奖励的情形：及时有效组织预防食品安全事故和消除重大食品安全风险隐患，使国家和人民群众利益免受重大损失的；在食品安全工作中有重大创新并取得显著成效的；连续在食品安全工作评议考核中成绩优秀等情形的。

〔3〕问责情形：未履职或者履职不到位；对辖区重大食品安全事故或社会影响恶劣的食品安全事件负有领导责任的；对辖区食品安全事故未及时有效处置，造成不良影响或者较大损失的；对隐瞒、谎报、缓报食品安全事故负有领导责任的；违规插手、干预食品安全事故依法处理和食品安全违法犯罪案件处理等。

科技、工信、财政、商务等领域工作。横向到边，有利于形成政府各部门协作配合、齐抓共管的整体政府食品安全模式。

地方、基层食品安全办公室是地方、基层食品安全综合协调机构，是抓好食品安全工作的有力助手和重要保障，加强地方、基层食安办规范化建设是全面实施食品安全战略、构建严密高效的食品安全社会共治体系的重要保障，是全面落实地方党政领导食品安全责任的重要举措。进一步强化省、市、县食安办综合管理、协调指导、监督考核、应急管理职责。乡镇、街道办设立食品安全综合协调机构—食安办，负责辖区食品安全综合协调、隐患排查、信息报告、协助执法和宣传教育等工作。在食品安全综合协调框架中，地方及基层食安办担任地方及基层党委政府食品安全工作的"助手"，担任食品安全协同共治的联络者，充分利用自身专业性，发挥其协调者的职能，并充当地方及基层党委政府对接地方各部门以及政府以外合作伙伴的联络人，拓展食品安全监管资源和能力。地方及基层食安办通过召开食品安全委员会全体会议、专题会议、联络员会议等食品安全相关会议，集体研究解决食品安全领域相关问题，推动落实"田头到餐桌"的全过程监管。坚持监管与服务相结合，引导推动食品产业高质量发展。健全食品安全财政投入保障机制，将食品安全经费纳入财政预算，为食品安全监管提供必要条件。地方及基层食安办应建立健全议事协调、信息报告、督查考核、风险会商、部门联动、业务培训、宣传教育等制度。

1. 省级食品安全协调机构及职责。省级食品安全委员会。省级食品安全委员会为省级政府食品安全工作的议事协调机构，负责辖区食品安全工作统一领导、组织、协调、考核辖区食品安全工作，明确各成员单位食品安全方面的主要职责和分工边界。由省级政府领导或省级政府分管食品安全的领导担任食安委领导，成员包括同级食品安全相关部门负责人。

省级食品安全委员会的职责主要包括：组织落实中央及地方党政食品安全决策部署；分析食品安全形势，研究部署、统筹指导辖区食品安全工作，督促落实食品安全属地管理责任；提出辖区食品安全监管的重大政策措施；组织开展重大食品安全事故调查处理；协调解决相关部门监管职责不清问题等。研究部署辖区年度食品安全重点工作，考核评价有关成员单位和下级政府食品安全工作。省级食品安全委员会办公室。省级食品安全委员会设立办公室，作为省级食品安全委员会的办事机构，负责日常工作并担任联络人，负责食品安全委员会交办的任务，不取代相关部门的职责。相关部门根据各自职责分工，开展工作。省级食安办职责主要包括：一是协调、联络。承担省级食品安全委员会日常工作。负责联络成员单位；协调推动辖区食品安全法规政策和监管制度建设和落实；协调推动辖区监管队伍建设；健全辖区食品安全信息管理制度。二是综合协调。开展辖区重大食品安全问题调研；组织开展辖区食品安全综合治理行动；协调处理监管职责交叉或漏洞问题；组织协调食品安全宣传、培训、对外交流工作。三是考核评议。督查辖区食品安全法规实施和中央及省级决策落实，督查省级食品安全部门和下级政府食品安全监管履职并考核。四是应急、事故处置。加强辖区食品安全应急体系和能力建设，完善隐患排查机制和事故处置机制。

2. 市级食品安全协调机构及其职责。市级食安委是市政府食品安全工作的议事协调机构，下设市食安委办公室，承担食安委的日常工作，办公室设在市级市场监管部门，在市级党委和政府领导下，统一组织、协调辖区食品安全监管工作。市级食品安全委员会成员单位动态调整，具体由食安办与相关部门协商一致报食安委批准。市级食安委的职责主要包括：其一，贯彻落实中央和省级食品安全方针政策，分析研判辖区食品安全形势，组织辖区实施食品安全战略，提出辖区食品安全监管政策措施，部署食品安全工作，完善食品安全共治体系。其二，统筹协调指导辖区食品安全工作，督促有关部门和县级政府履行食品安全职责，落实食品安全属地管理责任。其三，统筹协调指导辖区重大食品安全突发事件、重大违法案件处置、调查处理和新闻发布工作。其四，协调推动完善食品安全监管体制，推动形成食品安全社会共治格局。市级食安委办公室的职责有：其一，组织开展辖区重大食品安全问题的调查研究并提出建议。其二，负责辖区食品安全综合协调工作，推动健全食品安全跨地区跨部门协调联动机制，协调食品安全全过程监管中的重大问题。其三，组织起草辖区食品安全工作的督查考核方案，在食安委委托下，组织开展辖区有关部门和县级政府食品安全工作督查和考核。其四，组织起草市食品安全年度重点工作安排并落实。其五，协调跨部门重大食品安全突发事件、重大违法案件处置、调查处理和新闻发布工作。

3. 基层（县、乡）食品安全协调机构建设。省级食安办负责制定基层食安办工作规范，协调指导辖区基层食安办规范化建设工作；设区市政府是基层食安办规范化建设工作的实施主体，负责制定基层食安办规范化建设方案等，加快县级和乡镇（街道）食安办建设和动态管理。加大人、财、物、技术等资源投入力度，改善基层县乡食安办软硬件条件，发挥食品安全基层责任网络作用，提升基层食品安全治理能力和安全水平。

县级食品安全协调机构及职责。①县食安办地位和组成。县食安办是县食品安全委员会的具体办事机构，具体承担县食品安全委员会的日常工作。县食安办督促指导乡镇食安办规范化建设。县食安办主任由县市场监管部门主要负责人兼任，食安办的日常工作由专门科室承担。动态调整食安委成员单位和食安办主任、副主任单位，确定成员单位职责分工，及时调整公布成员、联络员名单。食安办根据工作需要设立专家委员会、社会监督员队伍、讲师团等社会聘请组织。②县食安办职责：其一，协助县级党委政府落实党政领导干部食品安全责任制，研究制定县食品安全党政同责的实施细则。组织拟定贯彻落实上级及本级党政食品安全工作相关方针政策、决策等。其二，推动将食品安全工作纳入本级经济和社会发展规划，制定辖区年度工作要点、食品安全专项规划，统筹推进辖区食品安全工作。其三，向党政汇报食品安全工作，集体研究解决食品安全重点难点问题。其四，安排党政领导食品安全检查调研工作，研究解决食品安全突出问题。其五，承办或协办党政食品安全工作会议，研究部署辖区食品安全工作。其六，研究落实食品安全阶段性工作，通报各部门食品安全监管工作进展。其七，分析食品安全形势，推动完善全过程食品安全监管机制。其八，协调实施食品安全风险防控、隐患排查和专项治理，防范系统性、区域性风险。其九，协调相关部门建立信息共享机制。其十，制定辖区产业高质量发展规划，推进食品及相关产业转型升级。③县食安办工作机制，包括议事协调、信息报告、督查考核、风险会商、部门联动、业务培训、宣传教育等制度。其一，与市场监管、公安、农业农村、卫生健康、行政执法等相关部门或派出机构建立协作衔接机制，定期召开会商会议。其二，加强食安办工作人员和基层协管员、信息员培训和考核。其三，组织开展食品安全普法和科普宣传、安全教育等工作，推动食品安全社会共治。其四，鼓励发挥金融征信、食品安全责任保险等作用，引导社会各界共同参与食品安全治理。其五，及时通报区域内发生的食品安全事故及食品安全违法行为。其六，协助党政督促各地落实食品安全党政同责，与各乡镇（街道）签订年责任书并考核。其七，协助政府拟定食品安全考评办法，督促乡镇（街道）和相关部门落实食品安全责任。其八，落实地方党政领导干部食品安全责任，加强跟踪督办、履职检查、评议考核。

乡镇（街道）食品安全协调机构及职责。①乡镇食安办人员组成。乡镇（街道）食安办承担市场监管日常管理组织协调工作。乡镇（街道）食安办应配备专（兼）职工作人员。将乡镇食安办设为乡镇（街道）政府（办事处）内设机构，充实专（兼）职人员力量，实体化运作乡镇（街道）食安办，确保有机构、有队伍、有经费履行职责，确保乡镇（街道）属地责任、保障措施、综合协调、工作。要理顺乡镇（街道）食安办与基层派出机构的条块关系，按照"体系上独立完整、功能上互为补充、机制上紧密衔接"的要求，明确职责边界，整合资源力量，将乡镇（街道）食安办与市场监管、农业、卫生等基层派出机构打造成为一个信息共享、执法联动、服务优化的市场监管平台。②村（社区）应配备食品安全协管员。村（社区）协管员在乡镇（街道）食安办指导下开展工作，主要承担隐患排查、信息报告、协助执法和宣传教育等职责，鼓励乡镇（街道）采取向社会购买服务的方式聘任食品安全协管人员，鼓励有条件的乡镇（街道）设立食品安全社会监督服务站或志愿者服务站。在食品安全日常监管任务重的村（社区）设立村级（社区）食品安全工作站。加大对乡食安办人员、村协管员的业务培训，加强社会监督员（含义工、志愿者）队伍建设。③乡镇食安办职责包括：其一，将食品安全工作纳入乡镇（街道）年度重点工作内容和综合目标考核。其二，组织协管员对辖区生产经营主体定期开展隐患排查，重点加强农村集体聚餐及小作坊、食品摊贩、小餐饮等的管理，建立问题清单，明确工作要求，发现违法违规行为应及时劝阻或进行风险提示，并及时上报相关监管部门；加强对食安办工作人员和村（社区）协管人员的业务培训，建成乡镇（街道）、村（社区）两级科普宣传栏。其三，乡镇（街道）食安办应建立健全统筹协调[1]、隐患排查[2]、协助执法[3]、信息报告、宣传教育等方面的工作制度。④乡镇（街道）食安办规范化建设的动态管理。将乡镇（街道）食安办规范化建设及日常动态管理纳入各级政府年度工作目标责任制考核内容。乡镇（街道）政府应将食品安全工作经费列入财政预算，用于辖区食品安全日常工作、宣传、培训、协管人员工作补助等；乡镇（街道）政府应根据工作需要，安排专项经费用于食品小作坊升级改造、食品摊贩疏导区建设、农贸市场食品安全快检等工作；鼓励有条件的乡镇（街道）积极购买农村集体聚餐食品安全责任保险；乡镇（街道）食安办应利用智慧监管手段提高工作效率。

综上所述，健全地方食品安全议事协调机构，是落实地方政府属地管理责任以及地方主要负责人食品安全第一责任人的有力保障，也是确保食品安全的权威性、统一性、专业性、科学性的有效机制。通过设置议事协调机构——地方食品安全委员会，提供协商沟通的平台和机制，既能发挥地方主要负责人的组织性、权威性作用，又能发挥市场监管部门专业和科学作用。地方食品安全委员会及其办公室。地方食品安全委员会作为地方政府的议事协调机构，提供协调平台和机制，成员包括食品安全监管部门和食品安全相关部门等，集体讨论辖区食品安全相关的重大事项，促进政府整体各部门对食品安全的统一理解，实现食品安全在全政府层面的贯彻执行。首先，由地方主要负责人担任地方政府议事协调机构的

---

〔1〕　含工作部署、议事协调和督查考核等。
〔2〕　含日常隐患排查、农村集体聚餐管理、联合检查等。
〔3〕　含小作坊管理、食品摊贩管理、小餐饮网格化社会治理等。

领导角色，确立地方主要负责人的组织领导核心，承担领导责任，保障地方食品安全监管工作的权威性。突出地方主要负责人的组织核心，集中管理职能，便于辖区不同部门和岗位协调，便于统筹推进、组织实施、监测、考核、改进辖区食品安全相关政策和措施，并督导、统筹在辖区全面落实。其次，设置地方食品安全委员会办公室，负责议事协调机构的日常工作，办公室设在食品安全专业监管部门市场监管部门，由食品安全专业监管部门担任议事协调机构的联络者、协调者，发挥食品安全专业监管部门的科学和专业引领作用，保障地方食品安全监管的专业性和科学性。食品安全专业监管部门担任双重角色。一是担任地方食品安全专业监管者，专门负责地方食品安全工作。二是担任地方食品安全议事协调机构联络者，充分利用自身专业性，发挥其协调者的职能，并充当地方党政领导层对接地方食品安全相关各部门以及政府部门以外的合作伙伴（如食品行业、研究和学术机构等）的联络人，拓展地方食品安全管理资源和能力。

（四）明确市场监管部门内部各层级的专业监管职责

1. 健全市场监管地方综合执法体制。减少多层多头重复执法，优化协同高效的市场监管行政执法体制。①省级综合执法体制。省级市场监管局不设执法队伍，法律法规明确要求省级承担的执法职责，由其内设机构以市场监管部门名义开展执法检查活动。其中，直辖市党委确定辖区市场监管行政执法层级配。②市、县综合执法体制。市场监管综合执法队伍统一行使行政处罚权、行政检查、行政强制权以及投诉举报受理和行政处罚案件立案、调查、处罚等。主要由市、县两级综合执法队伍承担市场监管行政执法职能。设区市与市辖区原则上只设一个执法层级，"设区市市场监管局+市辖区派驻分局"模式或"市辖区市场监管局+设区市局监督指导和统筹协调"模式。县级市场监管局实行"局队合一"的管理体制，压实县级市场监管局对综合行政执法工作和队伍建设的责任。③县级市场监管局在乡镇（街道）设置派出机构市场监管所，负责基础性监管工作，聚焦执法业务依法行使行政处罚权。

2. 统一指挥、横向协作、纵向联动的市场监管综合执法机制。上级部门可将案件指定下级管辖，也可依法管辖由下级管辖的案件。上级市场监管部门对下级部门的违法失职行为可责令改正或直接纠正。建立统一指挥、横向协作、纵向联动的市场监管综合执法机制，上级部门指导监督下级部门队伍建设、综合执法等工作，协调处理跨地区、跨部门大案要案和典型案件。建立行刑衔接机制，杜绝有案不移、有案难移、以罚代刑等问题。加强与各相关部门的沟通协调，发挥市场监管部门联络者和协调者的职能，实现食品安全委员会议事协调机构的统筹协调作用。

3. 市、县市场监管综合执法队伍建设。一是夯实基层执法力量。规范编制，确保执法力量向执法一线倾斜。以市、县两级为重心，保证经费和人员配备合理高效。建立健全基层执法人员薪酬、社保等保障机制，降低职业风险，提升基层执法人员的职业荣誉感和敬业精神。建立激励机制，表彰奖励成绩突出的单位和个人，并与工资和职务选任衔接。二是加强职业培训教育，提升综合执法专业化。加大职业培训和人才培养力度，设立专门的培训经费和培训时间，提高执法人员综合素质。加快推进专业领域职业化队伍建设，实行持证上岗和资格管理，按照专业性、技术性要求建立职业化市场监管执法队伍，提高干部专业化能力水平。

4. 基层（乡、村）综合执法。第一，夯实基层市场监管执法力量。①县级食品安全监督管理机构可在乡镇或特定区域设立派出机构。[1] 充实基层监管力量，配备必要的技术装备，填补基层监管执法空白，确保食品安全监管资源和能力。加强基层市场监管所设置及标准化建设，乡镇（街道）市场监管所配置快检室，统一场所设置、统一建设标准、统一工作规程、统一管理制度。提高乡镇监管所食品安全快速检测室配置率，条件允许的地区实现全覆盖，满足农村居民"随时检、免费检、快速检"的需求。促进快检室改造提升、标准化建设，解决基层市场监管所"检不了，检不准，检不快"等检验能力不足的问题。增加农村地区抽检资源配置，对小作坊、小餐饮店、农村义务教育学校食堂、集贸市场、农贸市场、集中聚餐宴席等环节的食品进行全面抽查。②在农村行政村和城镇社区设立食品安全监管协管员，承担协助执法、隐患排查、信息报告、宣传引导等职责，夯实村级执法力量。推进食品安全监管工作关口前移、重心下移，加快形成食品安全监管横向到边、纵向到底的工作体系，形成县级市场监管部门、乡镇市场监管派出机构、村食品安全协管员三级监管网络，将监管的触角延伸到基层一线，健全农村食品安全监管网络。

第二，加强基层各部门食品安全综合执法。下沉监管力量，厘清监管职责，严密监管链条，加强部门协作，整合执法工作。深化综合执法改革，加强基层综合执法队伍和能力建设，确保有足够资源履行食品安全监管职责。①县级市场监管部门及其在乡镇（街道）的派出机构，要以食品安全为首要职责，执法力量

---

〔1〕 依据《食品安全法》第6条第3款，县级食品安全监管机构可在乡镇或特定区域设立派出机构。《市场监督管理行政处罚程序规定》第9条第1款规定，派出机构应在本部门确定的权限范围内以本部门的名义实施行政处罚。

向一线岗位倾斜，完善工作流程，提高执法效率。健全乡、村"一办一站、一专一员"的基层监管模式，乡镇一级设立食品安全办公室并配备一名专职或兼职食品安全专干员；村一级成立食品安全工作站并聘用一名专职或兼职食品安全协管员，协助日常检查、执法监管、宣传引导等工作，并上报监管信息，在基层实现县、乡、村三级监管和信息互通。②基层卫生部门，包括县（区）级疾病预防控制机构、卫生健康机构、医疗机构及乡镇卫生院（社区卫生服务中心）、村卫生室（社区卫生服务站），协助开展食品安全风险监测（含食源性疾病监测）、风险评估基础性工作（如居民食物消费量调查等）、食品安全事故医疗救治、食品安全事故流行病学调查及卫生处理、食品安全标准跟踪评价及宣贯、食品安全知识宣教等。③基层农业综合执法要把保障农产品质量安全作为重点任务。加强执法力量和装备配备，确保执法监管工作落实到位。公安、农业农村、市场监管等部门要落实重大案件联合督办制度，按照国家有关规定，对贡献突出的单位和个人进行表彰奖励。

第三，强调监管资源倾斜配置农村，监管力量倾向本地化。①增加地方权力，地方与食品生产经营者、消费者联系最紧密，支持接地气的地方行动。②增加投资。在农村及城乡结合部地区，政府不仅应当在食品安全问题上做出更多的投资，而且应当做出更智慧的投资决策，加大基础知识、人力资源、基础设施投资，利用公共投资撬动私人投资。③增加本地经验的食品安全专业人才。认识到不同地区农村的差异性。基层食品安全监管力量，应侧重于选拔拥有本地食品安全知识和经验的食品安全专业人才。地方监管者了解当地独特的区域性、季节性和特定作物的经营问题，地方特色食品的工艺、用料等问题，能够更好地开展日常监管以及更好地回应农民、小规模经营者等本地食品生产系统的需求，提供针对性的服务和指导。对本地食品生产系统，发挥地方本土食品安全专业人员作用。④加大地方和基层培训力度。对本地食品生产者和加工商进行监督管理、服务，开展针对性的宣传、教育和培训。本地食品生产加工者，如小农户、小作坊、小经营店、小摊贩、小餐馆、小型水果、蔬菜批发商以及其他供应链参与者。持续加大地方和基层培训力度，提升基层监管队伍能力。尽管地方和基层培训力度在不断加大，但是专业能力的提高还有一个过程，监管力量努力向监管一线倾斜。

二、食品安全政府监管制度

（一）食品生产经营许可制度

1. 食品生产许可。国家对食品和食品添加生产实行许可制度。对直接接触食品的包装材料等具有较高风险的食品相关产品，按照国家有关工业产品生产许可证管理的规定实施生产许可。市场监督管理部门按照食品的风险程度，结合食品原料、生产工艺等因素，对食品生产实施分类许可。对保健食品、婴幼儿配方乳粉、特殊医学用途配方食品等特殊食品生产从严许可。特殊食品生产许可由省级部门负责，除具备普通食品许可条件外，还应提交生产质量管理体系文件以及相关注册和备案文件。有食品经营许可证的餐饮服务提供者在其餐饮服务场所制作加工食品，不用生产许可。对食品生产加工小作坊的监督管理，按照地方制定的"三小"具体管理办法执行。国家推进食品生产许可全流程网上办理和电子证书，实现信息化、无纸化。明确获证企业持续合规要求，食品生产者的生产条件发生变化，不再符合食品生产要求，需要重新办理许可手续的，应当依法办理。

2. 食品经营许可。食品销售和餐饮服务活动，应取得食品经营许可。依据《食品安全法》第 35 条规定，销售食用农产品无须许可。仅销售预包装食品无须许可，须在县级以上食品安全监管部门备案。此外，小食杂店、小餐饮和食品摊贩等从事食品经营活动，按照地方制定的"三小"具体管理办法执行。

(二) 食品安全风险分级管理制度

食品安全风险分级管理制度是促进有限监管资源有效配置的机制。《食品安全法》规定，食品安全监管部门应根据食品安全风险监测、风险评估结果和食品安全状况等，确定监督管理的重点、方式和频次，实施风险分级管理。[1] 食品生产经营风险等级划分，结合食品生产经营企业风险特点，从生产经营食品类别、经营规模、消费对象等静态风险因素和生产经营条件保持、生产经营过程控制、管理制度建立运行等动态风险因素，确定食品生产经营者风险等级，并根据食品生产经营监督检查、监督抽检、投诉举报、案件查处、产品召回等监督管理记录实施动态调整。

建立包括食用农产品、食品、食品添加剂、食品相关产品、特殊食品等全品种、全环节、全过程的风险分级监督管理制度。科学评定风险级别。根据食品类别及业态、固有风险因素监测状况、生产经营者规模及风险控制能力对生产经营者风险等级进行划分；根据日常监督检查情况、抽检监测结果、责任约谈情况、违法违规行为查处情况、食品召回及消费者投诉举报等信用记录情况，对生经营

---

〔1〕 风险分级管理，是指食品安全监督管理部门以风险分析为基础，结合食品生产经营者的食品类别、经营业态及生产经营规模、食品安全管理能力和监督管理记录情况，按照风险评价指标，划分食品生产经营者风险等级，并结合当地监管资源和监管能力，对食品生产经营者实施的不同程度的监督管理。

者风险等级进行动态调整。科学分配监管资源。根据风险评级情况，分配检测等监管资源，利用有限的监管资源实施"精准监管"，彰显监管科学性和公平性，实现监管效能最大化。促进风险分类信息共享与动态管理。全面推进食品企业风险分级监管。抓好随机抽查、飞行检查、专项检查等监管制度落实，逐步健全基于风险管理的食品安全日常监管机制和信用监管制度。比如《食品安全法》规定，食品安全年度监督管理计划应当将专供婴幼儿和其他特定人群的主辅食品、发生食品安全事故风险较高的食品生产经营者等作为监督管理的重点。又如，《食品安全法》对食品生产加工小作坊、食品摊贩等通过地方立法实行分类监管。

（三）食品安全抽样检验制度

食品安全抽样检验是食品安全监督抽检与风险监测的基础性工作，是预防食品安全风险和科学监管的重要手段。根据工作目的和工作方式不同，食品安全抽检分为监督抽检[1]、风险监测[2]和评价性抽检[3]。市场监督管理部门依法对食品生产经营活动全过程组织开展食品安全抽样检验工作，食品生产经营者依法配合有关部门实施食品安全抽样检验工作。

1. 抽样。市场监督管理部门可以自行抽样或者委托承检机构抽样。食品安全抽样工作应遵循"双随机，一公开"要求，即食品安全抽样应遵循随机选取抽样对象、随机确定抽样人员。食品安全抽样检验应当支付样品费用。抽样单位应当建立食品抽样管理制度，明确岗位职责、抽样流程和工作纪律，加强对抽样人员的培训和指导，保证抽样工作质量。现场抽样的，抽样人员应当采取有效的防拆封措施，对检验样品和复检备份样品分别封样，并由抽样人员和被抽样食品生产经营者签字或者盖章确认。网络抽样的，应当记录买样人员以及付款账户、注册账号、收货地址、联系方式等信息。买样人员应当通过截图、拍照或者录像等方式记录被抽样网络食品生产经营者信息、样品网页展示信息，以及订单信息、支付记录等。抽样人员收到样品后，应当通过拍照或者录像等方式记录拆封过程，对递送包装、样品包装、样品储运条件等进行查验，并对检验样品和复检备份样品分别封样。

---

〔1〕 监督抽检指市场监督管理部门按照法定程序和食品安全标准等规定，以排查风险为目的，对食品组织的抽样、检验、复检、处理等活动。

〔2〕 风险监测是指市场监督管理部门对没有食品安全标准的风险因素，开展监测、分析、处理的活动。

〔3〕 评价性抽检是指依据法定程序和食品安全标准等规定开展抽样检验，对市场上食品总体安全状况进行评估的活动。

2. 检验。承检机构依法取得资质认定后方可从事检验活动，承检机构进行检验，应当尊重科学，恪守职业道德，保证出具的检验数据和结论客观、公正，不得出具虚假检验报告。严格检验标准，监督抽检应当采用食品安全标准规定的检验项目和检验方法。没有食品安全标准的，应当采用依照法律法规制定的临时限量值、临时检验方法或者补充检验方法。食品检验实行食品检验机构与检验人负责制。食品检验报告应当加盖食品检验机构公章，并有检验人的签名或者盖章。食品检验机构和检验人对出具的食品检验报告负责。

3. 复检和异议。食品生产经营者对监督抽检检验结论有异议的，可以自收到检验结论之日起 7 个工作日内，向实施监督抽检的市场监督管理部门或者其上一级市场监督管理部门提出书面复检申请。市场监督管理部门在公布的复检机构名录中随机确定复检机构进行复检。复检机构与初检机构不得为同一机构。复检机构实施复检，应当使用与初检机构一致的检验方法。复检机构出具的复检结论为最终检验结论。市场监督管理部门应当及时将复检结论通知申请人。食品生产经营者对抽样过程、样品真实性、检验方法、标准适用等事项有异议的，可以依法提出异议处理申请。市场监督管理部门应当根据异议核查实际情况依法进行处理，并及时将审核结论书面告知申请人。

（四）责任约谈制度

一是约谈生产经营者。生产经营者在生产经营过程中存在食品安全隐患，没有及时采取措施消除，县级以上人民政府食品安全监督管理部门可以对其法定代表人或者主要责任人进行责任约谈。生产经营者应当立即采取措施进行整改，消除隐患。约谈情况和整改情况纳入诚信档案。二是约谈网络第三方交易平台。网络食品交易第三方平台多次出现入网食品经营者违法经营或者入网食品经营者违法经营行为造成严重后果的，县级以上食品安全监督管理等部门可以对网络食品交易第三方平台提供者的法定代表人或者主要负责人进行责任约谈。三是约谈监管部门。如果市场监督管理等监管部门未及时发现食品安全系统性风险，未及时消除监管领域食品安全隐患，本级政府可以对监管部门的主要负责人进行约谈。四是约谈地方政府。地方政府未履行食品安全职责，未及时消除区域性食品安全的，上级政府可以对其主要负责人进行约谈。被约谈的监管部门、地方政府应当采取措施，对监管工作进行整改，约谈情况与整改情况要纳入地方政府和有关部门食品安全监督管理工作评议、考核记录。

（五）食品安全信息统一公开制度

国家建立统一的食品安全信息平台，实行食品安全信息统一公布制度。国家食品安全总体情况、食品安全风险警示信息、重大食品安全事故及其调查处理信息和国务院确定需要统一公布的其他信息由国务院食品安全监督管理部门统一公布。食品安全风险警示信息和重大食品安全事故及其调查处理信息的影响限于特定区域的，也可以由有关省级食品安全监督管理部门公布。县级以上人民政府食品安全监督管理、农业行政部门依据各自职责公布食品安全日常监督管理信息。县级以上地方人民政府食品安全监督管理等部门获知依法需要统一公布的信息，应当向上级主管部门报告，由上级主管部门立即报告国务院食品安全监督管理部门；必要时，可以直接向国务院食品安全监督管理部门报告。县级以上人民政府食品安全监督管理等部门应当相互通报获知的食品安全信息。公布食品安全信息，应当做到准确、及时，并进行必要的解释说明，避免误导消费者和社会舆论。任何单位和个人不得编造、散布虚假食品安全信息。县级以上人民政府食品安全监督管理部门发现可能误导消费者和社会舆论的食品安全信息，应当立即组织有关部门、专业机构、相关食品生产经营者等进行核实、分析，并及时公布结果。

（六）食品安全事故应急处置制度

食品安全事故运行机制旨在有效预防、积极应对食品安全事故，高效组织应急处置工作，最大限度地减少食品安全事故的危害，保障公众健康与生命安全，维护正常的社会经济秩序。食品安全事故，指食物中毒、食源性疾病、食品污染等源于食品，对人体健康有危害或者可能有危害的事故。食品安全事故共分四级，即特别重大食品安全事故、重大食品安全事故、较大食品安全事故和一般食品安全事故。我国《食品安全法》规定，国务院组织制定国家食品安全事故应急预案。县级以上地方人民政府应当根据有关法律、法规的规定和上级人民政府的食品安全事故应急预案以及本行政区域的实际情况，制定本行政区域的食品安全事故应急预案，并报上一级人民政府备案。食品安全事故应急预案应当对食品安全事故分级、事故处置组织指挥体系与职责、预防预警机制、处置程序、应急保障措施等作出规定。食品生产经营企业应当制定食品安全事故处置方案，定期检查本企业各项食品安全防范措施的落实情况，及时消除事故隐患。

完善国家和地方食品安全应急预案，探索企业应急预案，提升各级政府和相关部门应急指挥、综合协调、快速处置能力，建立健全更加高效的应急体系，全面提高食品安全突发事件防范应对能力。加强跨部门、跨地区全过程一体化的应急管理平台的建设，实现各机构和部门纵向对接与横向联动，形成建立统一指挥、协同有序的应急管理机制。加大舆情监测和分析力度，健全舆情监测体系和应对机制。推动各地细化完善舆情监测和应急预案，建立上下联动、横向合作、跨区协作的应急处置机制，加强科普培训与应急演练，提高应急处置能力。对突发问题，第一时间做出反应、第一时间采取措施，做到依法稳妥处置，努力将负面影响降到最低。

（七）食品安全举报奖励制度

举报奖励制度的功能在于弥补政府监管不足、减少政府监管的费用、降低监管成本。由于食品安全违法犯罪行为隐蔽性强，加之政府收集相关信息的能力和动力也常有不足，仅仅依靠监管部门的有限力量进行监管，很难及时发现和查处随时发生的所有不法行为。我国《食品安全法》确立食品安全举报奖励制度，是有效激励社会公众参与食品安全监督，加强食品安全社会监督的重要举措和有效手段。

1. 举报与受理。①举报。举报是自然人、法人或者非法人组织向市场监督管理部门反映经营者涉嫌违反食品安全法律法规规章线索的行为。举报人应当提供涉嫌违法行为的具体线索，对举报内容真实性负责，伪造材料、隐瞒事实、弄虚骗奖、诬告陷害等承担法律责任。举报人可实名举报[1]或匿名举报[2]。鼓励经营者内部人员依法举报经营者涉嫌违法行为线索。②受理。举报由"被举报行为发生地"的县级以上市场监管部门处理。对电子商务经营者的举报，由其住所地县级以上市场监管部门处理。对平台内经营者的举报，由其实际经营地或电子商务平台经营者住所地县级以上市场监管部门处理。

2. 举报奖励。自然人举报食品安全领域重大违法行为，经查证属实且结案后，予以相应奖励。①举报人。应予以奖励的举报人，应当为自然人，不包括"市场监管部门工作人员或者负有法定监督、报告义务的人员，侵权行为之被侵权方及其委托代理人或利害关系人，实施违法行为人（内部举报人除外），有证据证明举报人因举报行为获得其他市场主体给予的报酬、奖励的"等。②举报奖励的范围为"重大违法行为"。重大违法行为是指涉嫌刑事犯罪或可能遭受责令停产停业、责令关闭、吊销（撤销）许可证、较大数额罚没款等行政处罚的违

---

〔1〕 实名举报应当提供真实身份证明和有效联系方式。

〔2〕 匿名举报有举报奖励诉求的，应当提供能够辨别其举报身份的信息作为身份代码、举报密码等，以便市场监管部门验明身份。

法行为。[1] ③举报奖励条件：明确的被举报对象、违法事实或违法犯罪线索及证据；举报内容尚未被管理部门掌握且经监管部门查处结案并被行政处罚或移送司法追责。④奖励标准。有罚没款的案件，根据举报等级并综合考虑涉案货值、社会影响程度等因素，举报奖励金额分别为罚没款的 5%、3% 和 1%，最低为5000 元、3000 元和 1000 元，最高为 100 万元/案。⑤内部举报人。食品生产经营者内部人员举报违法行为的，适当提高奖励标准。由于食品领域的专业性、技术性强，重大违法行为常常更具隐蔽性，鼓励经营者内部人员依法举报经营者涉嫌违反市场监督管理法律、法规、规章的行为。通过内部举报人奖励条款，适当提高奖励标准，有利于获取关键案件线索、提升食品安全违法行为打击精准度。

3. 举报人保护。市场监管部门应当依法保护举报人合法权益，严格为举报人保密，不得泄露举报人相关信息。举报人所在企业不得打击报复，不得以解除、变更劳动合同等方式打击报复。

（八）食品安全宣传、教育、培训制度

培训对于食品链的任何环节的食品安全都至关重要。参与食品相关活动的人员缺乏卫生培训或指导和监督，对食品安全性和适宜性构成潜在威胁。依据《食品安全法》，食品行业协会应加强宣传、普及食品安全知识。国家鼓励社会团体、基层群众性自治组织开展法律、法规、标准和食品安全知识普及，倡导健康的饮食方式，提高消费者食品安全意识和能力。新闻媒体应开展公益宣传和舆论监督。①监管者培训。食品安全监督管理等部门应当加强对执法人员食品安全法律、法规、标准和专业知识与执法能力等的培训，提高监管者发现、查处、应对食品安全问题的能力。②生产经营者培训。为了帮助食品产业合规，开展教育、培训、宣贯以确保对法规、标准要求的理解，给予企业技术协助以帮助合规，预防和减少生产经营过程的食品安全风险。③消费者教育。开展消费者教育，增强消费者的能力，发挥消费者对减少食品安全风险的积极主动作用。消费者在减少食品安全风险方面可以通过其食品选择和食品处理方式发挥作用。消费者是"从农田到餐桌"的预防体系的一部分。加强教育，提高消费者的食品安全意识和知识，提高食品安全教育的有效性，帮助改进消费者减少食源性疾病的行为，加强以消费者为基础的关于安全食品处理方法的交流和推广，预防和减少消费环节的食品安全风险。值得强调的是，消费者教育应特备考虑农村及城市地区弱势和处

---

〔1〕 食品安全领域重大违法行为具体包括违反食品安全相关法律法规规定的重大违法行为；具有区域性、系统性风险的食品安全重大违法行为；食品安全领域具有较大社会影响，严重危害人民群众人身、财产安全的重大违法行为；涉嫌犯罪的食品安全违法行为等。

于不利地位的消费者的需求和利益。《联合国保护消费者准则》将"保健、营养、防止食品致病和掺假"作为消费者教育与宣传的重要内容之一，要求各国政府拟定与本国国民的文化传统相适应的消费者教育与宣传方案，并应特别顾及农村及城市地区弱势和处于不利地位的消费者的需求，包括低收入消费者和文化程度低或未受过教育的消费者的需求。鼓励消费者组织、媒体及其他有关团体开展有利于农村和城市地区低收入消费群体利益的教育和宣传方案。考虑到农村消费者和不识字的消费者，通过大众传媒或其他传播渠道开发消费者信息节目，将信息发送给此类消费者。

（九）食品安全信用监管制度

依据《食品安全法》第113条，监管部门建立食品生产经营者信用档案，记录、更新生产经营者资质、日常监督检查、不安全食品召回、违法行为查处，责任约谈等方面的信息。对不良信用者增加监督频次，对严重违法行为投资联合惩戒。《中共中央国务院关于深化改革加强食品安全工作的意见》强调，推进食品工业企业诚信体系建设。建立食品生产经营者统一信用档案，纳入国家信用信息共享平台和国家企业信用信息公示系统。实行信用分级分类管理，健全严重失信者名单认定机制，加大失信者联合惩戒力度。

1. 生产经营者信用档案管理制度。建立信用档案是对企业进行信用综合评价的基础。建立全国统一的食品生产经营企业信用档案，纳入全国信用信息共享平台和国家企业信用信息公示系统，促进食品安全信用信息共享与应用。食品生产企业信用档案记录的信息包括企业基本信息、[1] 政府监管信息、[2] 社会监督信息[3] 及依法需要记录的其他管理信息。

2. 生产经营企业信用分级分类管理制度。制定食品生产经营企业信用分级分类管理标准，建立信用等级评价机制，对食品生产经营企业及相关人员信用实行分级分类管理。食品安全信用分级是指监管部门综合食品生产企业行政许可、

---

〔1〕 企业基本信息主要包括企业名称、地址、许可信息、法人和质量安全负责人情况、产品品种、执行标准、停产情况以及委托加工等信息。

〔2〕 政府监管信息主要包括：风险自查、日常监督检查、专项检查、飞行检查及发现问题整改情况等信息；监督抽检和风险监测以及不合格产品或问题产品处理情况等抽检监测信息；违法类型、违法内容以及查处结果等违法行为查处信息；企业主动召回和监管部门责令召回产品情况等食品召回信息；食品安全事故发生及处置信息；其他政府部门通报涉及企业食品安全的信息；责任约谈信息以及其他需要记录的监督管理信息。

〔3〕 社会监督信息包括消费者投诉举报调查核实情况及处理结果、行业组织或其他社会组织反映的食品安全问题调查核实情况及处理结果、媒体曝光的食品安全问题调查核实情况及处理结果等信息。

监督检查、监督抽检以及行政处罚等信用档案记录情况，委托第三方机构，对食品生产企业进行的食品安全信用状况等级评定。

3. 食品安全严重违法失信名单管理制度。首先，严重违法失信名单列入标准：违反法律、行政法规，性质恶劣、情节严重、社会危害较大，受到市场监管部门较重行政处罚的当事人。[1] 较重行政处罚的设定参考《行政处罚法》规定的可以申请听证的行政处罚类型，主要包括按照从重处罚原则处以罚款、吊销许可证件、限制开展生产经营活动等行政处罚。其次，对被列入严重违法失信名单的当事人的惩戒措施包括：①在审查行政许可、资质、资格、委托承担政府采购项目、工程招投标时作为重要考量因素；②列为重点监管对象，提高检查频次，依法严格监管；③不适用告知承诺制；④不予授予市场监督管理部门荣誉称号等表彰奖励；⑤其他。惩戒措施限定在现有法律、法规和党中央、国务院政策文件明确规定的范围，避免失信惩戒泛化、滥用。最后，严重违法失信名单信用修复：当事人被列入严重违法失信名单之日起满 3 年的，由列入严重违法失信名单的市场监督管理部门移出。当事人被列入严重违法失信名单满 1 年后，已经自觉履行行政处罚决定中规定的义务、已经主动消除危害后果和不良影响、未再受到市场监管部门较重行政处罚的，可以向作出列入决定的市场监管部门申请提前移出。

第四节　社会组织、消费者等社会监督责任

一、行业组织

行业组织的社会角色是保护和增进行业整体利益，保障食品安全符合行业的

---

[1] 列入食品安全严重违法生产经营者黑名单的违法行为主要包括：①未依法取得食品生产经营许可从事食品生产经营活动；②用非食品原料生产食品；在食品中添加食品添加剂以外的化学物质和其他可能危害人体健康的物质；生产经营营养成分不符合食品安全标准的专供婴幼儿和其他特定人群的主辅食品；生产经营添加的食品；生产经营病死、毒死或者死因不明的禽、畜、兽、水产动物肉类及其制品；生产经营未按规定进行检疫或者检疫不合格的肉类；生产经营国家为防病等特殊需要明令禁止生产经营的食品；③生产经营致病性微生物，农药残留、兽药残留、生物毒素、重金属等污染物质以及其他危害人体健康的物质含量超过食品安全标准限量的食品、食品添加剂；生产经营用超过保质期的食品原料、食品添加剂生产的食品、食品添加剂；生产经营未按规定注册的保健食品、特殊医学用途配方食品、婴幼儿配方乳粉，或者未按注册的产品配方、生产工艺等技术要求组织生产；生产经营的食品标签、说明书含有虚假内容，涉及疾病预防、治疗功能，或者生产经营保健食品之外的食品的标签、说明书声称具有保健功能；④其他违反食品安全法律、行政法规规定，严重危害人民群众身体健康和生命安全的违法行为。

整体利益。食品行业组织主要通过行业自律、与消费者沟通、与政府沟通三个方面来促进食品安全与公众健康。一是行业自律。食品行业组织谙熟本行业的技术、风险、流程、质量、成本、管理等，掌握其他组织无法掌握的内部信息资源优势，通过奖励、认证或惩罚建立有效的激励和约束机制，充分发挥其自律监督者的作用。二是监督食品生产经营者，保护消费者。食品行业组织的宗旨是保护和增进行业集体性的权利和共同利益，主要手段是积极引导食品生产经营者依法生产经营，促进行业整体利益和长远发展。食品行业组织通过监督食品质量，纠偏经营弊端，推动食品安全与公众健康。三是政府与行业之间的中介。食品行业组织是政府与企业之间的枢纽，增进政府与企业之间的有效沟通联系。《食品安全法》第9条第1款规定，食品行业协会应当加强行业自律，依照章程建立健全行业规范和奖惩机制，提供食品安全信息技术等服务，引导和督促食品生产经营者依法生产经营，推动行业诚信建设，宣传、普及食品安全知识。此外，还包括其他组织如社会性的检验检测机构、认证机构、风险评估机构、风险监测机构、保险公司等社会第三方机构。

二、新闻媒体

新闻媒体的功能主要包括公益宣传和舆论监督，确保公众能够了解并理解食品安全信息。食品安全公益宣传是指为促进、维护食品安全与公众健康而制作、发布的公益广告，或由社会公众参加的维护食品安全与公众健康的各种宣传活动。食品安全公益宣传面向整个社会，旨在引起整个社会的关注、共鸣与响应，对社会公众起到教育、启迪的作用。新闻媒体通过对食品安全信息的客观、真实、合法地报道，对合法、安全的食品起到宣传推广作用，对违反食品安全法律、法规的行为进行舆论监督。需要注意的是，新闻媒体报道食品安全信息，应当客观、全面、准确，对发布的信息负责，避免对社会公众造成误导和不必要的恐慌。《食品安全法》第10条第2款规范食品安全信息发布，强调监管部门应当准确、及时、客观地公布食品安全信息，鼓励新闻媒体对食品安全违法行为进行舆论监督，同时规定对有关食品安全的宣传报道应当客观、公正、真实。

三、消费者组织

消费者组织是对商品和服务进行社会监督的保护消费者合法权益的公益性社会组织。消费者组织负有对食品进行社会监督的保护消费者的职责。其公益职能包括：向消费者提供消费信息和咨询服务，提高消费者维护自身合法权益的能力，引导文明、健康、节约资源和保护环境的消费方式；参与制定有关消费者权益的法律、法规、规章和强制性标准；参与有关行政部门对商品和服务的监督、检查；就消费者合法权益问题，向有关部门反映、查询，提出建议；受理消费者的投诉，并对投诉事项进行调查、调解；投诉事项涉及商品和服务质量问题的，可以委托具备资格的鉴定人鉴定，鉴定人应当告知鉴定意见；就损害消费者合法权益的行为，支持受损害的消费者提起诉讼或者依法提起公益诉讼；对损害消费者合法权益的行为，通过大众传媒予以揭露、批评。《食品安全法》第9条第2款对消费者协会的社会监督作用进行了概括性规定，消费者协会和其他消费者组织对违反本法规定，损害消费者合法权益的行为，依法进行社会监督。其他具体情形适用《消费者权益保护法》的规定。

四、研究机构和大学

学术和研究是知识的孵化器。我国当前食品安全监管面临诸多法律和科学技术方面的挑战，应着力加强与学术机构合作。其一，鼓励、支持、落实监管机构与大学等学术资源合作，为实施国家食品安全战略提供洞见。开发当前和将来的技术和资源，帮助政府解决面临的食品安全挑战，为决策提供基于证据的方案，提升监管机构在科学技术和法律方面的能力。其二，注重发挥研究者、决策者、学生、技术工作者和专家开展食品安全研究、教育、培训的有效作用。其三，激励跨学科研究，传播食品安全知识和经验。通过合作项目、培训和课程开发、研究和教学等方式，将知识转化为实践方案，共同致力于保障食品安全。学术机构能够有效聚集社会创新要素和资源，研究探索食品安全治理的途径和方法，为落实国家食品安全战略提供洞见。

五、消费者的责任

消费者对食品的妥善保管、处理与烹饪自负其责。消费者应遵照食品有关说明作出明智的选择并正确食用食品，同时采取必要、适当的安全措施。消费者应积极努力地掌握食品安全知识，改变不良消费习惯，反对食物浪费。如《日本食品安全基本法》第9条，消费者应加深对保障食品安全性有关知识的理解；同时，对所采取的措施发表自己的见解，在保障食品安全方面发挥积极的作用。需要引起注意的是，提倡节约，反对浪费，引导可持续的消费意识，探索食物浪费的约束机制。粮食在储存、运输以及消费等过程当中，会有很大的损耗，约束食物浪费，提倡节约，是保障食物供给充分的有效措施，每个人从节约粮食方面是可以有更多的作为。注重发挥消费者的作用。其一，促进消费者信息的可得性，注重应用网络通信技术，提供高质量、有针对性、及时的食品安全信息。其二，增强消费教育，加强与公众沟通交流，帮助消费者利用科学进步。其三，开展消费者行为研究，出现问题时鼓励消费者采取最佳应对行动。

鼓励消费者、家庭采取行动，通过问问题、查标签、讲卫生等方式，确保自己餐桌上的食品安全。家庭一级的食品处理。不良饮食习惯是造成食品传播疾病的主要因素。确保消费者遵照食品储存和制备说明妥善处理食品。食品安全是全社会共同的目标，是每个人的权利和责任。家庭不正确制备或不当处理食品是导致食品安全问题的重要环节。为了吃得更健康、更安全，需要有关部门、行业和社会组织以及广大公众携起手来，从每个人做起，从每个家庭做起。政府企业、社会组织等向消费者、家庭宣传推广食品安全风险防范措施，指导消费者和家庭安全处理和制备食品，降低不安全食品的风险，预防和控制食源性疾病。即保持清洁、生熟分开、做熟食物、保持食物的安全温度、使用安全的水和原材料。引导消费者了解自己必须发挥的作用，在购买、销售和制备食品时采取基本的个人卫生措施以保护自身健康及公众健康，了解所使用或食用的食品，包括阅读食品包装上的标签，做出知情的选择，熟悉常见的食品危害物等。有效的指导广大消费者和家庭树立自觉防范食品安全风险的意识，形成人人关注食品安全、重视食品安全的良好社会氛围。

六、国际组织

随着食品生产的工业化、市场化及食品贸易的全球化趋势，食品产业链已经漫长到超越一国的国界，食品安全问题也不再局限于特定的地区和特定的团体，食品安全问题越来越具有全球性，成为需要各国共同面对的重大问题，需要国家内部不同主体之间以及国际之间开展高效协作，共享食品安全信息，推动全球的食品安全和可持续发展，促进人类的健康。国际社会各方共同参与机制包括：一是政府间国际组织（如联合国粮农组织 FAO、世界卫生组织 WHO）所制定的相关国际合作框架和议程，对国内食品安全政策、法律、标准的影响。二是国际非政府组织（如食品法典委员会 CAC、国际消费者协会 CI）对国内食品政策、法律、标准制定过程的影响、参与。由于食品安全问题的跨国界性以及食品安全标准的强科学技术性，国际社会在食品安全方面逐渐形成统一的各种食品安全国际标准，最典型的是世界卫生组织和联合国粮农组织的食品法典委员会的系列食品安全国际标准。CAC 标准主要通过透明的方式为食品安全标准寻求国际共识，不仅向政府当局开放，而且向食品生产经营者、消费者、科学家等开放。我国《食品安全法》第 28 条规定，制定食品安全标准应当参照相关国际标准和国际食品安全风险评估结果。又如，FAO 的全球农业在线研究入口（Access to Global Online Research in Agriculture，AGORA），是 FAO 和合作伙伴共同开发的全球在线研究项目，向发展中国家的公共研究机构提供免费和低成本的获取食品、农业、环境、生物技术、社会科学（包括法律方面）以及其他主题的科学文件、学术期刊的通道。发挥研究者、决策者、学生、技术工作者和专家开展食品安全研究、教育、培训的有效作用，通过网络提供高质量、有针对性、及时的食品安全信息。三是跨国食品公司承担食品安全主体责任，并通过知识、技术等各种直接或间接途径，受国内食品政策、法律、标准影响，同时在一定意义上也影响国内食品决策。

第五节　政府主导的协同合作框架

前述第二、三、四节阐述了食品安全社会共治的基础，各利益相关方责任明确，各负其责。食品安全社会共治的重点是利益相关者作用和活动的协调。政府与各利益相关者共同打造一个多元参与合作的空间，通过与社会组织、私营部门、学术界、研究中心等的有效合作，利用各自的知识、信息、经验和比较优势，共同保障国家食品供应体系的安全。协调实质上是一个沟通谈判过程，包括以下几个方面：一是目标协调，使不同部门的决策和活动相互配合，以实现食品安全与公众健康的共同目标。二是信息协调，协商、沟通使不同部门使用统一的数据、资料、评估、分析等。三是职能协调，避免监管重复和监管漏洞。四是资源协调，包括资金、技术、人才、设施等，提高不同部门资源整合，提高资源利用效率和效能，促进有限资源有效利用和高效利用。政府（以国家市场监管总局为枢纽）与各利益相关者共同打造一个多元参与、合作的空间。

一、政府内部的协同合作

部门内的协同。首先，就市场监管部门内部而言，不是仅食品安全一项职责，还包括知识产权、质量、反垄断、反不正当竞争等多项职能。国家市场监管总局，内部需要协调有限资源（包括人、财、物、技术等）在众多职责中的有效配置，确保食品安全职责的适当履行。其次，仅食品安全职责也在国家市场监督管理总局内部分别由食品安全协调司、食品生产安全监督管理司、食品经营设施安全监督管理司、特殊食品安全监督管理司、食品安全抽检监测司承担，通过内部协同机制，促进无缝对接、整合协同，促进更加统一的决策和程序，增强食品安全监管统一性、专业性、权威性，最大限度地保障市场监管部门配置的食品安全资源的最大化利用。最后，国家市场监管总局与地方市场监管部门之间的纵向联系。

部门之间的协同合作。保障食品安全的职责分散在市场监管、卫生健康、农业农村、海关等不同部门之间，不同机构必须共同努力实施超出各自职责范围的扩大服务的措施。这一层面的协同除了"三定"方案中各自的职责明确与协同衔接基本要求之外，国务院食品安全委员会及其办公室的协同，在食品安全问题上促进跨部门合作，协调国务院各部门的努力，确定国家食品安全总目标，改善食品安全。

国家市场监管总局等部门与地方政府协同合作。就农村及城乡结合部食品安全问题而言，地方政府处理，相对比较得心应手，因为地方政府既负有责任又能处于相对超脱的地位、提出客观的处理意见。就地方食品安全责任而言，食品安全相关的权力分散在诸多部门之间，国家市场监管总局等部门倾向于沿着部门行业发展纵向联系，而在地方发展横向联系方面不及地方政府有优势。国家市场监管总局通过与地方政府（省级政府）签署战略合作框架协议，如为支持湖南自贸试验区建设国家市场监管总局与湖南省政府签订战略合作框架协议，在包括保障食品安全在内的优化营商环境、强化质量监管、计量检测等市场监管领域协调联动、信息共享，推进湖南市场治理体系和治理能力现代化。又如国家市场监管总局与广东省政府签署战略合作框架协议，深化"放管服"改革，双方合作推进打击假冒伪劣等方面的从流通到消费的全链条监管创新，完善市场监管执法体制。然而，地方政府的资源是有限的，因为除了食品安全职责，地方政府还承担广泛的责任，如环境保护、经济发展、教育、城市建设等方面的责任。因而，地方政府应保障辖区食品安全的资金、资源、权力和机构。又因食品安全相关的权力分散在诸多部门之间，这就需要地方政府建立地方食品安全协调机构，明确各部门的食品安全职责和边界，并将重点放职能活动的协调上，即协调对辖区食品安全产生重要影响的所有机构的食品安全相关活动。

二、政府与食品行业合作

促进政府监管部门与企业形成法律伙伴关系。在政府资源有限的背景下，政府与企业结合在一起的创新伙伴关系对提高食品安全监管有效性和高效性越来越重要。公共部门和私营部门具有相对但互补的优势，二者相结合会产生聚合效应。保障食品安全是经营者的法定义务，保障食品安全是政府的法定职责。企业是食品安全的基础力量。食品安全法实施的关键是利益相关者对法规标准的认知、理解、遵守，通过参与、教育、宣传、培训、技术协助等，促使企业和监管部门形成法律伙伴关系，向产业提供确定的、量身定制的适宜的符合食品安全标准和法规的建议，增强食品安全监管治理体系绩效。我国食品安全法及食品安全监管实践强调生产经营者第一责任人，强调食品安全是产出来的，同时强调食品安全是管出来的。我国食品安全监管过程中，行政管理的惯性还很大，专业技术监管尚待加强，监管部门在科学、专门知识、经验、创新等方面的引领作用和服务职能尚待进一步提升。在我国当前倡导的"放管服"的改革背景下，智慧处理食品监管者与食品产业之间关系，政府要"有所为，有所不为"，要做好"减法、加法、乘法"。"放"，即简政放权，改善食品产业营商环境，释放市场活力。"管"，即放管结合，加强事中事后监管，提升监管能力。按照风险分类原则配置监管资源；采取必要的针对性的监管措施、检验检测措施、奖惩措施；推行跨部门、跨层级、跨区域综合执法，分享知识、信息、技术、经验等协同共治，拓展监管资源、提升资源利用效率，提升监管能力。"服"，即升级服务。提供办事指南、申请材料范本，开展针对性的批前指导，提前现场核查，上门服务；加强政府在风险监测、风险评估、食品安全标准、检验检测技术等方面的服务；培训业者，帮助合规；教育消费者，明知、清醒、谨慎，帮助明知选择；信息公示与共享。

政府应注重利用食品安全法律与政策专门知识，促进法律对食品系统的影响。其一，注重法规与政策的透明性和公众参与性。引导、教育、培训公众参与法律与政策的制定，广泛听取公众意见，与利害关系人进行充分沟通、回应。其二，加强法规政策的解释、宣贯、培训、教育。开展实情调查，促使监管部门和企业形成法律伙伴关系，增强食品安全监管体系的绩效。其三，健全法规政策的清单和目录管理。加强规则之间的衔接，避免重合和漏洞。加强法规政策评估和检查，贯彻落实标准跟踪评价制度。其四，考量监管成本与收益。注意监管流程成本，考虑企业遵守法规标准的成本，以免影响法规标准的可得性以及食品价格，以防减损公共福祉。

政府授权和激励食品产业履行食品安全义务。政府改善监管框架和措施，促进行为改变。政府监管应该致力于通过制定食品安全规则来促进和改善合规，而非聚焦检查和制裁。传统监管方式多采用惩罚性激励机制，通过产品检测、设施检查，并对违规者适用罚款等经济制裁的方式促进合规。应当通过提供信息及其他资源激励和促进食品生产经营者合规。监管结果应当依据企业合规、消费者信心以及食品安全效果评估，而非罚款数额和企业关停数额。[1] 生产经营者合规，这种由受监管私营食品生产经营者自己进行管理，不是放松监管。[2] 用更灵活、更少以国家为中心的监管形式取代传统的自上而下的监管——包括自我监管、联合监管、基于管理的监管、私人治理体系和经验上的知情监管——挑战了现有的监管概念，"促进合法合规、有效和积极参与的新治理"。政府监管应注重以下几个方面：其一，加强解释、宣传、教育、培训、沟通交流，鼓励、引导、帮助企业自觉合规和自我矫正。其二，提升矫正措施的针对性和实效性。实践中，我国法规和标准实施比较僵化，"不符合食品安全标准"的不合规行为的矫正措施，未能与引发公众健康不利后果的风险充分挂钩，缺乏针对性的、与违规程度相适应的层次清晰的矫正措施。其三，强化召回措施，增进召回实效。召回是保护消费者免受不安全食品之害的最快速、最有效的方法。加强召回法规的落实，鼓励、引导企业自愿召回，及时做出责令召回。开发利用先进的检查工具确定召回数量和范围。及早预警，发布、更新信息，与公众更多更早的进行风险交流，确保消费者知道污染食品、保护消费者，最大限度减少风险，预防消费者致病，避免潜在损害。确保问题产品从市场撤出，加强问题的原因分析，采取矫正措施防止类似问题再出现。

三、政府与社会组织等合作

（一）政府与社会组织合作

社会组织，因其技术专长、与食品安全的接近程度和代表程度以及因其日趋频繁地涉入食品安全领域，在保障食品安全、对抗食品安全风险中发挥重要的作用。政府通过合作努力将社会组织的知识和能力投入到食品安全风险控制和食品安全保障事务。增强与社会组织的合作关系，与地方性、区域性、全国性、全球性的社会组织建立合作关系，提升社会组织的数量、质量、影响力，提供成功合作所需的指南和建议。政府与社会组织的合作事项主要包括：增强政府食品安全决策的合法性、透明性、公正性（合理性），充分考虑社会各方面的利益，获

〔1〕 Jaffee, Steven, Spencer Henson, Laurian Unnevehr, Delia Grace, and Emilie Cassou. 2019. The Safe Food Imperative：Accelerating Progress in Low-and Middle-Income Countries. Agriculture and Food Series. Washington, DC：World Bank.

〔2〕 See Orly Lobel, New Governance as Regulatory Governance, in THE OXFORD HANDBOOK OF GOVERNANCE 65（David Levi-Four ed. 2012）；see also Orly Lobel, The Renew Deal：The Fall of Regulation and the Rise of Governance in Contemporary Legal Thought, 89 MINN. L. REV. 342（2004）.

得社会各方的支持；考虑利益相关者食品安全相关的观点和意见；通过公众参与等方面的社会经验积累，增强食品安全各种合作项目的实效性，以及快速采取行动和灵活应对食品安全风险和脆弱点；建立实现食品安全目标的公众支持。政府在以下方面对社会组织提供支持：技术和制度支持；获取政府或其他决策主体的信息；在公共政策、提供服务、财产和人力资源发展方面扩大支持力度；促进食品安全资源调动。社会组织可以通过向消费者提供食品安全、营养干预措施、促进与食品安全行为改变相关的交流以及追究政府和私营部门组织的责任等方式作出贡献。

（二）政府与学术和研究机构的合作

政府与学术机构合作，能够产生重大的、有针对性的知识，帮助政府解决面临的食品安全挑战，学术能对政府食品安全相关议题产生中立、多样化的观点，提供技术专长，培育创新和批判性思维，开发当前和将来的技术和资源，提升政府食品安全治理的能力。与大学等高等教育机构的合作，集合知识和创新，增强能力，为决策提供基于证据的方案，与学术共同体分享接地气的实践经验。①政府与学术机构合作的中心目标是：提供洞见，支持国家食品安全战略。有效地促成国家食品安全战略规划的落实，地区协作和部门协作框架的达成，学术可以通过促进共识、增强意识、动员利益相关者来增加价值。政府与学术机构合作的主要目标包括：集合学术知识和信息资源，使利益相关者直接获益。培养能力，激励跨学科研究，传播食品安全知识和经验。在多元利益相关者活动和对话过程中形成相关食品安全议题的学术共识。②政府与学术机构合作的方式包括：共同项目、技术文件和手册的制备、培训和课程开发、研究和教学。③政府与学术机构的合作理念。政府与学术机构的合作强调学术在将知识转化为实践方案过程中发挥重要的作用，共同致力于保障食品安全。其一，政府支持国家研究系统、公立大学和研究机构，促进根据相互商定的条件转让技术、自愿分享知识和做法并开展研究，推动大幅扩展食品安全、营养和农业研究、推广服务、培训和教育，改善食品安全和营养。其二，发挥研究者、决策者、学生、技术工作者和专家开展食品安全研究、教育、培训的有效作用，通过网络提供高质量、有针对性、及时的食品安全信息。学术界的成员撰写书籍和论文，传播科学和知识，对食品安全工作至关重要。比如，在农村地区，兽医在确保食品安全和保障、动物健康和福利、公共卫生和生产者盈利能力方面发挥着重要作用。支持教育和推广活动，帮助兽医、兽医学生、兽医技术人员和兽医技术人员学生获得专门技能，并为实践提供额外资源。为兽医、兽医技术人员和加强兽医项目和加强食品安全所需的其他卫生专业人员提供继续教育和推广，包括兽医远程医疗和其他远程教育。为参加食品安全或食品动物医学培训课程的兽医学生、实习兽医、外派兽医、研究员、住院兽医和兽医技术员学生提供旅费和生活费。

此外，鉴于国家食品供应体系的国际态势，加强食品安全国际合作共治。提升我国在食品安全国际组织、国际规则、国际标准国际等方面话语权，传播食品安全标准和法治结构，发挥我国在食品安全国际事务和国际合作中的影响力和积极作用。在法律制度相互竞争的当今时代，提高我国作为司法目的地的国际地位，宣传中国食品安全法，增进我国食品安全法律制度在国际竞争中优势。

四、政府与利益相关者合作的措施

当前，我国食品安全社会共治还处于探索阶段，需要不断完善共治机制、不断拓展共治方法、不断挖掘共治力量、不断增强食品安全工作的凝聚力，健全食品安全社会共治体系。利益相关者共同参与相关法律、标准的制定，政府部门的监管责任和引领作用，食品安全法规、标准、监管政策的透明，各利益相关者食品安全信息互通，利益相关者共同或协同行动。拓宽利益相关者的参与机制，构建相互合作的框架，有效地合作处理关键的公众健康需求，弥补科学能力的不足，促进创新。探索相互间的合作模式，通过相互沟通交流和共同行动，分享知识、经验、信息等，推动各主体之间服务和能力的分享，拓展资源和经验。

（一）完善信息公开机制

1. 积极推进立法、决策公开。在法规和政策制定工作中进一步完善公众参与机制，健全草案公开征求意见机制，建立立法涉及重大利益调整的咨询论证、听证机制。法规、规章及规范性文件制定过程中，通过采取座谈会、论证会、听证会、上网公开征求意见等多种形式，广泛听取相关部门、有关单位、行业协会和公民的意见，扩大公众参与。一是充分公布法规、政策。政策措施出台后要及时公布，通过政府网站公开发布、媒体推广转载等方式，扩大政策传播范围，提高公众知晓程度。二是主动、权威解读法规政策。积极协调相关牵头起草部门开展法规政策解读工作，将法规政策和相关文件及解读材料同步起草、同步审批、同步公开，提高政策解读的针对性、科学性、权威性。相关法律法规以及与公众利益密切相关、需要社会广泛知晓、社会关注度较高、涉及热点敏感信息等规章和规范性文件，牵头起草部门应同时报批相关文件和解读材料，在文件公开后开展政策解读工作。通过政府网站发布解读稿、进行微博、微信及手机客户端推送和组织媒体转载报道等方式开展解读。对涉及面广、社会关注度高的法规政策和重大措施，应酌情通过组织访谈或召开新闻发布会等方式，由牵头起草部门主要负责人进行政策解读，解答公众疑惑。根据具体解读内容，适时邀请相关领域专家参与政策解读工作。政策解读过程中，要针对不同社会群体，充分考虑到受众群的年龄、教育水平等背景，采取不同传播策略，灵活运用传统媒体与新媒体，通过可视化传播等技术手段，扩大受众覆盖面，提高传播力度，多渠道、多手段积极开展政策解读。三是做好法规、政策清理及公开工作。积极开展法规、规章和规范性文件清理工作，清理结果及时、适当公开。四是协调公开与保密。加强对规范性文件公开的审查，定期对不公开的政府信息进行评审，确保应公开尽公开。严格执行保密审查制度，对拟公开的政府信息要依法依规做好保密审查。

2. 推进执行、监管公开透明。推进执行公开。主动公开食品安全重点改革任务、重要政策、重大工程项目的执行措施、实施步骤、责任分工、监督方式，根据工作进展公布取得成效、后续举措，听取公众意见建议，加强和改进工作，确保执行到位。推进食品安全监管情况公开，加大食品安全监管信息公示力度。一是做好食品许可信息公开。及时公布食品生产许可数据信息和备案信息。二是做好食品抽检信息公开。做好食品抽检信息和食品安全抽检总体情况公布工作。三是做好消费警示及案件信息发布。科学发布食品安全风险警示、消费提示及风险解析；持续推进食品行政处罚案件信息公开，按照规定的时限和内容公开行政处罚案件信息；加大对违法广告的曝光力度；对涉及重大公众利益的案情信息，适时予以公开。

3. 推进结果公开。推进食品安全规划、食品安全年度工作重点、专项整治、监测计划、年度监督计划等落实情况的公开。建立健全食品安全重大决策跟踪反馈和评估制度，注重运用第三方评估、专业机构鉴定、社情民意调查等多种方式，科学评价政策落实效果，增强结果公开的可信度。

4. 积极回应社会关切。构建舆情数据收集系统。做好政务舆情监测工作，组织相关机构和专业力量开展舆情监测，及时筛选、捕捉和跟踪各类敏感性食品安全信息，评估公众的态度和表现，建立实行舆情即时报告、每日报告、专项报告、月度分析、季度点评、年度总结等常态化工作制度，及时开展舆情态势分析和舆情预警，及时调整监管工作。关注舆情，及时发布信息，及时回应社会关切，必要时组织专家解读。加强食品安全网络舆情监测，研究网民的心态、行为与影响因素，剖析典型的食品安全网络舆情，探讨食品安全网络舆情的内生机理、传播规律、预警和引导机制，建立食品安全网络舆情监测平台，完善预警、监测分析机制，联合社会各方力量，引导公众理性看待食品安全信息，对不良信息进行合理监管，避免谣言和恐慌。

5. 加强能力建设，不断提高信息公开服务水平。畅通食品安全信息公布渠道。通过政府网站、公报、发布会、新闻媒体等多种渠道向社会公布食品安全信息。根据政府信息公开条例的规定，组织和个人可以通过以下方式查阅相关信息，一是政府公报、政府网站、新闻发布会以及大众媒体；二是各级政府在档案馆、图书馆设置的政府信息查阅场所。如果有关部门不依法履行政府信息公开义务的，社会组织和个人可以向上级行政机关等主管部门举报，收到举报的机关应当及时予以调查处理。充分发挥政府门户网站第一平台作用。主动公开信息；政策性文件配发解读信息；针对公众关注的重点热点问题，及时在网站开辟专栏，回应社会关切；发挥好门户网站在舆论引导中的作用，加强原创评论性分析性文章撰写能力，加强科普能力建设。推进网站改版工作，进一步增强总局网站的时效性与便民性，强化与新闻网站、商业网站的联动合作。加强政府网站数据库建设，着力完善搜索查询功能。更好发挥媒体作用。全面加强与媒体的合作，其一，加强与中央主流媒体的合作，增强新闻发布的权威性；其二，加强与商业媒体的合作，提高新闻发布政策解读的亲和力；其三，加强与网络媒体和新媒体的合作，及时转载食品监管方面的官方信息，增强新闻发布的传播力。同时，做好媒体的采访接待工作，及时与媒体沟通，引导媒体客观报道食品监管信息。推进食品安全信息共享。实施食品安全信息数据资源清单管理，加快建设国家食品安全信息数据统一开放平台，制定开放目录和数据采集标准，稳步推进食品安全数据信息共享开放。加强食品安全信息数据库建设。提高监管数据的可访问性和可用性。共享信息和数据，整合数据和信息，确保数据信息能够客观反映食品安全问题，进而揭示规律，提出更为系统的解决方案。加快国家食品安全信息平台建设，促进食品安全信息共享。

（二）搭建合作平台

一是加强国内各监管机构间的合作交流。如国内各相关监管机构之间的合作框架；探索机构间的风险交流手册；科学数据和知识平台。二是加强与国际组织的合作。积极参与世界卫生组织（WHO）、联合国粮农组织（FAO）、国际食品法典（CAC）、国际兽医局（OIE）、国际植物保护公约（IPPC）、世界银行（WB）、世界粮食计划署（WFP）等国际组织活动，引领食品安全国际规则的话语权，推动食品安全多边合作，共同遵守好国际规则。三是加强与国外政府监管机构的合作交流，通过备忘录等合作项目，推动相互间的监管标准、检验检测体系评估和审查，开展知识和经验交流，促进能力建设。四是加强与企业、行业合作交流，促进食品安全法规标准的认同感。五是加强与学术机构、科研单位等社会组织合作交流，拓展资源和经验。六是搭建合作网络、平台，畅通分享、交流渠道；发起会议，共同讨论食品安全相关议题，探讨更经济有效的合作方式。

（三）加强机构间资源、信息方面的合作交流，采取共同的战略举措

一是共同参与相关法律政策、标准制定，就食品安全法律和标准交换意见。二是联合开展风险识别、评估等联合开发有效的风险识别、风险评估和风险交流。开发有关风险评估的科学合作和对话，收集、分析、分享风险评估技术数据；就数据收集（风险监测）、风险评估、风险交流的方法分享洞见和经验。促进双方风险评估的合作与创新。三是联合开发创新、经济有效的增进食品安全的方法，联合开发应对食品安全新兴议题的技术、方法、工具。四是联合披露信息，相互交流科学方法和技术信息。分享科学经验、数据、方法和知识。收集与分享食品安全科学信息、风险信息的；分享风险评估方法、检验检测方法、监管经验；分享食品追溯信息、技术；分享食品召回、下架、警示、食品安全事故信息等；分享其他数据、知识、经验。五是联合开展食品安全培训项目。六是机构间的人力资源交流。机构间人员互派、岗位交流与交换。七是共同参与与各方共同利益相关的其他活动。

（四）建立健全合作制度，健全制度化的协同共治体系

一是健全相关主体间的协议制度（如合作协议、谅解备忘录等），完善利益相关者参与平台、网络、机制；确保各方持续和增进合作，增强各方合作致力于保护公众健康的能力。二是提升科学机制。合作开展食品安全科学研究工作，分享科学信息和方法。三是增进透明机制。及时、可靠、准确、有用的信息交流（食品安全监管政策信息，食品安全风险信息，食品召回、下架、警示信息，科学经验、数据、知识信息），建立相互间的信任关系。四是由点及面、由易到难，逐步落实社会共治。统筹推进党政协同、部门内部协同、部门间协同、中央与地方及基层协同、地区协同、政府与市场主体（企业）协同、政府与社会组织协同、政府与大学及研究机构协同、国际协同等多领域、多层级、跨部门的协同。通过合作协议框架、备忘录、座谈会、网络平台等多种形式，拓展协同合作的广度和深度。

第六节　基于风险的科学方法

随着食品供应体系的全球化和复杂化，旨在预防污染和疾病的政策决策对公众健康尤为重要。风险分析是世界卫生组织（WHO）开发的保障食品监管决策

科学、透明的一个概念或框架。食品安全社会共治体系的公正性和有效性在很大程度上是建立在风险分析水平上的。

风险分析旨在预防食品污染和疾病，而非暴发后制止，通过对风险控制因素进行排序或评估，确定最优的干预措施。

风险分析是国际公认的食品安全管理体系，也是解释风险的有效工具。人们只有在识别风险的基础上才能预防风险发生和减少风险所造成的损失，由于消费者难以通过日常经验感知食品安全风险，须借助技术工具转换表达，风险分析正是这样一种工具。食品安全风险是和其他东西（比如能量、营养）一起被消费者吸入和吞下的附带产品，是正常食品消费的夹带物，食品安全风险一般是不被感知的，食物中的毒素常常出现在物理和化学方程式中。[1] 这些危险需要通过科学的"感受器"（理论、实验和测量工具等）使其转换成可见和可解释的危险。[2] 消费者面对食品安全风险几乎不可能做出任何决策，必须通过动态的风险分析过程解释风险。风险分析是一种用来评估人体健康和安全风险的方法，可以确定并实施合适的方法控制风险，并与利益相关者就风险及所采取的措施进行交流。[3] 风险分析包括风险评估、风险管理和风险交流三个步骤。风险分析需要所有受到风险或风险管理措施影响的利益相关者的参与，包括风险评估者、风险管理者及其他利益相关者。政府担当风险管理者的角色，不仅对确保风险分析的实施负全面责任，而且担负着选择和实施食品安全控制措施的最终职责。风险管理者通过风险分析，在食物链中找到多个可实施的控制措施，并权衡不同措施的成本效益，选择最有效的措施，促进公共资源有效利用。风险分析是一个结构化的决策过程，在风险管理者主导下通过管理者、评估者、其他利益相关者之间持续的风险交流成功整合时最为有效。风险评估与风险管理在一个包括广泛交流与对话的开放透明的环境中进行，各相关团体适时参与其中，风险分析的过程就是风险管理者、风险评估者及其他利益相关者之间不断重复的互动过程。风险分析使社会共治渗透到食品安全风险预防各个阶段，对食品安全各环节风险事前防范具有重大意义。利益相关者按照风险预防程序进行风险评估、风险交流、风险管理，主动识别食品安全风险，降低风险发生率，减轻损害发生程度。风险管理者做出食品安全政策决策；风险评估者提供风险管理者做出科学政策决策所需的

---

〔1〕［德］乌尔里希·贝克：《风险社会》，何博闻译，译林出版社2004年版，第18页。
〔2〕［德］乌尔里希·贝克：《风险社会》，何博闻译，译林出版社2004年版，第26页。
〔3〕世界卫生组织、联合国粮农组织：《食品安全风险分析指南》，樊永祥译，陈君石审，人民卫生出版社2008年版。

信息；风险评估者与风险管理者之间的风险交流保障一种协调的方式，包括与利益相关者及公众的交流。

一、健全卫生部门基层"县乡村一体化"食品安全工作体系

卫生行政部门主导，以专业评估机构和疾病预防控制机构为技术支撑，以综合监督执法部门和医疗机构为辅助的风险监测、风险评估工作网络，科学、全面履行卫生部门食品安全风险监测和评估职责。国家一级，国家食品安全风险评估中心作为国家食品安全科学技术资源中心；地方一级，建立以省级疾控中心和风险监测参比实验室为核心，以设区市疾控中心为骨干，以县级疾控中心为基础的"横向贯通、上下联动"的工作网络；基层，健全县、乡、村一体化的基层卫生系统食品安全工作格局，覆盖"最后一公里"。

基层部门是距离消费者最近的监管力量，直接面对消费者。是依法履行风险监测和标准实施等工作的"前沿哨点"（一线），是国家食品安全监管体系的"最后一公里"。以基层为重点，构建卫生部门"县乡村一体化"食品安全工作体系。基层卫生机构包括县（区）级疾病预防控制机构、卫生健康综合监督执法机构、医疗机构及乡镇卫生院（社区卫生服务中心）、村卫生室（社区卫生服务站）。基层卫生部门协助县以上卫生健康行政部门，开展食品安全风险监测（含食源性疾病监测）、风险评估基础性工作（如居民食物消费量调查等）、食品安全事故医疗救治、食品安全事故流行病学调查及卫生处理、食品安全标准跟踪评价及宣贯、食品安全知识宣教等工作，发挥基层机构的"网底"作用。

二、扩大风险监测，促进信息整合与共享

食品安全风险监测是政府实施食品安全监督管理的重要手段，承担着为政府提供技术决策、技术服务和技术咨询的重要职能。食品安全风险监测是制定预防、减少食品安全风险的国家战略的基础。风险监测是进行风险评估、风险管理和风险交流所需信息的主要来源，也是采取以科学证据为依据的干预措施的基础，还是评估食品安全风险预防和控制结果的基础。基于一般科学原则，通过有效的数据交换、严谨的科学和实践经验，国际层面、国家层面、地区层面、跨部门的食品安全合作框架可以为保障食品安全和公众健康提供许多新的解决办法。比如，通过各部门、各单位之间的协作，将食源性疾病监测与整个食物链（含饲料）上的生物性、化学性、物理性污染物的检测资料融为一体，关注动物和人类健康以及食品污染监测和监督系统之间的联系，这为实施一些优先项目和采取公共卫生干预措施提供了更充分、更有说服力的科学依据。孙中山讲，真知特识，

必从科学而来。政府监管部门的判断和措施只有建立在科学基础上，公众才会相信政府监管部门的判断。运用这一新框架和新办法来释放食品安全风险，可以降低食源性疾病发病率，维护公众健康。

（一）食品安全风险监测主要类型

食品安全风险监测，旨在了解食品中主要污染物和有害因素水平和趋势及食源性疾病发病信息，确定食品安全危害因素分布和来源，掌握主要食源性疾病发病和流行趋势，为开展食品安全评估、标准制修订及跟踪评价提供科学依据。依据《食品安全法》，国家建立食品安全风险监测制度，主要对食源性疾病、食品污染以及食品中的有害因素进行监测。①食品污染及食品中有害因素监测。食品污染及食品中有害因素监测涵盖生产、流通销售和餐饮服务环节，包括常规监测和专项监测。常规监测的目的是获得连续性、广泛性数据，掌握大宗食品中污染物和有害因素的污染状况、污染趋势和地域分布，并为食品安全风险评估和标准制修订及跟踪评价提供数据。常规监测的对象包括食品、食品添加剂、食品相关产品，主要是食品，监测项目包括农药残留、甲硝唑、山梨酸、苯甲酸、糖精钠、甜蜜素、卫生指示菌、真菌、食源性致病菌等。专项监测的目的是获得特定范围的阶段性数据，发现食品安全隐患及线索并溯源。②食源性疾病监测。食源性疾病监测包括食源性疾病病例监测、食源性疾病暴发监测、食源性疾病主动监测、食源性致病菌分子溯源、食源性致病菌耐药监测、专项监测（单核细胞增生李斯特氏菌感染病例专项监测、食源性疾病人群调查）等。食源性疾病病例监测，对疑似与食品有关的生物性、化学性感染或中毒病例进行监测。开展食源性疾病诊疗的医疗机构对食源性疾病疑似病例、食源性疾病确诊病例和食源性聚集性病例进行监测和报告。食源性疾病暴发监测，对所有参与调查核实的食源性疾病暴发事件进行监测。疾病预防控制中心对参与流行病学调查核实的食源性疾病事件进行监测、报告和分析。食源性疾病主动监测，对哨点医院就诊的食源性疾病病例开展主动监测和调查。食源性疾病病原学监测，包括食源性疾病特定病原体监测、食源性致病菌分子溯源和食源性致病菌耐药性监测。食源性疾病人群调查，包括非伤寒沙门氏菌散发感染危险因素调查、单核细胞增生李斯特氏菌散发感染危险因素调查。

（二）食品安全风险监测计划

国家卫生健康委员会会同国家市场监督管理、农业农村部等部门，制定、实施国家食品安全风险监测计划，建立覆盖全国各省、自治区、直辖市的国家食品安全风险监测网络。省级卫生行政部门会同同级食品安全监督管理等部门，根据国家食品安全风险监测计划，统一制订实施辖区域食品安全风险监测方案，建立覆盖各市、县、乡镇直到农村的食品安全风险监测体系。县级以上卫生健康行政部门根据食品安全风险监测工作的需要，将食品安全风险监测能力和食品安全事故流行病学调查能力统筹纳入本级食品安全整体建设规划，逐步建立食品安全风险监测数据信息平台，健全完善本级食品安全风险监测体系。

国家食品安全风险监测计划。国家卫生健康委会同工业和信息化部、商务部、海关总署、市场监管总局、国家粮食和物资储备局等部门，制定实施国家食品安全风险监测计划。国家食品安全风险监测计划应当征集国务院有关部门、国家食品安全风险评估专家委员会、农产品质量安全评估专家委员会、食品安全国家标准审评委员会、行业协会以及地方的意见建议。国务院食品安全监督管理部门和其他有关部门获知有关食品安全风险信息后，应当立即核实并向国务院卫生行政部门通报。对有关部门通报的食品安全风险信息以及医疗机构报告的食源性疾病等有关疾病信息，国务院卫生行政部门应当会同国务院有关部门分析研究，认为必要的，及时调整国家食品安全风险监测计划。国家食品安全风险监测计划应当规定监测的内容、任务分工、工作要求、组织保障、质量控制、考核评价措施等。出现处置食品安全事故需要、公众高度关注的食品安全风险需要等情况，有关部门应当及时调整国家食品安全风险监测计划，组织开展应急监测。

省级卫生健康行政部门会同同级食品安全监督管理等部门，根据国家食品安全风险监测计划，结合本行政区域的具体情况，制定、调整本行政区域的食品安全风险监测方案，报国家卫生健康委备案并实施。出现处置食品安全事故需要、公众高度关注的食品安全风险需要等情况，有关部门应当及时调整省级监测方案，组织开展应急监测。市、县级卫生健康行政部门根据省食品安全风险监测方案，制定实施辖区相应的监测方案。

（三）风险监测技术机构

食品安全风险监测工作由具备相关监测能力的技术机构根据食品安全风险监测计划和监测方案开展，保证监测数据真实、准确，并按照食品安全风险监测计划和监测方案的要求报送监测数据和分析结果。国家食品安全风险评估中心负责汇总分析国家食品安全风险监测计划结果数据。监测技术机构即承担食品安全风险监测任务的各类监测技术机构，包括疾病预防控制中心和相关医疗机构。国家风险监测点覆盖全部省、地市行政区域和92%的县级行政区域，食源性疾病监测报告网络覆盖全部县级行政区域，有效监测食源性疾病分布及流行趋势。国家建立以国家风险评估中心为技术核心，各级疾控中心和相关医疗机构为主体，相关部门技术机构参与的食品安全风险监测网络。①疾病预防控制中心按照方案要求，按时规范完成采（送）样、留样、检测、流行病学调查、数据分析与核实、数据上报和汇总分析等风险监测工作，对于监测中发现的食品安全隐患，经核实后应当及时报告同级卫生健康部门。②相关医疗机构包括开展食源性疾病诊疗的医疗机构（含社会办医疗机构、主动监测哨点医院）。各相关医疗机构应按照监测方案要求，切实加强食源性疾病病例监测和事件监测，按时规范报送病例基本信息、症状体征、饮食暴露史、临检结果、生物样本等监测内容，做好医院调查工作，配合区疾病预防控制中心开展食源性疾病事件的流行病学调查。社区卫生服务中心按要求做好食源性疾病人群调查和实验室确诊病例的调查核实、结果录入及上报工作。

（四）食源性疾病监测报告制度

食源性疾病监测报告工作实行属地管理、分级负责的原则。卫生部门组织协调。县级以上地方卫生健康行政部门负责辖区内食源性疾病监测报告的组织管理工作，负责制定本辖区食源性疾病监测报告工作制度，建立健全食源性疾病监测报告工作体系，组织协调疾病预防控制机构开展食品安全事故的流行病学调查。

县级以上疾病预防控制机构具体承担食源性疾病监测报告工作，确定本单位负责食源性疾病监测报告工作的部门及人员，建立食源性疾病监测报告管理制度，对辖区内医疗机构食源性疾病监测报告工作进行培训和指导。食源性疾病监测医疗机构向所在地疾控中心报送食源性疾病病例信息和标本检测结果，市级疾控中心向省级疾控中心报送监测结果，省级疾控中心将所有监测数据报送国家食品安全风险评估中心，评估中心向卫生健康委员会报送食源性疾病监测信息。

医疗机构或疾病预防控制机构发现食源性疾病病例和食源性疾病暴发事件等食源性疾病信息的，应向同级卫生部门报告，卫生部门应及时组织调查核实，发现与食品生产经营行为有关的病例或暴发及食品安全隐患的，应通报同级食品安全监管部门，并报告同级政府和上级卫生部门。接到食品安全事故报告后，县级以上食品安全监督管理部门应当立即会同同级卫生健康、农业行政等部门依法进行调查处理。食品安全监督管理部门应当对事故单位封存的食品及原料、工具、设备、设施等予以保护、封存，并通知疾病预防控制机构对与事故有关的因素开展流行病学调查。疾病预防控制机构应当在调查结束后向同级食品安全监督管理、卫生健康行政部门同时提交流行病学调查报告。

（五）风险监测结果通报和会商机制

1. 通报机制。国家卫生健康委员会、海关、市场监督管理、粮食和储备部门各部门风险监测结果数据共享、共用。国家、省、市、县各级卫生健康行政部门、农业行政部门应当及时相互通报食品、食用农产品安全风险监测信息。

2. 会商机制。县级以上人民政府卫生行政部门会同同级食品安全监督管理等部门建立食品安全风险监测会商机制，汇总、分析风险监测数据，研判食品安全风险，形成食品安全风险监测分析报告，并报本级人民政府和上一级人民政府卫生行政部门。会商内容主要包括：通报食品安全风险监测结果分析研判情况；通报新发现的食品安全风险信息；通报有关食品安全隐患核实处置情况；研究解决风险监测工作中的问题。参与食品安全风险监测的各相关部门均可向卫生健康行政部门提出会商建议，并应在会商会前将本部门拟通报的风险监测或监管有关情况报送卫生健康行政部门。会商结束之后，卫生健康行政部门应整理会议纪要分送各相关部门，同时抄报本级人民政府和上级卫生健康行政部门，会商结果供各有关部门食品安全监管工作参用。

3. 风险监测与风险预警相结合。县级以上卫生健康行政部门应当委托具备条件的技术机构，及时汇总分析和研判食品安全风险监测结果，食品安全风险监测结果表明可能存在食品安全隐患的，县级以上人民政府卫生行政部门应当及时将已获悉的食品安全隐患相关信息通报同级食品安全监督管理、相关行业主管等部门，并报告本级人民政府和上级人民政府卫生行政部门。食品安全监督管理等部门经进一步调查确认有必要通知相关食品生产经营者的，应当及时通知。接到通知的食品生产经营者应当立即进行自查，发现食品不符合食品安全标准或者有证据证明可能危害人体健康的，应当依照食品安全法的规定停止生产、经营，实施食品召回，并报告相关情况。

（六）健全食品安全风险监测体系，强化能力建设

健全国家、省、市、县各级疾控中心为依托、医疗机构为哨点、全面覆盖食源性疾病、食品污染物、食品中有害因素的风险监测体系。加强基层风险监测设备配置项目，改善监测条件，加强人员培训和质量控制，不断提升监测水平和能力。积极探索建立与目前食品安全监管相适应的全食品链的食品安全风险监测综合体系，实现食品安全风险监测的无隙对接。一是明确各部门风险监测职责分工。国家卫生健康委员会重点对食源性疾病、食品污染物和有害因素基线水平、标准制定修订和风险评估专项实施风险监测；海关、市场监督管理、粮食和储备部门根据各自职责，配合开展不同环节风险监测；各部门风险监测结果数据共享、共用。国务院卫生行政部门负责组织开展食源性疾病、食品污染、食品中有害因素的风险监测；国务院食品安全监督管理部门负责组织开展食品生产经营等

环节有害因素的风险监测；国家检验检疫部门负责进出口食品有害因素的风险监测；国务院农业行政部门负责组织开展食用农产品种植、养殖环节农药、兽药残留和其他污染物质的风险监测；国务院粮食部门负责组织开展原粮中重金属和其他污染物质的风险监测。二是协调整合。风险监测工作是由多部门进行，需要各部门之间的协调合作。首先，国家各有关部门协同合作，共同制定、公布、实施国家食品安全风险监测计划。其次，明确地方食品安全风险监测方案的制定、备案、通报及实施。最后，建立食品安全风险监测数据通报、会商机制，汇总、分析风险监测数据，分析食品安全风险，形成食品安全风险监测分析报告。三是社会第三方风险监测机构参与。鼓励、引导、推动行业组织、科研院所、第三方机构等社会力量参与，充分利用具有相应能力的技术机构以及社会第三方技术机构开展食品安全风险监测工作，健全相关行业和社会机构等社会力量有序参与食品安全标准与监测评估工作的协作共享机制。四是程序规范。承担食品安全风险监测工作的技术机构应当按照食品安全风险监测计划、监测方案和工作规范开展工作，保证监测数据真实、准确、完整。并按照食品安全风险监测计划和监测方案的要求报送监测数据和分析结果。五是信息公开。为提高社会公众对不同食物风险的认识，相关部门定期公布监测计划的测试结果，以便公众参考。

（七）风险监测资源倾斜农村，健全基层风险监测体系

①鉴于食品安全风险基层监测能力总体较弱，地区监测评估能力发展不均衡，应促进风险监测能力地区平衡，支持中西部地区、欠发达地区风险监测能力建设，充实监测队伍，提升监测能力。②推进风险监测延伸到农村。鼓励支持风险监测覆盖全部县级行政区域并延伸到乡镇、农村。卫生健康委员会会同国务院有关部门，建立健全覆盖各省的国家食品安全风险监测网络。省级卫生行政部门会同有关部门，建立健全覆盖各市、县级地方食品安全风险监测网络，并逐步延伸到乡镇农村的食品安全风险监测体系。建立覆盖全部县级行政区域并延伸到乡镇、农村的基层食品安全风险监测体系，加强县级疾控中心规范化建设，提升食品安全风险监测能力。③健全县乡村一体化食源性疾病报告系统。国家食源性疾病报告覆盖县乡村，食源性疾病暴发监测系统覆盖所有疾控中心，国家食源性疾病分子分型溯源网络逐步延伸到设区市疾控中心；加强各级疾病预防控制机构食品安全事故流行病学调查和卫生处理能力建设，建立国家级和区域重大食品安全事故病因学实验室应急检测技术平台，加强各级疾病预防控制机构有关现场流行病学调查、现场应急快速检测、实验室检测、卫生处理、流行病学数据采集与分析的基础设施条件和设备建设。加强基层疾控中心食品安全事故流行病学调查能

力，县级以上疾病预防控制机构建立食品安全事故流行病学调查和现场卫生处理专业技术队伍，配合有关部门开展食品安全事故的调查处理。加强县级以上疾控中心等技术机构的食源性疾病溯源分析、预警与通报能力。地方各级食源性疾病监测溯源实现互联互通、信息共享，开展食源性疾病信息与食品生产经营活动的关联性分析，建立与各级食品安全监管部门之间的信息共享机制，及时通报食品安全隐患信息。

三、提升风险评估的科学性、透明度

第一，制定风险评估计划。有关部门共同制定食品安全风险评估工作计划，建设和管理全国食品安全风险评估基础数据库，组织开展食品安全风险评估基础数据收集和方法研究等工作，提供透明、独立、整合的科学意见。

第二，有效整合，避免资源浪费。合理科学的风险评估是制订政策、维护消费者健康和食品安全管理的基础。近年来对此种科学咨询意见的需求大幅增加，而此种科学咨询意见的复杂程度也显著加大。探索各种新方法，确保国家提供科学咨询意见，避免在各部门或各地区因重复性评估而造成资源浪费。有关部门应当建立食品安全风险评估信息交流机制，共享风险评估数据和资料。

第三，吸引社会力量参与风险评估。鼓励国家食品安全风险评估机构委托具有相应能力的技术机构承担国家食品安全风险评估任务。风险评估方法应简明扼要、易于理解和交流，以便及时应用于实践以及公众在该技术发展的早期阶段参与评估。评估应依据国际公认的原则，包括安全性和危险性之外一些不完全科学的判断和选择，如健康利益、社会经济因素、伦理问题和环境评价等，提高风险评估的透明度及利益相关方的参与度。

第四，增加风险评估的透明度。首先，逐步提高评估机构的组成人员以及状况、议事规则、议事过程、评估结果等方面的透明度。其次，逐步扩大数据公开范围。欧洲食品安全局逐步将其从工业生产获悉的为产品注册的一部分临床试验原始数据公布给大众，使得广大科学社团和其他感兴趣的群体能够利用数据参与风险评估。如欧洲食品安全局开放转基因数据。2013 年 1 月欧洲食品安全局（EFSA）公布了孟山都公司为获转基因玉米 NK603 的批准证书而提交的文件和资料，满足公众所倡议的透明度，旨在通过数据使得广大科学社团和其他感兴趣的群体能够参与风险评估。

第五，提升风险评估的独立性。风险评估是一项科学性活动，是风险管理决策的重要科学依据。为保证风险评估的科学性和中立性，风险评估机构不能过多地依赖风险管理机构，风险评估与风险管理应当相分离。保障评估专家的独立

性、科学性，严格专家遴选的实体条件，确保专家的科学素养；确保遴选的透明性的公正性；通过专家独立利益声明及责任保障机制，确保专家进行相关业务时的独立性、科学性。

四、提高风险管理的预防性和针对性

风险管理是与各利益相关者磋商过程中权衡各种政策方案的过程，该过程考虑风险评估和其他与保护消费者健康及促进贸易公平有关的因素，并在必要时选择适当的预防和控制方案。风险管理是在选取最优风险管理措施时对科学与经济、社会、文化、伦理等因素进行整合和权衡的过程。风险管理除了基于科学的风险评估之外，还应合理考虑社会发展、产业状况、文化传统、道德、环境保护、现实可行性以及消费心理等方面的因素。风险管理者一般为国家食品安全主管机构，实际上企业管理者与其他一些政府官员也常作为风险管理者。风险管理过程中需要风险管理者、风险评估者以及其他利益相关者之间进行广泛交流合作与协调。

第一，风险评估与风险管理相分离。风险管理机构承担实施食品安全控制措施的职责。风险管理机构不需要是风险评估方面的专家，不必详细了解如何实施风险评估，但必须知道如何在需要时委托风险评估任务，了解评估结果，并据此做出正确的风险管理决策。风险管理者也不必是风险交流方面的专家，但必须确保在风险评估和管理的所有适当步骤中都有恰当而充分的风险交流。风险管理者在风险评估中的职责：确保任务的委托与风险评估的所有方面都形成文件且透明。与风险评估者就风险评估的目的与范围、评估政策及所期望的结果等进行沟通，并在整个过程中与评估者进行反复交流。保障风险评估与风险管理分离。确保风险评估专家的专业领域平衡，不存在利益和其他冲突。

第二，健全风险预警机制。风险预警机制是指，将来很可能对公众生命或健康发生损害风险，或者基于现有的科学证据尚不足以充分证明与公众健康损害之间因果关系成立的情形下，为预防损害发生以及最大程度地确保公众健康，而在当前采取的临时性风险管理措施。《食品安全法》第 111 条规定，对食品安全风险评估结果证明食品存在安全隐患，需要制定、修订食品安全标准的，在制定、修订食品安全标准前，国务院卫生行政部门应当及时会同国务院有关部门规定食品中有害物质的临时限量值和临时检验方法，作为生产经营和监督管理的依据。

第三，完善风险分类监管制度。食品安全管理机构常常需要同时处理大量的食品安全问题，在特定时间解决所有问题难免会出现资源不足的情形，因而，需要对所评估的风险进行分级管理，确立风险管理的优先次序。从风险角度对食品企业进行分类，政府和企业根据风险程度确定食品安全监管的重点、方式、频次等，实现监管资源的合理配置和有效利用，提高监管效能。如《FDA 食品安全现代化法案》对 FDA 检测食品生产者的频率作出明确规定，要求 FDA 基于风险原则分配其检测资源，创新检测方式。我国《食品安全法》确立了风险分级管理制度。一是要求食品安全风险监测、风险评估、监督检查、监督抽检、事故处置、案件查处等情况，确定监督管理的重点、方式和频次，实施风险分级管理。二是设置食品安全年度监督管理计划监督管理的重点：专供婴幼儿和其他特定人群的主辅食品；保健食品生产过程中的添加行为和按照注册或者备案的技术要求组织生产的情况，保健食品标签、说明书以及宣传材料中有关功能宣传的情况；发生食品安全事故风险较高的食品生产经营者；食品安全风险监测结果表明可能存在食品安全隐患的事项。三是授权由省、自治区、直辖市制定食品生产加工小作坊和食品摊贩等的具体管理办法。

五、提高风险交流的公信力

食品安全不仅关注科学评估的食品安全，而且关注消费者的食品安全信心。食品安全可以通过科学证据的客观评估加以证明。消费者的食品安全信心依赖于每个人的主观感觉，因此，即使一个食品产品依现有科学评估是"安全"的，也会因某种焦虑感和不信任感而难以获得消费者"安全"的认可。这种焦虑感和怀疑感归因于以下事实：缺乏必要的或期望的信息；提供过多的缺乏针对性的信息；重要信息的选择过于困难。可见，消费者的食品安全信心离不开及时、适当信息的提供以及相关主体之间的合作交流。提升消费者食品安全信心离不开及时、适当信息以及各利益相关者包括政府、生产者、销售者、消费者、媒体、专家之间开展风险交流。

食品安全风险交流，指食品安全监督管理部门、食品安全风险评估机构，按照科学、客观、及时、公开的原则，组织食品生产经营者、行业协会、技术机构、新闻媒体、消费者协会以及其他利益相关者，就食品安全风险评估信息和食品安全监督管理信息进行的交流。受食品安全风险影响的各部门之间公开、易于理解的关于风险的交流是非常必要的。良好的交流能使消费者、企业、生产者有效参与风险分析活动并进行有益的对话，有助于信息共享，消费者受到教育，提升食品安全意识。信息透明和风险交流使得社会公众在风险来临之间有足够时间采取保护自己的措施，有效避免和减少风险。通过风险交流，政府公信力才能得以逐步恢复，企业食品安全诚信才能得以重塑，消费者食品安全信心才能得以提振。

《食品安全法》第23条规定，县级以上人民政府食品安全监督管理部门和其他有关部门、食品安全风险评估专家委员会及其技术机构，应当按照科学、客观、及时、公开的原则，组织食品生产经营者、食品检验机构、认证机构、食品行业协会、消费者协会以及新闻媒体等，就食品安全风险评估信息和食品安全监督管理信息进行交流沟通。

第一，政府在食品安全风险交流工作中负有不可推卸的责任。风险交流工作不会自动开展，也不容易实现，需要政府对风险交流中的各要素进行认真组织和规划。有关部门制定食品安全风险交流工作规范，建立食品安全风险交流机制，推进食品安全风险交流工作。风险交流应针对风险评估者、风险管理者、消费者、生产经营者、媒体和立法者的特殊需求，创新最适宜于信息传递的机制和技术。

第二，发挥专家作用，提升风险交流的科学性。建立由食品、公共卫生、临床医学、新闻传播等方面的专家组成的食品安全风险交流咨询委员会，为食品安全风险交流提供咨询建议并参与风险交流。

第三，多方参与，发挥社会的作用。有关部门应就风险交流的事项征求社会组织、食品生产经营者、消费者、新闻媒体等方面的意见，邀请相关方面代表参与风险交流工作。增加利益相关者参与，鼓励食品生产经营者、食品安全相关技术机构、食品相关行业协会、消费者协会、新闻媒体等参与食品安全风险交流工作，扩大风险交流的参与范围，促进食品安全社会共治，提高风险沟通的效率。

第四，提升风险交流的社会性和可接受性。普通公众面对农药、化肥、食品添加剂、转基因食品等食品风险，由于拥有的相关信息不充分，往往对危险信息更为敏感，而对安全信息则可能相对平静甚至充耳不闻。社会公众基于本能对危险信息产生强烈的不安全感，在这种强烈不安全感的驱使下，要求从食品中排除一切危害，不容许在食品中混入危险的物质。相反，风险专家们往往会考虑现实性问题，即食品安全零风险是不可能的，食品中的风险（对健康造成不良影响的有害物质），应该在日摄取容许量之下使用。这就要求以更清晰、更简单、更容易沟通的形式交流风险分析的结果；强化"双向"交流机制，有效的风险交流是双向信息交换过程，而非是单向信息传播，收集信息与发布信息同样重要。增强公共机构的回应性，提高公众的参与程度，更好地理解公众需求与理念；评估风险交流结果的有效性，应该对风险交流方法的有效性进行追踪评估。

第五，提高风险交流的透明性。有效的交流沟通需要向公众提供有质量和有价值的信息。建立专家、媒体、公众的沟通平台，定期开展科学家与媒体、公众面对面活动。一方面，对媒体进行食品安全科学知识培训，让媒体从科学角度更加客观全面地了解、报到食品安全相关政策、事件；另一方面，对科学家进行沟通培训，要求对媒体的回答"短时、简洁、易懂"，避免长篇大论，更好地与媒体、公众沟通，从而还原食品安全真相。除了在危机时科学家和媒体之间进行沟通，双方还须开展日常定期沟通，科学家平时应向媒体解释一些关于食品安全的复杂问题。如麻省理工学院开展记者与科学家面对面交流的学术活动项目，科学家把背景和情况向媒体进行更多的说明。此外，发挥民间组织的作用，如美国食品技术方面的组织开展科学家与媒体之间的交流活动。最后，对科学家进行培训，包括如何跟媒体进行更多的交流，如何向媒体介绍食品安全的风险等。媒体在科学家与公众之间起媒介作用，没有媒体帮助，科学家不可能让公众了解这方面的知识。

透明性在风险交流中非常重要，科学的风险交流可避免信息真空。只有政府、食品生产经营者和消费者三者整合在一起，才能建立消费者对食品企业或者政府监管的信任感。如一些食品企业通过开放车间参观的方式来让消费者放心。又如新技术带来的消费者恐慌，同样是辐射技术，在家使用微波炉，没有人会觉得恐慌。但是利用辐射新技术加工食品，便会引发部分消费者的恐慌。因此，通过企业、政府、科技界与消费者进行沟通，开展教育，使消费者深入了解新技术、了解它们的可接受程度，是消除恐慌和避免谣言的最佳途径。[1]

---

〔1〕李惠钰："国际食品科技联盟主席普莱特：全球食品安全产业链应建立追溯体系"，载《中国科学报》2012年4月24日，第5版。

第六章　农村及城乡结合部食品安全 社会共治策略与机制

就农村及城乡结合部食品安全而言，目标是保证食品安全，维护农村消费者健康。首先，供应农村地区的食品和供应城市地区的食品一样，都应当保证安全，符合食品安全标准，即食品安全、食品安全标准不妥协。其次，向农村及城乡结合部地区提供食品的生产经营者食品安全主体责任不减损，政府保障供应农村及城乡结合部地区食品安全的责任不减损，国家对于农村及城乡结合部的食品安全违法行为零容忍。无论食品是在农村还是在城市生产，无论是地方特色食品还是有机食品，无论是食用农产品还是加工食品，无论是大公司还是中小企业抑或是"三小"和农户提供，无论是供应到大城市还是乡村，无论是供应给高收入者还是低收入者，确保食品安全是最重要、最基本要求，也是最低要求。

基于当前我国农村食品安全实际，其一，农村及城乡结合部多数消费者因服务不足、就业和经济能力不足、文化水平低等方面的弱势地位，国家食品安全相关政策决策应特别考虑农村消费者的特殊需求，主要通过赋权赋能，增加其食品负担能力和选择安全食品的能力。其二，农村食品市场也因发展阶段而以小经营店、小餐馆、街摊食品农贸市场、集贸市场等经营主体为主，这些主体在食品行业中常常处于弱势地位，而保障食品安全是其基本责任。国家应采取教育、培训、帮助、技术支持等特别措施提高这些经营主体的知识和能力，促进其合规，符合《食品安全法》的要求，同时因地制宜提供满足要求的灵活性，减少其合规成本，保障食品安全，保障农民、小规模生产经营者生计和创业，统筹安全与发展，促进乡村振兴。其三，农村及城乡结合部是国家食品安全监管薄弱环节，而政府食品安全监管应确保城市和农村、国家高层监管机构和地方监管机构及基层监管机构、监管管理人员与监管一线执法人员监管标准一致。国家食品安全监管资源和监管人员应倾斜向农村及城乡结合部配置。

农村及城乡结合部食品安全治理不是一蹴而就的，应遵循农村发展阶段和发展规律，正确处理长期任务和短期任务的关系，稳定推进食品安全各项制度措施，持续改善农村及城乡结合部食品安全状况。围绕农民群众最关心的食品安全问题，加快补齐农村食品安全治理短板，同时要形成农村食品安全治理的长效机制，要尽力而为，但不能脱离实际。结合各地实际，正确处理顶层设计和基层探索的关系。国家层面顶层设计，各地科学把握乡村的差异性，因村制宜，设计符合当地实际的方案，发挥亿万农民的主体作用和首创精神，善于总结基层的实践创造，全面调动公共和私人力量。农村及城乡结合部食品安全社会共治要求，农村及城乡结合部食品供应链各利益相关者，包括政府监管部门、生产经营者、第三方机构、行业协会、消费者组织、拥有食品安全专门知识的非政府组织或学术机构、媒体、消费者等，尤其是与农村及城乡结合部食品安全密切相关的农民、城乡结合部居民（尤其是外来流动人口）、"三小"食品生产经营者、农村集体聚餐举办者和承办者、农村学校、农贸市场、批发市场、基层食品安全监管机构和人员等利益相关者，各负其责、相互协作，共同参与食品安全风险防控，共同保障农村及城乡结合部食品供应体系安全的活动。

第一节　农村及城乡结合部食品安全社会共治的历史机遇

一、顶层设计：国家将食品安全、粮食安全与营养、健康融入国家发展战略

粮食安全战略、健康中国战略、国家食品安全战略等的提出与实施，为解决农村与城乡结合部食品安全问题提供了最佳的历史机遇。我国将食品安全、粮食安全与营养、健康融入国家发展战略。《中华人民共和国国民经济和社会发展第十四个五年规划和 2035 年远景目标纲要 》提出正确处理发展与安全的关系，将食品安全、粮食安全与营养、营养与健康融入国家发展战略。首先，将"全面推进健康中国建设、提升国民素质、提升人的全面发展"作为发展的优先事项。促进全民文明健康生活方式，加强健康教育和健康知识普及，树立良好饮食风尚，制止餐饮浪费行为，开展控烟限酒行动，坚决革除滥食野生动物等陋习，推广分餐公筷、垃圾分类投放等生活习惯。其次，实施粮食安全战略。粮食是战略资源，将粮食安全纳入国家安全的基础——国家经济安全框架中。实施分品种保障策略，完善重要农产品供给保障体系和粮食产购储加销体系，确保口粮绝对安全、谷物基本自给、重要农副产品供应充足。毫不放松抓好粮食生产，深入实施藏粮于地、藏粮于技战略，开展种源"卡脖子"技术攻关，提高良种自主可控能力。严守耕地红线和永久基本农田控制线，稳定并增加粮食播种面积和产量，合理布局区域性农产品应急保供基地。深化农产品收储制度改革，加快培育多元市场购销主体，改革完善中央储备粮管理体制，提高粮食储备调控能力。强化粮

食安全省长责任制和"菜篮子"市长负责制，实行党政同责。有效降低粮食生产、储存、运输、加工环节损耗，开展粮食节约行动。积极开展重要农产品国际合作，健全农产品进口管理机制，推动进口来源多元化，培育国际大粮商和农业企业集团。将粮食综合生产能力作为安全保障类约束性指标，在经济社会发展主要指标中予以明确。明确提出制定粮食安全保障法，实施保障国家粮食安全的法治路径。最后，将食品安全纳入公共安全体系。立法层面提出完善法规标准体系，执法监管层面强调风险预防控制和联合整治，司法方面落实惩罚性赔偿、公益诉讼制度。严格食品安全监管。加强和改进食品安全监管制度，完善食品安全法律法规和标准体系，探索建立食品安全民事公益诉讼惩罚性赔偿制度。深入实施食品安全战略，加强食品全链条质量安全监管，推进食品安全放心工程建设攻坚行动，加大重点领域食品安全问题联合整治力度。加强食品安全风险监测、抽检和监管执法，强化快速通报和快速反应。

二、全面小康的实现对农村食品安全提供了新基础和条件

农村地区消除了绝对贫困实现基本生活水准权。2021 年国务院新闻办《全面建成小康社会：中国人权事业发展的光辉篇章》发布，我国建成全面小康社会，实现了"贫困——温饱——总体小康——全面小康"的历史跨越，经济社会发展进入高质量发展阶段，食品安全治理具备了多方面的优势和条件。农村地区消除了绝对贫困，粮食安全、饮水安全、医疗、教育、住房等的方面取得巨大进步，这些基础和条件为农村地区食品安全治理提供了重要前提保障。截至 2020 年底，9899 万农村贫困人口全部脱贫，832 个贫困县全部摘帽，12.8 万个贫困村全部出列，区域性整体贫困得到解决，提前 10 年达成《联合国 2030 年可持续发展议程》的减贫目标。[1] 贫困人口食物权得到稳定保障。国家通过建设现代农业产业技术体系发展农业生产解决食物匮乏和营养不良问题，保障粮食可供应性。通过建立精准扶贫、精准脱贫机制增加贫困人口收入保障粮食可获取性，通过农村义务教育学校营养改善计划和贫困地区儿童营养改善项目保障贫困儿童、婴幼儿特殊群体的粮食安全和营养。贫困人口饮水安全得到有力保障。国家投资实施农村饮水安全工程解决农村饮水安全问题。贫困地区义务教育得到充分保障。国家制定教育脱贫规划、方案等，改善贫困地区义务教育办学条件、师资水平，开展学生贫困资助，倾斜支持农村教育，促进义务教育均衡发展，保障农村贫困地区义务教育，阻断贫困代际传递。政府的教育计划和提高对教育的认识也

---

〔1〕 国务院新闻办公室：《全面建成小康社会：中国人权事业发展的光辉篇章》白皮书，2021 年。

有助于提高农村居民文化水平，帮助人民拥有更好的生活方式。贫困人口基本医疗得到有效保障。国家实施健康扶贫工程，采取综合措施，完善县乡村基层医疗卫生服务体系，将贫困人口全部纳入基本医疗保险、大病保险和医疗救助保障范围，保障农村贫困人口基本医疗卫生服务，提高医疗保障水平，缓解农村贫困人口因病致贫返贫问题。贫困人口住房安全得到切实保障。国家采取农村危房改造、建设集体公租房等措施，解决贫困农民住有所居和基本住房安全问题。此外，农村地区互联网普及率达 55.9%。户籍制度改革便利人口流动，促进有能力在城镇稳定就业的常住人口有序实现市民化，2020 年户籍人口城镇化率为45.4%。由于收入的增加和政府对农村长期投资、支持，现代农业技术和设备的发展，使农业生产方式得到了改善，农村生活得到了全面改善，增加农村消费者对更好生活水平的需求。

农民权益保障全方位改善。国家实施家庭联产承包责任制、取消农业税、实施农村集体土地"三权分置"，使土地这一关键资源成为农民解决温饱、实现小康、走向富裕的基础性保障。国家通过法律与政策增加农民工收入、保障农民工工资支付、改善进城农民工居住环境，农民工生活条件不断改善。国家制定农村留守妇女、儿童、老人政策，实行返乡创业就业、就业扶贫、随迁子女就地入学等措施，关爱农村留守人员，改善农村人口结构和生活水平。国家推行农村生活垃圾治理，改善农村如厕条件，梯次推进农村生活污水治理，农村人居环境得到极大改善。

国家提出全面建设社会主义现代化国家新起点食品安全的新规划和新要求。2021 年国务院新闻办《国家人权行动计划（2021—2025 年）》提出了我国全面建设社会主义现代化国家新起点食品安全的新规划和新要求。全面建设社会主义现代化国家是我国食品安全治理的新起点。行动计划提出，实施食品安全战略。开展食品安全放心工程建设攻坚行动，着力提升智慧监管能力，推动健全从农田到餐桌全过程食品安全监管体系。行动计划提出，实施农村供水保障工程和农村饮用水安全工程建设。行动计划提出，弥合城乡数字鸿沟。统筹推进智慧城市与数字乡村建设，促进城乡信息化融合发展，提升全民数字素养与技能。行动计划提出，实施健康中国战略，确保食品安全。加强食品安全风险监测、抽检和监管执法，强化快速通报和快速反应。依法严厉打击食品领域违法犯罪行为。探索建立食品安全领域民事公益诉讼惩罚性赔偿适用。行动计划提出，继续实施营养改善计划。该行动计划要求，加强对农村等特定群体权益的平等保护和特殊扶助。为农村食品安全保障创造更加有利的经济社会文化条件。接续推进脱贫地区发展。保障居民基本住房、用水、食品安全和出行便利。推进乡镇级集中式饮用水水源保护区划定。推进土壤污染防治。巩固提升农用地安全利用水平，实施农药化肥减量行动，治理农膜污染。全面推进农村生活垃圾治理，基本实现收运处置体系全覆盖。

三、我国食品安全监管体系日渐完善

自 2009 年《食品安全法》发布、实施到 2015 年修订，再到 2018 年、2021年两次修正，在过去的十多年中，关于食品安全的重要性有了更广泛的讨论，从立法者到农场、食品生产经营者、企业管理层和各地消费者。我国全过程食品安全监管体系基本建立，形成从产地环境、农业投入品、粮食收储到加工制造，再到销售、餐饮服务的全程监管体系；基于风险分析和供应链管理的食品安全监管体系初步建立。改革是理顺体制机制的重要一环。2018 年市场监管部门机构改革及综合执法体制改革，有效地建立了一个在商品出入境、食品安全、反垄断执法和知识产权保护方面拥有整合统一和广泛权力的监管机构——国家市场监管总局，有助于减少监管复杂性和争夺官僚利益（有力抢篮球、没利踢皮球，九龙治水、五龙治水）。国务院食品安全委员会也并入国家市场监管总局，但其在不同机构之间的食品监管协调和食品政策协调的职责仍将保留。这一改革将食品安全监管和执法整合到一个机构之下，提供一种更连贯的方式，并减少复杂的食品安全监管网络，有利于加强食品安全相关领域的执法。根据世界银行的论述，[1]当今世界并存的三种食品安全治理模式是：其一，将食品安全问题纳入国家粮食和营养安全战略，建立食品安全的基本立法框架（包括职能、责任、机构）。其二，将食品安全问题纳入国家农业转型和贸易多样化战略，制定国家多部门食品安全战略，确定优先事项，加强机构建设和协调，并制定私营部门合作和消费者参与的途径。其三，将食品安全问题纳入国家公共卫生成本管理战略，就拟议的监管措施进行成本效益分析，并将监管影响评估纳入政策制定。在我国，国家市场监管总局既是消费者保护机构又是经济部门，通过统一市场监管，实现维护公平竞争、消费者保护、经济发展三重目标。国家市场监督管理总局负责食品生产经营监管、消费者保护一体化管理的模式下，应注重开发消费者导向的监管决策和措施，注重采取系统方法从消费者角度指导监管决策，通盘考虑食品系统供需双方各方面的情况，形成整体方案，促进生产者与消费者的公平和信任关系。

---

〔1〕 Word Bank Group, The Safe Food Imperative：Accelerating Progress in Low-and Middle-Income Countries（2019），xxi.

四、将农村食品安全问题融入乡村振兴战略

十九大报告提出乡村振兴发展战略，强调"健全自治、法治、德治相结合的乡村治理体系"。2021 年 6 月 1 日实施的《乡村振兴促进法》，对我国在"三农"领域行之有效的政策措施进行了整合、提升和固化，《乡村振兴促进法》进一步夯实了中央统筹、省负总责、市县乡抓落实的乡村振兴工作机制，压实主体责任，建立了科学、规范和合理的实施乡村振兴战略的目标责任制和考核评价制度。健全并完善了乡村振兴推进和监督检查体制机制，全面加强了法律的监督检查，尤其在食品安全等领域，提出了更严格的要求和更高的监管标准。

党和国家高度重视农村假冒伪劣食品问题治理。农业农村农民问题是关系国计民生的根本性问题，将农村食品安全问题融入乡村振兴战略和国内国际"双循环"发展新格局，着眼提升发展，健全制度，创新机制，创新农村假冒伪劣食品问题治理机制，整合资源，提升农村食品安全治理能力和治理水平，更好的保障农民生命健康和福祉，为实现全体人民共同富裕作出贡献。注重提升和发展农村食品产业，健全农村现代食品流通体系，促进食品产业转型升级，建立预防和应对农村假冒伪劣食品的制度机制。立足基层、依靠基层、夯实基层，探索实施基层市场监管执法人员对辖区重点区域、乡镇（村）协管员对重点主体包干责任制度，扫除盲区和死角，使假冒伪劣问题在农村无处可藏。将农村假冒伪劣食品治理与"市场监管总局民生领域铁拳行动""农资打假专项行动"等其他专项行动有机结衔接，整合资源，协同发力。将农村假冒伪劣食品治理纳入基层治理体系"四个平台"统一管理，统筹推进，并加强宣传引导，增强生产经营者和消费者食品安全意识，提升综合治理成效。

第二节 农产品安全源头治理

食品供应链的任何环节均可能引入食品安全风险。食品安全风险一旦被引入，在供应链后端发现并予以消除难度大、成本高，且许多污染因子一旦引入就无法消除。保障食用农产品安全，是食品安全源头控制的重要举措。食用农产品，是指来源于农业的初级产品，即在农业活动[1]中获得的供人食用的植物、

---

[1] 农业活动，指传统的种植、养殖、采摘、捕捞等农业活动，以及设施农业、生物工程等现代农业活动。植物、动物、微生物及其产品，指在农业活动中直接获得的，以及经过分拣、去皮、剥壳、干燥、粉碎、清洗、切割、冷冻、打蜡、分级、包装等加工，但未改变其基本自然性状和化学性质的产品。

动物、微生物及其产品。

一、食用农产品生产安全监管

《农产品质量安全法》是保障食品安全源头保障的长效机制，也是保障农村食品安全的基本法律之一。食用农产品生产安全监管，应依据《农产品质量安全法》等法律法规，全面落实食品安全"四个最严"的要求，强化农产品生产经营全过程控制，保证食品安全。农产品生产经营全过程控制措施主要包括：

（一）农产品产地安全监测制度

农产品产地是农业生产的载体，是实施"从田头到餐桌"的全过程质量控制的源头。农产品产地土壤、农用水等产地环境容易受到农业投入品、工业排放等污染，污染物进入农产品产地环境，在土壤中富集并随农作物根系进入农作物植株，危害农产品质量安全，进而影响人体健康和生命安全。农产品产地安全监测管理制度，强调农产品产地安全调查、监测和评价工作，从源头上保障农产品质量安全。国家禁止在有毒有害物质超过规定标准的区域生产、捕捞、采集食用农产品和建立农产品生产基地，划定特定农产品禁止生产区域，将产地安全与农产品质量安全的协同监测结果，作为特定农产品禁止生产区域划定的重要依据。

（二）农产品质量安全管理制度

农产品生产者应当建立健全农产品质量安全管理制度，制定保障农产品质量安全的生产技术规程或操作手册，配备相应的农产品质量安全管理设施和技术人员，加强农产品生产过程质量安全管理，建立农产品生产记录。

（三）农业投入品追溯制度

农产品生产者应当依法规范使用农业投入品，严格执行农药使用安全间隔期、兽药休药期规定，防止危及农产品质量安全；禁止在农产品生产中使用国家明确禁用、未经批准使用的农药、兽药或其他有毒有害物质；鼓励、引导、支持研发推广使用低毒低残留农兽药，科学指导农业投入品减量使用技术。国家建立种子种苗、种畜禽、农药、肥料、兽药等农业投入品追溯制度。充分利用信息化手段，推行电子追溯码标识制度，建立健全功能完善、信息准确、实时在线的投入品查询和追溯管理系统，有效解决投入品"源头可查、去向可追"的问题，推动对可能存在的违法行为精准打击，确保投入品和农产品的质量安全。

（四）农产品标准化生产制度

县级以上人民政府负责引导、推广农产品标准化生产，鼓励引导各类生产经营者推进农产品标准化生产。鼓励发展优质农产品。推行农产品分等分级，鼓励发展安全优质绿色农产品公共品牌。国家鼓励行业协会、企业等主体及地方农业农村等部门制定农产品品质标准，推行农产品分等分级。加强绿色食品生产基地等的建设，提高绿色优质农产品生产能力。

（五）食用农产品合格证制度

食用农产品合格证是指食用农产品生产经营者对所生产经营食用农产品自行开具的质量安全合格标识。食用农产品合格证管理是在食用农产品安全两段制（生产环节在农业部门、销售环节在市场监管部门）监管体制下连接生产与销售的有效管理方式，旨在落实食用农产品生产经营者的主体责任，健全产地准出制度，保障农产品质量安全。农产品生产者应当开具食用农产品合格证，承诺所出售的食用农产品符合食品安全国家标准。农产品经营者应当查验并开具食用农产品合格证。

（六）农产品质量安全全程追溯制度

农产品质量安全追溯体系是加强农产品质量安全监管的重要抓手。由于农产品品种多、流通量大，产加销长链条、多环节，以及农业部门和市场监管部门分段管理模式，追溯信息标准不统一、共享机制不足，农业部门与市场监管部门联合建立全程追溯协作机制，推动质量追溯无缝衔接。鼓励具备信息化条件的农产品生产经营主体采用现代信息技术手段采集、留存生产经营信息。此外，对高风险农产品实施强制性追溯。

（七）农产品质量安全信用管理制度

农业农村、市场监督管理等部门应当加强农产品质量安全信用体系建设，建立农业投入品和农产品生产经营主体信用记录，实施农产品质量安全守信联合激励和失信联合惩戒，推进农产品质量安全信用信息的应用和管理。

二、食用农产品市场销售安全监管

食用农产品市场销售，是指通过集中交易市场（包括批发市场、零售市场、农贸市场等集中零售市场及柜台出租者和展销会举办者等）、商场、超市、便利店等固定场所开展食用农产品销售活动，不包括食品摊贩销售食用农产品（包括摊贩指定地段、指定时间聚集销售），不包括食用农产品生产企业或者农民专业合作经济组织收购食用农产品活动。集中交易市场开办者对入场销售者和食用农产品负有管理责任。销售者从事销售活动应遵守法律法规标准，对其销售的食用农产品质量安全负主体责任。县级以上市场监督管理部门应当与同级农业农村等相关部门建立健全食用农产品从农田到餐桌的监管协作机制，产地准出与市场准入有效衔接。

（一）集中交易市场开办者管理责任

集中交易市场开办者，是依法设立、为食用农产品批发、零售提供场地、设施、服务及日常管理的法人和非法人组织。集中交易市场开办者对入场销售者和入场销售的食用农产品负有管理责任，建立健全食品安全管理制度，履行登记、检查、信息公示、违法行为制止及停止服务和报告、事故处置、投诉举报处置等管理义务，批发市场开办者还包括检验、统一销售凭证等管理义务。集中交易市场开办者的管理义务具体包括：①登记管理义务。对入场销售者登记建档并更新，审查入场销售者资质信息，查验销售者可溯源凭证和合格证明文件并记录。记录销售者名称或者姓名、住所、联系方式、经营品种、产地及进货渠道等经营信息，记录市场抽检和检查信息。②落实索证索票、进货查验记录制度。对无产地证明或销售凭证、无合格证明文件的食用农产品，检验合格方可入场销售。③配置安全管理人员。集中交易市场（批发市场）应当配备专兼职的食品安全管理人员并培训、考核，组织对销售者培训。④检验义务。批发市场开办者应当配备检验设备和检验人员或者委托第三方检验机构检验，对本市场销售的食用农产品进行检测，重点检测高毒剧毒农药兽药残留、禁用化合物残留、食品添加剂滥用问题。检验结果不符合食品安全标准的，应停止销售、无害化处理并报告监管部门。⑤检查义务。对销售者的经营行为进行日常检查并公布结果，检查内容包括进货查验记录、质量安全自查等经营者责任落实情况，制止违法行为并报告市场监管部门。⑥风险自查与报告义务。定期自行或委托第三方机构对入场经营的食用农产品安全状况进行检查评价，发现发生食品安全事故潜在风险的及时报告市场监管部门。⑦统一销售凭证。批发市场开办者提供统一销售凭证或电子凭证作为销售者的销售记录和相关购货者的进货查验记录凭证。⑧建立追溯体系。鼓励食用农产品批发市场开办者采用信息化手段统一采集、留存食用农产品进货、贮运、交易、结算等经营数据信息，建立食用农产品安全追溯体系。

（二）销售者主体责任

销售者，即食用农产品销售者，是通过固定场所销售食用农产品的自然人、法人、非法人组织，包括在集中交易市场从事食用农产品销售的入场销售者以及从事食用农产品销售的商场、超市、便利店等销售者。食用农产品销售者应建立食品安全管理制度，确保销售场所、设施设备等经营环境和经营条件符合法律法规和标准要求，根据实际设置食品安全管理岗位和人员并培训考核，履行进货查验、储存运输温控、风险自查、检验检测、包装标示、停止销售和召回等义务。销售者不得销售下列食用农产品：含禁用兽药和剧毒、高毒农药或添加非食品用化学物质和其他可能危害人体健康的物质；致病性微生物、农兽药残留、生物毒素、重金属等污染物质以及其他危害人体健康的物质不符合食品安全标准；腐败变质、霉变生虫、掺假掺杂或者感官性状异常的；病死、毒死或、死因不明的禽、畜、兽、水产动物肉类，未按规定检疫检验或者检疫检验不合格肉类；食品添加剂和食品相关产品不符合食品安全国家标准，或被包装材料、容器、运输工具等污染；标注虚假生产日期、保质期或者超过保质期；国家为防病等特殊需要明令禁止销售。

三、产地准出和市场准入衔接制度

食用农产品产地准出制度。农业部门建立实施食用农产品产地准出制度，负责食用农产品在进入一级批发市场、产地农贸市场或者生产加工企业前的产地准出监管，督促食用农产品生产者、收购者、屠宰场在进入一级批发市场、产地农贸市场时提供食用农产品合格证或其他合格证明文件等可溯源凭证。食用农产品生产企业（包括法人、非法人）、农民专业合作社、家庭农场、个体农户等规模生产主体及畜禽屠宰场、经销商等生产或收购的蔬菜、水果、畜、禽蛋、水产等食用农产品进入市场时，须出具食用农产品合格证或其他合格证明等可溯源凭证。

食用农产品市场准入制度。市场监管部门建立实施食用农产品市场准入制度，负责食用农产品进入批发市场、零售市场或者生产加工企业后的市场准入监管，督促食用农产品销售者和食品生产经营者不得采购无法提供可溯源凭证（产地准出证明）的食用农产品。督促集中交易市场开办者查验并留存食用农产品合格证、购货凭证或合格证明文件等可溯源凭证。销售者无法提供食用农产品合格证、购货凭证或合格证明文件等可溯源凭证的，集中交易市场开办者应当进行抽样检验或者快速检测，合格方可进入市场销售。

产地准出与市场准入衔接机制。农业部门和市场监管部门协同合作，市场监管部门和农业部门监管中发现问题相互通报。完善食用农产品追溯体系建设，市场部门和农业部门建设的食用农产品质量安全追溯体系有机衔接，市场监管部门落实市场准入查验和进货查验记录制度。逐步实现食用农产品生产、收购、销售、消费全链条可追溯，来源可查、去向可追，健全产地准出与市场准入衔接机制。

第三节　健全农村食品市场基础设施

健全农村食品市场基础设施，吸引食品安全管理水平高的规模企业进驻农村及城乡结合部地区。食品零售点是农村消费者食品可供应性的核心硬件。以基层乡镇为重点加大食品零售网点设施建设，提升农村食品供应水平。从农民饮食习惯、习俗、多样性需求等出发，培育多渠道、低成本、高效率的农村食品市场体系，满足不同层次、不同群体农民的食品消费需要，让安全、营养的食品以更低成本、更快速度、更好质量到达农村消费者。改善农村食品安全的一个重要措施是健全农村食品市场基础设施，一方面，吸引食品安全管理水平高的规模企业进驻农村及城乡结合部地区，增加农村食品的可供应性，尤其是安全食品的可供应性。这一过程尤其要考虑不能引起农村市场食品价格显著上涨，影响农村消费者的食品可负担性。另一方面，发展提升"三小"食品安全管理能力和食品经营能力，满足农村不同层次群体的不同需求，尤其关注贫困人口的食品安全可负担性。健全农村食品市场基础设施，具体措施包括但不限于：

一、改善农村食品零售网点设施

改善农村食品分销设施。《联合国保护消费者准则》要求，各国应采取或维持确保向消费者有效分销产品的政策，确保分销受阻地区尤其是农村地区基本消费品和服务得以分发。这类政策包括：协助在农村中心建立足够的储存和零售设施，鼓励消费者自助，更好地控制在农村地区提供基本消费品和服务的供应条件；在农村地区帮助建立消费合作社，开展相关交易活动，并收集信息。改善农村地区食品供给侧管理，一是逐步规范和完善农产品集配中心、批发市场、基层供销社、综合服务社等市场主体农产品配送管理能力，推进农村食品经营店规范化建设；二是通过连锁物流配送、电子商务等多种方式，推进安全优质食品下乡进村，保障农村地区安全优质食品有效供应，让安全、质优、价廉食品主导农村食品市场。

支持农贸市场。农贸市场是指当地农民在特定地点集合，以直接向消费者销售产品为目的的联合体。农贸市场为新鲜食物和当地农民提供场所，促进了社区成员、当地生产者和当地企业之间的关系。农贸市场有利于支持农业和食品企业、扩大零售和就业机会、增加高质量产品的可及性、支持活跃的社区生活、促进投资优良的社区环境。小型生产商和加工商，通过农贸市场直接向消费者销售产品。

鼓励农村社区食品合作社。由于潜在购买力不足，使得提供农村食品服务对传统企业、大型超市没有吸引力，经营难以维持、不可持续。一些农村食杂店实行社区经营或合作经营模式。合作社由既是顾客又是所有者或股东的成员组成。社区经营的模式与合作社模式非常相似，只是前者通常以公司的形式组织，社区成员可以购买股份。

通过非营利性社会超市等关注低收入者。通过社会超市重新分配安全、营养的食物。比如法国巴黎周边的城乡结合部开办非营利性社会化超市，以比传统超市更低的价格出售食品和消费品，一定收入水平以下的人才有资格享有低价产品。超市中新鲜水果蔬菜的供应，一是可能会被当地批发商、分销商平台和食品行业丢弃的安全、营养的新鲜水果蔬菜；二是通过社区支持农业模式供应新鲜水果蔬菜，为城市弱势群体提供新鲜产品，同时建立直接伙伴关系并支持当地弱势农民。

二、支持本地产食品

推行社区支持农业项目（Community Supported Agriculture Programs）。[1] 在社区支持农业项目（CSAs）中，当地居民承诺在年初购买当地农民的部分作物。农民获得现金投资来经营农场，居民则获得新鲜农产品供应，农民和消费者共同分享当地农业的风险和收益。推广在城市及其周边种植食品城市农业，消费者通过食物选择权支持有机生产，关爱动物、植物健康、购买当地食品的运动。

推行农场到学校计划。"从农场到学校"计划帮助当地农民直接向公立学校出售新鲜水果和蔬菜，或将学校菜园纳入膳食计划，以便向学生和教师提供有营养的膳食，同时对儿童进行营养和当地农业教育。"从农场到学校"计划将学校和大学与当地农民联系起来，并为学生膳食提供新鲜食物。学校花园是当地食物生产的另一个例子，为学习和社区发展创造了空间。花园增加了地方的审美价值，提供了一个社会互动的环境，并鼓励青少年营养和体育活动。菜园向学生们传授健康的生活方式和种植、收获和准备新鲜食物的技术，同时也为学校食堂提供营养丰富的农产品。此外，花园为社区提供了附加的审美价值和美化。

发展食品、农业主题的乡村旅游。乡村旅游很受欢迎，包括乡村居民为游客提供的便利设施、服务和活动。乡村生活方式及其独特的热情好客常常吸引没有体验过乡村生活的人。另一方面，乡村旅游通常吸引城市游客，要么寄托乡情，

---

〔1〕 社区支持农业（CSA）计划是指一个或一群农民为一群股东（或订户）种植食物项目，这些股东（或订户）承诺购买该农民当季的部分作物。

要么偶尔体验简单的生活方式，这为农村人创造了很多收入机会，拉近食品生产者和消费者之间的距离，有利于促成生产消费友好型食品关系。

修正供应链，使食品链中的农民、城市商贩、消费者受益。建立短链、直供等供应链，使农村农民能够直接向城市各地的零售店、售货亭和市场摊位销售农产品。将新鲜水果和蔬菜从农村农场运到城市，然后，在城市的一个主要仓库进行加工和包装，然后分发给街头摊贩，再供应给消费者。这种供应链，农村农民和城市商贩都是双赢的。通过剔除中间商和其他中间商，农民、城市商贩、消费者都受益。

三、增进电商服务，带动农产品进城和包装食品下乡

互联网是增加农民食物可获得性、便捷性和可选性的最大变量。农村消费环境不断改善，移动支付和农村电商蓬勃发展，充分用好移动互联网这个现代工具，鼓励电商企业下沉乡镇和农村市场。电子商务带动农产品进城和包装食品下乡。构建覆盖县、乡、村三级的物流综合服务网络体系，有效对接城市物流和农村物流及物流首末端"一公里"，统筹协调农产品进城和加工包装食品下乡。通过政府购买服务、快递公司与农村小超市等合作，在村一级形成集约化收件和配送点。支持网络新业态消费模式，带动市场下沉农村。手机下单、直播带货、微商等线上新型消费方式逐渐覆盖农村，生鲜电商、门店到家等创新业态和模式层出不穷，数字技术赋能下的新电商平台将生产、物流、销售等资源充分整合，打通农村和城市间的产销对接通道，线上线下同频共振，推动食用农产品进城、包装食品下乡，促进城乡食品消费融合发展。对新业态的食品消费模式，政府宜采取包容审慎的原则，妥善引导、帮扶，通过财政、税收等政策支持，投资网络、物流、冷库等基础设施，强化品控管理，增加农村社区居民食品可得性、促进农民增收、促进农业产业结构调整、助力乡村振兴。

四、加强农村市场食品安全管理与文化建设

改善农贸市场等的食品安全管理。为改善农民、农贸市场、农村食品零售网点等食品安全管理，政府通过投资、政策、技术等措施支持农贸市场等改造、提档升级，加强台账管理，健全检测中心、检测车、检测箱、监测点等多层次检测体系，加强快检室建设，加强农产品产地证明查验和追溯体系建设。

加强农贸市场等的食品安全教育与文化建设。农民、农村食品零售网点、农贸市场等规模较小的食品企业获得食品安全培训的机会有限。鼓励研究机构、大学的食品科学和技术研究人员开发面向消费者和供应商的实用食品安全教育项

目，通过向市场供应商、管理者和消费者提供基于科学和实践的知识和技能，帮助其提供更安全的食品供应，降低食源性疾病风险。食品安全培训领域包括生产种植者教育、熟食小贩教育、消费者教育，培训内容主要涉及：加强本地农产品的安全性课程；创造提高本地生产的增值食品的安全性的资料；制定加强在本地市场现场制备和供应的食物的安全性；创建农贸市场等的食品安全管理制度等。

第四节　"三小"食品安全综合治理与整体提升发展

基于我国食品安全的阶段性特征，"三小"是农村食品安全治理的重点领域。当前，我国农村及城乡结合部食品供应的基本业态是"三小"生产经营。"三小"的食品安全保障能力与产业发展水平，事关农村及城乡结合部地区人民群众的生命健康，事关农民生计，事关农业农村发展和乡村振兴。

一、"三小"食品安全治理的主旨方向

（一）处理好食品安全与消费者负担以及经营者成本的关系

"三小"食品安全治理，聚焦小型业态食品安全保障，同时考虑"三小"生产经营者创业就业、"三小"消费群体食品负担能力，保障民生。"三小"等小规模生产经营者在食品行业中常常处于弱势地位，农村消费者、城乡结合部消费者等在消费群体中常常处于弱势地位。按照国际惯例，《食品安全法》等消费者保护法相关法律与政策应特别考虑弱势群体的需求。"三小"食品安全治理，体现食品安全风险分类管理的原则，体现食品安全地方知识和经验，不是降低"三小"食品安全标准要求，而是帮助、促进三小合规，提升和改善"三小"食品安全能力，实现消费者食品安全保障与"三小"经营者生计保障与发展双赢。"三小"制度措施应考量成本效益，既要实现食品安全目标，又考虑以有效的、不给"三小"经营者增加不必要负担的方式实现食品安全目标。"三小"治理需要平衡的利益关系主要包括：一是食品安全监管与服务群众的关系。加强食品安全监管的根本目的是为了广大群众的利益，让人们享受安全、放心的食品，更方便、实惠地买到喜欢的食品。在监管中，既要推进集中统一经营区划，又要允许一些适合分散经营的小作坊和摊贩自主、安全、规范经营，在安全前提下尽量方便群众生活，确保食品的可获取性，促进农村地区人民高质量生活。同时关注"三小"服务的消费者群体的负担能力，特别考虑弱势群体的食品可获取、可负担。二是规范管理与促进就业创业的关系。"大众创业、万众创新"的时代，有

时一个小小的摊位就能解决一家人的生计。因此，对食品安全既要规范、从严管理，在此前提下要充分考虑促进就业创业。三是统一标准和分类要求的关系。食品安全问题面广量大，地域性、分散性、专业性强，除了统一的基础性标准，还要充分考虑不同地区、不同门类、不同作业特点的分类要求，注重灵活性。四是正面要求和负面清单的关系。食品安全管理的一些内容宜采取正面要求的原则做法，一些内容则宜采用负面清单的方式予以明确。

（二）以"食品安全"为核心

"三小"安全不妥协，"三小"食品安全方面，"严"字当头，规范化管理。加强"三小"建档登记、现场核查、日常监督检查、抽查、风险监测等，筑牢安全防线。严格落实"三小"风险排查，严格监管、严厉处罚。紧盯地沟油、违禁药物、使用非食用物质生产加工食品、超范围超限量使用食品添加剂等假冒伪劣问题，严查黑工厂、黑作坊、黑窝点，严惩违法犯罪，威慑违法者，保护消费者。

（三）坚持放管服理念

"放管服"是处理政府监管者与"三小"经营者之间关系的智慧，要做好"减法、加法、乘法"。其一，"放"即简政放权，改善"三小"营商环境，释放市场活力。减少审批，优化证照管理，减少审批事项、环节、材料、时限，凡是与安全和质量无关的一律取消；规范许可申请材料；推行分类审批制度；电子证书；缩短周期；包容审慎地对待新业态；等等。放松"三小"准入，生产经营准入采取"宽进"，简化准入条件、简化程序、缩短时限。"三小"地方立法和地方标准考虑合规成本，减少行政事务性管理成本，将三小有限的资源用于食品安全和质量管理，提高食品安全管理效率，使百姓食品创业容易、合规容易。既要保障消费者更安全的食品，也要保障"三小"更好的创业、经营、生计。其二，管，即放管结合，加强"三小"事中事后监管，提升监管能力。按照风险分类原则配置监管资源；采取必要的针对性的监管措施、检验检测措施、奖惩措施；推行跨部门、跨层级、跨区域综合执法；分享知识、信息、技术、经验等协同共治，拓展监管资源、提升资源利用效率，提升监管能力。其三，服，即升级服务。提供办事指南、申请材料范本，开展针对性的批前指导，提前现场核查，上门服务；培训业者，帮助合规；教育消费者，帮助明知选择；信息公示与共享。依赖监管者的态度和措施、业者的合规意识和担责、社会的共治行为，节约经营成本和监管成本，保障食品安全和可负担，增进企业获得感、丰富消费者选择权，促进公共福祉，促进法的安全价值和效率价值。加强"三小"监督管理的同时，注重政策引导和扶持，提升服务。"三小"与农村及城乡结合部居民日常生活息息相关，是解决城乡就业的重要途径，也是传承地方传统饮食文化的重要载体。许多地方特色食品是"三小"供应的，购买方便、价格便宜，成为"乡愁"印记。因此，政府应加大投入和扶持力度，帮助其改善生产经营条件，鼓励创新创造，激发市场活力。如通过政策奖励、资金资助、场地租金减免、税收优惠、从业人员免费培训等，鼓励和扶持"三小"改善生产经营条件，提升工艺技术，提高食品质量。要科学合理建设、改造"三小"生产经营的集中场所、区域，提升基础设施和配套设施。

（四）坚持"政府监管与服务兼行，教育与惩罚并重，社会共治"的原则

注重服务指导，加强监督管理，提升食品生产加工小作坊、食品摊贩等的食品安全水平。一是加强规范化、标准化。鼓励制定相关规范和地方标准，规范食品生产加工小作坊和食品摊贩的生产经营行为，提升食品生产加工小作坊和食品摊贩的食品安全水平。二是突出帮助、示范。通过引导、帮助、教育、培训、规范、组织、示范、推广等方式，增加食品生产加工小作坊和食品摊贩的食品安全知识，提升其食品安全意识，提高从业者的素养。通过浅显易懂的语言对政策进行解释，帮助食品生产加工小作坊、食品摊贩等合规、尊重要求。三是强化技术支持。通过支持技术创新，鼓励小作坊、食品摊贩开发和利用更安全、更营养、更适宜的生产方法、加工工艺、供应模式等，引导食品生产加工小作坊和食品摊贩健康发展。四是坚持诚信自律。建立健全食品安全信用档案，推行食品安全公开承诺制度。根据监管要求，在遵守法律法规、严格落实确保食品安全质量管理制度等方面向社会作出公开承诺。促进小作坊、食品摊贩诚信自律，主动接受社会监督。五是加强目录管理。根据食品风险程度和小作坊、摊贩等控制风险的能力，对食品小作坊生产加工和食品摊贩经营的食品品种，制定准予（或禁止）生产加工或经营的食品品种目录。六是注重社会共治。充分发动社会各方力量，落实各方责任，落实小作坊、食品摊贩主体责任，落实地方政府属地责任、落实监管部门监管责任。鼓励因地制宜地探索社区共治模式。七是合理惩罚。采取适当的惩罚措施，遏制食品生产加工小作坊和食品摊贩等违法违规及不诚信行为。在处理违法违规方式方法上，积极探索有效抑制食品生产加工小作坊和食品摊贩等违法动机的措施。法律责任分档设定，有助于公正执法。

（五）"三小"治本之策是发展提升

"三小"食品安全治理，要依靠市场，更要发挥政府和社会的作用，处理好安全与发展的关系。一是注重地方立法，向法治求安全。通过地方立法、政策、

行动，通过综合治理求食品安全。二是注重地方标准，向规范求安全。建立健全地方标准，通过规范求安全。规范"三小"食品生产经营者事中事后监管的食品安全地方标准，推动传统特色食品传承和发展，并与现代食品行业规范化、标准化、精细化管理相适应，提升"三小"质量安全整体水平等，打下坚实的制度基础。三是注重支持性政策，向质量提升求安全。鼓励、引导、帮助、支持，通过积极的财政、金融、税收、技术等措施，向质量提升求安全。四是注重供给侧结构改革，向发展求安全。逐渐从零散经营转变为集中统一生产，优化、提升行业结构。可持续发展，向发展求安全。五是以品促发展、保安全。鼓励历史悠久的地方特色小吃申请"非物质文化遗产""集体商标"等，[1] 以区域品牌的方式整合地方特色小吃生产经营者和资源，使地方特色小吃实现品牌效应，让地方资源惠及更多的"三小"经营者，提升整体竞争能力和品牌影响力，强化食品安全保障。鼓励三小成立协会等自治组织，加强行业自律，推进培训、教育、宣传。发挥社会的作用。鼓励大学、高中等为"三小"提供技术支持。

二、"三小"食品安全具体对策

针对生产经营条件简陋、场地"脏乱差"问题，地方政府加强服务和统一规划。建设特色食品街区，为食品摊贩提供统一摊位，并提供水、电、垃圾处理等便利，改善食三小生产经营环境。

针对从业人员素质整体不高的问题，加强对执法人员食品安全法律、法规、标准和专业知识与执法能力的培训，提高"三小"食品安全的监督管理水平。对"三小"从业人员进行免费食品安全培训，加强诚信教育。"相关食品行业协会应当制定食品行业规范，宣传、普及食品安全知识，推动行业诚信建设，促进提升本行业食品安全水平，为完善食品安全监督管理制度提供意见和建议。

从业人员年龄高文化素养低。将"5S"概念引入"三小"现场管理过程，即对生产经营现场各要素所处状态进行以整理（Seiri）、整顿（Seiton）、清扫（Seiso）、清洁（Seiketsu）和素养（Shitsuke）为内容的活动，从"三小"生产经营现场的整洁化、规范化、标准化入手，通过对人员、设备、材料、方法等生产要素进行有效管理，实现现场物品定名、定量、定位存放，清除场内脏污，防

---

〔1〕 集体商标是指以团体、协会或者其他组织名义注册，供该组织成员在商事活动中使用，以表示使用者在该组织中的成员资格的标志。证明商标，是指由对某种商品或者服务具有监督能力的组织所控制，而由该组织以外的单位或个人使用于其商品或者服务，用以证明该商品或者服务的原产地、原料、制造方法、质量或者其他特定品质的标志。

止污染发生，从而培养员工形成制度化、规范化工作习惯，提升人员从业习惯。

针对生产经营保障和质量控制能力不强问题，鼓励、支持"三小"改进生产经营条件。政府应当通过奖励、资金资助、减免场地租金、税收优惠、信贷支持等措施，鼓励、支持富有地方传统特色、满足群众需求的"三小"改善生产经营条件和工艺技术，创建品牌；鼓励、扶持本地历史悠久的食品小作坊传统特色食品生产技艺申报非物质文化遗产。鼓励"三小"采取提升改造、联合经营等方式，改善经营条件，扩大生产规模、逐步向食品生产企业转型，提高生产经营能力和食品安全水平。

传统食品手工艺品中劳动力缺乏、产品易受污染、品质参差不齐等，实现地方特色品牌化，增添乡村振兴活力。鼓励支持口碑好、效益优的食品生产加工小作坊通过联小做大、整合做强等方式，转型升级为食品生产企业创建食品生产加工小作坊示范单位，打造地方特色品牌，以点带面引领和推动小作坊行业发展，支持鼓励地方特色食品进入旅游景区特产食品专柜，支持引导和鼓励地方特色食品申报地理标志产品、非物质文化遗产代表性项目和代表性传承人，不断增强品牌影响力。

针对规模化程度低的问题，推进"三小"规范化发展。在有条件的镇街加快建设集中区。一是实行登记、培训等统一监管。监管部门对集中加工区的"三小"实行统一登记管理、统一责任公示、统一制度公示、统一公开承诺、统一开展培训，进行统一管理。二是生产经营者主体责任规范要求。要求集区的"三小"落实主体责任，具体要求：食品安全管理制度和管理人员达标、生产经营环境达标、设备设施达标、原辅料管理达标、从业人员健康管理达标、产品包装及标识达标。三是集中加工区根据实际设置管理办公室、食品快检室等配套机制。

三、健全"三小"食品安全治理体系

设计与"三小"生产经营规模、条件相适应的食品安全要求，对"三小"管理更具有针对性和可操作性。帮助"三小"合规，使得"三小"容易合规，尽可能降低"三小"合规成本。

（一）放松准入，建档管理

顺应"放管服"改革要求，对"三小"采取非许可准入方式，如登记、备案、准许等，不属于行政许可，旨在采集信息并纳入监管，同时减轻"三小"负担，有利于营商环境改善。小作坊、小餐饮、小食杂店登记证应载明名称、地址、生产经营者姓名、生产经营食品的种类及是否入网经营等信息。省级市场监管部门负责制定"三小"建档管理相关的政策。县级食品安全监管部门及其派出机构、乡镇政府或街道办根据实际情况负责执行"三小"建档和维护更新、动态管理，记录"三小"必要信息。

"三小"市场准入方面，注重基层乡镇政府或街道办的意见。①小作坊、小经营店、小食杂店的市场准入有两种模式，一种模式是由县级食品安全监管部门负责，同时通报乡镇政府或街道办；另一种模式是由县级食品安全监管部门负责，审查前事先征询乡镇政府或街道办意见，准入后通报乡镇政府或街道办，由乡镇政府或街道办协助监管工作。这两种模式，后一种更为适当。"三小"因经营成本、生产规模、从业人员以及所生产食品的销售区域等方面的特点，大多数分散在城市居民区、城乡结合部、农村居民点等地方，其生产经营状况基层乡镇政府和街道办最为熟悉知情，食品安全监管部门对"三小"进行登记等管理，应事先征询乡镇政府或街道办意见。登记后"三小"监管，出现违法行为，也需要乡镇政府和街道办配合政府相关部门监督执法，发挥乡镇街办的属地优势。因此，主管部门在进行"三小"登记等工作时，应事先征询申请人生产经营地址所在的乡镇政府或街道办的意见，而不是登记发证之后的情况通报。事先的意见征询有助于减少农村地区的风险隐患和"黑窝点"等问题。②食品摊贩市场准入，一种模式是直接由乡镇政府或街道办负责，同时通报县级食品安全监管、城管等部门。另一种模式是由县级食品安全监管部门负责准入，并通报乡镇政府、街道办。第二种模式更优一些，虽然乡镇政府或街道办事处是离摊贩经营最近的政府部门，最了解辖区范围内的城市规划，对哪些地方适合划定为摊贩的经营最为知情和了解，也是最能掌握摊贩经营状况的机构，但是，基于食品安全专业监管的属性，职权直接配置给所在地的食品安全监管部门（可以是县级食品安全监管部门的派出机构）乡镇街道，同时通报乡镇政府或街道办事处，便于协助监管，更有利于摊贩监管。

鼓励各地探索信息化和智慧监管新路径。如浙江"三小"行业"多证合一"管理。全面取消"三小"登记证，实行"三小"行业"多证合一"。一是准入即准营。通过"浙江省企业全程电子化登记平台"，"三小"经营者领取"多证合一"营业执照，即可开展经营活动。二是登记与监管衔接。"三小"经营者市场主体登记信息将及时推送至浙江省食品安全综合治理协同应用平台，实现登记与监管的有效衔接，简化准入、强化事中事后监管，宽进严管。与浙江省行政执法平台衔接，使"三小"登记完成后自动触发执法平台派发事后检查任务，形成一体化监管。三是强化生产经营主体责任和事中事后监管。"三小"经营者电子录入信息的同时要签订食品安全承诺书。四是登记后首次监督检查制度。"三小"经营者取得"多证合一"后，监管部门在1个月内至少要对其生产经营状况实施一次全项目检查。同时，与浙江省行政执法平台对接，每年通过浙江省行政执法平台下发"三小"（抽查比例不少于5%）"双随机"检查任务，形成一体化监管。

（二）目录清单管理

对"三小"生产经营者的经营活动实行清单管理，设计针对"三小"的、明确的生产经营要求，有助于"三小"行业合规和法规遵从，有助于落实"三小"主体责任和第一责任人要求，预防、减少"三小"食品安全风险。①"正面清单"管理。对小作坊允许生产加工的食品实行目录管理，小作坊目录由省级食品安全监管部门制定并经省级食品安全委员会或政府批准，不得生产加工食品品种目录以外的食品。②"负面清单"管理。对"三小"禁止生产经营的食品实行目录管理，即"三小"生产经营者必须遵守的品种限制要求，旨在明晰"三小"开展创业、创新的边界，即"法无禁止即可为"。禁止目录由省级食品安全监管部门制定并经省级政府批准；设区市食品安全监管部门可基于省级禁止目录增加禁止生产经营的食品种类并经同级政府批准。考虑地方传统食品特色、消费习惯和食品安全状况等实际情况，依据食品安全法、食品小作坊地方法规等，确立负面清单。小作坊负面清单：乳制品、罐头制品；散装酒；保健食品；特殊医学用途配方食品、婴幼儿配方食品和其他专供特定人群的主辅食品等。摊贩负面清单：冷荤凉菜、生食水产、裱花蛋糕、散装熟食、用勾兑工艺生产的酒类，保健食品等特殊食品。小餐饮负面清单：裱花蛋糕、生食水产品等。③校园周边摊贩禁设区。为净化学校、幼儿园周围食品安全环境，避免、减少学生接触"问题食品"频次，降低发生食品安全事故几率，保护儿童学生饮食安全，在幼儿园、中小学等学校周边一定范围内（100米、200米或由政府具体划定）不得划定为食品摊贩经营区域。④入网经营不宜纳入负面清单。一是不禁止三小入网经营。网络消费符合大众消费趋势，"三小"依法登记或备案的，应允许、鼓励通过网络对其食品进行销售，这符合当前"万众创业、大众创新"精神。二是强化对入网经营三小的监管。如登记、备案记录是否入网经营。同时强调第三方平台的食品安全管理责任，应对入网小作坊、小餐饮、小摊点进行实名登记。

（三）鼓励地方制定相关标准和规范

对具有鲜明地方特色的食品，地方相关部门和组织通过制定相应的质量规范和要求，促进地方特色食品的发展，促进地方特色食品文化传承。省级卫生与食品监管部门制定食品小作坊卫生规范。设区市制定地方特色食品质量规范。行业协会制定不同地方特色食品的制作要求。一是食品小作坊和食品摊贩生产经营的食品应当符合食品安全标准。二是制定地方标准。没有相应食品安全国家标准，需要统一食品安全要求的，省级卫生部门制定食品安全地方标准。适合"三小"特点的食品安全标准通常具有起点低、可持续、投入小、适用广、效果强、易管理等特点。省级卫生部门会同同级食品安全监管部门制定包括食品小作坊场所环境、布局、设施、卫生管理、生产过程控制、记录管理等内容的食品小作坊卫生规范，规范食品小作坊的生产加工活动。三是探索推荐性标准。对本地区具有文化传承功能、地方特色鲜明的食品，设区市可制定地方特色食品质量规范。鼓励行业协会制定地方特色食品的加工制作要求，规范地方特色食品的所需原料和制作方法等，促进地方特色食品的传承。

（四）落实主体责任

"三小"应依法从事食品生产经营活动，符合食品安全、环保、消防、安全生产等要求，对其生产经营的食品安全负责，接受社会监督，承担社会责任。"三小"签订食品安全承诺书，在生产经营场所的醒目位置进行明示。县级市场监管部门及其派出机构要督促"三小"落实食品安全主体责任，指导"三小"规范生产经营，告知"三小"禁止生产经营的食品品种，以及应当遵守的法律法规、食品生产卫生规范和食品安全标准等。下面以小作坊为例：

小作坊主动履行食品安全管理责任。小作坊的主体责任主要包括食品安全知识培训、进货查验记录、销售记录、从业人员健康管理、食品添加剂使用等方面的制度。食品原辅料的进货、贮存和投料管理，对生产加工、产品包装、贮存销售等关键环节采取过程化风险控制措施，加强规范生产。落实从业人员健康管理制度和小作坊食品生产卫生规范要求，保证生产环境卫生、生产设施设备良好运行和清洁卫生、生产管理持续合规。落实食品安全承诺制度。在生产经营场所明示食品安全承诺，就不使用非食品原料、不使用回收食品作原料、不滥用食品添加剂、保证生产食品的卫生和无毒无害等事项作出承诺，接受社会公众监督。

市场监管部门通过食品安全主体责任清单指导、督促小作坊落实主体责任。小作坊责任清单。责任清单明确小作坊责任，有助于提高小作坊责任意识，规范自查管理、过程管理和人员管理。包括：许可资质管理方面，许可取得、停产报告主体责任；禁止的行为方面，超范围、超限量使用添加剂、使用非食用物质、非法添加药品、使用回收食品、不符合食品安全标准等禁止性生产行为；生产过程控制方面，包括原料管理、加工器具使用管理、人员管理、卫生管理、记录制度管理等主体责任；标签说明书和广告管理等方面。

小作坊生产场地出租者的责任。①资质查验义务。查验小作坊经营者的身份证明、生产营业执照、准许生产证等，避免无证经营。②报告违法行为的义务。发现出租场所内有涉嫌食品生产加工违法行为的，报告相关市场监管部门。

（五）推进协同共治

一是地方政府统一领导。县级以上地方政府统一领导、组织、协调辖区三小监管工作，加强监管能力建设，提供与"三小"监管工作相适应的经费、人员等保障，建立和完善"三小"信息管理系统，促进食品安全信息公开和信息资源共享。县级以上地方政府食品安全委员会对"三小"监管工作进行综合协调、监督指导，推进综合执法。设区市级、县级政府统筹规划，合理布局，建设、改造适合"三小"生产经营集中场所，完善基础设施及配套设施，鼓励支持"三小"进入集中区域。地方各级政府应当采取措施，扶持生产经营本地优质特色食品、传统食品的"三小"的健康发展。

二是食品安全监管部门牵头，相关部门各尽其责，合力共管。县级以上市场监管部门对辖区"三小"生产经营活动实施监管，卫生、公安、教育、城管、环保、农业、林业等部门在各自的职责范围内履行监管职责，开展联合执法，信息分享、交流沟通。①市场监管部门。食品安全监管部门负责"三小"登记证管理、将"三小"纳入年度监管计划、开展"三小"日常监督检查、建立"三小"监管档案、对"三小"从业人员培训、负责"三小"食品的监督抽检、对投诉举报发现的"三小"违法违规行为依法查处等工作。食品安全监管部门采用行政指导、示范引导等柔性方式，督促"三小"主动合规，规范经营，提高食品质量安全水平。食品安全监管部门建立健全"三小"信用管理制度。建立诚信档案，将"三小"登记备案等信息、日常监督检查结果、违法行为查处等纳入信用档案。食品安全监管部门依据抽检、风险监测和信用记录等情况，确定监管重点、方式和频次，对"三小"进行风险分级管理，对社会影响恶劣的严重违法行为通过报刊、电视、网络等媒体曝光。②城管部门。一些地方推行城管部门负责摊贩监管，市场监管部门和城管部门开展监督检查、信息公开、宣传教育和指导等工作，并加强合作。基层食品安全监管部门、城管部门、乡（镇）政府和街道办应当建立网上信息平台，"三小"登记、备案、允许经营区域等方面实现网上申请、信息共享、联动审批。③卫生部门。省级卫生部门应将"三小"纳入风险监测范围。县级以上卫生部门负责辖区"三小"食品安全风险监测，结果报告本级食品安全委员会。

三是基层机构负责落实。乡镇政府、街道办做好辖区"三小"监管工作。

组织协调辖区内食品生产经营执法事项，开展食品安全信息统计与报告、食品安全隐患排查、协助执法、宣传教育等工作，建立食品安全监督员、协管员、信息员队伍，协助食品安全监管等部门做好"三小"监管工作，与食品安全相关部门派出机构协作开展工作，开展"三小"日常管理、隐患排查，督促"三小"规范生产经营。发现违法行为及时制止并报告相关监管部门及协助处理。村、居委会协助有关部门和乡镇政府、街道办做好"三小"监管工作，组织食品安全群众监督员开展经常性的巡查，对食品安全违法行为进行劝诫，报告城管、食品安全监管等部门并协助处理。

四是行业组织、媒体、消协等社会监督。鼓励"三小"组建或加入行业协会或商会，加强行业自律，提供培训、咨询、维权等服务，引导、规范、帮助"三小"合法、规范生产经营，促进"三小"合规。相关行业协会商会制定行业规范，宣传、普及食品安全知识，推动行业诚信、自律建设，提升行业食品安全水平，为食品安全监管提供意见和建议。消费者协会等宣传食品安全法律法规标准及科学知识，引导消费者增强食品安全意识、知识和能力。媒体真实、公正地报道"三小"食品安全状况，开展舆论监督。任何组织或个人有权举报"三小"违法行为，县级以上地方政府健全食品安全举报奖励制度，促进共治。

（六）推动"三小"转型升级和质量提升

支持"三小"传承地方饮食文化。地方各级政府采取措施，扶持生产经营本地优质特色食品、传统食品的"三小"发展。将"三小"升级改造、集约发展、品质提升、品牌创建等融入乡村振兴，推动"三小"由"小散低"向"精特美"转型升级，支持农特产品食品安全和高质量发展，助力乡村振兴。

鼓励支持集中经营。政府推动"三小"园区、街区、集聚区等建设，督促落实园区等集中场所的食品安全管理责任，支持建立统一的原料采购、食品检验、仓储物流、电子商务等全链条配套服务，推动"三小"变杂乱为有序、变分散为集中、变流动为固定。设区市级、县级政府统筹规划，合理布局，建设、改造适合"三小"生产经营的集中场所，完善基础设施及配套设施，鼓励、支持"三小"进入集中区域。设区市级、县级政府建设特色食品街区，为摊贩提供统一摊位，并提供水、电、垃圾处理等便利。鼓励小作坊扩大规模、提高能力，逐步向企业转型。鼓励摊贩采取提升改造、联合经营等方式改进经营条件、提高经营水平。

鼓励支持改善生产经营条件。县级以上地方政府应当对"三小"进行综合治理，加强服务和统一规划，鼓励集中经营。县级以上政府可以通过业务培训、奖励、资金资助、场地租金优惠、税收优惠、信贷优惠、就业帮扶等措施，鼓励和支持富有地方传统特色、满足群众需求的"三小"规范操作，改进生产经营条件和工艺技术，创建品牌。

（七）培训宣教

培训监管者。食品安全监管部门组织开展执法人员法律法规标准和专业知识与执法能力方面培训，提高监管能力和水平。尤其是对基层监管人员、协管员、信息员、食品安全社会监管员等进行相关法律法规标准政策等方面的培训，确保监管者依法监管。

培训"三小"经营者。食品安全监管部门对"三小"进行食品安全法律、法规、标准、知识的宣传和培训，免费提供资料。食品安全监管部门组织、开展"三小"从业人员免费食品安全培训，提高"三小"经营者责任意识、诚信意识、合规能力。广泛使用网络、广播、电视、电话、报纸、微信、微博、宣传单、明白纸、喇叭、墙报等多种形式，宣传相关法规、标准、政策和"三小"生产经营者主体责任，指导、帮助"三小"主动合规。

开展宣传教育，提高公众意识。地方各级政府及市场监管等部门组织、开展食品安全法律、法规以及食品安全知识的宣传教育，提高公众食品安全意识和能力。

第五节　健全临近保质期食品管理制度

经营超过保质期食品是农村和城乡结部食品市场屡打不止的一类食品违法行为，打击农村及城乡结合部食品假冒伪劣专项行动的一个关键领域。合理设置临近保质期食品、超过保质期食品管理制度，采取临近保质期食品管理制度积极防止出现食品过期问题，在保障食品安全和市场秩序的基础上，防止食品浪费。依法处置已经过期的食品，防止过期不安全食品流入市场尤其是农村及城乡结合部食品市场，损害农民等弱势消费者的利益。

一、过期食品处置与监管缺乏具体的配套制度与措施

保质期是标识预包装食品形成最终销售单元的最早到期的日期。生产日期和保质期的标示，不得加贴、补印、篡改。依据《食品安全法》，食品的保质期是指食品在所标明的贮存条件下保持品质的期限。保质期两个决定因素是贮存条件和期限。贮存条件，食品标签要求标注食品的贮存条件，例如：常温、避光保

存、冷藏保存、冷冻保存等。只有严格按照标注的贮存条件进行保存，食品才能在保质期内保证质量和安全性。期限，食品超出保质期不等于食品变质、腐烂、不安全。市场化的食品供应一定会出现"过期食品"问题，用过期食品为原料生产食品或者销售过期食品违法。过期食品是引发食品安全问题的主要风险之一，也是我国食品安全监管执法的重要方面。但是，由于我国对过期食品处置与监管缺乏具体的配套制度与措施，过期食品管理缺失，过期食品被改头换面重新回到供应链和消费者餐桌的事件屡禁不止，因而，亟需廓清问题的本质与原因，探索有效的解决之策。

第一，防止食品过期的机制缺乏。市场化的食品供应一定会出现"过期食品"问题，我国缺乏过期食品有效处置的疏导机制。我国相关法律只规定禁止用过期食品原料生产食品以及销售过期食品，这属于防堵机制，但缺乏过期食品有效处置的疏导机制，即在食品过期前进行合理的处置，防止食品过期。我国《食品安全法》只规定禁止用过期食品原料生产食品以及销售过期食品。依据《食品安全法》第34条，禁止使用用超过保质期的食品等生产食品；禁止经营标注虚假生产日期、保质期的食品或者超过保质期的食品等；该法第124条对生产经营者生产、销售超过保质期食品的违法行为设置了罚则。这些规定侧重于对市场上业已出现的过期食品的事后查出、处罚，属于防堵机制。但缺乏过期食品有效处置的疏导机制，即在食品过期前采取有效的措施进行合理的处置，防止食品过期。

第二，对过了期限食品的处置存在监管漏洞。实践中，如果食品到了保质期还未销售出去，食品生产者会按照之前与销售者进行的书面约定进行回收。回收的过期食品则由生产者自己进行无害化处理，如石灰深埋、降解池处理、送垃圾焚烧站。但过期食品在回收之后，对食生产者的处置过程和结果，缺乏有效的监管，容易引发过期食品再次用作食品原料的风险，通过更改包装、篡改生产日期，重新进入食品供应链。

第三，食品日期标签制度如何正确权衡食品安全与食品浪费有待于进一步探讨。在反食品浪费的背景下，食品标签日期的科学设置需要进一步研究调整，配套宣传教育也需要跟进和加强。食品日期标签是国际社会公认的引起食品浪费的重要原因之一。消费者对食品日期标签的迷惑甚至误解，容易造成食品浪费。消费者对食品安全的担忧可能导致食物浪费。其中，消费者对食品安全的一些担忧与对食品日期涵义的误解有关，可能是由于食品企业经营者和监管机构使用日期标记的方式造成的，也可能是消费者误解的结果。此外，消费者可能不确定如何储存易腐食品。食物变质，无论是真实的还是感觉的，都是人们丢弃食物的最大原因之一。很多人丢弃完好的、可食用的食物，仅仅是因为他们误解了过期标签。大多数保质期的设置并不精确科学，这样的日期标签让消费者感到困惑，为了不冒食源性疾病风险，人们常常丢掉完好、可以安全食用的食品。比如过了保质期但安全的大米、挂面、干菜、干果等。《反食品浪费法》要求食品生产经营者科学合理设置食品保质期，显著标注，容易辨识。下一步，国家应深入研究，完善食品日期标签相关规则，规范和明确日期标签，在储存条件等方面增加说明性和教育性内容，明确"保质期"这一术语向消费者传递的信息。加强消费者知识和能力教育，向消费者提供可靠的信息和知识，帮助消费者在减少食品浪费和食品安全之间正确权衡。

二、健全过期食品监管机制，有效监管过期食品

第一，实行临近保质期食品管理制度。采取合理、有效的措施保障临近保质的食品被及时销售、消费，防止食品过期。鉴于过期食品屡屡被改头换面重新回到供应链和消费者餐桌的现状，推行临近保质期限食品销售专区制度。鼓励连锁超市建立临近保质期食品的消费提示制度，将临近保质期食品在销售场所集中陈列出售，或者向消费者作出醒目的提示和告知，并不得退回供应商。在国外，经营者每天清理临近保质期食品，降价处理或用于慈善，已经过期的食品应做垃圾处置，如日本将其做成饲料或有机肥料，但决不允许任何商家以任何形式来销售任何已过期食品。

第二，合理处置已过期食品并进行有效监管。一是要求经营者对未售出的到期食品，及时清点、停止销售、退货或销毁，并做好记录。二是设立专门垃圾处理公司，交给有资质的垃圾处理公司处置。三是完善对过期食品处置的监管，明确监管责任主体，并要求食品生产者对过期食品及其处置情况进行记录，并将食品的处理方式、销毁办法、处置过程及结果向社会公开，接受社会监督。四是严格责任。针对未建立或完善临近保质期管理制度等的经营者，责令改正；针对篡改生产日期、保质期重新销售以及使用过期、回收食品等违法行为进行严厉打击；涉嫌犯罪的移送司法机关落实行刑衔接。

第三，为了防止食品浪费，鼓励生产经营者捐赠临近保质期的食品。鼓励生产经营者将临保食品捐赠给社会福利机构、慈善机构等公益性组织并显著标示和明确告知。生产经营者不得捐赠超过保质期食品。接受捐赠的公益性组织应当建立健全临保食品接收、贮存、派发制度，不得接收和派发超过保质期食品。食品生产经营者。如《广东省人民代表大会常务委员会关于制止餐饮浪费的决定》规定，餐饮经营者、单位食堂等应加强动态管理和检查，对临保食品分类管理，

鼓励在保障食品安全的基础上捐赠临保食品。民政部门建立捐赠需求快捷对接机制和平台，引导、协助餐饮经营者、食堂等向慈善组织、救助机构等社会公益组织捐赠尚可安全食用的食品。《广州市反餐饮浪费条例》规定，鼓励餐饮服务经营者在保证食品安全的基础上，采用打折、特价、买赠等方式销售临保食品或捐赠给社会福利机构、慈善机构等公益性组织，并显著标示并明确告知临保食品信息。

三、临近保质期食品管理制度相关规定

全国性法规政策中有关临近保质期的规定。《食品安全法》第54条要求食品经营者正确贮存食品，定期检查库存，及时清理超过保质期的食品。《国务院关于加强食品安全工作的决定》要求食品经营者推行临近保质期食品消费提示制度，禁止更换包装和日期再行销售。依据《商务部关于加快发展大众化餐饮的指导意见》，商务部会同国家市场监管总局、农业农村部等有关部门研究制定餐饮企业反食品浪费奖惩制度。鼓励餐饮经营者对消费者在餐饮消费中预防减少食品浪费的行为予以奖励。规范餐饮经营促销活动，鼓励餐饮经营者在确保食品安全基础上，打折销售临近保质期的食品。《网络购买商品七日无理由退货暂行办法》将销售时已明示的临近保质期商品排除适用七日无理由退货规定。市场监管总局《关于加强网络直播营销活动监管的指导意见》将网络直播营销中销售标注虚假生产日期食品或超过保质期食品的违法行为作为重点查处对象。

一些地方性法规中引入临近保质期相关规定。①《上海食品安全条例》要求食品生产经营者建立临近保质期食品管理制度。一是要求生产经营者建立临近保质期食品消费提示制度，督促生产经营者公布临近保质期食品的相关信息，要求在销售场所对临近保质期的食品等集中存放、陈列、出售并醒目标示、提示、告知。二是不得退回供应商并合理处置。禁止生产经营者将超过保质期的食品及食品添加剂退回上游生产经营企业。对已经超过保质期的食品及食品添加剂，生产经营者应当采取染色、毁形等措施予以销毁或者进行无害化处理并记录。②《福建省食品安全条例》要求食品生产经营者建立临近保质期食品和食品添加剂管理制度，将临保食品和食品添加剂集中存放、陈列、销售并在显著提示。对未建立并执行临近保质期食品、食品添加剂管理制度的生产经营者，市场监管等相关部门责令改正并警告；逾期未改正的处以罚款；情节严重的，责令停产停业直至吊销许可证。③《贵州省食品安全条例》鼓励食品生产经营者建立临近保质期食品的销售管理制度，设立相对独立的销售区并设置醒目标志；对已经变质或者超过保质期的食品，应当立即停止销售，及时销毁并建立销毁记录。

一些地方推出临近保质期食品管理专门规定。①浙江《临近保质期食品管理制度（试行）》要求，从事流通环节的食品经营者加强对临近保质期食品的管理，杜绝过期食品上柜销售。临近保质期，是距离食品包装等标明的最后保质日期的期限。大中型商场超市和有条件的其他食品销售经营者应设置临近保质期食品专区或专柜，显著标示"临近保质期食品销售专区（或专柜）"字样。未设置专区或专柜的，在临近保质期食品上标示"临近保质期食品"标签。不得隐藏临近保质期食品的生产日期和保质期。②《广西壮族自治区临近保质期食品管理办法》要求经营者依法建立临近保质期食品管理制度。一是依法制定并在醒目位置向消费者公示食品临近保质期标准，提醒消费者注意查看食品生产日期、保质期和有效期。二是商场、超市等较大规模食品经营者设立临近保质期食品专区或专柜并醒目标示，表明"临近保质期食品销售专区（或专柜）"字样。其他经营者应将临保食品集中存放、陈列、出售并醒目提示，在待售临保食品上标明"临近保质期食品"字样。三是不得隐藏临近保质期食品的生产日期和保质期。四是，设立临近保质期食品管理岗位及人员并加强培训，定时检查库存和待销售食品，及时清查、管理临近保质期食品。③《广州市临近保质期和超过保质期食品管理办法》，要求食品生产经营者建立临近保质期和超过保质期食品管理制度，禁止超过保质期食品上市流通。"临近保质期"由食品经营者自行设定或与供应商协商确定。该办法设置了最低标准：1 年≤保质期，临近保质期为保质期满之日前 30 天；半年≤保质期<1 年，临近保质期为保质期满之日前 20 天；30 天≤保质期<半年，临近保质期为保质期满之日前 10 天；15 天≤保质期<30 天，临近保质期为保质期满之日前 5 天；2 天≤保质期<15 天，临近保质期为保质期满之日前 1 天；保质期不足 2 天或国家有关标准允许不标明保质期的食品，不设临近保质期。未标示保质期的食用农产品，餐饮服务提供者加工、制作的即售即食食品不适用。该办法要求经营设置临近保质期食品销售专区并显著提示，经营者以打折、买赠等方式销售临近保质期食品，不得通过遮盖等方式隐瞒食品生产日期和保质期，确保消费者的知情权。

国家应适时总结各地经验，进一步细化、完善、落实、推广临近保质期食品管理制度，最好形成国家层面的统一政策，在恰当权衡食品安全和防止食品浪费的基础上，合理设置"临近保质期"及其管理制度。

四、落实生产经营者主体责任

生产经营者应健全自身食品安全管理制度，将临近保质期食品管理制度等纳入本单位食品安全管理制度。建立落实主要原料和食品供应商检查评价制度、临近保质期食品和过期、回收食品安全管理制度等制度，并开展自查。

落实进货查验制度。定期或者随机对主要原料和食品供应商的食品安全状况进行检查评价并记录；落实进货查验记录义务，依法记录所销售食品的进货日期、生产日期、保质期等信息，通过进货把关排除购入过期食品、变质食品、来源不明食品或无标签及标签不规范的食品。

落实运输、储存管理制度。按照食品标示的储存条件运输、储存食品，做好温控管理，遵照保证食品安全所需的温度、湿度等要求并做好记录。标明每批次食品入库日期和保质期限，先进先出。食品储存经营者定期检查所提供服务的销售者的食品质量状况，对食品临近保质期或出现过期变质、毁损、交叉污染及其他可能危及食品安全情形的，应及时通知所提供服务的销售者进行处理。

落实食品退市和销毁制度。定岗、定期对经营的食品进行清查。①临近保质期食品。将临保食品集中在经营场所存放、陈列、出售并提示告知。一是在经营场所集中设置临近保质期食品专区（专柜）并明显标示提示，通过打折、特价、买赠等方式销售。二是鼓励经营者在食品安全的前提下将临近保质期食品捐赠给慈善机构等社会公益组织并记录建档。三是食品经营者可依据与供货商签订的临保食品退货协议退回供应商并记录建档，包括退货商品名称、规格、数量、退货时间等，由供应商进行捐赠等处理。供应商接受临保食品退货应记录食品名称、生产日期、数量、退货日期和地点、退货者信息等，退回的临保食品独立存放并显著标识。②超过保质期食品。食品生产经营者应当将超过保质期食品及时下架、分类清点、封存并记录，不得退回食品供应商。落实过期食品登记和染色、毁型等销毁义务，发现已经过期的食品，及时下架、登记，单独设立专门区域临时存放，采取染色、毁形等措施进行销毁或无害化处理并记录处理结果；禁止将超过保质期食品退回供应商；禁止使用回收食品作为原料用于生产加工食品，或经过改换包装等方式进行销售、赠送（过期食品翻包装重新销售）；对回收食品进行登记，在显著标记区域内独立保存，并依法采取无害化处理、销毁等措施，建立或者保存销毁记录。

第六节 农村集体聚餐食品安全社会共治框架

农村集体聚餐，也称农村自办宴席，系指在农村（含牧区）和城乡结合部等地区，群众自发组织的、在餐饮服务单位以外场所举办的各类群体性聚餐活动。农村集体聚餐属于聚集性聚餐；农村集体聚餐活动场所为非经营场所；农村集体聚餐方式包括：举办者自行采购食品原料，委托他人帮厨并给付报酬；举办者委托承办者上门提供包工包料宴席加工服务活动。农村集体聚餐活动主体主要包括举办者、承办者、聚餐者。

农村集体聚餐，由于举办地点分散，没有固定经营场所，流动性大，多在临时搭盖的棚屋或露天举行，供餐场所卫生环境条件简陋，食品加工设施设备不健全，操作缺乏规范性，举办者和承办者食品安全意识不强，从业人员管理不到位，食品安全风险隐患高。在农村，因风俗习惯等原因，各类节日聚会、红白喜事、婚寿喜宴、乔迁贺喜等集聚性活动，用餐人数众，从上百人到数千人，食品安全风险较高。此外，农村集体聚餐也因举办随意、信息不畅等问题，食品安全风险较高。农村集体聚餐食品安全风险防控是解决农村地区食品安全问题的突破点，规范农村流动厨房经营行为，加强农村流动厨房承办农村自办宴席食品安全监管，预防、控制食物中毒和其他食源性疾病风险，加强农村食品安全，保障农村居民健康和生命安全。

一、举办者和承办者负主体责任

农村集体聚餐的举办者和承办者对农村集体聚餐食品安全负责。鼓励、引导举办者和承办者、承办者与厨师等加工制作人员签订食品安全协议，明确、细化各自责任。① 实施农村集体聚餐报告承诺制度。举办者和承办者举办集体聚餐前主动、及时、如实地将聚餐菜单、地点、人数等内容报告村食品安全信息员等。农村集体聚餐举办者和承办者签订食品安全承诺书，落实食品安全主体责任，不得采购、贮存、加工制作法律法规禁止生产经营的食品，如超过保质期食品、腐败变质等食品、国家为防病等特殊需要明令禁止的食品等。承办者向市场监管部门乡镇派出机构报告所有加工制作人员健康证明和食品安全知识培训情况，定期组织开展健康体检和培训。承办者接受、配合食品安全协管员检查与指导，从聚餐菜单、原料采购、贮存等到加工制作人员、再到加工过程、食品留样等全过程规范化操作，保障食品安全。承办者定期对自身食品安全状况、问题和隐患等方面开展自查，发现问题及时整改，有发生食品安全事故可能的，停止并报告监管部门。②鼓励规范化和固定经营。鼓励大型餐饮企业直接或与承办者联合经营为农村集体聚餐提供服务。在农村，因地制宜，通过政府财政投入、政府购买公共服务等模式建设规范化农村集体聚餐服务中心，并推行农村集体聚餐厨师等从业人员培训持证上岗，有效防控农村集体聚餐风险。鼓励举办者和承办者参加食品安全责任保险。③加强对农村集体聚餐厨师的管理。摸清辖区厨师底数，建立农村厨师档案，加强日常监督和指导，收集其操办聚餐活动的信息，做好厨师健康检查和食品安全知识教育培训，提高其食品安全意识和能力，对发生食品安全事故的厨师，探索建立退出机制。

落实农村集体聚餐承办者食品安全责任。农村地区餐饮服务单位、农村集体聚餐承办者（包括农村承办群体性聚餐宴席的饭店、乡厨及专业加工团队）承担主体责任，规范人员健康管理、进货查验、索证索票、规范加工处理过程、食品留样等制度，如实向属地市场监管部门报告集体聚餐基本情况，签订食品安全承诺书，主动接受、积极配合监管部门食品安全指导。一是规范从业人员健康管理。从业人员上岗须取得有效健康证明，落实每日健康检查，按要求穿戴工服、发帽等个人防护用品，工作期间勤洗手、佩戴口罩。二是落实进货查验、索证索票制度。不采购无来源或不合要求的食品和食品原料。严禁采购、使用病死或死因不明以及检疫不合格的肉类及其制品，严禁圈养、宰杀活的畜禽动物，严禁采购和制售野生动物及其制品。疫情期间，落实进货查验制度，重点包括：采购进口冷链食品应当查验留存供货方合法资质、入境货物检验检疫证明和同批次新冠病毒核酸检测合格证明、消毒证明等相关证明材料；采购猪肉要查验"两证一报告"；严禁采购、制售野生动物及其制品和来自长江禁捕水域的水产品。三是规范食品加工处理过程。不同类型的食品原料要分开贮存、分开加工；烹饪过程要做到生熟分开，烧熟煮透；餐饮具消毒要按照规范的流程进行，保证消毒效果。贮存食品应当保证食品安全所需的温度等特殊要求，不同类型、不同存在形式的食品（原料、半成品、成品）分开存放，盛放容器和加工制作工具分类管理、分开使用，定位存放；做好餐饮具每餐次消毒、保洁；按规定做好集体聚餐留样。四是遵守农村集体聚餐报告、登记及现场指导相结合的管理制度。农村集体聚餐的举办者、承办者要及时、如实向属地市场监管部门报告集体聚餐基本情况，签订食品安全承诺书，主动接受、积极配合食品安全指导。

二、地方政府负属地管理责任

地方政府统一领导。地方政府负属地管理责任，组织领导辖区农村集体聚餐食品安全工作。因地制宜制定具体管理规则，规范化监管农村集体聚餐食品安全。地方政府将农村集体聚餐食品安全管理经费纳入预算，主要用于检验设施配备、监管能力建设、培训宣传教育等，为基层食品安全协管员、信息员提供必要的经费和条件支持。加强考核，将农村集体聚餐食品安全管理设置为对下级政府食品安全绩效考核的指标之一，通报考核结果。建立完善食品安全事故应急预案，规范报告、调查和处置程序，细化配套制度和措施，适时开展应急演练，确保农村集体聚餐食物中毒等食源性疾病及时救治、及时报告、及时处理。

健全基层队伍，提高监管能力。夯实基层特别是农村地区食品安全监管队伍，配齐乡镇协管员、村信息员队伍并加强培训，发挥其在信息收集、情况上报、现场指导、风险提示等方面的一线作用。强化乡镇政府食安办、村委会、食品安全协管员和信息员的沟通衔接，健全农村地区食品安全监管网络。将协管员和信息员的主动巡视与举办者和承办者主动报告相衔接，做好事前指导、事中检查、事后跟踪。协管员、信息员在接报、登记举办者和承办者集体聚餐相关信息时，进行食品安全风险提示。

健全监管机制，做好应急处置。积极探索创新农村集体聚餐监管机制，用更丰富的形式确保更高层次的农村集体聚餐食品安全。农村集体聚餐坚持政府规范和行业自律相结合、部门牵头和各方协同相结合、现场检查和指导提示相结合、规范流动经营和倡导固定经营相结合的监管原则。

三、市场监管部门负监管责任

监督食品安全主体责任落实情况、食品安全隐患问题整改复查、查处各类食品安全违法违规行为。要认真落实农村集体聚餐报告、登记及现场指导相结合的管理制度。对农村自办宴席承办厨师与宴席活动进行备案登记，摸清承办宴席厨师底数，建立监管档案。做好集体聚餐活动的原料采购、储存等关键环节的食品安全指导。加强培训、宣传教育。加强相关人员培训是最基础、最长效、最具成本效益的方法。农村集体聚餐食品安全管理遵循"事前申报、技术指导——事中安全检查、过程监管——事后可追溯、掌握情况"。一是备案登记制度。村委会、乡镇食安办、乡镇市场监管所、区县市场监管局逐级审批。同时相关部门应加强沟通，指导聚餐活动举办者和承办者提交完整的证照和备案登记资料。二是事前事中主动进行食品安全指导。提供专业意见。监管部门事前向举办者和承办者明确其各自责任，审核聚餐菜单，明确就食品原料采购的索证索票、禁用和慎用的食品添加剂、生熟分开储存、食品加工及食品留样等操作提出规范性要求。提前检查场地环境。重点对宴席加工场地、卫生条件等进行检查、指导，对聚餐现场进行消毒，确保聚餐环境和设施卫生、干净。三是规范操作过程、规范留样。现场检查原材料的采购票据，现场指导食品及原材料按要求分类存放，生熟分开，防止交叉污染，现场食品抽样检查，及时消除安全隐患。按照食品留样要求规范留样并做好相关记录，指定专人负责保管。

四、农村集体聚餐协作共治

协同监管。属地政府统一领导、协调，村级食品安全协管员、村委会、乡镇市场监管派出机构、乡镇政府食安办、乡镇政府、县级市场监管部门及卫生行政部门各负其责、协同合力，确保农村集体聚餐食品安全。县级政府明确辖区农村集体聚餐报告、登记的范围、内容、时限等要求，加强农村集体聚餐综合治理，有效利用农村现有的各种场所，引导、支持农村集体聚餐进入固定场所经营，改善经营环境和条件及设施设备。县级市场监管部门明确农村集体聚餐的环境与设施设备、食品采购和贮存、加工过程控制、食品留样、加工制作人员体检和培训等食品安全要求，督促指导农村集体聚餐承办者加强对加工制作人员的食品安全知识培训。县级卫生行政部门会同相关部门开展农村集体聚餐食品安全风险监测，督促医疗机构做好农村集体聚餐食物中毒及食源性疾病救治和食源性疾病信息报告。农村集体聚餐举办者和承办者履行主动报告义务，将聚餐活动菜单、举办地点、参加人数等信息报告村协管员并签订食品安全承诺书。协管员应及时向乡镇市场监管派出机构报告并开展现场指导，县级市场监管部门可派人进行现场指导；乡镇政府按照属地管理要求，履行宣传教育、信息发布、应急处置等职责；县级市场监管部门负责实施辖区农村集体聚餐活动的监管指导，监督厨师健康检查、培训等工作。

监管与服务协同。农村因婚、寿、乔迁等庆祝活动举办宴席是一种传统习俗，是农村传统和文化的载体之一，关系农民群众的切身利益。乡镇政府和监管部门要增强服务意识，农村集体聚餐管理和服务并重，加强对农村聚餐提供食品安全知识和法律法规培训、现场指导、技术协助等服务。一是现场指导。发挥农村协管员和信息员的主动性，协助落实聚餐报告指导制度。协管员畅通与村民的沟通机制，方便群众主动申报和接受监督，及时主动掌握本村居民举办聚餐宴席信息，及时主动组织上门跟踪服务，提供卫生咨询，加强宴席动态管理，从菜单的审核、原料的采购与储存、餐饮具的消毒、加工过程中的卫生和冷菜制作卫生、留样等给予全面的指导，及时发现并消除食物中毒隐患，确保宴席食品安全同时要完善细节，明确备案程序、聚餐须知、厨师须知、基本卫生设施和餐饮器具卫生要求、食品的采购加工要求、聚餐卫生审查内容等。市场监管部门应畅通与信息员和协管员的沟通交流机制，加强对信息员和协管员的业务培训和指导，必要时与协管员共同对农村集体聚餐活动进行现场指导。县级政府应当解决监管资源和人员保障等问题。二是宣传、教育、培训。政府发动社会各方力量和各种资源开展农村食品安全宣传教育，包括食品安全知识、卫生知识、健康知识、法律法规标准知识等，提高广大农民群众食品安全意识。政府主导对集中聚餐组织者、协管员、信息员等进行培训指导，提高集中聚餐组织者、协管员等的责任意识和能力。增强举办者主动报告和接受监管的自觉性，提高其确保宴席符合安全卫生要求能力，提高农村集体聚餐食品安全水平。三是培育扶持。农村集体聚餐举办宴席，除了是一种传统习俗，还有一个因素就是成本较低，能够满足农村居民包括低收入者的消费需求和负担水平。改进农村集体聚餐供餐模式，提升食品安全水平。鼓励餐饮服务企业通过流动餐车或下乡进村提供可负担的、符合村民需求的集体聚餐服务，扶持、指导村民、返乡人员等在农村地区开办主要针对集体聚餐活动的餐饮服务企业，企业场所设在农村降低经营成本，适应农村消费者的负担能力，通过在固定场所制备、烹饪食品，便于食品安全管理，兼顾食品安全和农民食品负担能力，增进农村消费者福祉。

发挥社会作用。一是加强农村集体聚餐食品安全宣传教育。各地区结合当地文化传统和乡土习惯、饮食模式等，考虑农村居民文化水平，充分利用现有多种形式的宣传和教育资源，开拓互联网、手机等为载体的新型宣传教育途径，广泛深入向农村集体聚餐举办者、承办者和广大农民群众宣传农村集体聚餐食品安全法规政策和食品安全知识等。提升农村集体聚餐举办者和承办者食品安全风险意识、责任意识、诚信意识，规范农村集体聚餐经营行为，保证农村集体聚餐食品安全，维护和促进农村地区公众健康。二是推行农村集体聚餐承办者公示制度。乡镇政府食安办、村委会组织，乡镇、村食品安全协管员、信息员管理、维护，推行农村集体聚餐承办者公示制度，公示承办者登记报告、加工制作人员体检培训、从原料采购到规范加工制作再到食品留样等情况，引导承办者阳光经营。

五、农村集体聚餐食品安全治理的一些地方经验

(一) 天津市农村流动厨房食品安全监管模式

依据《天津市农村流动厨房食品安全管理办法》规定，农村流动厨房是指在涉农行政区域内设立的、应农村自办宴席[1]举办者要求上门提供包工包料宴席加工服务活动的食品摊贩。不包括农村自办宴席举办者自行采购食品原料，委托他人帮厨并给付报酬的农村集中供餐模式。该办法中确保农村流动厨房食品安全的措施主要包括：

第一，证照管理要求。农村流动厨房按照地方三小法规取得食品摊贩登记。农村流动厨房取得营业执照后，向属地市场监管所申请备案，提交从业人员健康证明、食品加工制作设备设施清单、食品安全责任承诺书等资料。市场监管所以所属区、县市场监管局的名义核发食品摊贩备案证明。农村流动厨房登记备案的"主体业态"为农村流动厨房，"经营场所或区域"为营业执照住所地，"经营项

---

[1] 指农村及城乡结合部地区家庭、其他组织或团体自办的非营利性群体活动。

目"为热食和冷食类食品制售、预包装和散装食品销售。农村流动厨房应具有与其经营状况相适应的从业人员、设备设施等，按照登记备案的主体业态、经营项目等从事经营活动，遵守法律法规和相关要求。

第二，经营行为要求。具备与承办农村自办宴席食品品种、数量相适应的食品加工制作场所或场地；具备与承办农村自办宴席食品制作加工能力相适应的设施设备，并保持清洁、卫生、消毒；具有相应的清洗消毒、冷藏冷冻、食品留样、防蝇、防尘、防鼠、垃圾存放等设备设施；实行从业人员健康管理和食品安全知识培训考核；具有与农村流动厨房经营状况相适应的进货查验、从业人员健康管理、风险自查、食品留样、事故应急处置等食品安全管理相关制度。

第三，禁止的行为。不得在不符合食品安全要求的场所加工食品；不得利用禁止食用的野生动物及其制品加工食品；不得在加工制作场所内宰杀活畜禽；不得利用不合格原辅料或将回收后的食品加工制作食品；禁止非法添加非食用物质，不得滥用食品添加剂；不得加工制作生食水产品、裱花蛋糕和鲜奶制品等高风险食品。

第四，食品安全自查。要求农村流动厨房定期对承办农村自办宴席食品安全情况开展自查，主要围绕原辅料进货查验和存放情况、制作场所卫生情况、餐用具清洗消毒情况、设备设施管理情况、食品制作过程安全控制情况、食品留样情况、添加剂使用情况、从业人员健康管理与培训情况等进行自查，发现食品安全风险隐患问题的，及时整改并记录，建档留存。

第五，监管责任。区市场监管局实施食品安全风险分级管理，对备案的农村流动厨房开展食品安全日常监督检查和监督抽检，受理群众投诉举报，及时发现并依法查处农村流动厨房涉嫌食品安全违法行为，切实维护农村自办宴席食品安全。

（二）成都市农村集体聚餐数字智慧治理模式

按照《四川省农村集体聚餐食品安全管理办法》，农村集体聚餐，是指农村家庭、其他组织或团体，在餐饮服务经营场所以外举办的各种群体性聚餐活动。农村集体聚餐食品安全管理坚持安全第一、举办者和承办者负责、政府督促指导、风险群防群控的原则。农村集体聚餐承办者，按照地方"三小"法规，取得食品摊贩登记。

成都市利用数字智慧强化农村集体聚餐管理，开通农村集体聚餐智慧监管平台，实现农村家宴备案、指导等工作流程全程在线办理，简化备案指导流程，实现信息共通共享、提高基层工作效率，切实发挥乡镇食安办和协管员、信息员的作用，落实农村家宴、群体聚餐的备案和巡查制度，有效破解农村地区农家宴管理难题。成都市食品安全监管部门联合成都市乡厨协会，由四川康源农产品有限公司主创研发"中国群宴智慧管理平台"，由私营部门提供，协助政府改变农村自办宴席食品安全监管难问题，改变传统农村自办宴席食材供应产业链的解决方案，构建乡村食材生态供应链体系，从食材供应到物流仓配再到宴席报备，乡村宴席从食材流通、经手人员、仓配条件到宴席现场等所有环节都可实现追溯。该平台为政府食品安全监督管理部门提供群宴管理一体化的在线服务体系，通过"手机微信综合受理，相关职能部门分权限管理，乡镇统一执行管理"，在农村群宴的规范科学操作过程中，完成行政部门的有效监管。该平台以报备管理为核心功能，同时涵盖了乡厨管理、检查管理、培训管理、宣传管理、溯源管理、数据统计等功能，真正实现了群宴的信息化管理，同时提供实时可靠的数据支撑，依据大数据分析作出相应决策。康源乡村食材生态供应链体系结合四川本地农村生活习惯，整合分散经营乡厨群体，搭建"食材供应链＋乡厨协会＋乡村厨师"服务平台，吸引专业厨师返乡创业，为解决农村人口就地向第三产业就业提供了路径。以创新带动产业，以产业带动创业，以创业带动就业，落实推动乡村振兴战略。

（三）厦门市农村集体聚餐"乡厨合作社"模式

第一，强化责任落实，发挥协同功能。区政府负责农村集体聚餐食品安全工作的组织领导，对农村集体聚餐食品安全负总责和属地管理责任，将农村集体聚餐治理列入政府议事日程，加强基层特别是农村地区食品安全管理人员队伍建设，将农村集体聚餐食品安全管理经费纳入财政预算；镇（街道）负责落实农村集体聚餐食品安全主要职责；市场监管、卫生健康和食安委其他成员单位按照各自职责做好业务指导、齐抓共管。食安办负责辖区内农村集体聚餐食品安全的组织协调和督促指导，发挥协同主体作用；市食安办将农村集体聚餐食品安全管理工作列为对各区政府食品安全绩效考核的重要指标之一。市食安办联合媒体记者组成调查组，对农村集体聚餐较多的区域，进行明查暗访，以视频形式对突出问题进行暗拍记录，在市政府领导出席的食品安全工作会上通报，推动各区政府落实属地管理责任。

第二，食品安全专职协管员网格与社会治理网格衔接，提升数据管理能力。推行农村集体聚餐食品安全报告登记指导制度，要求农村集体聚餐举办者和承办者在活动举办前向村居委会报告。政府建立食品专职协管员网络，覆盖全市所有村居的食品安全专职协管员，汇集信息。将食品专职协管员网络与全市社会治理网格链接，实现数据融合，发挥大数据、云计算等在农村集体聚餐食品安全保障中的作用，将农村集体聚餐事前报告登记接入数据共享、协同运作的社会治理信息化体系，市场监管人员、网格员结合主动报告和日常巡视，对农村集体聚餐进行登记造册、现场食品安全指导和管理。

第三，鼓励乡厨组建"乡厨合作社"，加强从业自律。为解决农村集体聚餐乡厨流动分散经营、食品安全知识和技能缺乏等问题，厦门探索农村集体聚餐自律组织"乡厨合作社"，对辖区乡厨从业人员实行统一规范、统一培训、统一考核、统一形象的管理模式。乡厨合作社制定工作机制，要求乡厨取得培训合格证、健康证明及相关厨师资质，为乡厨提供法律法规和厨艺培训，编制印发《乡厨管理工作指引》，内容涉及备案、采购、过程控制、废弃物管理、事故应急管理、责任追究等事项，为乡厨提供标准行为规范，制定培训计划，经培训考试通过后可获得乡厨合格证书。建立运营考评积分制度，评分不合格者停业接受再教育，考核合格后方可再上岗。乡厨合作社，将分散化的个体乡厨组织起来，建立了行业自律，推动乡厨从土灶台到持证亮照上岗，开展培训、宣传、教育，提高乡厨食品安全责任意识和能力。同时，合作社模式提高了农村集体聚餐乡厨经营抗风险能力，保护了乡厨传统技艺传承及地方饮食文化的可持续。

第四，引导、扶持农村集体聚餐定点经营，提升场所、设施。农村集体聚餐因举办场地和设施简陋，食品安全制度和操作规程难以落实。区政府、镇街推动将农村集体聚餐纳入平安建设、为民办实事、乡村振兴战略的重要项目，从解决场所设施入手，因地制宜在村里建设食品安全设施配备到位的室内固定场所，供农村集体聚餐使用。村委出地、吸引社会资本投资乡厨场所、设施等基础设施，老人协会等群众组织负责代管，村民租用，监管部门业务指导的农村集体聚餐固定场所，改善农村集体聚餐制作加工环境和设施设备条件。

第五，引入农村集体聚餐食品安全责任保险，强化风险共担。厦门市建立食品安全公共责任险机制，市政府投入购买食品安全公共责任保险服务，将农村集体聚餐列为公共责任险重点承保项目，实现市域范围内举办的农村集体聚餐食品安全保险全覆盖，进一步提升食品安全风险防范及突发事件应对能力。

第六，强化宣传公示，提升农村集体聚餐活动参与者食品安全意识。将承办者报告登记、人员体检培训、依法依规经营等食品安全要求向农村居民传达、公示，通过宣传培训、现场指导等形式向农村集体聚餐举办者、乡厨承办者和农民群众传达农村集体聚餐食品安全相关法规政策、食品安全知识等，落实主体责任，提升食品安全意识。

（四）扬州市防疫与食品安全相结合模式

一是鼓励农村集体聚餐进入固定场所经营并持续改善餐饮加工场所卫生环境

和条件。二是严格落实聚餐承办者（举办者）报告备案制度。乡村厨师承办聚餐活动需提前在"美滋滋""美食美康"等平台上报备，就餐人数超 50 人的，由乡镇食安办安排食品安全协管员或基层市场监管分局人员实施现场评估指导工作。三是严格落实乡村厨师和帮厨人员疫情防控管理和健康管理要求。要求从业人员定期健康体检，一旦有发热、腹泻、皮肤伤口或感染、咽部炎症等有碍食品安全病症，应立即离开食品从业人员岗位。四是严格把关食材采购质量。要求从正规渠道采购食品原料，注意索取并留存购货凭证。采购的食品原料应符合国家有关食品安全标准和规定，不得采购腐败变质、油脂酸败、霉变生虫、污秽不洁、混有异物、掺杂掺假或感官性状异常的食品，严禁采购使用非食用物质，尽量不使用食品添加剂。五是严格菜品加工制作食品安全管理。宴席菜品应即时制作并及时食用，原则上烹饪后 2 小时食用完毕。不宜再利用隔餐或隔夜的食品，如确有需要，应低于 10℃ 条件下冷藏保存，使用前确认食品未变质，并再次充分加热。不宜加工制作凉菜（包括冷菜、冷荤、熟食、卤味等）、裱花蛋糕、生食海产品、水果拼盘等高风险食品。上桌菜品按照每份不少于 100 克、冷藏 48 小时以上的标准进行食品留样。六是严禁餐饮浪费。上桌菜量应以够吃为准，防止大量过剩造成浪费。七是落实"公筷公勺"行动。在农村集体聚餐场所广泛推行"一菜一筷、一汤一勺"要求，引导就餐人员自觉养成文明用餐行为习惯。八是参加集体就餐人员出现上吐下泻等疑似食源性疾病症状，应立即就医，并及时向乡镇食安办或市场监管分局报告。

第七节　发挥公益诉讼和惩罚性赔偿的作用，促进共治

一、公益诉讼

公益诉讼是人类法律文明史上一项蕴含道德情怀、寄寓高尚目标的司法制度创造。公益诉讼，是指法律法规授权的国家机关、社会团体和组织、个人，对侵犯国家利益、不特定多数人的社会公共利益的违法行为提起诉讼。一般诉讼是为了原告自身利益提起诉讼；而公益诉讼则不是或不仅是为了原告自身利益，往往是为了国家、社会公共利益而提起诉讼。一般诉讼要求起诉人与案件有直接利害关系，是法律关系的当事人；而公益诉讼则不一定要求起诉人与案件有直接利害关系。消费公益诉讼制度起源于美国，1969 年美国总统尼克松在国会发表的《关于消费者保护的国情咨文》中提出，大规模生产和大规模分销系统意味着一个小错误就可以产生广泛的影响；一个生产者的疏忽可能会给许多人带来伤害或

失望。此外，对某一特定问题的责任远比以前更难追查，即使可以确定过错的责任，往往也很难对其提出有效的控诉。消费者个体诉讼成本过高，消费者有权作为一个团体而不仅仅是个人提起诉讼，换言之，一群人如果能证明违法行为影响了他们，则可以一起起诉到法院。允许多数人分担诉讼所带来的高成本，尽管每个人的损害可能很小，众多的小累积起来就是重大的，而且某些情况下对于巨额欺诈和欺骗是重大的威慑。这种仿效成功的政府诉讼的私人诉讼也将有利于阻止妨碍合法经营者的滥诉行为。新的消费者保护法由司法部的专门机构和美国各州的检察官实施，该法律也使得消费者能以个人或团体名义向法院起诉为其遭受的损失获得赔偿。《加利福尼亚州消费者法律救济法》第 1780 条规定，有权提起诉讼的消费者，因非法方法、行为、惯例给其他类似处境的消费者造成损害的，可以代表自己和其他消费者提起诉讼，要求赔偿损失或者获得其他救济。提起团体诉讼的条件包括：类似处境的消费者团体所有人都出庭是不现实的；团体所共有的法律或事实问题实质上是相似的，并且对每个成员的影响是主导性的法律和事实问题；代表性个体原告的主张或辩护是该团体主张或辩护的典型诉求；代表性个体原告将公平和充分地保护该团体的利益。如果该诉讼被允许作为团体诉讼，法院可指示任何一方通知该诉讼的每一位成员。在法院同意的情况下，如果个人通知费用不合理高昂或者无法亲自通知团体所有成员，则可以采用送达通知，在交易发生地的一般流通报纸上发布公告。公告内容包括：如果被通知的成员在指定日期前提出要求，法院将其排除在集体诉讼之外；无论是否有利，判决将及于所有不要求排除的成员；没有要求排除的任何成员，可以自愿通过律师出庭。未经法院批准，团体诉讼不得解散、和解或妥协，提议解散、和解或妥协的通知应当送达没有要求排除的每一位成员。团体诉讼的判决应当送达没有要求排除的每一位成员。

我国食品安全领域的公益诉讼分为民事公益诉讼和行政公益诉讼。依据《民事诉讼法》第 55 条，对侵害众多消费者合法权益的损害社会公共利益的行为，法律规定的机关和有关组织可以向人民法院提起公益诉讼。检察机关在履行职责中发现食品安全领域侵害众多消费者合法权益的损害社会公共利益的行为，没有法律法规规定的机关和组织或者相关机关和组织不提起诉讼，检察机关可以提起公益诉讼。依据《消费者权益保护法》第 47 条，中国消费者协会以及省级以上消费者协会，对侵害众多消费者合法权益的行为，可以提起公益诉讼。依据《行政诉讼法》，检察机关在履行职责中发现食品安全领域负有监管职责的行政机关行使职权违法或不作为，国家利益和社会公共利益遭受侵害的，应提出检察建议，督促相关执法部门履职尽责。相关监管机构不依法履职尽责的，检察机关可以提起行政公益诉讼。

二、农村食品安全相关的公益诉讼典型案例

　　农村及城乡结合部的农贸批发市场、种养殖生产基地、菜篮子供应区、冷库物流中心、食品与副食批发市场等区域，一旦出现食品安全问题，常常会危及众多消费者的食品安全和健康，损害社会公共利益。通过网络、电视、电话、社交媒体等方式销售假冒伪劣食品也引起社会反应强烈。农村食品安全是我国检察公益诉讼关注的重点领域之一。2021年9月9日最高检发布的"公益诉讼守护美好生活"专项监督活动典型案例中，涉及食品安全的典型案例（见下表）：

典型案例	浙江省杭州市富阳区人民检察院督促保护冷鲜禽食品安全行政公益诉讼案	宁夏回族自治区银川市西夏区农贸市场食用农产品质量安全行政公益诉讼案	江苏省徐州市人民检察院督促保护食品安全行政公益诉讼案	北京市通州区人民检察院诉段某某等6人生产销售有毒有害食品刑事附带民事公益诉讼案	海南省海口市琼山区人民检察院督促整治农贸市场快检室未依法检测行政公益诉讼案
关键词	行政公益诉讼；诉前程序；食品安全冷鲜禽；调查取证。	行政公益诉讼；诉前程序；农贸市场食用农产品安全。	行政公益诉讼；诉前程序；冷链食品；食品溯源统筹协调。	刑事附带民事公益诉讼；保健食品安全；公益诉讼中惩罚性赔偿。	行政公益诉讼；诉前程序；农贸市场食品快检；食品安全风险。
案情简介	家庭农场养殖的家禽通过某网络交易平台销售并经快递冷链运输至全国各地。该家庭农场销售的"冷鲜禽"未按规定屠宰检疫，"一证两标"（动物检疫合格证、检疫合格脚环标志、企业产品	农贸市场中销售的蔬菜、豆制品、水产品三大类共16种食用农产品的部分样品，检出非食用物质甲醛、吊白块，部分新鲜蔬菜存在农药残留超标等情形，具有较大食品安全隐患。	涉案冷冻牛肉制品来自巴西、印度等疫区国家，可能携带疫病病原，为我国禁售食品。相关冷库经营者、农贸市场开办者和熟食店经营者均未查验牛肉来源，存在严重食品安全风险。	王某某在明知段某某没有保健食品生产销售资质的情况下，仍从段某某处大量购进名为"加拿大巨根""阿拉伯野燕麦"等保健食品，并伙同刘某某等四人，在北京市通州区、密云区等地的	涉案农贸市场快检室存在快速检测种类覆盖不全面、检测试剂过期、贮存检测试剂不符合要求、每日检测登记表造假等问题，导致食用农产品存在严重安全隐患，危及广大群众餐桌安全。

			多家农贸市场内散发宣传性功能保健功效的广告，再通过快递邮寄等方式销往全国多地。	
裁判要旨	针对"冷鲜禽"产品网络销售涉及的食品安全问题，检察机关可以通过检察建议分别督促负有不同监管职责的行政机关依法履职，规范，消除疫病传播隐患，保障禽类产品安全，切实维护消费者合法权益。	农贸（集贸）市场包括批发市场是城市食品供应的重要渠道。检察机关充分发挥公益诉讼职能，督促农业农村部门和市场监管部门协调联动，切实加强此类市场的食用农产品安全监管无缝衔接，最大限度做到源头防控，守护老百姓舌尖上的安全。	信息溯源是保障食品安全的重要监管手段。对非法走私未经检验检疫冷冻肉类产品，涉及多个行政区域的，可以由上一级检察机关统筹协调，督促同级行政机关通过健全食品安全溯源体系，加强对食品运输、储存、销售等环节的监管，切断不安全食品流通链条。	检察机关办理食品安全民事公益诉讼案件，应综合考虑行为人主观过错程度、违法行为持续时间、受害人数、经营状况、获利情况、财产状况等因素，提出合理的惩罚性赔偿诉讼请求，必要时可组织专家论证会对相关问题进行论证。当生产者、销售者同时在案时，应结合具体的违法情节认定各自责任。	农贸市场食用农产品的快速检测是管控食品安全风险的重要环节和手段，针对农贸市场快检室普遍存在的违法、不规范且缺乏监管等危害公共安全的问题，检察机关督促行政机关依法履行监管职责，促进快速检测规范到位，保障农贸市场食品安全。

典型意义	随着"冷鲜禽"产品网络销售的日益普及，食用农产品网络经营者未按规定屠宰检疫、产品"一证两标"缺失以及冷链运输环节不规范所导致的食品安全问题时有发生。检察机关充分发挥公益诉讼检察职能作用，针对食用农产品网络销售的监管盲点、难点，坚持全流程监督，开展线上线下同步调查，督促相关职能部门履职尽责、协同治理，防范疫病传播风险，切实维护人民群众"舌尖上的安全"。	检察机关主动运用公益诉讼职能守护百姓美好生活，加强从"农田到餐桌"全流程食品安全监管专项监督，在办案过程中多措并举，以农贸市场食用农产品质量安全监管为切入点，充分调动各职能部门协同履职的积极性与主动性，最大限度凝聚保护食用农产品质量安全的监管合力，从源头把好食用农产品流入市场的第一道安全关，全力守护老百姓"米袋子、菜篮子、餐盘子"的安全。	食品安全溯源的功能在于能够准确查询到食品的源头信息，以此确保有安全隐患的食品难以进入合法流通渠道。同时，检察机关开展食品安全公益保护，上级院应当主动立案统筹协调，通过分析食品安全违法犯罪行为背后存在的治理问题，全面解决系列问题，健全食品安全溯源长效监管机制。	在食品安全领域民事公益诉讼中探索适用惩罚性赔偿，是落实中央关于食品药品安全"四个最严"要求的重要举措。检察机关通过组织专家论证的方式对相关问题充分论证，对办案提供了重要参考，为食品安全民事公益诉讼惩罚性赔偿制度的完善积累了新的经验。	农贸市场食用农产品的快速检测是管控食品安全风险的重要环节和手段，针对农贸市场快检室普遍存在的违法、不规范且缺乏监管等危害公共安全的问题，检察机关督促行政机关依法履行监管职责，促进快速检测规范到位，保障农贸市场食品安全。

上表这些典型案例一致聚焦农村食品安全。其一，浙江典型案例涉案家庭农场位于农村地区，产品通过网络销往全国。即食用农产品网络平台经营者未落实检验检疫要求、缺失"一证两标"以及网络平台和快递冷链均未履行审查义务。随着互联网深入农村，此类违法行为时有发生，人民群众反应强烈。检察机关通过检察建议分别督促负责的不同监管机构依法履职，相关部门及时调查处理并开

展排查、加强日常监管。检察机关履行公益诉讼检察职能，针对食用农产品网络平台销售监管盲点、难点，督促相关职能部门协同合作、开展全流程监管，排除食品安全隐患，保护众多消费者合法权益。其二，宁夏典型案例涉及农贸市场食用农产品安全。检查机关发出诉前检察建议，督促市场监管、农业农村等部门联合执法，查处农贸市场等重点场所食用农产品销售环节违法行为，开展"农田到餐桌"的全流程专项检查，严守源头，保障食用农产品流入市场的安全第一道关口。其三，江苏典型案例是冷库经营者、农贸市场开办者和熟食店经营者未履行进货查验义务，导致进口未检验检疫牛肉流入市场。检察机关通过公益诉讼保护食品安全公益，督促相关监管部门落实食品安全追溯体系。其四，海南典型案例也涉及农贸市场，检查机关公益诉讼督促市场监管等部门开展农贸市场快速检测问题专项整治，发挥食用农产品快速检测室在加强食用农产品食品安全风险管控中的作用。其五，北京典型案例是一起食品安全公益诉讼中适用惩罚性赔偿的典型案例，案发地涉及多家农贸市场，在减肥药等保健食品非法添加药物，对不特定消费者的生命健康安全产生公益损害风险。检察机关可以在食品安全民事公益诉讼中提起惩罚性赔偿，结合具体违法情节认定惩罚性赔偿责任，惩罚性赔偿的数额确定应考虑的因素包括：行为人主观过错程度、违法行为持续时间、受害人数、行为人经营状况、获利情况和财产状况等，并结合具体违法情节认定生产者、销售者各自责任。

三、惩罚性赔偿制度

（一）惩罚性赔偿的概念、性质、目的

惩罚性赔偿（punitive damages）是损害赔偿的一种，与补偿性损害赔偿相对，是指当被告以恶意、故意、欺诈或放任之方式作为或不作为而致原告受损时，原告可以获得的除实际损害赔偿金外的损害赔偿金，目的是惩罚被告，并阻止他人作出类似的行为。

在我国，惩罚性赔偿是一种特殊的民事责任方式，是对法律明确特别规定的非法行为的特殊的惩罚。《民法典》在民事责任中设置惩罚性赔偿的一般规则，第179条第2款的规定，法律规定惩罚性赔偿的，依照其规定。惩罚性赔偿是民事责任的承担方式之一；惩罚性赔偿是民事责任的少数例外情形，其适用范围严格限制在法律明确规定的领域；责任法上的惩罚性赔偿具有预防和制裁侵权行为的功能。《民法典》第179条宣示了惩罚性赔偿为民事责任的特殊方式，将惩罚性赔偿纳入民事责任体系。惩罚性赔偿是民事责任的例外规则，将惩罚性赔偿的性质确立为民事责任，属于民法的少数、特别、例外制度。该条同时对惩罚性赔偿做出授权性指引，各专门法的规则各不相同。各专门法律规定的惩罚性赔偿的内容与形式（构成要件和数额）各不相同。法律明确特别规定的，才可以适用惩罚性赔偿。

惩罚性赔偿的目的决定惩罚性赔偿的认定条件和数额。惩罚性赔偿的目的有两个：一是惩罚。惩罚加害人，谴责非难其侵害他人的不法行为，施以报应，使加害人感到罪有应得，社会一般人的正义感获得满足。二是遏制。特定的遏制性，遏制个别加害人再犯侵害行为，即对直接实施侵权行为的加害者的遏制，一般的遏制性，遏制第三人从事相同或类似的不法行为，即通过特定的遏制对公众起到警示的作用，避免其他主体实施类似的行为。

（二）英美法系的惩罚性赔偿制度

惩罚性赔偿英美法系国家的一项制度。惩罚性赔偿是几个世纪以来普通法智慧选择的结果。惩罚性赔偿起源于英国，英国惩罚性赔偿限于1964年判例所确立的三种诉因检验：①由政府雇员所从事压迫的、恣意的或违宪的行为；②被告实施某种行为获得超过应对原告赔偿损害的利益；③法律明文规定的。惩罚性赔偿属于美国普通法的基本制度，适用于所有的侵权行为：故意侵权、过失侵权、产品责任。起初，主要适用于恶意侮辱、羞辱他人的行为；20世纪初，适用于滥用权利的行为；20世纪60年代以来适用于产品责任及商业侵权。但是，英美法系特质的国家不主张惩罚性赔偿的法典化。

美国侵权法改革与减少惩罚性赔偿诉讼激励的措施。限制惩罚性赔偿是美国20世纪80年代侵权法改革的一项重要内容，旨在减轻合理商品生产经营者和服务提供者的责任（进而防止整个社会商品和服务成本的增加），以应对责任保险危机、诉讼爆炸、陪审团失控、无聊诉讼、原告律师贪婪等社会问题。一是法院审查惩罚性赔偿金数额。既往的实践不仅给予陪审团是否裁决惩罚性赔偿金的自由裁量权，而且未要求陪审团对适用惩罚性赔偿的目的和限度进行说明。惩罚性赔偿金数额从3倍到巨额赔偿（甚至几百万）。新的正当程序要求对这一自由裁量制度加以限制，至少要求陪审团进行说明或加强法院审查。法院的职责是根据事实对陪审团作出的惩罚性赔偿金进行削减。既不是给法院设置惩罚性赔偿裁决权，也不是限制法院审查陪审团是否滥用自由裁量权。二是惩罚性赔偿与补偿性赔偿的比例及封顶。美国最高法院将惩罚性赔偿金数额限定在补偿性赔偿金的个位数范围内的倍数。多数州封顶，如阿拉巴马州要求，补偿性赔偿的3倍或不超过50万，人身伤害案中不超过150万。三是惩罚性赔偿金与公共机构按比例分割。约有一半以上的州规定惩罚性赔偿金与州政府分享。原告不能保留被告支付的所有惩罚性赔偿。阿拉斯加州，需要分割 50% 给州政府。四是提高证据规则：要求原告证明被告恶意，采用清楚而有说服力的证据规则证明被告恶意。诉讼程序分步骤：庭审分两个阶段（分层、分步骤）。

在美国法上，受害人因食品不法行为提起惩罚性赔偿请求，须具备两个要件：首先，惩罚性赔偿须以补偿性赔偿请求为前提。没有可请求的补偿性赔偿，不发生惩罚性赔偿请求。《食品药品化妆品法案》，不配置私人执法，没有设置民事责任条款，不能作为民事侵权的请求权基础。受害人须依据美国各州的法律提起侵权损害赔偿请求。各州法律主要指普通法上的侵权行为，具体包括：故意侵权（intentional torts），如蓄意掺假掺毒；过失侵权行为（negligence），因过失违反注意义务（duty of care）；产品责任。通常，违约行为不成立惩罚性赔偿，除非构成违约的行为同时满足提起惩罚性赔偿的侵权行为的要件（如欺诈、恶意或轻率不顾后果的侵害他人权利）。《密西西比州法典》中的惩罚性赔偿条款规定，在原告请求惩罚性赔偿的诉讼中，事实审判者应当在处理与惩罚性赔偿有关的问题之前，先确定是否应当给予补偿性损害赔偿以及数额。其次，侵权行为人主观应受谴责性。具体包括：故意或恶意（malice）。这是实施惩罚性赔偿的各州共认的适用惩罚性赔偿的标准。原告若能证明被告明知其行为会致使损害发生或者认知有引起损害的危险性时，即认定故意成立。鲁莽、轻率地置他人权利与不顾。多数州采此认定标准。原告只需证明被告行为处于轻率即可，不必证明其加害意图。重大过失（gross negligence），只有少数州采此标准。一般过失，美国各州均不采纳适用惩罚性赔偿。

（三）大陆法系的惩罚性赔偿争议

大陆法传统的多数国家（如德国、法国、日本等）禁止适用惩罚性赔偿。承认民事责任、损害赔偿的预防功能，但不采取惩罚性赔偿。大陆法传统的国家多从法教义学的角度提出惩罚性赔偿不能与私法相兼容，其在实践中的适用少之又少且不成功。传统的大陆法系学者认为，在侵权责任法中规定惩罚性赔偿的做法是一种病态的普通法偏好，将公法的惩罚属性引入私法，背离了侵权法填补受害人损失的宗旨。

（四）我国惩罚性赔偿制度

我国惩罚性赔偿的特色：一是惩罚性赔偿表述多样，数额明确。从用语表达方面分析，《消费者权益保护法》第 55 条第 2 款、《民法典》使用了"惩罚性赔偿"，《消费者权益保护法》第 55 条第 1 款、《食品安全法》第 148 条第 2 款使用了"增加赔偿""实际损失的一定倍数""价款或费用的一定倍数",这些都具有惩罚性赔偿的性质。惩罚性赔偿金的数额由法律明确规定为具体的倍数或数额,这种明确规定有利于限制法院的自由裁量。借鉴了英美惩罚性赔偿理论,同时结合我国实践,具有明显的中国元素,比如"假一罚十"。二是《民法典》宣示了惩罚性赔偿为民事责任的特殊形式,将惩罚性赔偿纳入民事责任体系。惩罚性赔偿是民事责任的例外规则,将惩罚性赔偿的性质确立为民事责任,对惩罚性赔偿做出授权性指引,各专门法的规则各不相同。各专门法律规定的惩罚性赔偿的内容与形式(构成要件和数额)各不相同。法律[1]明确特别规定的,才可以适用惩罚性赔偿。《民法典》的规定,统领惩罚性赔偿的规范体系,有助于对惩罚性赔偿各具体规则进行原则性思考和一贯性价值评判,有助于厘清惩罚性赔偿解释适用的基本问题。三是对惩罚性赔偿的解释,习惯于从原告损失角度变通引申。不像英美法系惩罚性赔偿关注被告的行为和恶意,大陆法国家对惩罚性赔偿的解释,习惯于从原告损失角度变通引申。判决大额赔偿金不是因为被告行为更应该受到谴责,而是因为被告所实施的故意伤害给原告带来了更大的损失,这比非故意的过错所导致的损失更大,原告所遭受的精神痛苦和身体疼痛在得知系被告故意伤害时更大。《食品安全法》立法者释义,"惩罚食品生产经营者生产或者经营不符合食品安全标准的食品这一性质比较严重的违法行为,更好地保护权益受到侵害的消费者的合法权益,补偿他们在财产和精神上的损失"。

惩罚性赔偿在食品安全风险预防体系中的地位和作用。食品安全风险规制机制包括政府监管的直接规制机制、民事责任间接规制机制。直接监管机制(政府监管)由政府部门通过制定标准和执法进行市场规制。监管机制主要通过风险监测与评估、食品安全标准设定、食品生产经营许可、检验检测、检查、产品召回、事故处置等行政法上权力与资源、工具与措施实现。《食品安全法》为监管部门提供了各种职权和工具。民事责任间接规制机制由《民法典》合同编通过瑕疵担保责任、不完全履行的加害给付预防侵害他人权利。《民法典》侵权责任编通过补偿性赔偿责任,损害赔偿责任具有促使该行为人预防侵害他人权利的机能。通过惩罚性赔偿责任,借助民事惩罚的威慑以预防损害。法律责任是促进食品安全的间接规制机制。一是阻却公司生产不安全食品的经济信号(食品公司考虑商业成本,食源性疾病诉讼向公司发出加强食品安全保障措施的强烈信号),阻止和预防不安全食品流入市场,进而保障食品安全,保护食品消费者。在支持惩罚性赔偿的案件中,陪审团拟通过巨额赔偿金向生产者发出信号。二是提升食

---

[1]　仅限于全国人大和全国人大常委会制定的法律。

品安全的间接规制者。包括惩罚性赔偿在内的法律责任是食品安全的间接规制机制。惩罚性赔偿以及食源性疾病诉讼向规制者提供有针对性、有价值的信息。随着公法私法化、私法公法化以及通过具有额外赔偿特征的赔偿金以遏制不法行为发生等社会需求下，合理范围内承认惩罚性赔偿这一例外制度、智慧设计惩罚性赔偿的适用条件和程序是法律发展的方向。

　　我国食品惩罚性赔偿适用条件包括：其一，原告为消费者。支持知假买假者。2013 年《最高人关于民法院审理食品药品纠纷案件适用法律若干问题的规定》支持原告知假买假情形下在食品安全惩罚性赔偿中获赔惩罚性赔偿。《最高人民法院关于引导规范职业人打假人的答复意见》（2017）中指出，食品是直接关系人体健康安全的特殊重要的消费产品，支持原告知假买假情形下在食品安全惩罚性赔偿中获赔惩罚性赔偿，是我国当前地沟油、三聚氰胺等系列重大食品安全问题反应强烈的特殊背景下的特殊政策考量，不宜将食品纠纷的特殊政策推广到所有的消费者保护领域。其二，被告为生产者、经营者。生产者包括生产者、加工者、进口者等；经营者，包括销售者、餐饮服务提供者、网络平台等。其三，被告行为为生产不符合食品安全标准的食品或经营明知是不符合食品安全标准的食品。生产者生产不符合食品安全标准的食品的，消费者得请求惩罚性赔偿；经营者经营明知是不符合食品安全标准的食品的，消费者得请求惩罚性赔偿。电子商务平台经营者自营食品的（包括标明自营、事实自营、实质自营、表见自营），经营明知是不符合食品安全标准的食品的，消费者得请求惩罚性赔偿。《最高人民法院关于审理食品安全民事纠纷案件适用问题的司法解释（一）》列举了"明知"的认定情形：销售超过保质期的食品、销售来源不明的食品、不合理低价进货、未履行进货查验义务、虚标或篡改食品日期和保质期、毁灭进货记录或提供虚假信息。《最高人民法院关于审理食品安全民事纠纷案件适用问题的司法解释（一）》明确了认定"食品不符合食品安全标准"的规则：食品"不符合食品安全标准"，不以造成消费者损害为要件；食品"不符合食品安全标准"同时构成欺诈的，消费者可以选择适用《食品安全法》的惩罚性赔偿条款或《消费者权益保护法》第 55 条第 1 款的惩罚性赔偿条款；食品"符合食品安全标准"但不符合"生产经营者承诺的质量标准"，不能依据《食品安全法》第 148 条请求补偿性赔偿或惩罚性赔偿，但可以依据《消费者法》和《民法典》相关规定请求赔偿；依据"食品标签不符合标准"请求惩罚性赔偿指标签未标注生产者名称、地址、成分、配料表或未清晰标明生产日期、保质期的预包装食品；"符合外国标准、通过我国出入境检疫，不符合我国食品安全标准"，适用《食品安全法》第 148 条惩罚性赔偿。

此外，我国惩罚性赔偿适用囿于补偿性赔偿的民事责任认定思维，关注原告、关注损害，欠缺对被告"过失""故意""明知"等的证明和说理。《食品安全法》第148条的适用过于空洞公式化，即确认当事人并陈述事实以后，通常援引一个法条并陈述原告基于该条文胜诉或败诉而作出判决。建议完善食品侵权惩罚性赔偿的程序要件。其一，惩罚性赔偿应走出补偿性赔偿认定模式，惩罚性赔偿的目的决定其认定条件。其二，惩罚性赔偿主要适用于侵权纠纷，限制合同中适用。其三，惩罚性赔偿仅限于诉讼程序，限制非诉程序适用。其四，强化法院做出惩罚性赔偿的说理。与补偿性赔偿分别举证、分步骤审理、分别在判决中说明区别。其五，举证责任分配，缺陷、损失部分证明采有利于消费者的证据规则；被告过错证明宜采严格的证据规则。

四、公益诉讼中惩罚性赔偿适用

我国食品安全保障制度中既确立了惩罚性赔偿制度，也确立了公益诉讼制度。惩罚性赔偿与公益诉讼都是介于政府监管和侵权责任之间的替代工具，反映了公私融合的理念，是弥补侵权责任威慑不足的措施，也是弥补政府监管不足的机制。公益诉讼和惩罚性赔偿都是改善侵权法功能，改善私法规制食品安全的运行策略。

在我国，食品安全领域民事公益诉讼中适用惩罚性赔偿，是落实食品安全"四个最严"要求的重要举措。2019年《中共中央、国务院关于深化改革加强食品安全工作的意见》提出，探索建立食品安全民事公益诉讼惩罚性赔偿制度。2020年《最高人民法院关于审理食品安全民事纠纷案件适用问题的司法解释（一）》规定，食品不符合食品安全标准，侵害众多消费者合法权益，损害社会公共利益，最高检、省级以上的消费者协会等可以提起民事公益诉讼。2021年《中华人民共和国国民经济和社会发展第十四个五年规划和2035年远景目标纲要》提出，探索建立食品安全民事公益诉讼惩罚性赔偿制度。2021年6月8日最高检与最高法院部门印发《探索建立食品安全民事公益诉讼惩罚性赔偿制度座谈会会议纪要》，对食品安全民事公益诉讼惩罚性赔偿实践探索和制度构建进行阶段性总结。会议纪要指出，各地在探索公益诉讼中适用惩罚性赔偿实践中，提出公益诉讼与私益诉讼的衔接，惩罚性赔偿与行政罚款、刑事罚金的衔接，惩罚性赔偿金管理使用等问题，需要结合实践深化理论研究，为制度和立法完善夯实理论基础。《国家人权行动计划（2021—2025年）》指出，探索建立食品安全领域民事公益诉讼惩罚性赔偿适用。

公益诉讼惩罚性赔偿的目的和功能：其一，公益诉讼中的惩罚性赔偿是避免原告通过惩罚性赔偿获利的可行解决方案。食品侵权惩罚性赔偿实践中出现了职业打假人现象引起社会广泛关注，如何避免原告利用惩罚性赔偿获利问题，是惩罚性赔偿制度适用中的难点之一，承认民事公益诉讼中提起惩罚性赔偿并将赔偿金交给公共机关或社会机构，作为准备诉讼、开展调查的激励，以这种方式解决问题不会违背私法的基本原则——禁止受害人通过赔偿获利，达到预防效果。其二，公益诉讼中的惩罚性赔偿是对刑法和行政处罚法预防功能的补充。惩罚和预防是刑法和行政法及其程序法的目标，公益诉讼中的惩罚性赔偿在没有加重公诉人和刑事法院负担的情形下，达到预防效果。但是，惩罚性赔偿与行政罚款、刑事罚金的衔接是需要重点研究的问题，以避免公益诉讼中适用惩罚性赔偿因过多考量政策倾向而忽视一事不再罚等法律原则。

公益诉讼惩罚性赔偿的适用要围绕其目的和功能把握案件适用过程中的诸多问题：明确食品安全民事公益诉讼惩罚性赔偿原告资格；是否提出惩罚性赔偿诉讼请求，应当综合考虑侵权人主观过错程度、违法次数和持续时间、受害人数、损害类型、经营状况、获利情况、财产状况、行政处罚和刑事处罚等因素；认定"是否侵害众多不特定消费者合法权益，损害社会公共利益"，应以对不特定消费者的生命健康和安全产生公益损害风险为前提，包括已经发生的损害或有重大损害风险的情形；惩罚性赔偿金数额认定标准须综合考虑行为人主观过错程度、违法行为持续时间、受害人数、经营状况、获利情况、财产状况等因素；食品安全民事公益诉讼惩罚性赔偿金的管理使用应以公益为原则；处理好惩罚性赔偿与行政罚款、刑事罚金的衔接，公益诉讼与私益诉讼的衔接。

第八节　加强农村义务教育学生食品安全与营养管理

食品安全问题存在于所有国家、影响所有年龄段的人。儿童最容易遭受不安全食品和营养不良的影响，会降低其学习能力，从而损害其未来，使代际贫困和营养不良的循环固化，对个人和国家都造成严重的后果。国际经验表明，学校供餐不但可以改善学生的食品安全和营养状况，还可以提高学生的出勤率，带动地方经济发展，是一项促进公平，缩小社会差距的重要措施。学校通过学生营养改善计划提供营养餐，在支持儿童受教育、健康、福利、发展等方面发挥重要作用。学生营养改善计划不只是简单的"头痛医头、脚痛医脚"的单一行动，而是一举多得的一揽子计划，内容涉及教育、改善营养与健康、粮食和农业、社会援助等方面，注重营养效益、教育效益、经济效益等综合效益。

由于我国城乡经济社会发展不平衡，农村中小学生营养不良问题仍然存在，欠发达地区地区营养不良现象还比较严重。而且，生活在农村地区的儿童更有可能面临食品不安全的威胁。因而，国家推行"农村义务教育学生营养改善计划"，作为改善农村地区食品安全和营养状况的一个重大支点。为提高农村学生营养健康水平，促进农村教育公平与发展，2011年国务院办公厅印发《关于实施农村义务教育学生营养改善计划的意见》，启动农村义务教育学生营养改善计划（简称营养改善计划）。到2018年，中央财政累计支出1248亿元改善学生营养，并安排300亿元专项资金，重点支持试点地区学校食堂建设。我国营养改善计划试点全国除京、津、鲁单独开展了学生供餐项目外，共有29个省1642个县（国家试点726个，地方试点916个）实施了营养改善计划，[1] 受益人数达3700万。[2] 营养改善计划，使农村儿童、农民乃至整个国家经济受益。政府应创造机会，确保学生营养改善计划具有可扩展性和可持续性，继续深入推进农村义务教育学生营养改善计划，通过学校食品安全管理、食品营养管理、食品安全与营养教育、学校食品采购等关键措施，确保儿童学生食品安全与营养，促进农村地区食品安全与营养知识传播，加强农村地区食品安全文化建设，进而带动农村地区安全食品的生产与消费。

一、营养改善计划的目标和路径

（一）营养改善计划的目标

营养改善计划承载多元目标和多边价值。首先，营养改善计划有助于改善农村学生营养状况、提高农村学生健康水平。"营养餐"不是简单的"免费餐"，也不是简单的"吃得饱""吃得好"，而是吃得营养、健康，促进农村学生健康成长和全面发展。中国疾病预防控制中心连续四年（2012~2015年）的跟踪监测表明，[3] 试点地区学生每天吃到三餐的比例上升、营养知识水平提高、平均身

---

〔1〕"营养改善计划国家及地方试点县名单"，载中华人民共和国教育部网，http://www.moe.gov.cn/jyb_xwfb/xw_zt/moe_357/s6211/s6329/s6371/201904/t20190419_378881.html，2020年5月2日。

〔2〕中国青年网："营养改善计划：3700万贫困地区学子受益"，载百度百家号，2018年7月3日。

〔3〕试点地区学生每天吃到三餐的比例由2012年的89.6%上升到2015年的93.6%，营养知识水平得分提高16.7个百分点。2015年，男、女生各年龄段的平均身高比2012年高1.2cm~1.4cm，平均体重多0.7kg和0.8kg，高于全国农村学生平均增长速度。贫血率从2012年的17.0%，降低到2015年的7.8%，营养不良问题得到缓解，学生学习能力有所提高，缺课率明显下降。学生供餐是开展营养教育的契机。随着"农村学生营养改善计划"的实施，监测学校开展营养健康教育的比例逐步增加。2017年，九成以上的学校开始设置跟营养健康相关的课程，学生的营养健康相关知识的正确率缓步提升。

高和平均体重增加、贫血率降低、营养不良问题得到缓解、学习能力有所提高、缺课率明显下降、学校设置营养健康相关的课程，营养健康知识正确率逐步提升。其次，营养改善计划有助于加快农村教育发展、促进教育公平。营养改善计划是加快农村教育发展，促进教育公平的重要政策，也是提升农村教育质量的重要举措。实施这一政策，对提高农村学校教育质量、保证学生受教育年限和确保农村学生均衡的营养水平等方面有着重要的价值。[1]教育是阻断贫困代际传递的根本之策，补齐欠发达地区义务教育发展短板，让贫困家庭子女都能接受公平而有质量的教育，是促进欠发达地区发展的有效措施。儿童早期发展是改变贫富差距、城乡差距的切入点，全面接受高质量的教育是消除贫困、乡村振兴的关键一步。教育与营养干预项目的实施，有助于减少不平等现象，为农村地区儿童提供一个共同的起点，为促进教育公平、提升教育质量提供有力支撑，使每个人受教育权得到更好更有力的保障。最后，营养改善计划是促进本地食品供应和地方经济发展的有效机制。实施营养改善计划，解决了贫困学生在校吃饭问题，改善了学生营养，减轻了贫困家庭的经济负担，增进了农村家庭福祉。同时，一些营养改善计划试点推行"地方采购"政策，一方面鼓励试点学校购买当地食材，另一方面扶持农业龙头企业、建设农副产品生产基地，带动当地农业发展和农民增收，有利于地方的经济发展，推动乡村振兴。同时，营养改善计划提升了学生健康和教育水平，这也为建设人力资源强国奠定了坚实的基础。

（二）营养改善计划的路径

营养改善计划以原贫困地区和家庭经济困难学生为重点，统筹推进国家试点和地方试点。①国家试点。适用对象为原集中连片特殊困难地区（连片特困地区）[2]农村（不含县城）义务教育学生，由中央财政全额负担。②地方试点。地方试点适用对象主要包括原连片特困区外的贫困地区、民族地区、边疆地区和革命老区等，由地方负责因地制宜地开展营养改善试点，中央财政对成效较好的省份给予奖励性补助。③鼓励社会参与。鼓励、支持各种社会力量参与学生营养改善计划。包括共青团和妇联等团体；村居委会等基层组织；基金会和福利机构

---

〔1〕邵忠祥、范涌峰："营养改善计划政策实施的问题与对策——教育扶贫的视角"，载《当代教育论坛》2019 年第 5 期。

〔2〕《中国农村扶贫开发纲要（2011—2020 年）》第 10 条指出：国家将六盘山区、秦巴山区、武陵山区、乌蒙山区、滇桂黔石漠化区、滇西边境山区、大兴安岭南麓山区、燕山—太行山区、吕梁山区、大别山区、罗霄山区等区域的连片特困地区和已明确实施特殊政策的西藏、四省藏区、新疆南疆四地州作为扶贫攻坚主战场。

等社会组织；企业公司等私人部门；其他。

营养改善计划实施的方式方法是以原贫困地区和家庭经济困难学生为重点，以农村义务教育学校为基础，以学生营养膳食补助为支撑，以学校餐为路径，以改善营养健康、促进教育公平为目的，涉及"营养膳食补助金的经费保障与经费使用管理、贫困学生资格与档案管理"等扶贫资助相关的内容，也涉及"食品安全保障、食品营养改善、饮食教育"等营养相关的内容，还是教育的组成部分。营养改善补助资金必须全部用于学生在校进餐，不能直接发给学生个人和家长，不能用来买零食和保健品，不能用于补贴教职工吃饭，不能用于学校办公经费支出。依据《城乡义务教育补助经费管理办法》规定，学生营养膳食补助由国家统一基础标准，国家试点资金由中央财政全额承担，用于向学生提供等值优质的食品，不得以现金形式直接发放，不得用于补贴教职工伙食和城市学生伙食、学校公用经费，不得用于劳务费、宣传费、运输费等工作经费；地方试点由中央财政给予生均定额奖补。学生营养膳食补助按照享受政策学生数、补助标准和实际补助天数计算。国家基础标准为每生每天 5 元；对于地方试点已达到国家基础标准的地区，中央财政按每生每天 4 元给予生均定额奖补。对于未达到国家基础标准的地区，分档给予奖补。学生营养膳食补助的计算方法为：补助经费＝国家试点学生数×国家基础标准×实际补助天数＋地方试点学生数×生均定额奖补标准×实际补助天数。[1]

二、营养改善计划存在的不足之处

（一）试点推进方面，相关政策和要求的落细落实任务艰巨

现有试点实施效果亟待提升。我国的学生营养改善计划将政策和资源用于营养和教育状况最脆弱的原贫困地区和家庭经济困难学生，将资源投资于最需要的群体是国家一项具有根本和深远意义的举措。然而，试点地区经济社会发展较为落后，各种基础条件薄弱，政策实施困难和障碍较多，"执行力"相对较弱。一些地方还存在政策理解和落实不到位，资金使用管理不规范，食品安全管理不严格，健康教育针对性不强、营养健康状况监测评估开展不及时等问题，一定程度上影响了营养改善计划实施效果。

营养改善计划试点地区学龄前幼儿未被纳入营养改善计划。义务教育是重中之重，优先保障义务教育阶段学生营养健康状况是符合我们国情的。越早期，营

---

[1]《城乡义务教育补助经费管理办法》。

养干预越重要、越有效；然而，越早期，营养干预越困难，越是薄弱环节，特别是欠发达、偏远地区的儿童早期干预，因居住过度分散、偏僻，难以组织开展。从国家整个资助体系看，学前和早期教育都是投资的薄弱点。国家和地方政府应重视学龄前幼儿营养干预的重要性，制定政策，加强投资，考虑将原贫困地区和家庭经济困难学龄前幼儿纳入儿童营养计划，推进"农村学前教育儿童营养改善计划"，将农村公办幼儿园、取得办学资格的民办幼儿园及小学附设幼儿班纳入实施范围。探索家庭承担、政府资助、社会捐助等多元资金筹集方式，由家庭承担学前教育儿童在园就餐费用，政府补贴用于提高供餐营养和质量，并通过税收优惠等措施鼓励社会捐助。此外，针对城市弱势群体问题，应积极探索城市贫困学生营养改善计划方面的调查和研究。

（二）相关法规政策亟待整合、提升，统一国家标准，各地因地制宜实施

学生营养改善计划、教育方面，国家虽然有大量专项财政资金投入，但政策不成体系，过于碎片化，缺乏整体观念，影响营养改善政策的可持续性。

1. 补助标准仍有完善空间。营养改善计划膳食补足标准是基于农村居民年人均食品消费支出水平确定的，足额用于为学生提供食品，食堂运转经费和工勤人员工资等由地方财政承担。下一步应建立营养膳食补助标准动态调整机制，确保不因物价变动而降低营养保障水平。此外，营养餐应注重安全和营养"杠杆"调节，而不仅仅由价格"杠杆"来确定。

2. 食品安全问题时有发生。营养改善计划实施以来，全国未发生一起重大食品安全和资金安全事故，但个别偶发事故暴露出食品安全管理问题，引发社会关注。2018 年秋季学期开学季连续发生多起学生食品安全事件。8 月 29 日，西藏那曲市双湖县中学学生晚餐后出现腹痛、呕吐等症状。9 月 2 日，河南洛阳市吉利区某学校学生在校用餐后出现腹痛、呕吐等不适症状。9 月 3 日，江西省吉安市万安县部分学校学生在校用餐后出现腹痛症状。9 月 4 日，江西上饶市上饶县被曝招标流程不符合规范且错用国家标准。9 月 4 日，海南省海口市秀英区某幼儿园多名幼儿用餐后出现腹泻、呕吐和乏力等症状。9 月 12 日，河南省周口市商水县谭庄镇大曹小学供应的午餐与食谱不符。9 月 18 日，贵州省贵阳市清镇市部分学校学生在校用餐后出现呕吐等不适症状。[1] 事故原因主要为：①供餐准入机制不健全，招投标程序不规范，源头控制疏漏。甚至存在一些不具备相应资质的供餐企业、托餐家庭从事营养改善计划供餐、托餐服务。大宗食品及原

---

[1]《关于近期部分地区学生食品安全事件的通报》。

辅材料招标制度和信息公开公示制度不健全，缺乏规范化操作，精细化管理。②过程控制漏洞。学校内部食品安全管理控制存在疏漏，未能落实学校食品采购、贮存、加工、留样、配送等关键环节安全控制措施。③人员配备不足。部分试点地区没有将运转经费纳入财政预算保障，不能按照标准配备工勤人员，临聘人员流动性大，缺乏专业营养膳食知识，也给食品安全带来较大隐患。

3. 营养标准重视程度不够。"学生营养改善计划"的名称中镌刻着政策的核心是"营养"。"营养"是营养改善计划各项工作必须围绕的中心，在健康中国战略和广大青少年营养健康需求不断提升的大背景下，重视学生餐营养尤为重要。然而，实践中，各地学生营养餐对营养的重视程度远远不够，学生餐仍存在营养结构不合理、发展水平参差不齐等问题。具体表现为：学生营养餐立法和相关标准引导欠缺，营养标准和要求不够明确、清晰；监管工作未突出对"营养"相关标准和要求的监督检查；对营养不达标和违规行为，缺乏约束机制。

（三）各层级的监管资源和能力均存在很大的提升空间

政府在营养改善计划中发挥核心作用，但营养改善计划监管机构设置不健全、人员配备不足。省级和市县级层面相关部门管理职责不明确，与工作的要求不适应。市县级教育行政部门要建立营养改善计划管理机构，但由于受人员编制、经济发展和地方领导重视程度等因素的影响，部分县、（市、区）营养改善工作在编制、人员、业务素质等方面，均与工作的要求不适应。亟待健全各级义务教育学生营养改善计划领导小组及其办公机构，配齐配足工作人员，明确各成员单位职责分工。教育部门的重视程度和协同作用不够。

（四）营养餐运营和监督机制的设计与执行存在差距

学校供餐的目标相对单一。学生营养改善计划除了培养更健康的饮食习惯，关注满足儿童身体的营养要求和经济困境，还应当通过创新方法培养儿童社交能力、劳动能力等多元目标。

资金管理方面，侧重于资金安全，资金使用效益监测评估欠缺。应注重设定绩效目标、开展绩效评估与监督、建立财政约束措施，提高学生营养改善计划补助资金配置效率和使用效益。地方各级财政、教育部门应当按照全面实施预算绩效管理的要求，建立健全全过程预算绩效管理机制，按规定科学合理设定学生营养改善计划补助资金绩效目标，对照绩效目标做好绩效监控和评价及结果运用，加强信息公开，提高资金配置有效性和高效性。

采购政策方面，未能凸现"地方采购"优先的原则。营养改善计划既是保障学童营养的政策措施，也是强大的购买力。营养改善计划采购当地食材、采购本国食材是很多国家学校供餐的基本要求，旨在促进当地农业市场繁荣。如美国1946年的《全国学校午餐法》就确立了双重目标，农业部通过提供农业部食品或现金资助各州实施学校午餐计划，一是改善儿童营养，二是促进本国农业市场。又如日本的学校供餐鼓励地产地销、提倡日本饮食模式。我国营养改善计划也有一些试点推行当地采购政策，如贵州开展"校农结合"，将全省学校食堂农产品采购市场优先与欠发达地区和贫困户对接，学校食堂向欠发达地区贫困户采购一定比例的农产品。但在实践中，没有稳定、持续、有效的制度化措施作为支撑，使得当地采购政策难以发挥支持地方农业和农民的价值。因而，地方政府应通过制定学生营养餐采购指南和要求，加强当地农业和农民融入学校食品价值链，还要抓培训和技术援助，改善当地小农生产安全、营养农产品的能力，支持当地采购、支持地方特色饮食。

三、完善营养改善计划的对策

（一）通过国家立法，确保营养改善计划的可持续性

立法和机构是实施学生营养改善计划的关键。为进一步强化政策落实，拓宽营养改善计划覆盖面，国家应加强顶层设计，将营养改善计划这一国家政策以立法的形式加以确立，确保学生营养改善工作日臻完善成熟、体系化、制度化，确保营养改善计划的可持续性。营养改善计划的落实，政府的引领和协同作用至关重要。科学、高效的机构设置和机构之间的协同合作是实施学生营养改善计划的有力保障。教育部门作为营养改善计划的协调机构，牵头负责实施营养改善计划，会同财政、市场监管等部门制定实施方案，建立健全监管机制；会同财政部门负责资金监管；会同财政、发展改革等部门支持学校食堂建设，改善供餐条件；配合市场监管等部门开展食品安全监管，督促指导学校向市场监管部门提供学校食品供应方信息等；联合卫生部门组织开展学生营养健康状况监测评估和食育科普；会同卫生健康和市场监管等部门开展食品安全和营养知识方面的宣传教育。

（二）加大经费监管力度，确保资金安全

强化地方政府分级负责机制，落实国家基础标准。国家统一制定和调整基础标准；地方在确保国家基础标准全部落实到位的前提下，如需制定高于国家基础标准的地区标准，应事先按程序报上级备案后执行，高出部分所需资金自行负担。统一制定学生营养膳食补助国家基础标准。国家试点适用对象为原集中连片特困地区县，由中央财政全额承担补助经费；地方试点适用对象包括原其他国家

扶贫开发工作重点县、原省级扶贫开发工作重点县、民族县、边境县、革命老区县，由各地因地制宜确定和统筹经费，资助标准不低于国家基础标准，中央财政给予生均定额奖补。地方政府统筹，完善政府、家庭、社会力量共同承担膳食费用机制，提高营养餐质量。

健全营养改善计划资金使用管理制度。一是落实分账核算，集中支付，专款专用，按照资金拨付程序合理安排经费拨付进度，防止挪用、截留等违法行为。二是健全经费管理制度，确保经费使用安全、规范、有效。具体包括经费预算编制制度、经费拨付使用制度、经费使用监督管理制度以及责任追究制度等。学校应加强财务管理，落实内控制度和财务信息公开制度。三是落实实名制学生信息管理，建立、维护、更新受益学生信息系统，规范管理。四是落实信息公开制度，定期公布资金使用明细、原材料采购、供餐企业等信息。确保营养改善计划实施过程公开透明。

加强资金使用的监测评估工作。财政部、教育部负责资金绩效评价：①设定绩效目标。②开展绩效评估与监督。探索基于绩效的营养改善计划奖补机制，提升营养改善计划实效。③探索建立财政约束措施，营养改善计划是一项重要的国家资助政策，有必要采取财政措施，对资金管理、食品安全管理、营养管理等不合规或者未能采取纠正措施以满足要求的，暂时扣拨学生营养改善计划补助资金。

（三）加强食堂基础设施建设

遵循节俭、安全、卫生、实用的原则，制定学校食堂建设标准。食堂设计方面，食堂选址建设、设施设备、功能分区规划、餐用具配备等应满足餐饮服务食品安全相关要求和学生就餐要求，禁止豪华、超标准食堂建设。食堂建设资金方面，统筹协调中央和地方相关项目和资金，将学校食堂建设列为重点建设内容，保障食堂建设资金，为学生在校就餐提供条件。通过税收优惠等鼓励社会组织和个人捐资捐助学校食堂建设。规模较小的农村学校，根据实际对现有设施进行建设改造，配备伙房和相关设施。从业人员配备方面，注重农村学校食堂从业人员配置、待遇和食品安全等相关培训，采取教师转岗、公益岗位采购、劳务派遣等方式确保学校食堂从业人员足额配齐。[1] 推行以学校食堂为主的供餐模式，[2]

---

〔1〕 教育部等五部门《关于进一步加强营养改善计划有关管理工作的通知》要求，学校食堂从业人员与就餐学生人数之比不低于1∶100。

〔2〕 学校供餐模式包括学校食堂供餐、供餐单位供餐及个人或家庭托餐等形式。供餐内容包括完整的午餐，提供蛋、奶、肉、蔬菜、水果等加餐或课间餐。

遵守学校活动的公益性，坚持"公益性、非营利性"原则，禁止营养改善计划学校食堂对外承包或委托经营。

（四）强化食品安全管理

营养改善计划须将食品安全置于首要位置，学校食堂应首先确保安全。①落实食品安全属地管理责任。地方政府健全完善营养改善计划食品安全保障工作机制、监督考核和责任追究机制；强化部门协同，健全教育、卫生、食品安全监管等部门之间的协同机制；统一领导指挥应急处置。②学校谨慎选择、监督供应商，完善供应商准入退出、评议机制。粮油等大宗食品及原辅料实行集中采购，统一采购、分配、运送，减少中间环节，有效降低采购成本，确保原材料质量；建立学校食堂食物购买档案，落实索证索票、进货查验等义务，确保食品采购环节安全可控。③落实校长负责制。校长对学校食堂管理工作负总责，定期督查、落实食堂食品安全管理制度。学校建立食品安全与营养健康协调机构，由校长负责，成员包括校长、分管副校长、食品安全与营养管理人员、相关教师代表、学生代表、学生监护人代表、供应商代表、食堂从业人员代表等，集体讨论学校食品安全管理、食品营养管理、饮食教育相关的重大事项。④落实陪餐制度。落实学校相关负责人陪餐制度，及时发现和解决供餐过程中的食品安全风险。鼓励家长参与监督，推行家长代表轮流陪餐制度，学校与家长共同促进学校食品安全与营养改善。⑤落实全程控制。落实学校食堂从业人员和陪餐人员健康管理，加强采购、贮存、加工、留样、配送、供餐等环节全过程、全链条监管，加强饮用水安全、环境卫生、餐厨垃圾管理。落实"明厨亮灶"，主动接受监督。学校食堂应当做到明厨亮灶，打造"透明厨房"，实现"阳光操作"。学校采取视频技术和透视明档的方式展示学校食堂、学生集体用餐配送单位餐饮食品加工过程，促进学校食品供应透明、可视化，保障师生食品安全、安心。

（五）强化营养管理

一是遵循学生营养标准。《学生餐营养指南》（WS/T554-2017），规定了6~17岁中小学生全天即一日三餐能量和营养素供给量、食物的种类和数量以及配餐原则等，适用于为中小学生供餐的学校食堂或供餐单位。二是用好"学生电子营养师"[1]。学生营养改善计划，除了营养餐补助经费保障，学校营养知识和食品安全知识和配餐能力是非常关键。如何根据学生营养状况和健康成长的需要，

---

〔1〕 电子营养师是根据人体营养素摄入、食谱定量、伙食费等要素，实现食谱自动生成、营养精确分析、搭配科学多样，确保期间都能吃得科学有营养的一种电子信息系统。

充分利用当地食物资源，合理安排膳食，用好国家膳食补助的资金，有效改善农村学生营养状况，是学生营养改善的基本问题。推广"学生电子营养师"等营养配餐系统工具的应用，提高学生食堂营养配餐科学性。《学生电子营养师》膳食分析软件，该版本在 2013 年发布的《学生电子营养师》的基础上，结合"营养改善计划"各试点学校的使用情况，按照 2017 年 8 月颁布的卫生行业标准《学生餐营养指南》（WS/T554-2017）作了修改和完善。此软件简便易行，适用于各类中小学食堂和供餐企业。此软件不仅具备中小学学校集体食谱设计的功能，还可以对学校实际供餐情况进行营养分析和评价，以科学指导供餐单位提供符合中小学生生长发育所需的食物。实践中，食堂工作人员缺乏营养知识，"电子营养师"在学校食堂配餐中的使用能够发挥重要作用。三是制定营养食谱。学校应制定每周带量食谱并提前公布。地方和学校，根据季节特点，因地制宜，确定合适的供餐内容，做到合理搭配，营养均衡。学校应科学营养供餐，参照有关营养标准，结合学生营养健康状况、当地饮食习惯和食物实际供应情况，制定成本合理、营养均衡的食谱。学校食堂应综合考虑学生的营养需要、当地经济发展水平、物价水平等因素，合理确定伙食标准和配餐方案，并报教育、卫生、价格管理部门备案。四是加强营养健康监测与评估基础工作。营养监测旨在提高学生营养改善工作的针对性和有效性，促进营养改善效果导向的营养改善计划。卫生健康部门联合教育等部门加强学生营养健康监测与评估，健全学校食品安全风险和营养健康监测衔接机制。学校在教育部门等指导下，结合学生体检及学生体质健康监测等，组织开展相关监测指标的调查收集并汇总数据上报卫生健康、教育部门，教育、卫生健康部门综合分析数据形成监测评估工作报告，报送本级营养改善计划领导小组及上级主管部门。

（六）加强食育教育

将饮食教育作为学校教育的组成部分。国家将食品安全与营养教育作为国民教育课程体系和学校食品与健康政策的核心要素，以中小学为重点，将饮食教育作为所有教育阶段素质教育的重要内容。将饮食教育纳入教师职前教育和职后培训内容，加强饮食教育师资培养、培训，拓展饮食教育资源和能力。增进不同教育梯次之间的衔接、合作，实现饮食教育的连续性和持续性。学校将食品安全、营养健康、教育目标融入学校教育的整体方案，通过整个学校教育活动，推进饮食教育，培养学生选择安全营养食品的知识、能力和习惯。

丰富营养教育资料和形式。中国疾控中心营养所组织试点省、县疾控中心与教育部门合作，开展膳食指导及营养宣传教育。疾控中心营养所牵头出版了分地区的《农村学生膳食营养指导手册》等科普书籍,指导学校科学供餐;编写发放了《健康校园》《食育》等系列丛书,制作了营养健康张贴画、折页等科普材料,用通俗易懂的语言向学生介绍营养健康知识,有力推动了"学生营养改善计划"朝着科学合理的方向顺利实施。针对不同年龄段学生的特点,完善营养健康相关课程,采取班会、讲座、竞赛、同伴教育等形式开展营养健康宣传教育,营造营养健康校园氛围。结合地方饮食特点,以学生餐相关标准为基础,利用营养配餐软件,加强一日三餐合理配餐指导。同时定期开展培训,提高基层疾控、教育、供餐人员的营养健康宣传教育和合理配餐技能,提升"学生营养改善计划"的科学性。

合理利用课程教育。学校将食品安全与营养健康相关的科学知识、法律法规等知识融入课程教学过程中,使学生获得正确的饮食知识和良好的饮食习惯。各科授课教师在适当的角色分配基础上相互沟通、合作,在考虑和尊重各科目的特性、固有目标和内容的基础上,联系、结合"饮食教育"的视角,有组织的整体推进饮食教育。

充分利用学校供餐活动这一活教材。学校供餐活动融供餐管理与饮食教育为一体,在教育上具有很高的协同作用。学校供餐管理和饮食教育的政策与措施的制定与实施,需要从各自目标的角度进行分析,也需要从深层次联系的角度分析其相关性,一体推进,课堂教育与实践教育相结合,培养学生食品安全、营养、均衡饮食、个人健康等方面的正确知识和态度。

各方携手,建设安全健康学校饮食环境与文化。在保障学生食品安全与健康方面,学校担当非常重要的角色。学校坚持以"学生健康"为中心,坚持食品安全与营养健康协同共抓,坚持管理职能和教育职能统筹推进,坚持与监管机构、学生、家长、社区、生产经营者等合作共治,为学生、教职员工等营造一个促进健康饮食的环境和文化,使所有学生在学校不仅能够开发学习和学术潜力,而且使学生和学校成为校园内外更安全食品、更好营养和更健康系统的一部分,成为整个社会安全健康饮食的引领者。

（七）健全社会共治措施

实施营养改善计划通报制度。通报制度有利于营养改善工作透明度,便于接受社会各界监督,督促地方有效实施营养改善工作。通报制度包括月通报和专项通报。各省应通报到市、县,县通报到学校。各省的月通报和专项通报应同时抄送全国学生营养办。通报信息依法发布。

落实营养改善计划监督举报制度。各地学生营养办设立专门的监督举报电话，主动接受社会监督，及时了解和解决计划实施中存在的问题。安排专人做好记录并及时组织调查、核实和处理。发现有不按规定落实有关政策，虚报、冒领或者截留、挤占、挪用营养改善计划专项资金，在采购、贮存、加工、配送、分餐等环节存在违反食品安全管理有关规定的行为，要及时做出处理。

发挥学校膳食委员会的作用。学生和家庭参与是学生营养改善计划成功的秘诀。学生饮食是事关孩子成长的大事，学校应该主动听取学生、家长的意见。膳食委员会是促进营养改善计划阳光操作，推动民主监督和管理，调动广大学生、家长、教师参与积极性的重要机制。要求国家试学校成立膳食委员会，鼓励地方试点学校建立膳食委员会。

推行志愿者服务制度。志愿者服务制度是"鼓励社会参与""广泛接受社会监督"的措施。志愿者应具备下列条件：自愿参加志愿活动，利用自己专长，无偿为营养改善计划服务；热心公益事业，有强烈的社会责任感；身心健康；有相应的时间保障；无不良记录。志愿服务主要包括：①参与营养改善计划实施：参加相关会议；开展相关调研；参与营养健康教育；帮助制定营养膳食食谱；其他相关工作。②监督营养改善计划执行：监督各项保障措施的落实；跟踪了解和监督学校供餐；监督信息公开。③宣传营养改善计划：参与营养改善计划政策的解释说明和宣传；搜集相关舆论并提出引导意见和建议；了解、总结和推荐工作典型。

（八）推行"本土学生营养餐"的模式，惠及当地农民

积极推进"农校对接"，鼓励"本土学生营养餐"模式。建立学校蔬菜和农副产品直供基地，在保障产品质量和安全的前提下，减少农副产品采购和流通环节，降低原材料成本。学生营养改善计划是巨大的需求市场，组织欠发达地区农民参与"学生营养改善计划"，为精准扶贫提供创新方案。尽可能地利用当地食材，而且最好是当地农民种植养殖的，让儿童、家庭、当地农民共同受益。小农户是提供多样化食品以及更加新鲜的水果和蔬菜的重要力量。培训帮助小农户提高提供安全和营养食品的能力至关重要。政府促进提供有关服务方面的适当手段、技术和机械化，包括研究、推广、销售、农村金融和小额贷款，使所有农民，尤其是小农户能够提高安全和营养食品的供应能力。鼓励当地教育部门开展学校营养餐采购时，一定比例直接从小农户采购，同时加强对小农户的技术指导，从源头上把握优质农副产品的质量，实现农村学校食品安全营养与当地农民增收双赢。

第九节　统筹疫情防控与食品安全监管

受新冠肺炎疫情影响，全球食品供应面临诸多的不确定性，严格和适当的执行食品安全法，以改善食品安全环境和促进食品安全政策变得越来越重要。

一、注重监管措施的灵活性

市场监管部门实行灵活的监管措施。一是疫情期间到期许可证延期。到期食品生产经营许可允许其有效期顺延至当地疫情解除。二是疫情期间申请许可证变通采取告知承诺制。结合食品安全风险分级管理要求，对申请食品生产许可经营者，需要现场核查的，食品安全监管部门可以对低风险食品变通适用告知承诺，符合条件的"先证后查"，先发放许可准允生产再进行现场核查。三是实行在线许可和电子证书。食品生产经营许可从申请、受理、审查、发证、查询、公示等一网通办，推广食品生产经营许可电子证书。四是许可可以加速审批，为食品生产经营领域复工复产创造条件，确保食品生产供应。五是充分利用网络电商平台，探索开展"无接触交易"和配送模式的商业推广，营造、便捷安全的食品消费环境。

二、公私合作确保食品可得性和安全性

疫情期间，政府与社区、企业、非政府组织等合作有利于形成更具针对性的方案。为了帮助贫困人口应对新冠疫情大流行，各国政府应优先满足基本需求，包括食物、淡水、卫生设施等。政府与社区工作者和非政府组织合作，在制定适当对策时考虑到社区的独特社会、经济和文化需要，采取更全面的方法，而不是依赖自上而下的指令，统筹兼顾疫情防控与食品安全。

市场监管部门与食品行业合作，保障疫情期间食品可得性与安全性。为确保疫情期间食品的可得性和安全性，政府和食品行业联合推行"三保"（保价格、保质量、保供应）行动，参与"三保"承诺的几千家企业发挥中流砥柱作用，积极复工复产，保障食品供应，确保市场供应。在保障食品安全的前提下，食品安全监管部门立足疫情防控的实际，充分发挥职能作用，出台帮扶措施，支持食品生产经营企业复工复产。公私合力保证食品供应不断、安全有保障、价格不涨、质量不降。

三、加强食品安全监管

市场监管部门加强食品安全监管。一是加强餐饮单位、商场超市、农贸市场等经营场所环境卫生检查，落实清洁消毒要求。二是加强库存和采购食品的查验，落实进货查验义务，加强库存管理，防止过期和变质食品及原料。三是加强散装食品安全管理，采取措施避免人员直接接触食品，确保食品持续处于安全条件和环境。四是加强餐饮质量安全监管，加强从业人员健康管理，规范加工操作过程控制，生熟分开、烧熟煮透，倡导餐桌文明。要求网络餐饮服务第三方平台加强送餐人员健康检查和防护要求。五是农贸市场严格落实禁止野生动物及其制品交易的相关要求，落实肉类检验检疫要求。六是针对性开展食品抽检工作，保障粮油菜、肉蛋奶等大宗食品的抽查，保障食品安全。

四、加强食品安全和数字化追溯体系

农产品批发市场是农产品流通主渠道。加强农产品批发市场开办者食品安全管理义务，包括建立健全入场销售者档案管理和协议管理、批发市场食品安全管理制度、设置食品安全管理岗位、配置检验检测设施等。推动冷链等基础设施建设，加强食用农产品质量安全监管，推动数字化农产品批发市场建设，提升农产品批发市场的食品安全能力。加强基础设施建设，政府通过财政、金融、投资等方式支持农产品市场基础设施建设，健全通风排水、垃圾处理、检验检测、产品溯源等基础设施设备。加强数字化和智能化建设，鼓励农产品批发市场等大型流通主体全面推行电子登记证、电子发票、建立供应链金融服务平台、创新服务管理模式。

健全农产品批发市场食品安全信息化追溯体系。市场监管总局推动一线城市、省会城市建立主要大型农产品批发市场食品安全信息化追溯体系；地方市场监管部门引导辖区内交易量较大和辐射范围较广的农产品批发市场率先建立食品安全信息化追溯系统，对入场销售者和食用农产品相关信息实施电子信息归集管理，实现场内销售的食用农产品来源可查、去向可追、信息真实、查询便捷；要求农产品批发市场将食品安全信息化追溯系统与当地市场监管等部门建立食品安全信息化监管平台对接。

建立健全进口冷链食品安全可追溯体系。国家市场监管总局搭建进口冷链食品追溯管理平台并与海关总署对接，同时推动地方建立进口冷链食品追溯管理平台并与国家平台对接，对接交通运输部道路冷链运输监测平台将物流运输信息纳入进口冷链食品追溯体系，建立完整、无缝进口冷链追溯体系，全过程、全链条

保障进口冷链食品安全。逐步实现冷链食品、食用农产品及加工食品生产加工、流通销售、消费使用全程追溯体系。

五、加强食品安全教育

疫情期间，食品安全教育尤为重要。疫情期间政府应组织开展有针对性的食品安全风险交流和科普宣传。监管部门通过各种形式的食品安全消费提示、科普宣传等活动向消费者和社会公众提供知识和信息，开展风险交流，确保全社会共同面对疫情防控和食品安全保障。比如，疫情期间美国农业部扩大食品和营养教育计划（The Expanded Food and Nutrition Education Program，EFNEP），由国家粮食与农业研究所与76所州立大学合作资助，通过营养教育帮助低收入家庭和青少年获得提高食品安全的知识和技能，该计划还向参与者提供有关食品资源管理的可靠信息，包括食品采购和准备技能，并帮助其了解食品安全做法。[1]

第十节　建立反食品浪费社会共治格局

预防和减少食品浪费是全社会的责任，包括政府、食品链所有经营者、社会组织、媒体、学校、家庭、消费者等。各相关主体在观念上意识到"反食品浪费"是自己的事情、在行动上各自采取适当措施预防和减少食品浪费。同时，各主体之间协同合作，促进基础设施、资源、专业知识、数据等的共享，推进形成整合、有效的食品浪费社会共治格局。

一、发挥政府引领作用

第一，中央和地方政府负总责。一是监测评估，为决策提供科学依据。二是定期向社会公布反食品浪费情况，支持各方主体作出反食品浪费的知情决策和行为。三是健全反食品浪费监督检查机制，督促各方主体落实责任。四是组织、开展宣传和教育，促进企业、消费者等对食品浪费问题的理解和行动。五是技术支持，支持科学研究和技术开发，支持食品相关经营者单独或与其他经营者合作采取措施预防和减少食品浪费。

第二，部门协同共担反食品浪费监管职责。一是各部门各司其职。国家发展改革部门是反食品浪费的协调机构，负责改善各部门之间的协调和沟通，协调各部门共同推动《反食品浪费法》的实施。国家商务部门负责管理餐饮环节浪费，

---

〔1〕 https：//nifa. usda. gov/blog/nutrition-security.

国家市场监管部门负责生产、零售环节食品浪费，粮食和物资储备部门负责粮食仓储流通环节浪费，国家机关事务、教育等部门按照各自职责监管食品浪费。二是加强部门间协同合作。各监管部门在政策制定、执行措施、监督和监测、信息共享与交流、能力拓展等方面加强合作，减少不同部门重复、重叠和分散的行动，利用部门间互补的行动，更有效地利用政府资源。

最后，国家将"防止食品浪费"融入多维公共政策，形成"全政府"负责的行动框架。一是，将"反食品浪费"纳入食品相关法规、政策及标准中，兼顾保障食品安全和防止食品浪费。二是，将反食品浪费融入消费政策，提倡"文明、健康、科学、杜绝浪费"的饮食文化，倡导"文明、健康、节约、环保"的消费方式。三是，将反食品浪费融入经济政策，通过税收、公共采购、信贷等手段，减少食品浪费。比如，向食品捐赠企业提供税收优惠；"学生营养改善计划"选择最能以节约、环保的方式提供健康校餐的供应商；动员、支持金融部门在贷款中考虑食品浪费和环保因素；投资政策支持食品部门的智能技术，促进利用数字技术减少食物浪费。

二、食品链所有经营者有义务预防和减少食品浪费

餐饮服务环节是离消费者最近和食品浪费最明显可视的环节。应对措施主要包括：其一，公务活动用餐单位健全公务活动用餐规范，加强管理，落实责任。其二，餐饮服务经营者将反对浪费融入采购、储存、加工、人员培训等管理制度中，运用数字技术科学分析和管理，减少自身运营和食品链产生的浪费。餐饮服务者应提示消费者"不浪费"和适量点餐，不得引诱消费者过量点餐，鼓励提供分餐和小份服务，鼓励打包，制定、实施防止食品浪费的奖惩措施，减少消费者食品浪费。其三，单位食堂，加强食品浪费管理，开展宣传教育，提醒、纠正用餐人员浪费行为。其四，学校供餐在保障安全、营养的前提下，加强反食品浪费管理。同时将食品浪费纳入教育教学内容和课程体系，培养学生不浪费的观念和行为。此外，旅游经营者和餐饮服务平台等经营者也承担反食品浪费义务。

生产和流通环节也是预防和减少食品浪费不可忽视的关键节点。超市、商场等食品零售者，通过改革商业惯例，改善库存和冷供应链管理、改善营销方式等措施减少食品浪费。食品生产加工者，通过改进食品储存、加工、包装、重新配方、分配和营销等方面的技术、基础设施、管理制度等，预防和减少食品浪费。特别须强调的是，食用农产品生产环节由于收获技术、储存设备、运输条件不足等因素，容易造成食品损失与浪费。政府应组织开发、推广适当的食用农产品收获、运输、储存标准和做法，引导、帮助农民等生产者遵循相关标准和做法，预

防和减少农业源头粮食浪费。

三、消费者和家庭发挥作用的空间很大

个人和家庭在食品采购、储存、烹饪、在外就餐活动中采取适当措施，防止和减少食物浪费。按需有计划采购食品，适当储存食品，管理厨房、冰箱，创新烹饪技术，不浪费可食用的食品。在外用餐，适量点、取餐，尽量光盘，剩余打包。消费者还应努力掌握食品安全和食品浪费相关知识、技能。从世界范围来看，对食品安全与质量的混淆以及对日期标签的误解，是个人和家庭食品浪费的最主要原因。大多数保质期的设置并没有精确科学依据，消费者对日期标签的疑惑和误解，导致大量可安全食用食品被丢弃和浪费。因而，政府应完善日期标签规则并加强相关消费教育，引导、帮助消费者在确保食品安全前提下尽量避免和减少食品浪费。

四、社会组织发挥社会监督和支持作用

为政策提供信息的行业组织和消费者组织以及从事研究和教育的专业组织和学术机构发挥支持作用。食品行业组织将"反食品浪费"纳入行业规范和标准，开展食品浪费监测与评估，提供预防和减少食品浪费的信息、知识、典型事例。消费者组织，开展反食品浪费宣传教育，监督食品浪费行为。媒体宣传、普及食品浪费相关法律法规和标准以及知识。大学、研究机构等增加食品浪费相关研究方面的投资，加强食品浪费量化研究，促进预防、减少食品浪费的技术创新等。福利机构等组织在食品捐赠者和需要帮助者之间搭建桥梁。此外，探索搭建多元利益相关者平台，发挥反食品浪费协同作用。比如，纽约大学"Food2Share"应用程序，连接利益相关者和当地社区，帮助需要帮助者获得食物。东京市政府"EcoBuy"应用程序，通过鼓励消费者购买临近保质期的产品减少食品浪费。

减少食品浪费是全社会的责任，每个人都能发挥独特的作用，从个人到大公司各自承担责任，转变观念，创新行动，携手创造"厉行节约，反对浪费"的饮食环境和文化。政府主导，与所有利益相关者合作共治，促进和引导粮食全产业链不同层级、不同部门和所有相关利益相关者之间决策和行动的协调性、连贯性、有效性，提升全社会食品浪费治理成效。

参考文献

一、期刊

［1］陈君石："科学认识食品安全问题"，载《经济日报》2013年2月6日。

［2］戚建刚："我国食品安全风险规制模式之转型"，载《法学研究》2011年第1期。

［3］史际春、蒋媛："论食品安全卡特尔———一种食品安全法律治理的路径"，载《政治与法律》2014年第8期。

［4］吴元元："信息基础、声誉机制与执法优化"，载《中国社会科学》2012年第6期。

［5］刘俊海："以重典治乱理念打造《食品安全法》升级版"，载《法学家》2013年第6期。

［6］应飞虎："对免检制度的综合分析：坚持、放弃抑或改良？"，载《中国法学》2008年第3期。

［7］涂永前："食品安全的国际规制与法律保障"，载《中国法学》2013年第4期。

［8］杨建顺："论食品安全风险交流与生产经营者合法规范运营"，载《法学家》2014年第1期。

［9］戚建刚："食品安全风险属性的双重性及其对监管法制改革之寓意"，载《中外法学》2014年第1期。

［10］王晨光："食品安全法制若干基本理论问题思考"，载《法学家》2014年第1期。

［11］肖峰、陈科林："我国食品安全惩罚性赔偿立法的反思与完善———以经济法义务民事化归责的制度困境为视角"，载《法律科学》2018年第2期。

［12］［美］戴杰（Jacques de Lisle）："中国侵权法的普通法色彩和公法面向"，熊丙万、刘明、李昊译，载《判解研究》2014年第2辑。

［13］李有根："惩罚性赔偿制度的中国模式研究"，载《法治与社会发展》2015年第6期。

〔14〕宁吉喆："全面建成小康社会取得决定性进展决战决胜实现目标必须加快补短板"，载《人民日报》2020 年 7 月 24 日，第 11 版。

〔15〕王晨光："食品安全法制若干基本理论问题思考"，载《法学家》2014 年第 1 期。

〔16〕徐景和："科学把握食品安全法修订中的若干关系"，载《法学家》2013 年第 6 期。

〔17〕刘俊海："以重典治乱理念打造《食品安全法》升级版"，载《法学家》2013 年第 6 期。

〔18〕王晨光："食品安全法制若干基本理论问题思考"，载《法学家》2014 年第 1 期。

〔19〕刘水林："从个人权利到社会责任——对我国《食品安全法》的整体主义解释"，载《现代法学》2010 年第 3 期。

〔20〕杨凤春："论消费者保护的政治学意义"，载《北京大学学报（哲学社会科学版）》1997 年第 6 期。

〔21〕大卫·休斯："共享食品安全价值观"，陈凯硕译，《中国改革》2011 年第 8 期。

〔22〕周媛、邢怀滨："国外食品安全管理研究述评"，载《技术经济与管理研究》2008 年第 3 期。

〔23〕冯怡琳："中国城镇多维贫困状况与影响因素研究"，载《调研世界》2019 年第 4 期。

〔24〕陈君石："风险评估在食品安全监管中的作用"，载《农业质量标准》2009 年第 3 期。

〔25〕李惠钰"国际食品科技联盟主席普莱特：全球食品安全产业链应建立追溯体系"，载《中国科学报》2012 年 4 月 24 日，第 5 版。

〔26〕邵忠祥，范涌峰："营养改善计划政策实施的问题与对策——教育扶贫的视角"，载《当代教育论坛》2019 年第 5 期。

〔27〕韩大元："食品安全权是健康中国的基石"，载《法制日报》2015 年 12 月 2 日。

〔28〕黄忠顺："食品安全私人执法研究：以惩罚性赔偿型消费公益诉讼为中心"，载《武汉大学学报（哲学社会科学版）》2015 年第 4 期。

〔29〕卢玮："我国食品安全责任保险制度的困境与重构"，载《华东政法大学学报》2019 年第 6 期。

〔30〕吴景明："惩罚性赔偿在消费民事争议案件中的司法适用"，载《法律

适用》2017年第6期。

[31] 李华："责任保险的内在逻辑及对食品安全风险之控制"，载《南京大学学报（哲学·人文科学·社会科学）》2016年第3期。

[32] 于海纯："我国食品安全责任强制保险的法律构造研究"，载《中国法学》2015年第3期。

[33] 姜明安："完善软法机制，推进社会公共治理创新"，载《中国法学》2010年第5期。

[34] 吴永宁："全面实施食品安全战略——以One Health策略完善我国食品安全治理体系"，载《中国食品卫生杂志》2021年第4期。

[35] 吴林海、陈宇环、陈秀娟："食品安全风险治理政策工具的演化研究——中国与西方国家的比较及启示"，载《江苏社会科学》2021年第4期。

[36] 韩大元："发挥法治'稳预期'作用 推进食品安全治理体系和能力现代化"，载《中国市场监管研究》2020年第10期。

[37] 李季刚："论我国食品安全治理中行业协会自律机制的优化"，载《北京交通大学学报（社会科学版）》2020年第1期。

[38] 陈松涛："食品损害民事责任体系优化研究——兼论现行《食品安全法》相关条款的修改"，载《中国政法大学学报》2022年第2期。

[39] 李佳洁、陈松："食品投诉举报制度对农产品质量安全投诉举报制度构建的启示"，载《上海师范大学学报（自然科学版）》2021年第2期。

[40] 周晗燕："《食品安全法》第136条'尽职免责'条款的适用探析"，载《天津大学学报（社会科学版）》2021年第4期。

[41] 涂永前："关于第三方专业机构参与食品安全监管的思考"，载《中央社会主义学院学报》2018年第6期。

[42] 刘鹏："央地关系与政府机构改革——基于中国地级食品安全监管机构改革进度的实证研究"，载《公共行政评论》2016年第5期。

[43] 孙娟娟："农产品价值增值的路径和制度保障——兼论粮食安全、食品安全、食品质量的关联性"，载《华南农业大学学报（自然科学版）》2016年第1期。

[44] 刘鹏："运动式监管与监管型国家建设：基于对食品安全专项整治行动的案例研究"，载《中国行政管理》2015年第12期。

[45] 唐晓纯等："我国农村居民食品安全信息服务需求及影响分析——基于八省市602份农户的调研"，载《软科学》2014年第10期。

[46] 高秦伟、谢寄博："论食品安全规制中的企业主体责任——以日韩食

品安全监督员为例"，载《科技与法律》2014 年第 1 期。

［47］王志刚、杨胤轩、许栩："城乡居民对比视角下的安全食品购买行为分析——基于全国 21 个省市的问卷调查"，载《宏观质量研究》2013 年第 3 期。

［48］李佳洁、王宁、郑风田："媒体对食品作坊式企业安全监管作用机制研究"，载《中国食物与营养》2014 年第 2 期。

［49］徐景和："完善统一权威食品药品监管体制的若干思考"，载《中国食品药品监管》2016 年第 4 期。

［50］刘文萃："协同治理视域下农村食品安全教育问题探讨"，载《西北农林科技大学学报（社会科学版）》2015 年第 3 期。

［51］高圣平：《食品安全惩罚性赔偿制度的立法宗旨与规则设计》，载《法学家》2013 年第 6 期。

［52］王利明：《惩罚性赔偿研究》，载《中国社会科学》2000 年第 4 期。

［53］吕来明、王慧诚：《食品安全法惩罚性赔偿条款的适用条件》，载《人民司法》2019 年第 1 期。

［54］张志勋："论农村食品安全多元治理模式之构建"，载《法学论坛》2017 年第 4 期。

［55］潘丽霞、徐信贵："论食品安全监管中的政府信息公开"，载《中国行政管理》2013 年第 4 期。

［56］胡颖廉："综合执法体制和提升食药监管能力的困境"，载《国家行政学院学报》2017 年第 2 期。

［57］马丽、向萍："我国'三小'食品安全监管体制研究"，载《中国卫生法制》2019 年第 2 期。

［58］陈天祥、应优优："遵从取向与执法调适策略：对食品安全监管行为的新解释"，载《行政论坛》2021 年第 3 期。

［59］安永康："基于风险而规制：我国食品安全政府规制的校准"，载《行政法学研究》2020 年第 4 期。

［60］许瑾等："国外食品安全责任保险现状及对我国的借鉴"，载《上海预防医学》2018 年第 6 期。

［61］王轶："论倡导性规范——以合同法为背景的分析"，载《清华法学》2007 年第 1 期。

［62］张蓓、区金兰、马如秋："中国农村食品安全监管复杂性及其化解"，载《世界农业》2021 年第 8 期。

［63］池海波、吕煜昕："农村食品安全的风险、根源与治理路径研究"，载

《农村经济与科技》2020 年第 7 期。

[64] 戚建刚、兰皓翔："论我国食品安全预防原则——基于欧盟食品安全风险预防原则的比较分析"，载《决策与信息》2022 年第 1 期。

[65] 张锋："网络食品安全治理机制完善研究"，载《兰州学刊》2021 年第 10 期。

[66] 杨彬、肖萍："市场化背景下食品安全治理工具选择的合法性研究"，载《江西社会科学》2021 年第 10 期。

[67] 涂永前："食品安全社会共治法治化：一个框架性系统研究"，载《江海学刊》2016 年第 6 期。

[68] 肖峰："我国食品安全制度与责任保险制度的冲突及协调"，载《法学》2017 年第 8 期。

[69] 周盛："关于推广'食品安全责任保险'问题的分析及对策建议"，载《中国食品药品监管》2019 年第 7 期。

[70] 安永康："基于风险而规制：我国食品安全政府规制的校准"，载《行政法学研究》2020 年第 4 期。

[71] 国务院新闻办公室：《全面建成小康社会：中国人权事业发展的光辉篇章》白皮书，2021 年。

[72] 王辉霞："食品消费者惩罚性赔偿请求权研究"，载《人权》2016 年第 5 期。

[73] 王辉霞："食品安全治理的公众参与法律机制研究"，载《经济法学评论》，史际春主编，中国法制出版社 2013 年版。

[74] 王辉霞："食品产业链安全控制法律机制研究"，载《西北工业大学学报》2013 年第 1 期。

二、著作

[1] 世界卫生组织、联合国粮农组织：《食品安全风险分析指南》，樊永祥译，陈君石审，人民卫生出版社 2008 年版。

[2] 国家食品安全风险评估中心：《国内外食品安全法规标准对比分析》，中国标准出版社 2014 年版。

[3] 国家质量监督检验检疫总局：《欧盟食品安全法规概述》，中国计量出版社 2007 年版。

[4] 国家质检总局标准法规中心：《欧盟食品标签法规》，中国计量出版社 2012 年版。国家质检总局标准法规中心：《日本食品标签法规》，中国质检出版社 2013 年版。

［5］全球食品安全倡议中国工作组：《不同视角看追溯：食品安全追溯法规标准收集及分析报告》（英文版），中国农业大学出版社 2019 年版。

［6］中国人民大学食品安全治理协同创新中心：《食品安全治理蓝皮书》（2014），知识产权出版社 2015 年版。

［7］史际春、邓峰：《经济法总论》，法律出版社 2008 年版。

［8］陈卫佐：《德国民法典》，法律出版社 2020 年版。

［9］符启林、刘继峰：《经济法学》，中国政法大学出版社 2016 年版。

［10］吴宏伟：《消费者权益保护法》，中国人民大学出版社 2014 年版。

［11］李昌麒、许明月编著：《消费者保护法》，法律出版社 2005 年版。

［12］肖建国、黄忠顺：《消费纠纷解决——理论与实务》，清华大学出版社 2012 年版。

［13］王泽鉴：《损害赔偿》，北京大学出版社 2017 年版。

［14］王贵松：《日本食品安全法研究》，中国民主法制出版社 2009 年版。

［15］詹承豫：《食品安全监管中的博弈与协调》，中国社会出版社 2009 年版。

［16］鲁篱：《行业协会经济自治权研究》，法律出版社 2003 年版。

［17］王辉霞：《食品安全多元治理法律机制研究》，知识产权出版社 2012 年版。

［18］卢玮：《美国食品安全法制与伦理耦合研究（1906—1938 年）》，法律出版社 2015 年版。

［19］李静：《中国食品安全"多元协同"治理模式研究》，北京大学出版社 2016 年版。

［20］张蓓：《农村食品安全风险协同治理》，中国农业出版社 2021 年版。

［21］徐景和：《食品安全治理创新研究》，华东理工大学出版社 2018 年版。

［22］肖平辉：《互联网背景下食品安全治理研究》，知识产权出版社 2018 年版。

［23］倪楠：《中国农村食品安全监管制度实施问题研究》，法律出版社 2018 年版。

［24］孙效敏：《食品安全监管法律制度研究》，同济大学出版社 2020 年版。

［25］邹晓娟：《农村居民食品消费行为形成机理及引导机制研究：以江西为例》，中国农业出版社 2021 年版。

［26］曾祥华：《食品安全权利救济机制研究》，法律出版社 2019 年版。

［27］周建安、鄢建：《日本食品安全法律法规汇编》，中国质检出版社 2016

年版。

[28] 张文胜、华欣、黄亚静：《食品安全风险交流系统研究》，经济科学出版社 2017 年版。

[29] 舒洪水、肖新喜、谭堃等：《食品安全有奖举报制度研究》，中国政法大学出版社 2015 年版。

[30] 倪楠、舒洪水、苟震：《食品安全法研究》，中国政法大学出版社 2016 年版。

[31] [美] 玛丽恩·内斯特尔：《食品政治：影响我们健康的食品行业》，社会科学文献出版社 2004 年版。

[32] [德] 乌尔里希·贝克：《风险社会》，何博闻译，译林出版社 2004 年版。

[33] [美] 彼得·德鲁克：《新社会》，史晓军、覃筱译，机械工业出版社 2006 年版。

[34] [美] 埃莉诺·奥斯特罗姆：《公共事物的治理之道：集体行动制度的演进》，上海三联书店 2000 年版。

[35] [英] 威尔逊：《美味欺诈：食品造假与打假的历史》，生活·读书·新知三联书店 2010 年版。

[36] [荷] 范博姆、[奥地利] 卢卡斯、[瑞士] 吉斯林：《侵权法与管制法》，徐静译，中国法制出版社 2012 年版。

[37] [奥地利] 考茨欧、威尔克斯：《惩罚性赔偿金：普通法与大陆法的视角》，窦海阳译，中国法制出版社 2012 年版。

[38] [英] Stephen P. Osborne：《新公共治理？——公共治理理论和实践方面的新观点》，包国宪等译，科学出版社 2016 年版。

[39] [美] Michael T. Roberts：《美国食品法》，刘少伟、汤晨彬译，华东理工大学出版社 2017 年版。

[40] [美] 罗伯特·阿克塞尔罗德：《合作的进化》，吴坚忠译，上海人民出版社 2017 年版。

[41] [法] 弗朗索瓦·高莱尔·杜迪耶乐：《欧盟食品法律汇编》，孙娟娟译，法律出版社 2014 年版。

[42] [美] 弗兰克·扬纳斯：《食品安全文化》，岳进、刘墨楠、刘娇月译，上海交通大学出版社 2014 年版。

三、外文文献

[1] CAC. General for the Labelling of Prepackaged Foods（CXS1 – 1985）

. Revised in 2018.

［2］CAC. General Principles of Food Hygiene. CAC/RCP 1 - 1969, Rev .5 -2020.

［3］Committee on World Food Security (25 Session) . The Importance of Food Quality and Safety for Developing Countries. 1999.

［4］FAO. Strengthening National Food Control Systems: Guidelines to Assess Capacity Building Needs. 2006.

［5］FAO/WHO. FAO/WHO Framework for the Provision of Scientific Advice on Food Safety and Nutrition. 2018.

［6］ISO22000: 2018 Food Safety Management Systems — Requirements for Any Organization in the Food Chain. 2018.

［7］Hazard Analysis and Critical Control Point Principles and Application Guidelines, The National Advisory Committee on Microbiological Criteria for Food (NACMCF), Journal of Food Protection, Vol. 61, No 9, 1998.

［8］ISO22000: 2005. Food Safety Management Systems — Requirements for Any Organization in the Food Chain. 2005.

［9］FAO. Assuring Food Safety and Quality: Guidelines for Strengthening National Food Control Systems. 2003.

［10］Orly Lobel, The Renew Deal: The Fall of Regulation and the Rise of Governance in Contemporary Legal Thought, 89 MINN. L. REV. 342 (2004).

［11］Martin Mayer. The Bankers. Weybright and Talley. 1974.

［12］OECD. Agriculture in the Planning and Management of Peri-urban Areas. Volume 1: synthesis. Paris. 1979.

［13］D. L. Iaquinta , A. W. Drescher. Defining the peri-urban: rural-urban linkages and institutional connections. Land reform, land settlement and cooperatives. January 2000.

［14］Cecilia Tacoli. The urbanization of food insecurity and malnutrition. Environment and Urbanization. Vol 31, Issue 2, 2019.

［15］United Nations Development Programme. Human Development Report 1994.

［16］Committee on World Food Security. Connecting Small holders to Markets. 2016.

［17］Committee on World Food Security. Food Losses and Waste in the Context of Sustainable Food Systems. June 2014.

［18］Dean Wiltse. End-To-End Traceability: The Start of Supply Chain Safety. Food Quality and Safety. October 1, 2016.

［19］FDA. FDA Foods and Veterinary Medicine Program Strategic Plan (Fiscal Years 2016 - 2025).

［20］Van Sandt, A. , Low, S. , & Thilmany, D. Exploring Regional Patterns of Agritourism in the U. S. : What's Driving Clusters of Enterprises?, Agricultural and Resource Economics Review, 47 (3), January 2017.

［21］Van Sandt, A. , Low, S. , Jablonski, B. R. , & Weiler, S. Place-Based Factors and the Performance of Farm-Level Entrepreneurship: A Spatial Interaction Model of Agritourism in the U. S. , Review of Regional Studies, 49, October 2019.

［22］Katherine H. Brown, Anne Carter. Urban Agriculture and Community Food Security in the United States: Farming from the City Center to the Urban Fringe. the Community Food Security Coalition, Venice California. October 2003.

［23］Martin Bailkey & Joe Nasr, "From Brownfields to Greenfields: Producing Food in North American Cities," Community Food Security News, Fall 1999/Winter 2000.

［24］Orly Lobel, New Governance as Regulatory Governance, in the Oxford Handbook of Governance 65 (David Levi-Four ed. 2012).

［25］Nadia Chammem, Manel Issaoui, Amelia Delgado. Food Crises and Food Safety Incidents in European Union, United States, and Maghreb Area: Current Risk Communication Strategies and New Approaches. Journal of AOAC International 101 (4). · March 2018.

［26］Kristen Markley, Marion Kalb, and Loren Gustafson. Food Safety and Liability Insurance: Emerging Issues for Farmers and Institutions. funded through USDA Risk Management Agency: Community Outreach and Assistance Partnership. 2015 (08).

［27］WHO FAO. Food Safety Risk Analysis - a Guide for National Food Safety Authorities. WHO and FAO 2006. Annex 1: Glossary ［J］. 2006 (05).

［28］Marian Garcia Martineza (Eds.) . "Co-regulation as a possible model for food safety governance: Opportunities for public - private partnerships" . Food Policy, June 2007.

［29］Michael R. Taylor. The FDA Food Safety Modernization Act: A New Paradigm for Importers.

［30］Sandra Hoffmann, William Harder. "Food Safety and Risk Governance in Globalized Markets". Resources for the Future, July 2010.

［31］Dreyer（Eds.）. Food Safety Governance. Springer Verlag, May 2009.

［32］Hanan G. Jacoby. Food Prices, Wages, and Welfare in Rural India. Apr 2013.

［33］Swetha Boddula（Eds.）Food Risk Perceptions of Women in Rural and Urban Households- A Study in India, European Journal of Nutrition & Food Safety. Apr 2014.

［34］Allan Beever. The Structure of Aggravated and Exemplary Damages. Oxford Journal of Legal Studies, Volume 23, Issue 1, SPRING , March 2003.

［35］Alexia Brunet Marks, Check Please: How Legal Liability Informs Food Safety Regulation. Houston Law Review , Vol. 50, No. 3, February 2013.

［36］Jaffee, Steven, Spencer Henson, Laurian Unnevehr, Delia Grace, and Emilie Cassou. The Safe Food Imperative: Accelerating Progress in Low-and Middle-Income Countries. Agriculture and Food Series. Washington, DC: World Bank. 2019.

［37］David G. Owen, Punitive Damages in Products Liability Litigation, Michigan Law Review, Vol. 74, No. 7 , June 1976.

［38］Kristen Markley, Marion Kalb, and Loren Gustafson. Food Safety and Liability Insurance: Emerging Issues for Farmers and Institutions. funded through USDA Risk Management Agency: Community Outreach and Assistance Partnership. December 2015.

［39］World Health Organization. WHO estimates of the global burden of foodborne diseases: foodborne disease burden epidemiology reference group 2007-2015.

［40］WHO. COVID-19 and Food Safety: Guidance for competent authorities responsible for national food safety control systems. 2020.

［41］Laurie Beyranevand, Sara C. Bronin, Marie Mercurio, and Sorell E. Negro. Using Urban Agriculture to Grow Southern New England. SNEAPA 2015 Special Edition.

图书在版编目（ＣＩＰ）数据

农村及城乡结合部食品安全社会共治研究/王辉霞著.—北京：中国政法大学出版社，2022.6
ISBN 978-7-5764-0484-5

Ⅰ.①农…　Ⅱ.①王…　Ⅲ.①农村－食品安全－安全管理－研究－中国②城乡结合部－食品安全－安全管理－研究－中国　Ⅳ.①TS201.6

中国版本图书馆CIP数据核字(2022)第096369号

出 版 者　　中国政法大学出版社
地　　址　　北京市海淀区西土城路 25 号
邮寄地址　　北京 100088 信箱 8034 分箱　邮编 100088
网　　址　　http://www.cuplpress.com (网络实名：中国政法大学出版社)
电　　话　　010-58908435(第一编辑部) 58908334(邮购部)
承　　印　　固安华明印业有限公司
开　　本　　720mm×960mm　1/16
印　　张　　20.5
字　　数　　346 千字
版　　次　　2022 年 6 月第 1 版
印　　次　　2022 年 7 月第 1 次印刷
印　　数　　1～1500 册
定　　价　　69.00 元